"十二五"职业教育国家规划教材
经全国职业教育教材审定委员会审定

高等职业教育电子技术
技能培养规划教材

模拟电子技术

（第3版）

苏士美 主编　李伟 副主编

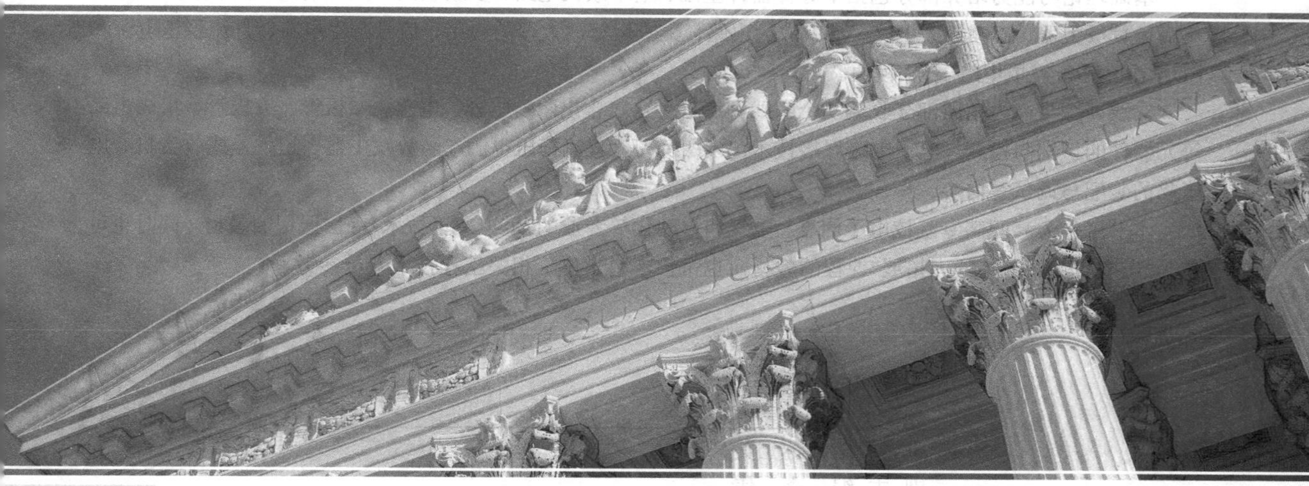

Analog Electronic Technology

(3rd Edition)

U0191458

人民邮电出版社
北京

图书在版编目（CIP）数据

模拟电子技术 / 苏士美主编. -- 3版. -- 北京 : 人民邮电出版社, 2014.10（2024.1重印）
高等职业教育电子技术技能培养规划教材
ISBN 978-7-115-34558-5

Ⅰ. ①模… Ⅱ. ①苏… Ⅲ. ①模拟电路－电子技术－高等职业教育－教材 Ⅳ. ①TN710

中国版本图书馆CIP数据核字(2014)第030573号

内容提要

全书包含基础理论与能力培养、实践训练与能力拓展两部分内容。

基础理论与能力培养部分包括半导体器件基础、基本放大电路、多级放大与频率响应、差动放大电路和集成运算放大器、反馈放大电路、功率放大电路、集成运算放大器的应用、信号产生电路、直流稳压电源和EDA 仿真分析模拟电路 10 个模块。

实践训练与能力拓展部分收编 9 个实践训练项目，包含电阻、电容、电感、二极管、三极管、集成电路等元器件的识别与检测，电子电路焊接技术，识图练习，直流稳压电源、函数发生器、超外差式收音机、电子猫的装配与调试等内容。

本书可作为高职高专院校电子信息、电气和自动化等专业的“模拟电子技术基础”课程的教材，同时也可作为“电子实践训练与能力拓展”课程的教材，也可供本科学生、相关工程技术人员参考。

◆ 主　　编　苏士美
副 主 编　李　伟
责任编辑　李育民
执行编辑　王丽美
责任印制　焦志炜

◆ 人民邮电出版社出版发行　　北京市丰台区成寿寺路 11 号
邮编　100164　　电子邮件　315@ptpress.com.cn
网址　https://www.ptpress.com.cn
北京盛通印刷股份有限公司印刷

◆ 开本：787×1092　1/16
印张：18.5　　2014 年 10 月第 3 版
字数：470 千字　　2024 年 1 月北京第 15 次印刷

定价：39.80 元

读者服务热线：(010)81055256　印装质量热线：(010)81055316
反盗版热线：(010)81055315

第3版前言

本书是在第一、二版的基础上修订而成，在修订过程中除继续保持前版的“保证基础知识，突出基本概念，注重技能训练，强调理论联系实际，加强实践性教学环节”的宗旨外，考虑到高职高专教育培养的模式以及技术型人才的需要，对课程做出如下调整。

1. 全书分为基础理论与能力培养篇和实践训练与能力拓展篇两部分。

2. 基础理论与能力培养篇按照模块知识点来组织其内部结构。在内容安排上保证基础知识，突出基本概念，加强能力培养。每一模块均设有学习导读及目标、总结和习题及思考题，以便学生自检和自测。

3. 实践训练与能力拓展篇按照项目的形式构成，既有非线性元器件二极管、三极管的识别和检测，也有常用的线性元器件电阻、电容和电感的识别与检测，另外还有集成电路的识别与检测、识图练习、电子电路焊接技术，直流稳压电源、函数发生器、超外差式收音机和电子猫的装配与调试等内容。此部分的内容可以结合基础理论课程的进度安排教学，也可以单独作为实践训练与能力拓展的课程。

4. EDA仿真软件Multisim的介绍及应用调整到模块十。

5. 各类电子器件和新器件实用资料速查调整到附录A中，同时增加了一些常用元器件、新器件的资料。

本书的基础理论与能力培养部分教学参考课时约为64学时。书中带有*号的内容，不同的专业可根据课时安排及需要选讲，或安排课外学习；实践训练与能力拓展部分参考课时约为56学时，不同的专业可根据教学所需及课时安排进行选择。

本书由郑州大学的苏士美任主编并编写基础理论与能力培养部分的第一、二、三、五模块，同时撰写前言和常用符号表；河南职业技术学院的李伟教授任副主编并编写实践训练与能力拓展部分的项目一、三、四、六、七、八；郑州大学的叶会英编写基础理论与能力培养部分的第四、六、七模块；河南职业技术学院的任枫轩编写基础理论与能力培养部分的第八、九、十模块；郑州大学的邱国欣编写实践训练与能力拓展部分的项目二、五、九和附录A。

在前版发行期间承蒙使用本教材的师生不断鼓励，并给出不少宝贵的建议，编者在此一并致谢。

本版相对于前版虽有所改进，但鉴于编者水平所限，书中的错误和缺点在所难免，不当之处，敬请专家和读者批评指正。

编　者

2014年5月

书中常用符号表

A 基本放大电路

A 开环放大倍数（增益）

A_f 闭环放大倍数（增益）

A_i 电流放大倍数（增益）

A_{od} 开环差模电压放大倍数

A_u 电压放大倍数（增益）

A_{uc} 共模电压放大倍数（增益）

A_{ud} 差模电压放大倍数（增益）

A_{uf} 闭环电压放大倍数（增益）

A_{uo} 开环电压放大倍数（增益）

b 三极管的基极

BW 放大电路的带宽

BW_f 闭环放大电路的带宽

C 电容

C_e 三极管的射极旁路电容

C_b 三极管的基极旁路电容

C_f 反馈电容

c 三极管的集电极

d（D）场效应管的漏极

e 三极管的发射极

F 反馈网络

F 放大电路的反馈系数

F_u 电压反馈系数

f 频率

f_H 放大电路的上限频率

f_{Hf} 闭环放大电路的上限频率

f_L 放大电路的下限频率

f_{Lf} 闭环放大电路的下限频率

f_M 最高工作频率

f_P 晶体并联谐振频率

f_S 晶体串联谐振频率

f_T 三极管的特征频率

f_β 三极管的共射截止频率

f_0 振荡频率、谐振频率

g（G）场效应管的栅极

g_m 场效应管的跨导

I_B 三极管基极直流电流

I_b 三极管的基极交流电流有效值

i_B 三极管基极瞬时电流

i_b 三极管基极交流电流

I_{bm} 三极管基极交流电流峰值

I_{BQ} 三极管基极静态直流电流

I_C 三极管集电极直流电流

i_C 三极管集电极瞬时电流

i_c 三极管集电极交流电流

I_{cm} 三极管集电极交流电流峰值

I_{CQ} 三极管集电极静态直流电流

I_{CBO} 三极管集电极基极反向饱和电流

I_{CEO} 三极管穿透电流

I_{CM} 三极管集电极最大允许电流

I_D 场效应管漏极直流电流

i_D 场效应管漏极瞬时电流

i_d 场效应管漏极交流电流

I_{DSS} 场效应管饱和漏极电流

I_E 三极管发射极直流电流

i_E 三极管发射极瞬时电流

i_e 三极管发射极交流电流

I_{EQ} 三极管发射极静态直流电流

I_F 二极管最大整流电流

i_f 并联反馈的反馈电流

i_i 输入电流

I_{IB} 运算放大器输入偏置电流

i_{id} 并联反馈电路净输入电流

I_{Io} 运算放大器输入失调电流

I_{OM} 最大输出电流

I_L 负载平均电流

i_o 输出电流
I_{om} 输出电流峰值
I_R 参考电流（基准电流）
I_s 二极管反向饱和电流
I_Z 稳压管稳定电流
IC 集成电路
K 热力学温度单位（开尔文）
K 玻尔兹曼常数
K_{CMR} 共模抑制比
L 电感
LED 发光二极管
N_F 噪声系数
P_C 三极管消耗的功率
P_{CM} 三极管的最大耗散功率
P_{DM} 场效应管的最大耗散功率
P_E 直流电源消耗的功率
P_M 二极管最大耗散功率
P_n 噪声功率
P_o 输出功率
P_{omax} 最大不失真输出功率
P_s 信号功率
Q 静态工作点
Q 品质因数
R 电阻
R_b 三极管基极偏置电阻
r_{be} 三极管基极和发射极之间的交流输入电阻
R_c 三极管的集电极电阻
R_f 反馈电阻
R_{GS} 场效应管直流输入电阻
R_i 放大电路的输入电阻
r_{id} 差模输入电阻
R_{if} 反馈放大电路的输入电阻
R_L 负载电阻
R_o 放大电路的输出电阻
r_{od} 差模输出电阻
R_{of} 反馈放大电路的输出电阻
R_P 电位器（可变电阻）
R_s 信号源内阻
r_Z 稳压管动态电阻
S 开关
S_R 转换速率
s（S）场效应管的源极
T 变压器
T 绝对温度
t 时间
U_B 三极管基极直流电压
U_{BB} 三极管基极电源电压
U_{BC} 三极管基极和集电极间的直流电压
U_{BE} 三极管基极和发射极间的直流电压
U_{BEQ} 三极管基极和发射极间的静态直流电压
U_{BQ} 三极管基极静态直流电压
U_{BR} 反向击穿电压
U_C 三极管集电极直流电压
U_{CBO} 三极管集电极和基极间的反向击穿电压
U_{CC} 三极管集电极电源电压
U_{CE} 三极管集电极与发射极间的直流电压
U_{CEO} 三极管集电极与发射极间的反向击穿电压
U_{CEQ} 三极管集电极与发射极间的静态直流电压
U_{CES} 三极管的饱和电压
U_{CQ} 三极管集电极静态直流电压
U_{DD} 场效应管漏极电源电压
U_{DS} 场效应管漏源极之间的直流电压
U_E 三极管发射极直流电压
U_{EE} 三极管发射极电源电压
U_{EQ} 三极管发射极静态直流电压
u_f 串联负反馈反馈信号电压
U_{GD} 场效应管栅极和漏极之间的直流电压
U_{GG} 场效应管栅极电源电压
U_{GS} 场效应管栅源之间的直流电压
U_n 热噪声电压
U_T 场效应管开启电压

U_{th} 死区电压、门坎电压
U_P 场效应管夹断电压
U_{GSQ} 场效应管栅源静态电压
u_f 串联反馈的反馈电压
u_i 交流输入电压
u_{ic} 共模输入电压
u_{id} 差模输入电压、串联反馈净输入电压
U_{IO} 运算放大器输入失调电压
U_L 负载平均电压
u_o 交流输出电压
u'_o 交流开路输出电压
U_{OH} 运放正向最大输出电压
U_{OL} 运放负向最大输出电压
U_{om} 输出电压峰值
U_{omax} 最大输出电压幅值
U_{REF} 基准电压
U_{RM} 二极管最高反向工作电压
u_s 信号源电压
U_{TH} 阈值电压或门限电压
U_{TH1} 上限阈值电压
U_{TH2} 下限阈值电压
ΔU_{TH} 回差电压
U_Z 稳压管稳定电压
u_+ 运算放大器同向端输入电压
u_- 运算放大器反向端输入电压
VD 二极管
VZ 稳压管
VT 三极管、场效应管
X_i 反馈放大电路的输入信号
X_{id} 反馈放大电路的净输入信号
X_f 反馈放大电路的反馈信号
X_o 反馈放大电路的输出信号
α 共基极电流放大系数
β 共射极电流放大系数
η 效率
θ 整流元件的导电角
φ_a 基本放大电路的附加相位移
φ_f 反馈网络的附加相位移
τ 时间常数
ω 角频率

目　录

基础理论与能力培养篇

实践训练与能力拓展篇

基础理论与能力培养篇

模块一

半导体器件基础

学习导读

半导体器件是现代电子技术的基础，学习电子技术，首先要学习有关半导体器件的基础知识。本模块首先介绍半导体基础知识以及半导体器件的核心内容 PN 结，接着引出半导体二极管、三极管和场效应管的结构、特性曲线、参数、检测及应用。

学习目标

掌握 PN 结的结构及单向导电性；熟悉二极管的伏安特性、主要参数、测试方法和典型应用电路；熟悉三极管和场效应管的符号、特性曲线、主要参数及测试方法；了解半导体器件的内部结构以及内部工作原理。

【相关理论知识】

知识点一　半导体基础知识

自然界中的物质，按其导电能力可分为 3 大类：导体、半导体和绝缘体。易于传导电流的物质称为导体，如金、银、铜、铝等金属材料；很难传导电流的物质称为绝缘体，如橡胶、塑料等材料；半导体的导电能力介于导体和绝缘体之间。现代电子技术中常用的半导体材料主要有硅（Si）、锗（Ge）和化合物半导体砷化镓（GaAs）等，硅是目前最常用的一种半导体材料，其次是锗半导体材料。

半导体导电除了在导电能力方面不同于导体和绝缘体外,它还具有一些其他物质不具备的特点如下。

① 热敏性。当半导体材料受外界热刺激时，其导电能力将发生显著改变。

② 光敏性。当半导体材料受外界光照射时，其导电能力将发生显著改变。

③ 掺杂性。在纯净半导体材料中，掺入微量杂质，半导体的导电能力会有显著增加。

利用半导体导电的这些特点，可以制成半导体热敏器件、光敏器件和半导体二极管、三极管、场效应管等器件。

（一）本征半导体

完全纯净的、结构完整的半导体材料称为本征半导体。

1. 本征半导体的原子结构及共价键

硅和锗都是四价元素，它们都具有 4 个价电子。在本征半导体材料硅和锗中，每个原子外层的价电子不仅受到自身原子核的束缚，而且受到周围相邻原子核的束缚，每个价电子的个别轨道，成为相邻两个原子间两个价电子的公共轨道，此即晶体中的共价键结构。共价键内的两个电子由相邻的原子各用一个价电子组成，称为束缚电子。图 1.1 所示为硅和锗的原子结构和共价键结构。

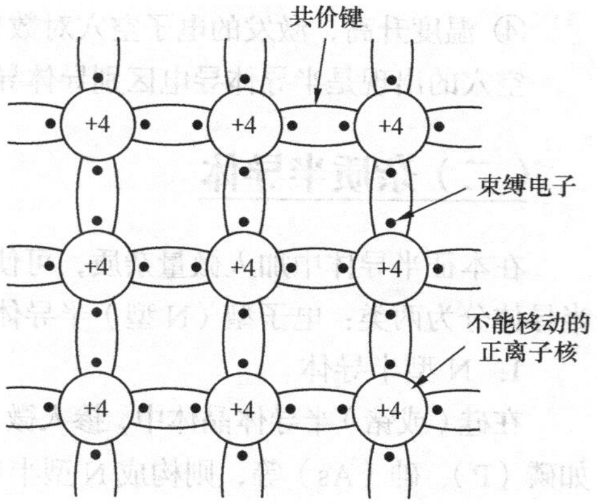

图 1.1 硅和锗的原子结构和共价键结构

2. 本征激发和两种载流子——自由电子和空穴

绝对零度（T=0K，T=t+273）下，本征半导体中没有可以自由移动的带电粒子（载流子），半导体材料不导电。但在一定的温度下，如 T=300K 时，由于热激发，少数束缚电子会获取足够的能量脱离共价键的束缚而成为自由电子（可以自由移动的电子载流子），这种现象叫本征激发。温度越高，半导体材料中产生的自由电子便越多。束缚电子脱离共价键成为自由电子后，在原来的位置留有一个空位，这个空位被称为空穴。

在本征半导体中，自由电子和空穴成对出现，数目相同。图 1.2 所示为本征激发所产生的电子空穴对。

如图 1.3 所示，空穴（如图中位置 1）出现以后，邻近的束缚电子（如图中位置 2）可能获取足够的能量来填补这个空穴，而在这个束缚电子的位置又出现一个新的空位，另一个束缚电子（如图中位置 3）又会填补这个新的空位，这样就形成束缚电子填补空穴的运动。为了区别自由电子的运动，将此束缚电子填补空穴的运动称为空穴运动。

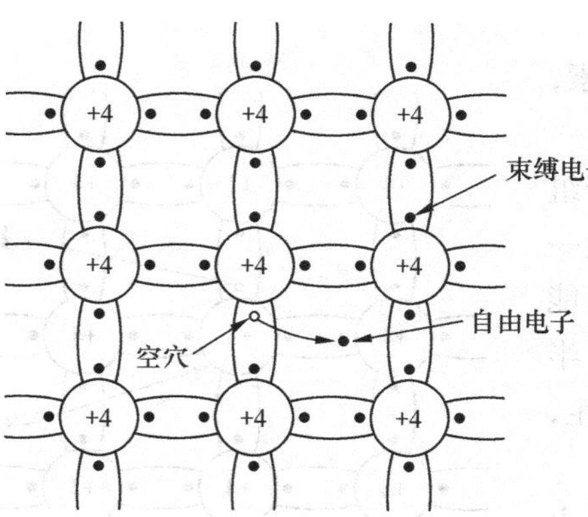

图 1.2 本征激发产生的电子空穴对

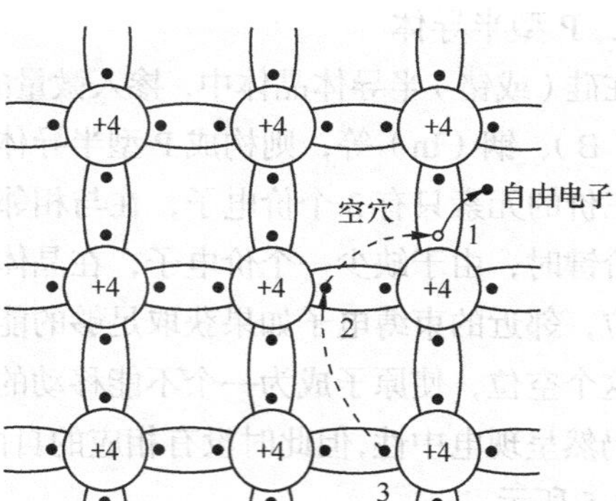

图 1.3 束缚电子填补空穴的运动

由此可见，空穴也是一种载流子。半导体材料中空穴越多，其导电能力也就越强。

3. 结论

① 半导体中存在两种载流子，一种是带负电的自由电子，另一种是带正电的空穴，它们都可以运载电荷形成电流。

② 本征半导体中，自由电子和空穴相伴产生，数目相同。

③ 一定温度下，本征半导体中电子空穴对的产生与复合相对平衡，电子空穴对的数目相对稳定。

④ 温度升高，激发的电子空穴对数目增加，半导体的导电能力增强。

空穴的出现是半导体导电区别导体导电的一个主要特征。

（二）杂质半导体

在本征半导体中加入微量杂质，可使其导电性能显著改变。根据掺入杂质的性质不同，杂质半导体分为两类：电子型（N 型）半导体和空穴型（P 型）半导体。

1. N 型半导体

在硅（或锗）半导体晶体中，掺入微量的五价元素，如磷（P）、砷（As）等，则构成 N 型半导体。

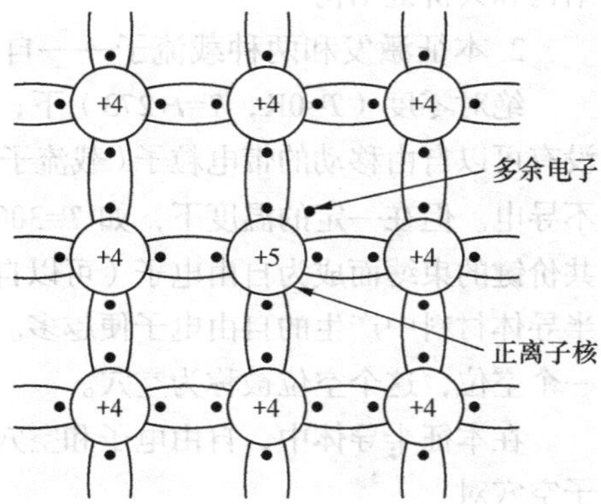

图 1.4　N 型半导体的共价键结构

五价的元素具有 5 个价电子，它们进入由硅或锗组成的半导体晶体中，五价的原子取代四价的硅原子，在与相邻的硅原子组成共价键时，因为多一个价电子不受共价键的束缚，很容易成为自由电子，于是半导体中自由电子的数目大量增加。自由电子参与导电移动后，在原来的位置留下一个不能移动的正离子，半导体仍然呈现电中性，但此时没有相应的空穴产生，如图 1.4 所示。

例如，在室温 27℃时，每立方厘米本征硅材料中约有 1.5×10^{10} 个自由电子或空穴，掺杂后成为 N 型半导体，其自由电子数目可增加几十万倍。由于自由电子增多而增加了复合的机会，空穴数目便减少到每立方厘米 2.3×10^{5} 个以下。所以 N 型半导体中，自由电子为多数载流子，简称为多子；空穴为少数载流子，简称为少子。N 型半导体主要靠自由电子导电。

2. P 型半导体

在硅（或锗）半导体晶体中，掺入微量的三价元素，如硼（B）、铟（In）等，则构成 P 型半导体。

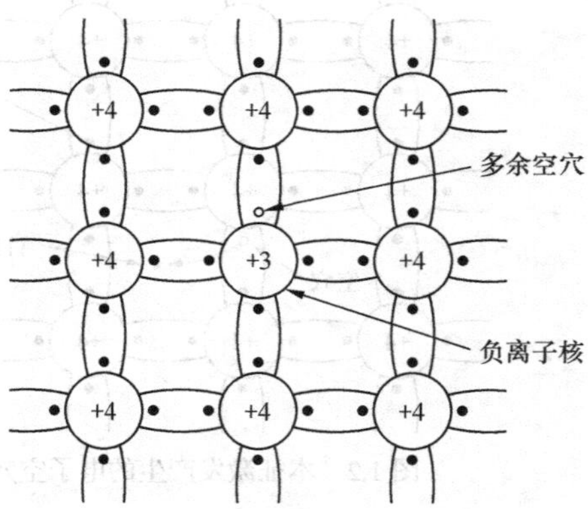

图 1.5　P 型半导体共价键结构

三价的元素只有 3 个价电子，在与相邻的硅原子组成共价键时，由于缺少一个价电子，在晶体中便产生一个空位，邻近的束缚电子如果获取足够的能量，有可能填补这个空位，使原子成为一个不能移动的负离子，半导体仍然呈现电中性，但此时没有相应的自由电子产生，如图 1.5 所示。

P 型半导体中，空穴为多数载流子（多子），自由电子为少数载流子（少子）。P 型半导体主要靠空穴导电。

（三）PN 结及其单向导电性

1. PN 结的形成

将一块半导体的两边分别做成 P 型半导体和 N 型半导体。由于 P 型半导体中空穴的浓度大，自由电子少，N 型半导体中自由电子的浓度大，空穴少，即载流子存在浓度的差别，P 区的空穴将越过交界面向 N 区扩散，在 P 区留下不能移动的负离子，而 N 区的自由电子会向 P 区扩散，在 N 区则留下不能移动的正离子。这种多数载流子因浓度上的差异而形成的运动称为扩散运动，如图 1.6 所示。

空穴和自由电子均是带电的粒子，扩散的结果是使 P 区和 N 区原来的电中性被破坏，在交界面的两侧形成一个不能移动的带异性电荷的离子层，此离子层被称为空间电荷区，这就是所谓的 PN 结，如图 1.7 所示。在空间电荷区，多数载流子已经扩散到对方并复合掉了，或者说消耗尽了，因此又称空间电荷区为耗尽层。

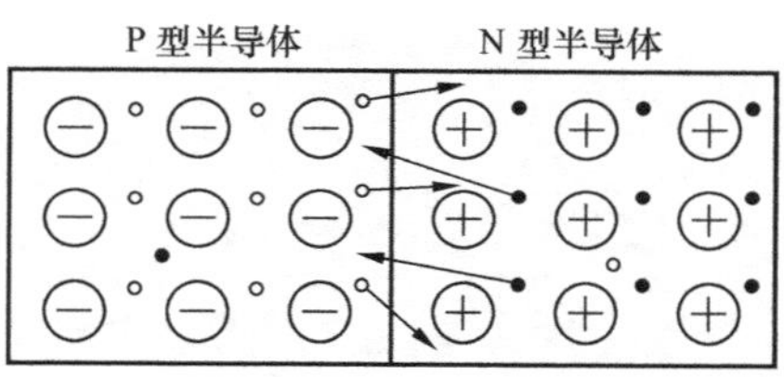

图 1.6　P 型和 N 型半导体交界处载流子的扩散

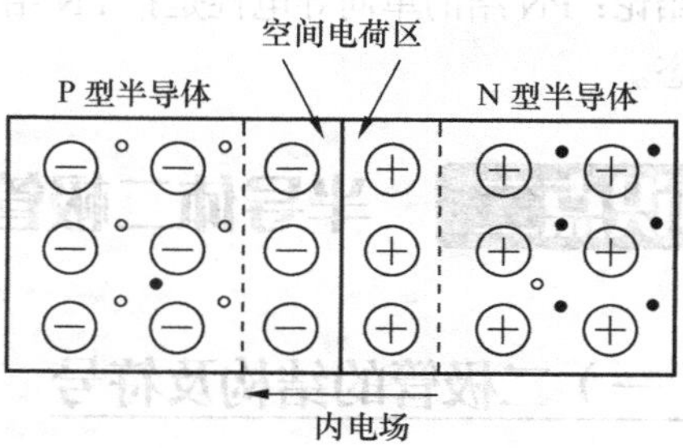

图 1.7　PN 结的形成

空间电荷区出现后，因为正负电荷的作用，将产生一个从 N 区指向 P 区的内电场。内电场的方向会对多数载流子的扩散运动起阻碍作用。同时，内电场可推动少数载流子（P 区的自由电子和 N 区的空穴）越过空间电荷区，进入对方。少数载流子在内电场作用下有规则的运动称为漂移运动。漂移运动和扩散运动的方向相反。无外加电场时，通过 PN 结的扩散电流等于漂移电流，PN 结中无电流流过，PN 结的宽度保持一定而处于稳定状态。

2. PN 结的单向导电性

如果在 PN 结两端加上不同极性的电压，PN 结会呈现出不同的导电性能。

（1）PN 结外加正向电压

PN 结 P 端接高电位，N 端接低电位，称 PN 结外加正向电压，又称 PN 结正向偏置，简称为正偏，如图 1.8 所示。这时，外加电压在 PN 结上形成的外电场方向与内电场的相反，PN 结原来的平衡状态被打破，使扩散运动强于漂移运动，外电场驱使 P 区的空穴和 N 区的自由电子分别由两侧进入空间电荷区，从而抵消了部分空间电荷的作用，使空间电荷区变窄，内电场被削弱，有利于扩散运动不断进行。这样，多数载流子的扩散运动大为增强，从而形成较大的扩散电流。外部电源不断向半导体提供电荷，使电流得以维持，这时 PN 结所处的状态称为正向导通。PN 结正向导通时，通

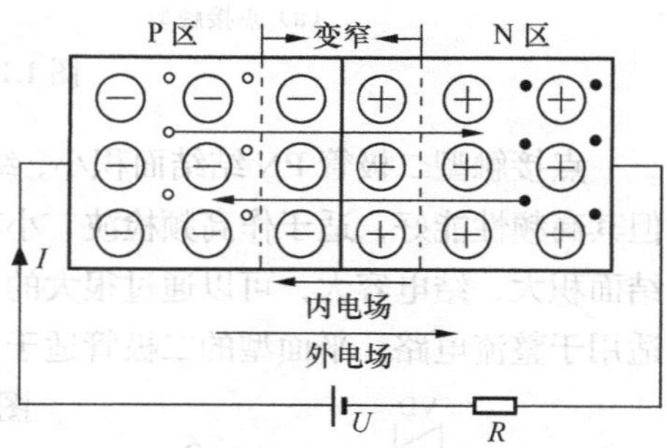

图 1.8　PN 结外加正向电压

过PN结的电流（正向电流）大，而PN结呈现的电阻（正向电阻）小。

（2）PN结外加反向电压

PN结P端接低电位，N端接高电位，称PN结外加反向电压，又称PN结反向偏置，简称为反偏，如图1.9所示。这时，外电场的方向与内电场的相同，PN结原来的平衡状态同样被打破，空间电荷区变得更宽，扩散运动难以进行，漂移运动却被加强，从而形成反向的漂移电流。由于少数载流子的数目很少，故形成的反向电流也很小。PN结这时所处的状态称为反向截止。PN结反向截止时，通过PN结的电流（反向电流）小，而PN结呈现的电阻（反向电阻）大。因为环境温度愈高，少数载流子的数目愈多，所以温度对反向电流的影响很大。

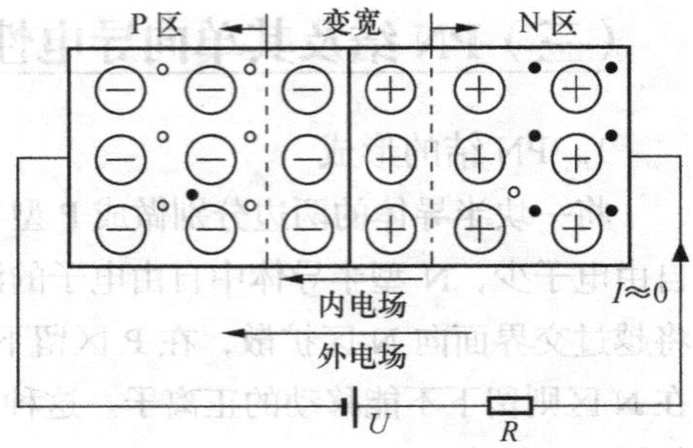

图1.9 PN结外加反向电压

结论：PN结的单向导电性是指PN结外加正向电压时处于导通状态，外加反向电压时处于截止状态。

知识点二 半导体二极管

（一）二极管的结构及符号

半导体二极管（以下简称二极管）是一个外加引线和管壳的PN结，同PN结一样具有单向导电性。二极管按半导体材料的不同可以分为硅二极管、锗二极管和砷化镓二极管等；按其内部结构的不同可分为点接触型、面接触型和平面型3类，如图1.10所示。

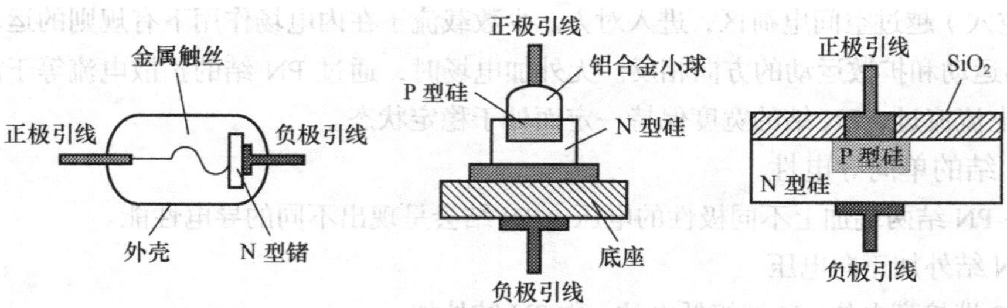

（a）点接触型 （b）面接触型 （c）平面型

图1.10 不同结构的各类二极管

点接触型二极管PN结结面积小，结电容小，不允许通过很大的电流和承受较高的反向电压，但其高频性能好，适于作高频检波、小功率电路和脉冲电路的开关元件；面接触型二极管PN结结面积大，结电容大，可以通过很大的电流，能承受较高的反向电压，不宜用于高频电路，但是适用于整流电路；平面型的二极管适于用作大功率开关管。

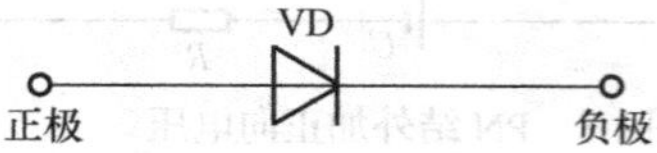

图1.11 二极管的符号

图1.11所示为二极管的符号。由P端引出的电极是正极，由N端引出的电极是负极，箭头的方向表示正向电流的方向，VD是二极管的文字符号。

常见的二极管有金属、塑料和玻璃封装 3 种。按照应用的不同，二极管分为整流、检波、开关、稳压、发光、光电、快恢复和变容二极管等。根据使用的不同，二极管的外形各异，图 1.12 所示为几种常见的二极管外形。

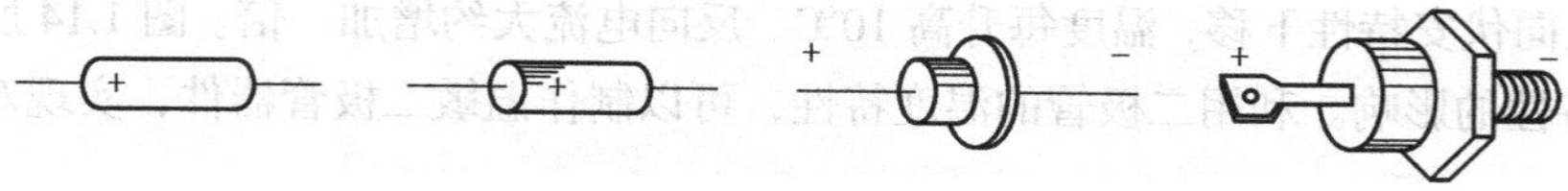

图 1.12　常见的二极管外形

有关半导体二极管器件型号命名的方法，参见本书附录 A 实用资料速查 A.1 部分。

（二）二极管的伏安特性和主要参数

1. 二极管的伏安特性

二极管两端的电压 U 及其流过二极管的电流 I 之间的关系曲线，称为二极管的伏安特性。

二极管的伏安特性可以通过实验数据来说明。表 1.1 和表 1.2 分别给出二极管 2CP31 加正向电压和反向电压时，实验所得的该二极管两端电压 U 和流过电流 I 的一组数据。

表 1.1　二极管 2CP31 加正向电压的实验数据

电压/mV	000	100	500	550	600	650	700	750	800
电流/mA	000	000	000	10	60	85	100	180	300

表 1.2　二极管 2CP31 加反向电压的实验数据

电压/V	000	−10	−20	−60	−90	−115	−120	−125	−135
电流/μA	000	10	10	10	10	25	40	150	300

将实验数据绘成曲线，可得到二极管的伏安特性曲线如图 1.13 所示。

（1）正向特性

二极管加正向电压时的电流和电压的关系称为二极管的正向特性。如图 1.13 所示，当二极管所加正向电压比较小时（$0<U<U_{th}$），二极管上流经的电流为 0，管子仍截止，此区域称为死区，U_{th} 称为死区电压（门坎电压）。硅二极管的 U_{th} 约为 0.5V，锗二极管的 U_{th} 约为 0.1V。

当二极管所加正向电压大于死区电压时，正向电流增加，管子导通，电流随电压的增大而上升，这时二极管呈现的电阻很小，可认为二极管处于正向导通状态。

硅二极管的正向导通压降约为 0.7V，锗二极管的正向导通压降约为 0.3V。

（2）反向特性

二极管外加反向电压时的电流和电压的关系称为二极管的反向特性。由图 1.13 可见，二极管外加反向电压时，反向电流很小（$I\approx -I_S$），而且在相当宽的反向电压范围内，反向电流几乎不变，因此称此电流值为二极管的反向饱和电流。这时二极管呈现的电阻很大，认为管子处于截止状态。

一般硅二极管的反向电流比锗管小很多。

（3）反向击穿特性

由图 1.13 可见，当反向电压的值增大到 U_{BR} 时，反向电压值稍有增大，反向电流会急剧增大，称此现象为反向击穿，U_{BR} 称为反向击穿电压。利用二极管的反向击穿特性，可以做成稳压二极管，但一般的二极管不允许工作在反向击穿区。

2. 二极管的温度特性

二极管是对温度非常敏感的器件。实验表明，随温度升高，二极管的正向压降会减小，正向伏安特性左移，即二极管的正向压降具有负的温度系数（约为−2mV/℃）；温度升高，反向饱和电流会增大，反向伏安特性下移，温度每升高 10℃，反向电流大约增加一倍。图 1.14 所示为温度对二极管伏安特性的影响。利用二极管的温度特性，可以制作温敏二极管器件，实现对温度的检测及自动控制。

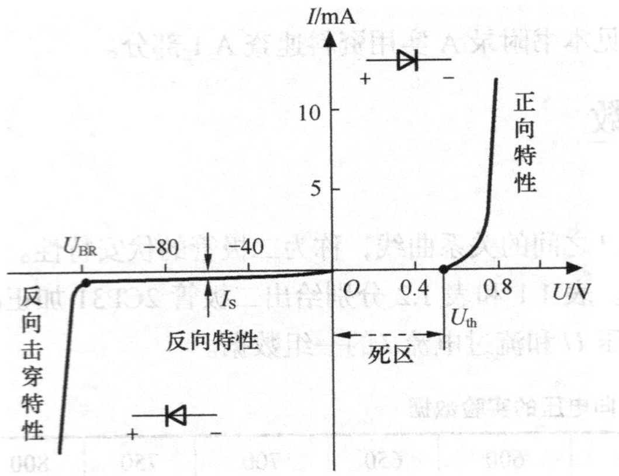

图 1.13　二极管的伏安特性曲线

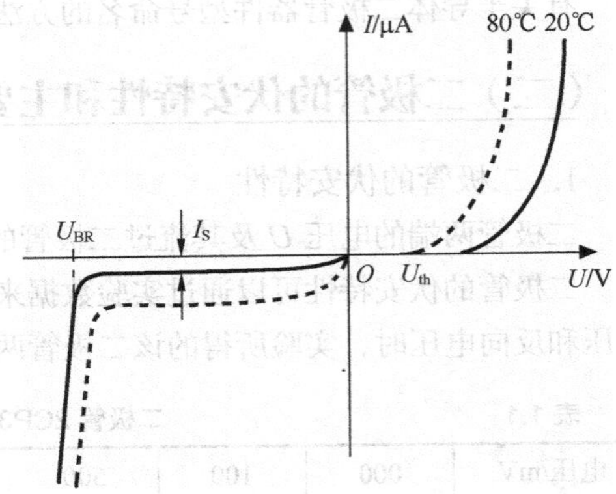

图 1.14　温度对二极管伏安特性的影响

3. 二极管的主要参数

（1）最大整流电流

最大整流电流（I_F）是指二极管长期连续工作时，允许通过二极管的最大正向电流的平均值。当电流流经 PN 结时，会引起管子发热，温度上升，如果电流太大，使温度超过允许限度（硅管为 140℃左右，锗管为 90℃左右）时，会烧坏管子。实际应用中，正向平均电流不能超过此值，否则二极管会因过热而损坏。点接触型二极管的最大整流电流在几十毫安以下。面接触型二极管的最大整流电流较大，如 2CP10 型硅二极管的最大整流电流为 100mA。

（2）反向击穿电压

反向击穿电压（U_{BR}）是指二极管击穿时的电压值。一般手册中给出的最高反向工作电压（峰值）U_{RM} 约为击穿电压的一半，以确保管子安全工作。如 2CP10 型硅二极管的反向击穿电压约为 50V，而反向工作峰值电压为 25V。

（3）反向饱和电流

反向饱和电流（I_s）是指管子没有击穿时的反向电流值。其值越小，说明二极管的单向导电性越好。

（三）特殊二极管

1. 稳压二极管

稳压二极管又名齐纳二极管，简称稳压管，是一种用特殊工艺制作的面接触型硅半导体二极管，这种管子的杂质浓度比较大，容易发生击穿，其击穿时的电压基本上不随电流的变化而变化，从而达到稳压的目的。稳压管工作于反向击穿区。

（1）稳压管的伏安特性和符号

图 1.15 所示为稳压管的伏安特性和符号。稳压管的伏安特性和普通二极管类似，但它的反向击穿特性比较陡直，而且其反向击穿是可逆的。在一定的电流范围内，不会发生“热击穿”，当去掉反向电压后，稳压管又恢复正常。从图 1.15 所示反向击穿特性可以看出，稳压管反向击穿后，电流可以在相当大的范围内变化，但稳压管两端的电压变化很小。利用这一特性，稳压管在电路中可以起稳压作用。

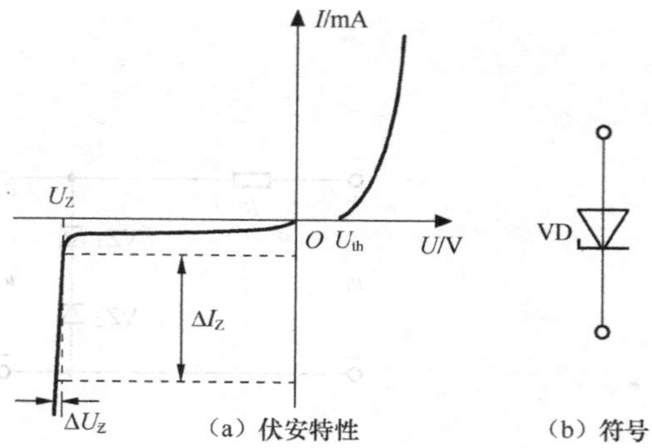

（a）伏安特性　（b）符号

图 1.15　稳压管的伏安特性和符号

（2）稳压管的主要参数

① 稳定电压 U_Z。它是指当稳压管中的电流为规定值时，稳压管在电路中其两端产生的稳定电压值。此电压值在 3V 到几百伏之间。由于制造工艺的原因，同一型号的稳压管其稳定电压 U_Z 的分散性仍较大，因此手册中给出的都是某一型号稳压管的稳压范围。但对某一只稳压管而言，其稳定电压 U_Z 是一定的。如型号为 2CW74 的稳压管，稳压范围为 9.2～10.5V。

② 稳定电流 I_Z。稳定电流为稳压管工作在稳压状态时，稳压管中流过的电流，有最小稳定电流 I_{Zmin} 和最大稳定电流 I_{Zmax} 之分。若稳压管中流过的电流小于 I_{Zmin}，稳压管没有稳压作用；若稳压管中流过的电流大于 I_{Zmax}，稳压管会因过流而损坏。

③ 最大耗散功率 P_M。它是指稳压管正常工作时，管子上允许的最大耗散功率。若使用中稳压管的功率损耗超过此值，管子会因过热而损坏。稳压管的最大功率损耗和 PN 结的面积、散热等条件有关。由耗散功率 P_M 和稳定电压 U_Z 可以决定最大稳定电流 I_{Zmax}。反向工作时 PN 结的功率损耗为 $P_Z=U_Z I_Z$。

常用稳压二极管的型号和参数列表参见本书附录 A 实用资料速查 A.2.6 部分。

（3）应用稳压管应注意的问题

① 稳压管稳压时，一定要外加反向电压，保证管子工作在反向击穿区。当外加的反向电压值大于或等于 U_Z 时，才能起到稳压作用；若外加的电压值小于 U_Z，稳压二极管相当于普通的二极管。

② 在稳压管稳压电路中，一定要配合限流电阻的使用，保证稳压管中流过的电流在规定的电流范围之内。

（4）稳压管应用电路

【例 1-1】 如图 1.16 所示的稳压管稳压电路，若限流电阻 R=1.6kΩ，U_Z=12V，I_{Zmax}=18mA，通过稳压管的电流 I_Z 等于多少？限流电阻的值是否合适？

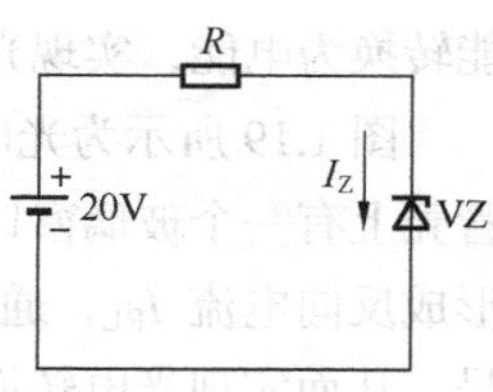

图 1.16　稳压管稳压电路

解： 由图可得：

$$I_Z=\frac{(20-12)\text{V}}{1.6\text{k}\Omega}=5\text{mA}$$

因为 $I_Z < I_{Zmax}$，所以限流电阻的值合适。

【例 1-2】 稳压管限幅电路。如图 1.17 所示，输入电压 u_i 是幅度为 10V 的正弦波，电路中使用两个稳压管对接，已知 U_{Z1}=6V，U_{Z2}=3V，稳压二极管的正向导通压降为 0.7V，试对应输入电压 u_i 画出输出电压 u_o 的波形。

解： 输出电压 u_o 的波形如图 1.17 所示，u_o 被限定在−6.7～+3.7V 之间。

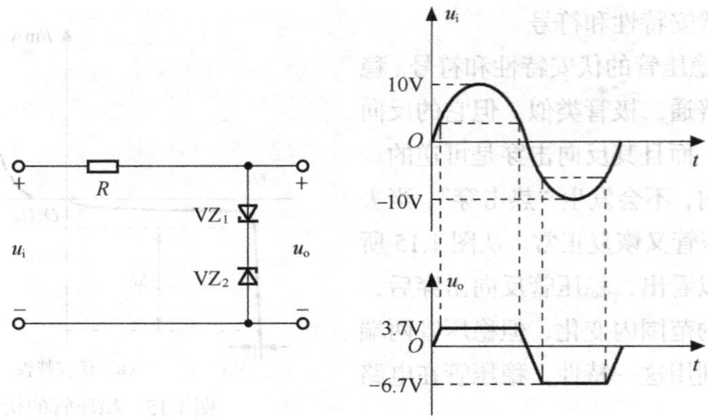

图 1.17　稳压二极管限幅电路

2. 发光二极管

发光二极管是一种光发射器件，英文简称是 LED。此类管子通常由镓（Ga）、砷（As）、磷（P）等元素的化合物制成，管子正向导通，当导通电流足够大时，能把电能直接转换为光能，发出光来。目前发光二极管的颜色有红、黄、橙、绿、白和蓝 6 种，所发光的颜色主要取决于制作管子的材料，如用砷化镓发出红光，而用磷化镓则发出绿光。其中白色发光二极管是新型产品，主要应用在手机背光灯、液晶显示器背光灯、照明等领域。

发光二极管工作时导通电压比普通二极管大，其工作电压随材料的不同而不同，一般为 1.7～2.4V。普通绿、黄、红、橙色发光二极管工作电压约为 2V；白色发光二极管的工作电压通常高于 2.4V；蓝色发光二极管的工作电压一般高于 3.3V。发光二极管的工作电流一般在 2～25mA 的范围内。

发光二极管应用非常广泛，常用作各种电子设备如仪器仪表、计算机、电视机等的电源指示灯和信号指示等；还可以做成七段数码显示器等。发光二极管的另一个重要用途是将电信号转为光信号。普通发光二极管的外形和符号如图 1.18 所示。

各种类型的发光二极管参数列表，参见本书附录 A 实用资料速查 A.2.4 部分。

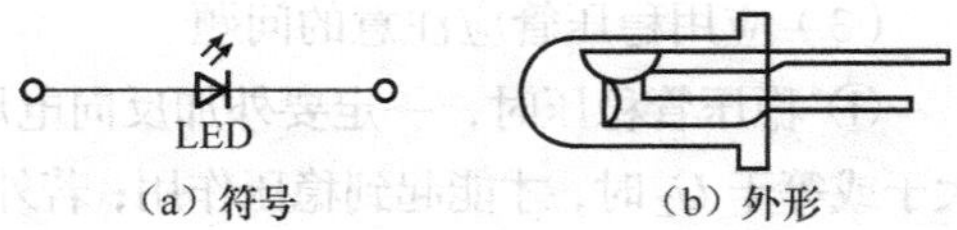

图 1.18　普通发光二极管的外形和符号

3. 光电二极管

光电二极管又称为光敏二极管，它是一种光接受器件，其 PN 结工作在反偏状态，可以将光能转换为电能，实现光电转换。

图 1.19 所示为光电二极管的符号和基本电路。此类管子管壳上有一个玻璃窗口，以便接受光照。当窗口受到光照时，形成反向电流 I_{RL}，通过回路中的电阻 R_L，就可得到电压信号，从而实现光电转换。光电二极管受到的光照越强，反向电流也就越大，即它的反向电流与光照度成正比。

光电二极管的应用非常广泛，可用于光测量、光电控制等，如遥控接收器、光纤通信、激光头中都离不开光电二极管。另外，大面积的光电二极管可当作一种能源器件，即光电池，这是极有发展前途的绿色能源。

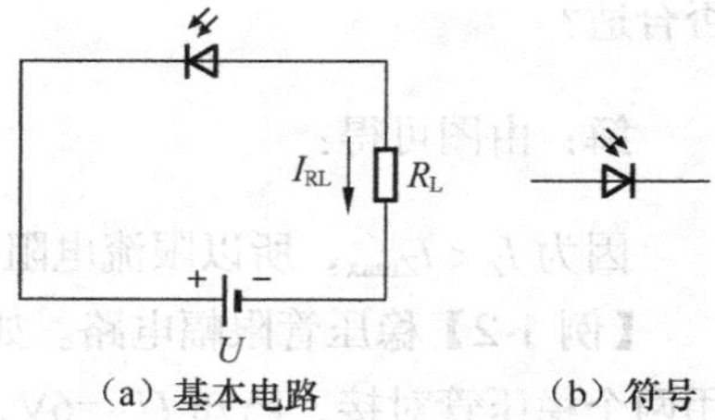

图 1.19　光电二极管的符号和基本电路

4. 变容二极管

图 1.20　变容二极管的符号

图 1.20 所示为变容二极管的符号。此种管子是利用 PN 结的电容效应进行工作的，它工作在反向偏置状态。当外加的反偏电压变化时，其电容量也随着改变。

变容二极管可当作可变电容使用，主要用在高频技术中，如高频电路中的变频器、电视机中的调谐回路都用到变容二极管。

5. 激光二极管

激光二极管是在发光二极管的结间安置一层具有光活性的半导体，构成一个光谐振腔。工作时接正向电压，可发射出激光。

激光二极管的应用非常广泛，在计算机的光盘驱动器、激光打印机中的打印头、激光唱机、激光影碟机中都有激光二极管。

知识点三　半导体三极管

（一）三极管的结构及符号

半导体三极管（下称三极管）又称晶体三极管，一般简称晶体管，或双极性晶体管。它是通过一定的制作工艺，将两个 PN 结结合在一起的器件，两个 PN 结相互作用，不同于单个 PN 结的性能，使三极管成为一个具有控制电流作用的半导体器件。三极管可以用来放大微弱的信号和作为无触点开关。

三极管从结构上来讲分为两类：NPN 型和 PNP 型三极管。图 1.21 所示为三极管的结构示意图和符号。

从图 1.21 中可见，三极管具有 3 个电极：基极 b、集电极 c 和发射极 e；对应有 3 个区：基

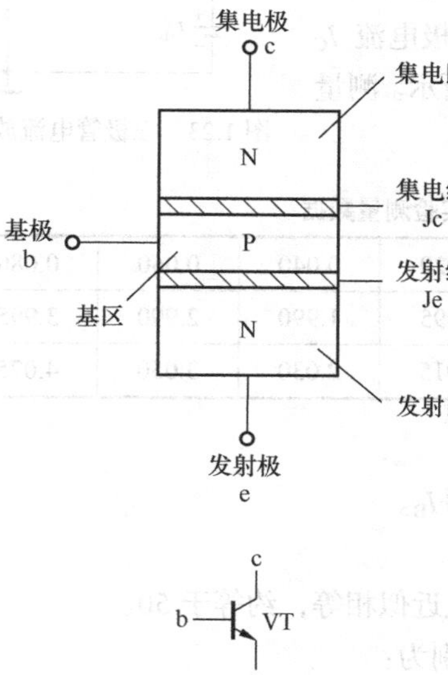

（a）NPN 型三极管结构与符号

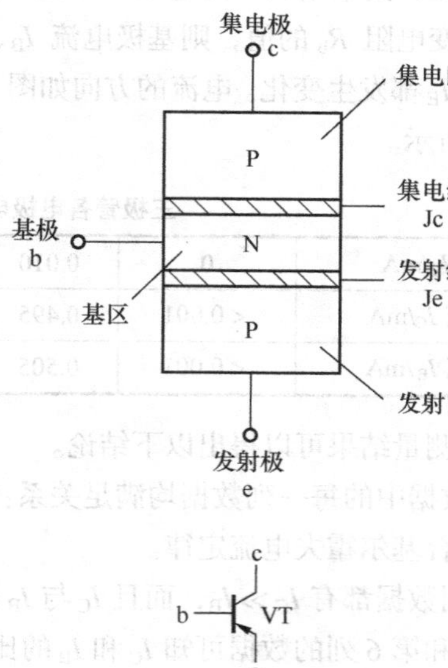

（b）PNP 型三极管结构与符号

图 1.21　三极管的结构示意图和符号

区、集电区和发射区；有两个 PN 结：基区和发射区之间的 PN 结称为发射结 Je，基区和集电区之间的 PN 结称为集电结 Jc。

符号中发射极上的箭头方向表示发射结正偏时电流的流向。

三极管制作时，通常它们的基区做得很薄（几微米到几十微米），且掺杂浓度低；发射区的杂质浓度则比较高；集电区的面积则比发射区做得大。这是三极管实现电流放大的内部条件。

三极管可以是由半导体硅材料制成的，称为硅三极管；也可以是由锗材料制成的，称为锗三极管。

三极管从应用的角度讲，种类很多。根据工作频率可分为高频管、低频管和开关管；根据工作功率可分为大功率管、中功率管和小功率管。常见的三极管外形如图 1.22 所示。

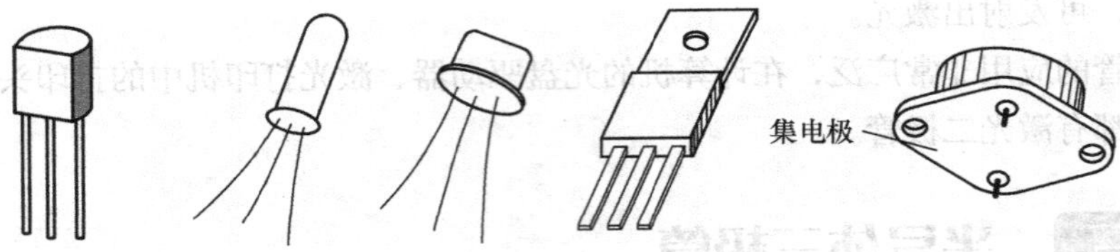

图 1.22　常见的三极管外形

有关半导体三极管器件型号命名方法，参见本书附录 A 实用资料速查 A.1 部分。

（二）三极管的电流分配原则及放大作用

要实现三极管的电流放大作用，首先要给三极管各电极加上正确的电压。三极管实现放大的外部条件是其发射结必须加正向电压（正偏），而集电结必须加反向电压（反偏）。

1. 实验结论

为了了解三极管的电流分配原则及其放大原理，首先做一个实验。实验电路如图 1.23 所示。在电路中，要给三极管的发射结加正向电压，集电结加反向电压，保证三极管能起到放大作用。改变可变电阻 R_b 的值，则基极电流 I_B、集电极电流 I_C 和发射极电流 I_E 都发生变化。电流的方向如图 1.23 所示。测量结果如表 1.3 所示。

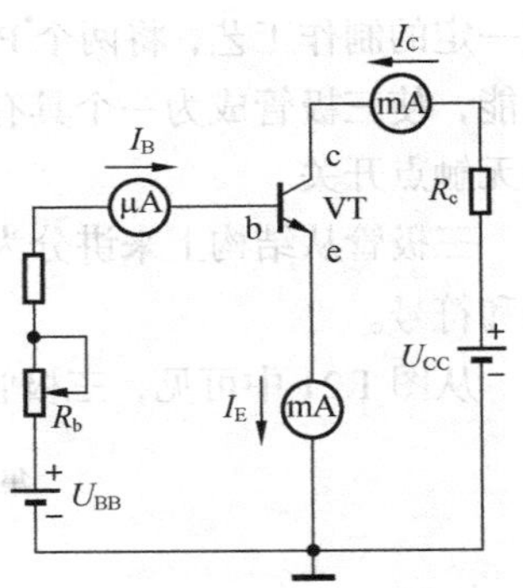

图 1.23　三极管电流放大的实验电路

表 1.3　三极管各电极电流的实验测量数据

基极电流 I_B/mA	0	0.010	0.020	0.040	0.060	0.080	0.100
集电极电流 I_C/mA	< 0.001	0.495	0.995	1.990	2.990	3.995	4.965
发射极电流 I_E/mA	< 0.001	0.505	1.015	2.030	3.050	4.075	5.065

由实验及测量结果可以得出以下结论。

① 实验数据中的每一列数据均满足关系：$I_E=I_C+I_B$。

此结果符合基尔霍夫电流定律。

② 每一列数据都有 $I_C \gg I_B$，而且 I_C 与 I_B 的比值近似相等，约等于 50。

从第 3 列和第 6 列的数据可知 I_C 和 I_B 的比值分别为：

$$\frac{I_C}{I_B}=\frac{0.995}{0.020}=49.75\approx 50，\quad \frac{I_C}{I_B}=\frac{3.995}{0.080}=49.937\,5\approx 50$$

可见，三极管的集电极电流和基极电流之间满足一定的比例关系，此即三极管的电流放大作用。定义 $\frac{I_C}{I_B}=\bar{\beta}$，$\bar{\beta}$ 叫做三极管的直流电流放大系数。

③ 对表 1.3 中任两列数据求 I_C 和 I_B 变化量的比值，结果仍然近似相等，约等于 50。

比较第 3 列和第 4 列的数据可得：

$$\frac{\Delta I_C}{\Delta I_B}=\frac{1.990-0.995}{0.040-0.020}=\frac{0.995}{0.020}=49.75\approx 50$$

由此可见，当三极管的基极电流有一个小的变化量（0.02mA）时，则在集电极上可以得到一个与基极电流成比例变化的较大电流（0.995mA）。也就是说，三极管可以实现电流的放大及控制作用，因此通常称三极管为电流控制器件。定义 $\frac{\Delta I_C}{\Delta I_B}=\beta$，$\beta$ 称为三极管的交流电流放大系数。

一般有三极管的电流放大系数：$\beta\approx\bar{\beta}$。

④ 从表 1.3 中可知，当 I_B=0（基极开路）时，集电极电流的值很小，称此电流为三极管的穿透电流 I_{CEO}。穿透电流 I_{CEO} 越小越好。

2. 三极管实现电流分配的原理

上述实验结论可以用载流子在三极管内部的运动规律来解释。图 1.24 所示为三极管内部载流子的传输与电流分配示意图。

① 发射区向基区发射自由电子，形成发射极电流 I_E。由于发射结正向偏置，有利于多数载流子的扩散运动，发射区的多数载流子自由电子不断扩散到基区，并不断从电源补充电子，形成发射极电流 I_E。同时基区的多数载流子空穴也要扩散到发射区，但基区空穴的浓度远远低于发射区自由电子的浓度，空穴电流很小，可以忽略不计。

② 自由电子在基区与空穴的复合形成基极电流 I_B。由发射区扩散到基区的电子在发射结处浓度高，而在集电结处浓度低，形成浓度上的差别，因此自由电子在基区将向集电结方向继续扩散。在扩散的过程中，一小部分自由电子与基区的空穴相遇而复合，基区电源不断补充被复合掉的空穴，形成基极电流 I_B。

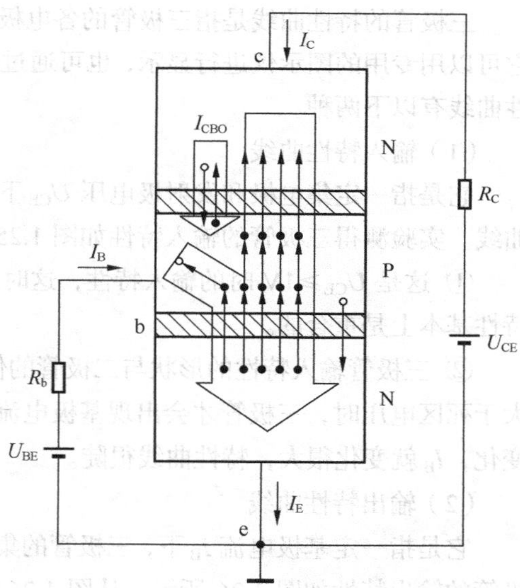

图 1.24　三极管内部载流子的传输与电流分配

一般基区很薄，且杂质浓度低，自由电子在基区与空穴复合的比较少，大部分自由电子到达集电结附近。

③ 集电区收集从发射区扩散过来的自由电子，形成集电极电流 I_C。集电结反向偏置，可对多数载流子的扩散运动起阻挡作用，阻止集电区的多数载流子（自由电子）和基区的多数载流子（空穴）向对方区域扩散，但可将从发射区扩散到基区并到达集电区边缘的自由电子拉入集电区，从而形成集电极电流 I_C。

从发射区扩散到基区的自由电子，只有一小部分在基区与空穴复合掉，绝大部分被集电区收集。

另外，集电结反偏有利于少数载流子的漂移运动。集电区的少数载流子空穴漂移到基区，基区的少数载流子自由电子漂移到集电区，形成反向电流 I_{CBO}。I_{CBO} 很小，受温度影响很大，常忽略不计。

若不计反向电流 I_{CBO}，则有 $I_E=I_C+I_B$，即集电极电流与基极电流之和等于发射极电流。

PNP 管与 NPN 管的工作过程类似，只是所加的电压极性、产生的电流方向与 NPN 管刚好相反。

3. 结论

① 要使三极管具有放大作用，发射结必须正向偏置，而集电结必须反向偏置。

② 一般有 $\beta \gg 1$。通常认为 $\beta \approx \bar{\beta}$。

③ 三极管的电流分配及放大关系式为：

$$I_E = I_C + I_B$$

$$I_C = \beta I_B$$

【例 1-3】在图 1.23 所示的电路中，若测得 I_B=0.025mA，取β=50。试计算 I_C 和 I_E 的值。

解： $I_C = \beta I_B = 50 \times 0.025 = 1.25\text{mA}$ ，$I_E = I_C + I_B = 1.25 + 0.025 = 1.275\text{mA}$

（三）三极管的特性曲线及主要参数

1. 三极管的特性曲线

三极管的特性曲线是指三极管的各电极电压与电流之间的关系曲线，它反映出三极管的特性。它可以用专用的图示仪进行显示，也可通过实验测量得到。以 NPN 型硅三极管为例，其常用的特性曲线有以下两种。

（1）输入特性曲线

它是指一定集电极和发射极电压 U_{CE} 下，三极管的基极电流 I_B 与发射结电压 U_{BE} 之间的关系曲线。实验测得三极管的输入特性如图 1.25 所示，从图中可以看出以下两点。

① 这是 $U_{CE} \geqslant 1$V 时的输入特性，这时三极管处于放大状态。当 $U_{CE} > 1$V 后，三极管的输入特性基本上是重合的。

② 三极管输入特性的形状与二极管的伏安特性相似，也具有一段死区。只有发射结电压 U_{BE} 大于死区电压时，三极管才会出现基极电流 I_B，这时三极管才完全进入放大状态。此时 U_{BE} 略有变化，I_B 就变化很大，特性曲线很陡。

（2）输出特性曲线

它是指一定基极电流 I_B 下，三极管的集电极电流 I_C 与电压 U_{CE} 之间的关系曲线。实验测得三极管的输出特性如图 1.26 所示。从图 1.26 中可见，在不同的基极电流 I_B 下，可以得出不同的曲线。因此改变 I_B 的值，所得到的三极管输出特性曲线是一组曲线。

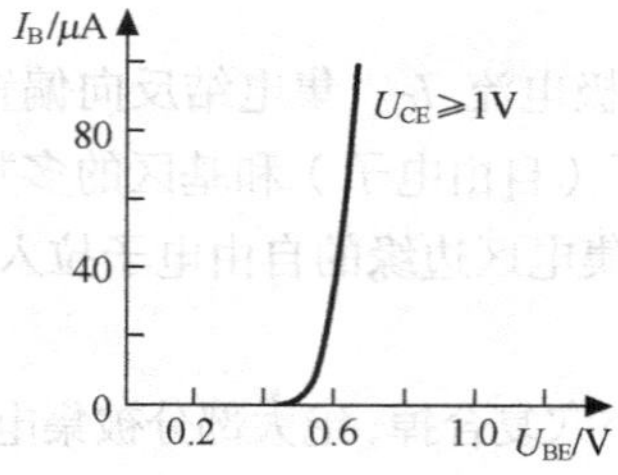

图 1.25 三极管的输入特性

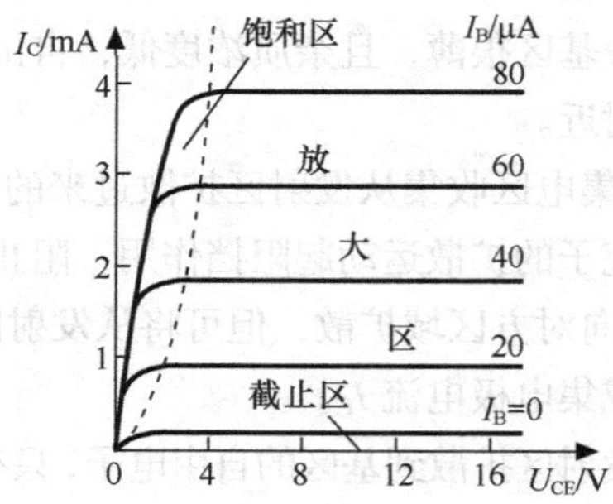

图 1.26 三极管的输出特性

当 I_B 一定（如 I_B=40μA）时，在其所对应曲线的起始部分，随 U_{CE} 的增大 I_C 上升；当 U_{CE} 达到一定的值后，I_C 几乎不再随 U_{CE} 的增大而增大，I_C 基本恒定（约 1.8mA）。这时，曲线几乎与横坐标平行。这表示三极管具有恒流的特性。

一般把三极管的输出特性分为 3 个工作区域，下面分别介绍。

① 截止区。如图 1.26 所示，I_B=0 的曲线下方所对应的区域称为截止区。这时，有 $I_C=I_{CEO}$（穿透电流），在表 1.3 中其值小于 0.001mA。

三极管工作在截止状态时，具有以下几个特点。

a. 发射结和集电结均反向偏置。

b. 若不计穿透电流 I_{CEO}，有 I_B、I_C 近似为 0。

c. 三极管的集电极和发射极之间电阻很大，三极管相当于一个开关断开。

② 放大区。图 1.26 中，输出特性曲线近似平坦的区域称为放大区。三极管工作在放大状态时，具有以下特点。

a. 三极管的发射结正向偏置，集电结反向偏置。

b. 基极电流 I_B 微小的变化会引起集电极电流 I_C 较大的变化，有电流关系式：$I_C = \beta I_B$。

c. 对 NPN 型的三极管，有电位关系 $U_C > U_B > U_E$。

d. 对 NPN 型硅三极管有发射结电压 $U_{BE} \approx 0.7V$，锗三极管有 $U_{BE} \approx 0.2V$。

③ 饱和区。图 1.26 中，特性曲线迅速上升和弯曲部分之间的区域称为饱和区。三极管工作在饱和状态时具有如下特点。

a. 三极管的发射结和集电结均正向偏置。

b. 三极管的电流放大能力下降，通常有 $I_C < \beta I_B$。

c. U_{CE} 的值很小，称此时的电压 U_{CE} 为三极管的饱和压降，用 U_{CES} 表示。一般硅三极管的 U_{CES} 约为 0.3V，锗三极管的 U_{CES} 约为 0.1V。

d. 三极管的集电极和发射极近似短接，三极管类似于一个开关导通。

三极管作为开关使用时，通常工作在截止和饱和导通状态；作为放大元件使用时，一般要工作在放大状态。

【例 1-4】一个工作在放大状态中的三极管，已经测得其 3 个引出端的电位分别为①3.5V、②6.6V 和③2.8V。试问此三极管是什么类型？3 个引出端分别对应管子的什么电极？

解：因为管子工作在放大区，而且有 6.6V > 3.5V > 2.8V，所以根据放大状态的特点：①端应该对应三极管的基极 b；②端对应三极管的集电极 c；③端对应三极管的发射极 e；此三极管为 NPN 型的硅管。

2. 三极管的主要参数

三极管的参数有很多，如电流放大系数、反向电流、耗散功率、集电极最大电流、最大反向电压等，这些参数可以通过查半导体手册来得到。三极管的参数是正确选定三极管的重要依据，下面介绍三极管的几个主要参数。

（1）共发射极电流放大系数 $\overline{\beta}$ 和 β

它是指从基极输入信号，从集电极输出信号，此种接法（共发射极）下的电流放大系数。

在共发射极接法下，静态无变化信号输入时，三极管集电极电流与基极电流的比值称为共发射极直流电流放大系数$\overline{\beta}$，表达式为：

$$\overline{\beta}=\frac{I_C}{I_B}$$

在交流工作状态下，三极管集电极电流变化量与基极电流变化量的比值称为共发射极交流电流放大系数β，表达式为：

$$\beta=\frac{\Delta I_C}{\Delta I_B}$$

一般$\beta \approx \overline{\beta}$，其值在20～100之间。

（2）极间反向电流

① 集电极基极间的反向饱和电流I_{CBO}。它是指发射极开路时，在其集电结上加反向电压得到的反向电流。I_{CBO}对温度十分敏感，该值越小，三极管的温度特性越好。

硅管的I_{CBO}比较小，为纳安数量级；锗管的I_{CBO}较大，为微安数量级。

② 集电极发射极间的穿透电流I_{CEO}。它是指基极开路（I_B=0）时，集电极到发射极间的电流。有关系$I_{CEO} \approx (1+\beta)I_{CBO}$。

I_{CEO}同I_{CBO}一样随温度的升高而增大，它也是衡量三极管热稳定性的一个重要参数，其值越小，三极管的热稳定性越好。硅三极管的反向电流小，应用中选用较多。

（3）极限参数

① 集电极最大允许电流I_{CM}。I_C增加时，β要下降。当β值下降到线性放大区β值的70%时，所对应的集电极电流称为集电极最大允许电流I_{CM}。三极管正常工作时，集电极电流I_C要小于I_{CM}，否则，管子的性能下降，严重时管子会因过流而损坏。

② 集电极最大允许损耗功率P_{CM}。它表示集电结上允许损耗功率的最大值，超过此值，三极管的性能会下降甚至烧坏。因此实际应用中，三极管集电极电流通过集电结时所产生的功耗P_C=I_CU_{CE}，要小于P_{CM}。如图1.27所示，虚线为管子的允许功率损耗线，虚线以内的区域表示管子工作时的安全区域。

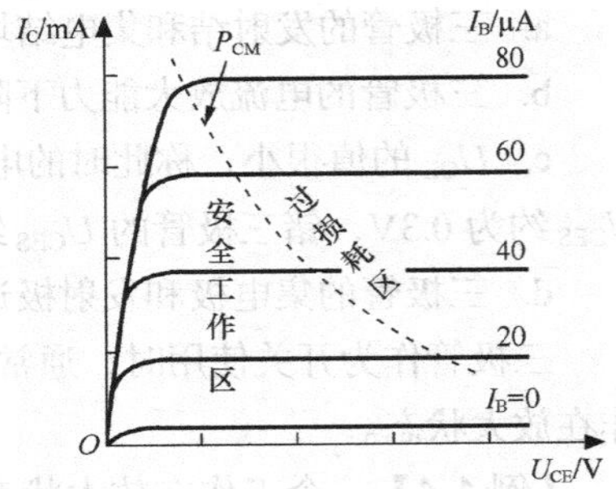

图1.27　三极管的安全工作区

P_{CM}与三极管的散热条件、最高允许结温和集电极最大电流密切相关。

通常将P_{CM}<1W的三极管称为小功率管，将1W<P_{CM}<5W的三极管称为中功率管，将P_{CM}≥5W的三极管称为大功率管。

③ 反向击穿电压。三极管有两个PN结，其反向击穿电压有以下几种。

$U_{(BR)EBO}$——集电极开路时，发射极与基极之间允许的最大反向电压。

$U_{(BR)CBO}$——发射极开路时，集电极与基极之间允许的最大反向电压。

$U_{(BR)CEO}$——基极开路时，集电极与发射极之间允许的最大反向电压值，一般为几十伏到几百伏以上。

选择三极管时，要保证反向击穿电压大于工作电压的两倍以上。

3. 温度对三极管特性的影响

同二极管一样，三极管也是一种对温度十分敏感的器件，随温度的变化，三极管的性能参数也会改变。

实验表明，随温度的升高，三极管的输入特性具有负的温度特性，即在相同的基极电流 I_B 下，U_{BE} 的值会随温度的升高而减小。温度每升高 1℃，U_{BE} 会下降约 2mV。对于三极管的输出特性，在相同的基极电流变化下，各条曲线之间的间隔会随温度的升高而拉宽，β 值会增大。温度每升高 1℃，β 值大约增大 1%。反向电流会随温度的升高而增大，温度每升高 1℃，反向饱和电流将增加一倍。图 1.28 和图 1.29 所示为三极管的特性曲线受温度的影响情况。

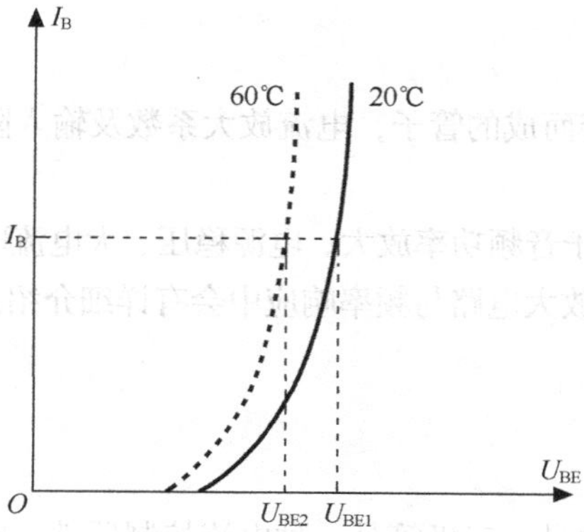

图 1.28　温度对三极管输入特性的影响

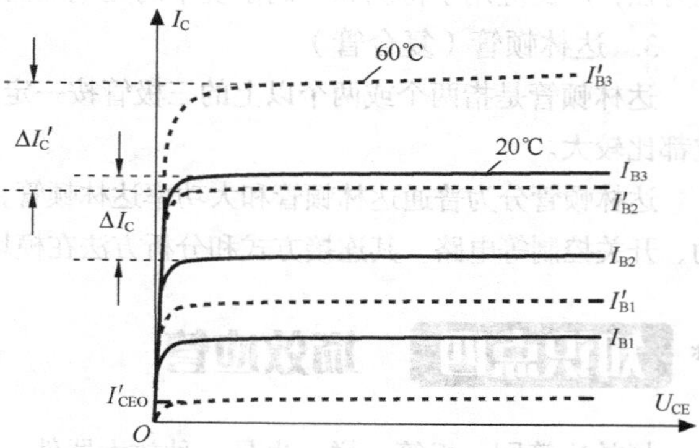

图 1.29　温度对三极管输出特性的影响

【例 1-5】 某一三极管的 P_{CM}=100mW，I_{CM}=20mA，$U_{(BR)CEO}$=15V。试问在下列几种情况下，哪种是正常工作？①U_{CE}=3V，I_C=10mA；②U_{CE}=2V，I_C=40mA；③U_{CE}=6V，I_C=20mA。

解： 对于①：因为 $U_{CE} < U_{(BR)CEO}$，$I_C < I_{CM}$，$P_C = I_C U_{CE}$=30mW $< P_{CM}$，所以是正常工作。

对于②：虽然有 $U_{CE} < U_{(BR)CEO}$，$P_C = I_C U_{CE}$=80mW $< P_{CM}$，但 I_C=40mA $> I_{CM}$=20mA，因此不是正常工作。

对于③：虽然有 $U_{CE} < U_{(BR)CEO}$，I_C=20mA $\leqslant I_{CM}$=20mA，但 $P_C = I_C U_{CE}$=120mW $> P_{CM}$，因此也不是正常工作。

（四）特殊三极管

1．光电三极管

光电三极管又叫光敏三极管，是一种相当于在三极管的基极和集电极之间接入一只光电二极管的三极管，光电二极管的电流相当于三极管的基极电流。此类管子，从结构上讲，其基区面积比发射区面积大很多，光照面积大，光电灵敏度比较高，因为具有电流放大作用，在集电极可以输出很大的光电流。

光电三极管有塑封、金属封装（顶部为玻璃镜窗口）、陶瓷、树脂等多种封装结构，引脚分为两脚和三脚型。一般两个管脚的光电三极管，管脚分别为集电极和发射极，而光窗口则为基极。图 1.30 所示为光电三极管的等效电路、符号和外形。

在无光照射时，光敏三极管处于截止状态，无电信号输出。当光信号照射其基极时，光敏三极管导通，从发射极或集电极输出放大后的电信号。

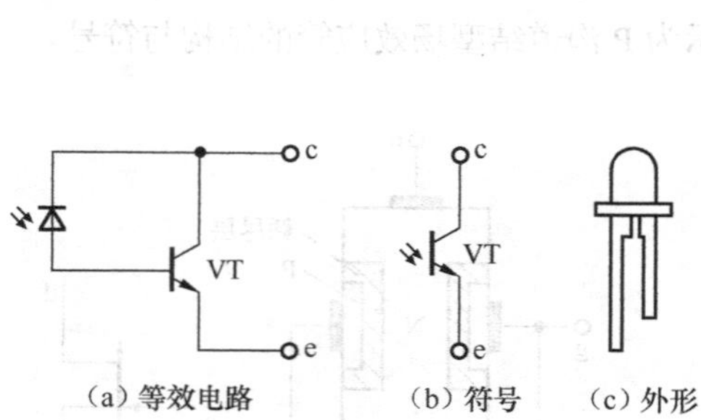

（a）等效电路　（b）符号　（c）外形

图 1.30　光电三极管的等效电路、符号和外形

2. 光耦合器

光耦合器是把发光二极管和光电三极管组合在一起的光电转换器件。图 1.31 所示为光耦合器的一般符号。

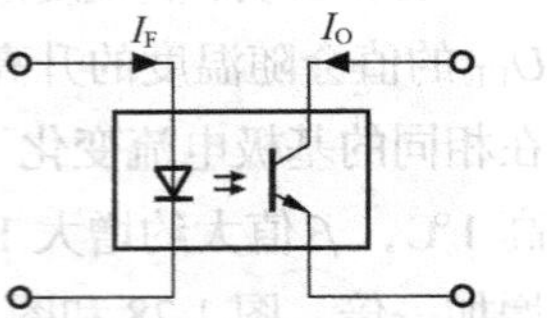

图 1.31　光耦合器的一般符号

此类器件以光为媒介，实现电—光—电的传递与转换，电路的输入回路和输出回路各自独立，不共地。因此，该类器件的抗干扰能力强，广泛应用于检测和控制系统中的光电隔离方面。

3. 达林顿管（复合管）

达林顿管是指两个或两个以上的三极管按一定方式连接而成的管子，电流放大系数及输入阻抗都比较大。

达林顿管分为普通达林顿管和大功率达林顿管，主要用于音频功率放大、电源稳压、大电流驱动、开关控制等电路。其连接方式和分析方法在模块三多级放大电路与频率响应中会有详细介绍。

*知识点四　场效应管

场效应管同三极管一样，也是一种放大器件，所不同的是：三极管是一种电流控制器件，它利用基极电流对集电极电流的控制作用来实现放大；而场效应管则是一种电压控制器件，它利用电场效应来控制其电流的大小，从而实现放大。场效应管工作时，内部参与导电的只有多子一种载流子，因此又称为单极性器件。

根据结构不同，场效应管分为两大类：结型场效应管和绝缘栅场效应管。

（一）结型场效应管

结型场效应管分为 N 沟道结型管和 P 沟道结型管。它们都具有 3 个电极：栅极、源极和漏极，分别与三极管的基极、发射极和集电极相对应。

1. 结型场效应管的结构与符号

以 N 沟道结型管为例，它是在一片 N 型半导体的两侧，用半导体工艺技术分别制作两个高浓度的 P 型区。两 P 型区相连引出一个电极，称为场效应管的栅极 G（g）。N 型半导体的两端各引出一个电极，分别作为管子的漏极 D（d）和源极 S（s）。两个 PN 结中间的 N 型区域称为导电沟道。图 1.32 所示为 N 沟道结型场效应管的结构与符号，结型场效应管符号中的箭头表示由 P 区指向 N 区。

P 沟道结型场效应管的构成与 N 沟道类似，只是所用杂质半导体的类型要反过来。图 1.33 所示为 P 沟道结型场效应管的结构与符号。

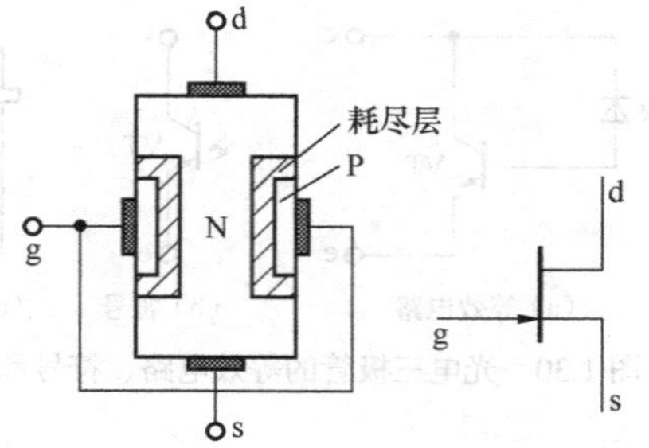

图 1.32　N 沟道结型场效应管的结构与符号

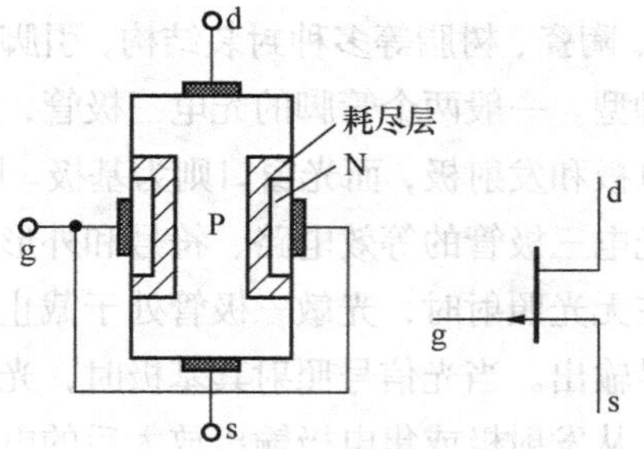

图 1.33　P 沟道结型场效应管的结构与符号

2. N 沟道结型场效应管的工作原理

① 当栅源电压 $U_{GS}=0$ 时，两个 PN 结的耗尽层比较窄，中间的 N 型导电沟道比较宽，沟道电阻小，如图 1.34 所示。

② 当 $U_{GS}<0$ 时，两个 PN 结反向偏置，PN 结的耗尽层变宽，中间的 N 型导电沟道相应变窄，沟道导通电阻增大，如图 1.35 所示。随 U_{GS} 越来越小，当 $U_{GS}\leqslant U_P$ 时，两个 PN 结的耗尽层完全合拢，N 型导电沟道被完全夹断，沟道导通电阻为无穷大。U_P 称为场效应管的夹断电压，如图 1.36 所示。

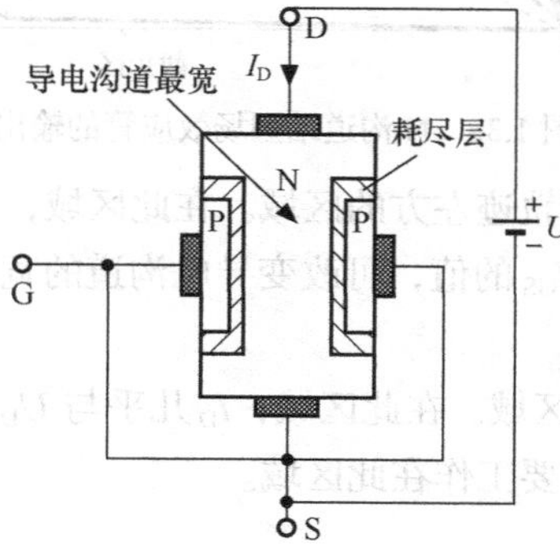

图 1.34　$U_{GS}=0$ 时的导电沟道

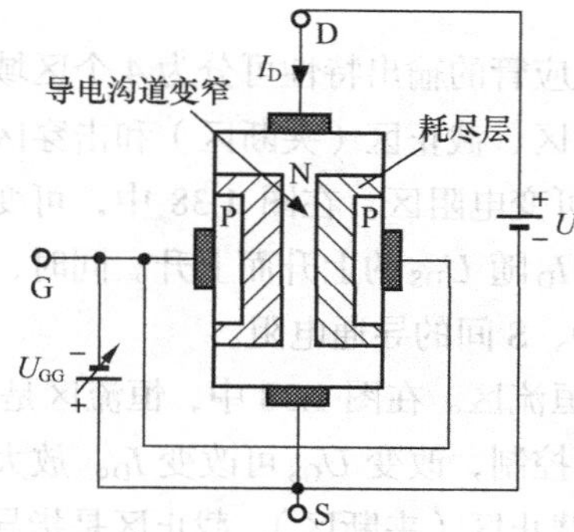

图 1.35　$U_{GS}<0$ 时的导电沟道

可见，调整栅源电压 U_{GS} 的值，可以改变导电沟道的宽度，从而调整沟道的导通电阻。

③ 当 $U_P<U_{GS}\leqslant 0$ 且 $U_{DS}>0$ 时，可产生漏极电流 I_D。I_D 的大小随栅源电压 U_{GS} 的变化而变化，从而实现电压对漏极电流的控制作用。

U_{DS} 的存在使得漏极附近的电位高，而源极附近的电位低，即沿 N 型导电沟道从漏极到源极形成一定的电位梯度，这样靠近漏极附近的 PN 结所加的反向偏置电压大，耗尽层宽；靠近源极附近的 PN 结反偏电压小，耗尽层窄，导电沟道成为一个楔形，如图 1.37 所示。

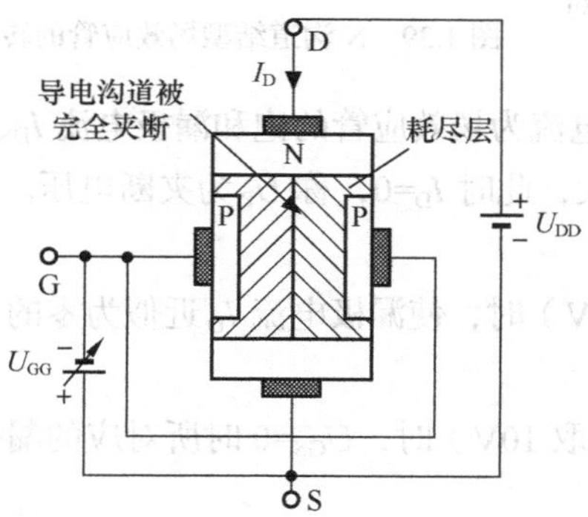

图 1.36　$U_{GS}<U_P$ 时的导电沟道

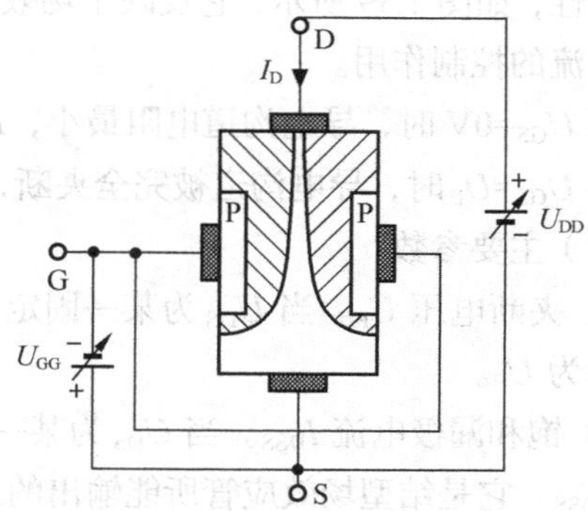

图 1.37　U_{GS} 和 U_{DS} 共同作用的情况

当 U_{DS} 较小时（$U_{GD}=U_{GS}-U_{DS}>U_P$），两个 PN 结之间的导电沟道是畅通的，这时，随 U_{DS} 的增大，漏极电流 I_D 增大；当 U_{DS} 上升到使得 $U_{GD}<U_P$ 时，导电沟道在漏极附近首先被夹断，称为预夹断。此后 U_{DS} 增加，预夹断长度增加，但 I_D 几乎不再随 U_{DS} 上升而上升。

另外，为实现场效应管栅源电压对漏极电流的控制作用，结型场效应管在工作时，栅极和源极之间的 PN 结必须反向偏置。

3. 结型场效应管的特性曲线及主要参数

（1）输出特性曲线

输出特性曲线是指栅源电压 U_{GS} 一定时，漏极电流 I_D 与漏源电压 U_{DS} 之间的关系曲线，如图 1.38 所示。从图 1.38 中可见，一定的 U_{GS} 对应一条曲线，在曲线的起始部分随 U_{DS} 的增大，I_D 上升，但当 U_{DS} 大到一定值后，曲线则比较平坦。改变 U_{GS} 的值，可得到一组曲线。

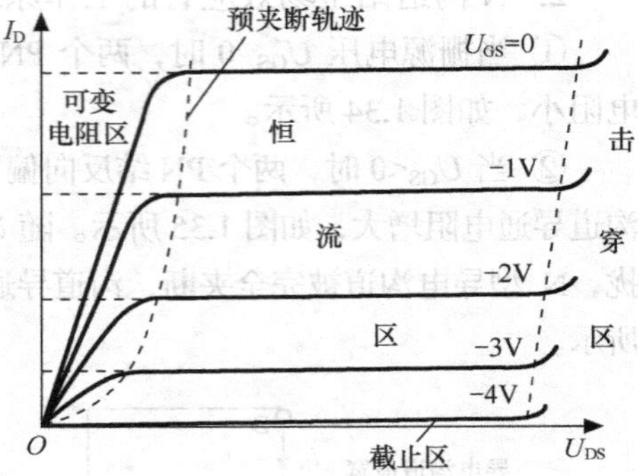

图 1.38　N 沟道结型场效应管的输出特性

场效应管的输出特性可分为 4 个区域：可变电阻区、恒流区、截止区（夹断区）和击穿区。

① 可变电阻区。在图 1.38 中，可变电阻区是指预夹断轨迹左方的区域。在此区域，导电沟道畅通，I_D 随 U_{DS} 的上升而上升。同时，在此区域，调整 U_{GS} 的值，可改变导电沟道的宽度，从而调整 D、S 间的导通电阻。

② 恒流区。在图 1.38 中，恒流区是指曲线比较平坦的区域。在此区域，I_D 几乎与 U_{DS} 无关，I_D 受 U_{GS} 控制，改变 U_{GS} 可改变 I_D。放大电路中的场效应管要工作在此区域。

③ 截止区（夹断区）。截止区是指导电沟道被完全夹断，$U_{GS} \leqslant U_P$ 的区域。在此区域，$I_D \approx 0$，漏极和源极间的电阻近似为无穷大，管子截止。

④ 击穿区。在图 1.38 中，击穿区是指随 U_{DS} 增大，I_D 突然增大的区域。在此区域，U_{DS} 比较大，管子击穿。正常工作时，场效应管不允许进入此区域。

（2）转移特性曲线

在场效应管的 U_{DS} 一定时，I_D 与 U_{GS} 之间的关系称为转移特性，如图 1.39 所示，它反映了场效应管栅源电压对漏极电流的控制作用。

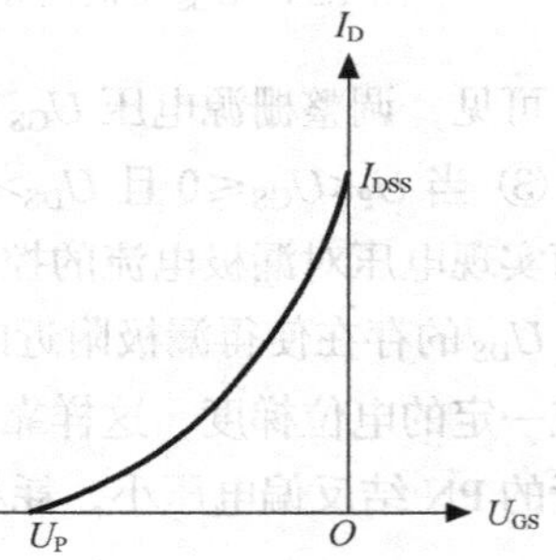

图 1.39　N 沟道结型场效应管的转移特性

当 U_{GS}=0V 时，导电沟道电阻最小，I_D 最大，称此电流为场效应管的饱和漏极电流 I_{DSS}。

当 $U_{GS}=U_P$ 时，导电沟道被完全夹断，沟道电阻最大，此时 I_D=0，称 U_P 为夹断电压。

（3）主要参数

① 夹断电压 U_P。当 U_{DS} 为某一固定值（一般取 10V）时，使漏极电流 I_D 近似为零的栅源电压值称为 U_P。

② 饱和漏极电流 I_{DSS}。当 U_{DS} 为某一固定值（一般取 10V）时，U_{GS}=0 时所对应的漏极电流称为 I_{DSS}。它是结型场效应管所能输出的最大电流。

③ 直流输入电阻 R_{GS}。它是指栅源之间所加的一定电压与栅源电流的比值。场效应管正常工作时，栅极几乎不取电流，直流输入电阻很大，结型场效应管的 $R_{GS} > 10^7\Omega$。

④ 最大耗散功率 P_{DM}。它是指管子允许的最大耗散功率，与三极管的 P_{CM} 相当。正常工作时，管子上的功率消耗不能超过 P_{DM}，否则会烧坏管子。

⑤ 低频跨导 g_m。g_m 为 U_{DS} 一定时，漏极电流的变化量与栅源电压变化量的比值，即

$$g_m = \frac{\Delta I_D}{\Delta U_{GS}}\Big|_{U_{DS}}$$

g_m反映了场效应管栅源电压对漏极电流的控制及放大作用，单位是 mS（毫西门子）。

⑥ 漏源击穿电压 $U_{(BR)DS}$。$U_{(BR)DS}$是指漏极和源极之间的击穿电压。使用时，U_{DS}不允许超过此值。

⑦ 栅源击穿电压 $U_{(BR)GS}$。$U_{(BR)GS}$是指栅源之间的击穿电压值。栅源之间一旦击穿将造成管子短路，使管子损坏。

（二）绝缘栅场效应管

绝缘栅场效应管是由金属（Metal）、氧化物（Oxide）和半导体（Semiconductor）材料构成的，因此又叫 MOS 管。

绝缘栅场效应管分为增强型和耗尽型两种，每一种又包括 N 沟道和 P 沟道两种类型。

增强型 MOS 管是指场效应管的栅源电压 U_{GS}=0 时，管子没有导电沟道，加上电压 U_{DS}，没有漏极电流 I_D 产生。管子需要一定的栅源电压来开启导电沟道。

耗尽型 MOS 管是指场效应管的栅源电压 U_{GS}=0 时，管子的导电沟道已经存在，加上电压 U_{DS}，就会有漏极电流 I_D 产生。不需要开启导电沟道。

1. 增强型绝缘栅场效应管

（1）结构与符号

以 N 沟道增强型 MOS 管为例，它以 P 型半导体作为衬底，用半导体工艺技术制作两个高浓度的 N 型区，两个 N 型区分别引出一个金属电极，作为 MOS 管的源极 S 和漏极 D；在 P 型衬底的表面生长一层很薄的 SiO_2 绝缘层，绝缘层上引出一个金属电极称为 MOS 管的栅极 G。B 为从衬底引出的金属电极，一般工作时衬底与源极相连。图 1.40 所示为 N 沟道增强型 MOS 管的结构与符号。

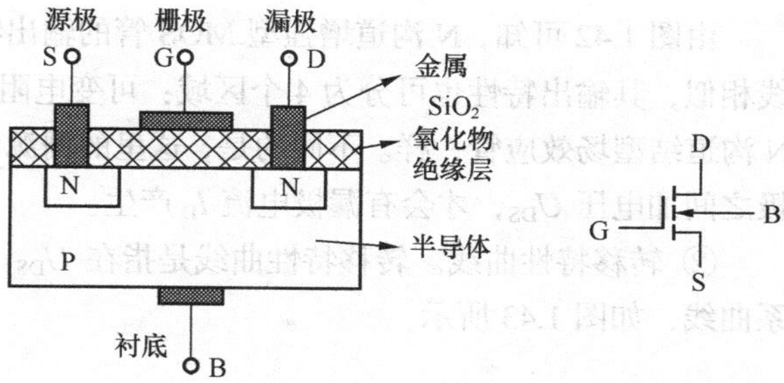

（a）结构　　　　（b）符号

图 1.40　N 沟道增强型 MOS 管的结构与符号

可见，管子构成后栅极 G 与漏极 D、源极 S 之间无电接触，有一层绝缘层，因此称管子为绝缘栅场效应管。D 和 S 之间有两个背靠背的 PN 结，没有导电沟道，加上电压 U_{DS}，也不会有漏极电流 I_D 产生。

符号中的箭头表示从 P 区（衬底）指向 N 区（N 沟道），虚线表示增强型。

（2）N 沟道增强型 MOS 管的工作原理

如图 1.41 所示，在栅极 G 和源极 S 之间加电压 U_{GS}，漏极 D 和源极 S 之间加电压 U_{DS}，衬底 B 与源极 S 相连。

当 U_{GS}=0 时，漏极和源极之间为两个背靠背的 PN 结，其中有一个 PN 结反向偏置，电阻很大，D 和 S 之间无电流流过，如图 1.41（a）所示。

当 U_{GS}>0 时，在 U_{GS} 的作用下，D 和 S 间绝缘层中会产生一个垂直于 P 衬底表面的电场，此电场的方向排斥 P 型衬底的空穴，但会吸引 P 型衬底的自由电子，使自由电子汇集到衬底表面上来。随 U_{GS} 增大，衬底表面汇集的自由电子增多。当 U_{GS} 达到一定值后，这些电子在 P 型衬底表面形成一个自由电子层（又叫反型层或 N 型层），把漏极 D 和源极 S 连接起来，此 N 型层即为 D、S 间的导电沟道。此时若在 D、S 间加电压 U_{DS}，就会有漏极电流 I_D 产生。

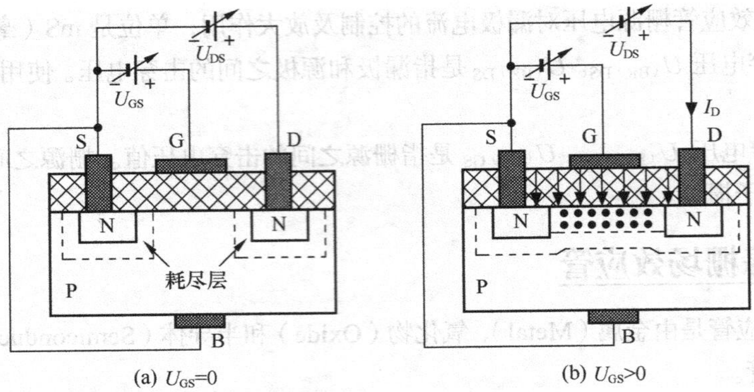

图 1.41　N 沟道增强型 MOS 管加栅源电压 U_{GS}

形成导电沟道所需要的最小栅源电压 U_{GS}，称为开启电压 U_T。改变栅源电压 U_{GS} 的值，就可调整导电沟道的宽度，从而改变导电沟道的导通电阻，达到控制漏极电流的目的。

可见，此类管子在栅源电压 $U_{GS}=0$ 时，D、S 间没有导电沟道；$U_{GS}\geqslant U_T$ 时，才有沟道形成，因此称此类管子为增强型管。

（3）特性曲线

① 输出特性（漏极特性）曲线。它是指 U_{GS} 一定时，漏极电流 I_D 与电压 U_{DS} 之间的关系曲线。图 1.42 所示为 N 沟道增强型 MOS 管的输出特性曲线。

由图 1.42 可知，N 沟道增强型 MOS 管的输出特性曲线与 N 沟道结型场效应管的输出特性曲线相似，其输出特性也可分为 4 个区域：可变电阻区、恒流区、截止区和击穿区，各区的含义与 N 沟道结型场效应管一样。不同的是，这里的栅源电压 U_{GS} 要大于开启电压 U_T，这时在漏极和源极之间加电压 U_{DS}，才会有漏极电流 I_D 产生。

② 转移特性曲线。转移特性曲线是指在 U_{DS} 一定时，漏极电流 I_D 与栅源电压 U_{GS} 之间的关系曲线，如图 1.43 所示。

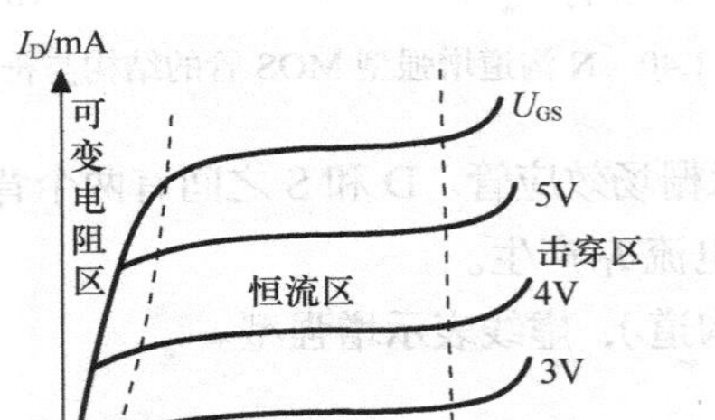

图 1.42　N 沟道增强型 MOS 管的输出特性

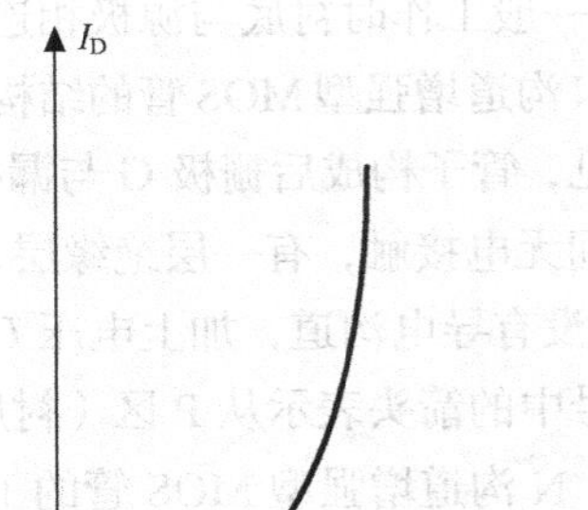

图 1.43　N 沟道增强型 MOS 管的转移特性

2. 耗尽型绝缘栅场效应管

（1）结构、符号与工作原理

以 N 沟道耗尽型管为例。这种管子与 N 沟道增强型管的结构类似，不同的是在制作时，SiO_2 绝缘层里面加入了大量的正离子，正离子可以把 P 型衬底的自由电子吸引到表面上来，形成一个 N 型层。所以，此类管子由于正离子的作用，即使栅源电压 $U_{GS}=0$，漏极 D 和源极 S 之间仍有导电沟道存在，加上电压 U_{DS}，即可产生电流 I_D。

图 1.44 所示为 N 沟道耗尽型 MOS 管的结构与符号，箭头表示由 P 区指向 N，实线表示耗尽型。

当 $U_{GS}>0$ 时，会吸引更多的电子到表面上来，导电沟道加宽，沟道电阻变小。

当 $U_{GS}<0$ 时，吸引到衬底表面的电子减少，导电沟道变窄，沟道电阻变大，当 U_{GS} 电压达到一定负值后，沟道会夹断，电阻为无穷大。这时，即使加上电压 U_{DS}，亦不会有电流 I_D 产生，此时对应的栅源电压 U_{GS} 称为夹断电压 U_P。

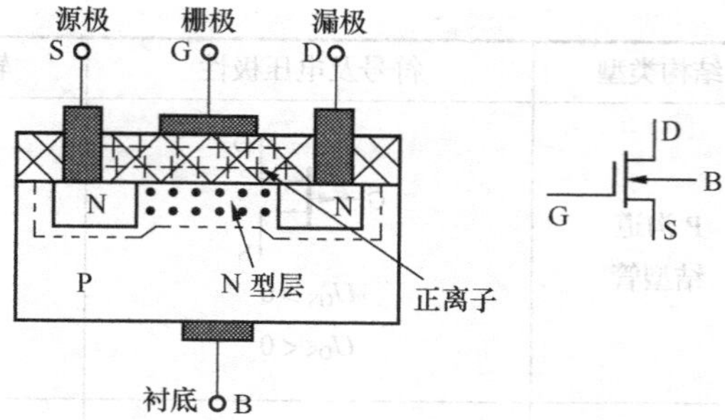

（a）结构　　（b）符号

图 1.44　N 沟道耗尽型 MOS 管的结构与符号

（2）特性曲线

图 1.45 所示为 N 沟道耗尽型 MOS 管的输出特性和转移特性。取 U_{DS} 为一定值（一般为 10V），U_{GS}=0 时，对应的漏极电流称为饱和漏极电流 I_{DSS}。

从图 1.45 中可见，耗尽型 MOS 管工作时，其栅源电压 U_{GS} 可以为 0，也可以取正值或负值，这个特点使其在应用中具有更大的灵活性。

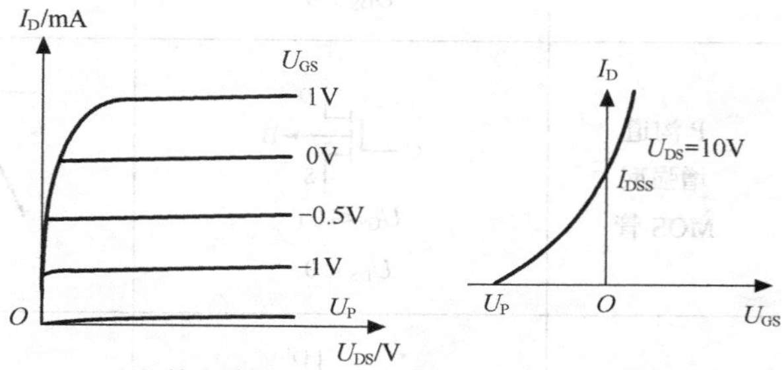

（a）输出特性　　（b）转移特性

图 1.45　N 沟道耗尽型 MOS 管的输出特性和转移特性

3. 绝缘栅场效应管的主要参数

开启电压 U_T 是指 U_{DS} 为一定值时，形成导电沟道，使增强型 MOS 管导通所需要的栅源电压值。

其他主要参数与结型管的含义相同，如直流输入电阻 R_{GS}、夹断电压 U_P、饱和漏极电流 I_{DSS}、漏源击穿电压 $U_{(BR)DS}$、栅源击穿电压 $U_{(BR)GS}$、最大耗散功率 P_{DM}、低频跨导 g_m 等。只是 MOS 管的栅极与源极之间，因为有 SiO_2 绝缘层的存在，其直流输入电阻 R_{GS} 比较大，可以达到 10^9～10^{15}Ω。

（三）各种场效应管的特性曲线与符号比较

各种类型场效应管的符号、电压极性及特性曲线如表 1.4 所示。

表 1.4　　各种类型场效应管的符号、电压极性及特性曲线

结构类型	符号及电压极性	转移特性 $i_D=f(u_{GS})$	输出特性 $i_D=f(u_{DS})$
N 沟道结型管	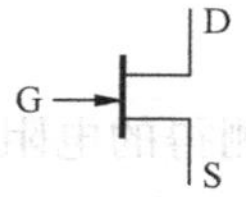 $U_{GS}\leqslant 0$ $U_{DS}>0$	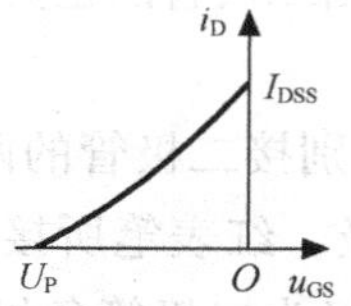 ($U_P<0$)	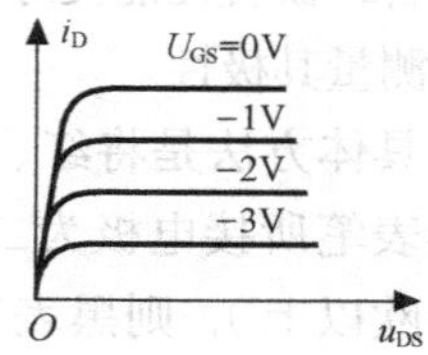

续表

结构类型	符号及电压极性	转移特性 $i_D=f(u_{GS})$	输出特性 $i_D=f(u_{DS})$
P 沟道结型管	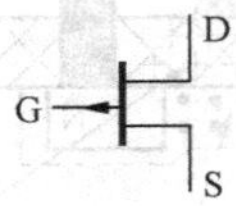 $U_{GS}\geqslant 0$ $U_{DS}<0$	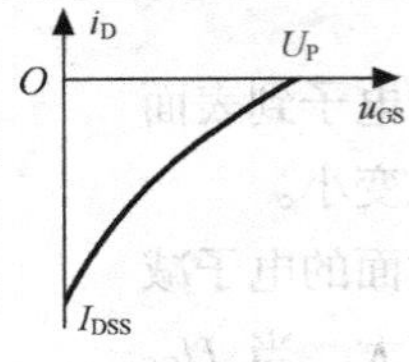 $(U_P>0)$	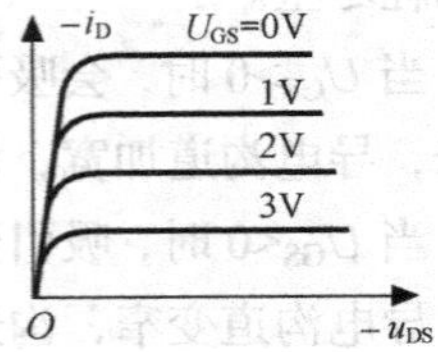
N 沟道增强型 MOS 管	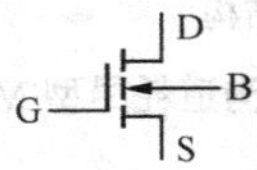 $U_{GS}\geqslant U_T$ $U_{DS}>0$	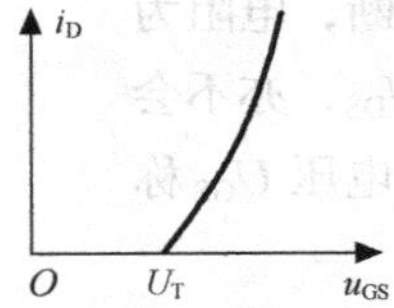 $(U_T>0)$	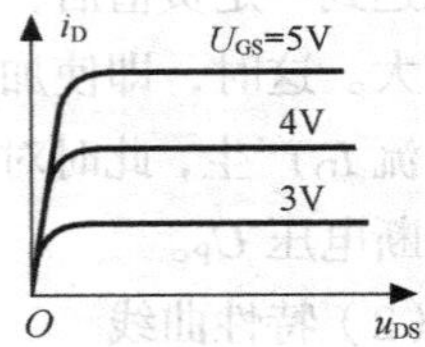
P 沟道增强型 MOS 管	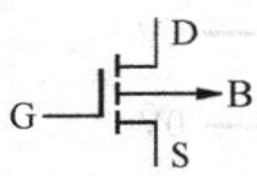 $U_{GS}\leqslant U_T$ $U_{DS}<0$	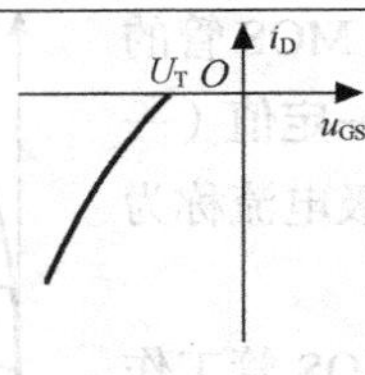 $(U_T<0)$	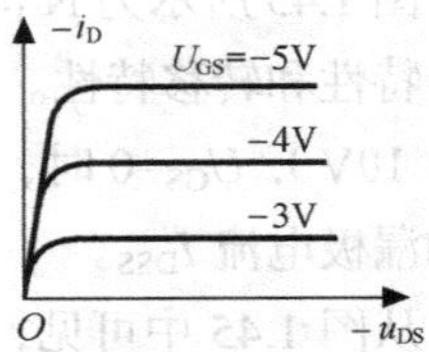
N 沟道耗尽型 MOS 管	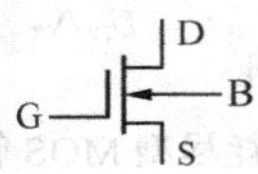 $U_{GS}\geqslant U_P$ $U_{DS}>0$	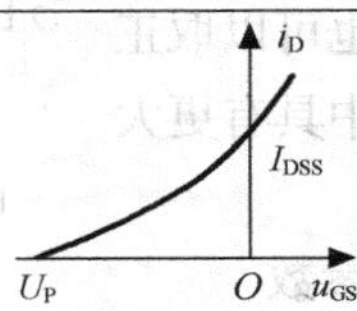 $(U_P<0)$	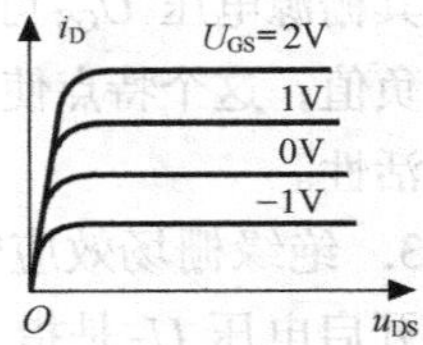
P 沟道耗尽型 MOS 管	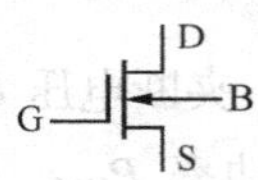 $U_{GS}\leqslant U_P$ $U_{DS}<0$	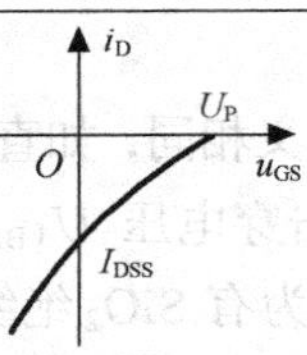 $(U_P>0)$	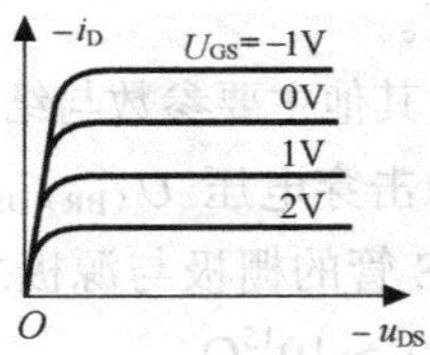

【能力培养】

（一）二极管的测试

1. 二极管极性的判定

若二极管性能良好，但看不出二极管的正负极性，可用万用表的欧姆挡（R×100Ω 或 R×1kΩ 挡）测量其极性。

具体方法是将红、黑表笔分别接二极管的两个电极，若测得的电阻值很小（几千欧以下），则黑表笔所接电极为二极管正极，红表笔所接电极为二极管的负极；若测得的阻值很大（几百千欧以上），则黑表笔所接电极为二极管负极，红表笔所接电极为二极管的正极，如图 1.46 所示。

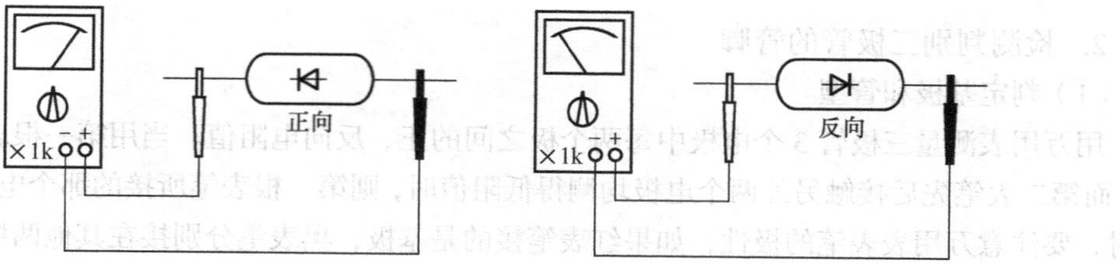

图 1.46　二极管极性的测试

2. 二极管好坏的判定

用万用表的欧姆挡（R×100Ω 或 R×1kΩ 挡）测量二极管的正、反向电阻。

① 若测得的反向电阻很大（几百千欧以上），正向电阻很小（几千欧以下），表明二极管性能良好。

② 若测得的反向电阻和正向电阻都很小，表明二极管短路，已损坏。

③ 若测得的反向电阻和正向电阻都很大，表明二极管断路，已损坏。

（二）三极管的检测

对中、小功率三极管的检测，可用万用表的 R×100Ω或 R×1kΩ挡测量。对于大功率三极管，可用万用表的 R×1Ω或 R×10Ω电阻挡测量。

1. 已知型号和管脚排列的三极管，判断其性能的好坏

（1）测量极间电阻

对中、小功率三极管，将万用表置于 R×100Ω或 R×1kΩ挡，按照红、黑表笔的 6 种不同接法进行测试。其中，发射结和集电结的正向电阻值比较低，其他 4 种接法测得的电阻值都很高，约为几百千欧至无穷大。但不管是低阻还是高阻，硅材料三极管的极间电阻要比锗材料三极管的极间电阻大得多。

（2）三极管的穿透电流 I_{CEO} 大小的判断

穿透电流 I_{CEO} 的数值近似等于管子的电流放大系数 β 和集电结的反向电流 I_{CBO} 的乘积。I_{CBO} 随着环境温度的升高增长很快，I_{CBO} 的增加必然造成 I_{CEO} 的增大。而 I_{CEO} 的增大将直接影响管子工作的稳定性，所以在使用中应尽量选用 I_{CEO} 小的管子。

通过用万用表电阻挡直接测量三极管 e-c 极之间的电阻方法，可间接估计 I_{CEO} 的大小。具体方法为对中、小功率三极管，万用表电阻的量程一般选用 R×100Ω或 R×1kΩ挡，对于 PNP 管，黑表笔接 e 极，红表笔接 c 极；对于 NPN 型三极管，黑表笔接 c 极，红表笔接 e 极，要求测得的电阻越大越好。e-c 间的阻值越大，说明管子的 I_{CEO} 越小；反之，所测阻值越小，说明被测管的 I_{CEO} 越大。一般说来，中、小功率硅管、锗材料低频管，其阻值应分别在几百千欧、几十千欧及十几千欧以上，如果阻值很小或测试时万用表指针来回晃动，则表明 I_{CEO} 很大，管子的性能不稳定。

（3）电流放大系数 β 的估计

以 NPN 型管为例，用万用表 R×1kΩ挡，黑表笔接集电极，红表笔接发射极，看好表针读数，其值应该很大（数兆欧）。然后，用手或一只 100kΩ左右的电阻，接于三极管的集电极与基极之间（注意不要相碰），此时，万用表的指针指示值应明显减小，表针摆动幅度越大，表明该管的电流放大能力越强，β 值越大。若检测 PNP 管，要将万用表的两表笔对调。

2. 检测判别三极管的管脚

（1）判定基极和管型

用万用表测量三极管3个电极中每两个极之间的正、反向电阻值。当用第一根表笔接某一电极，而第二表笔先后接触另外两个电极均测得低阻值时，则第一根表笔所接的那个电极即为基极。这时，要注意万用表表笔的极性，如果红表笔接的是基极，黑表笔分别接在其他两极时，测得的阻值都较小，则可判定被测三极管为PNP型管；如果黑表笔接的是基极，红表笔分别接触其他两极时，测得的阻值较小，则被测三极管为NPN型管。

（2）判定集电极c和发射极e

以NPN型管为例，确定基极后，假设其余两只管脚中的某一只是集电极，将黑表笔接触到此管脚上，红表笔则接触到假设的发射极上，用手指捏紧假设的集电极和已测出的基极（但不要相碰），观看万用表的指针指示，并记录电阻值。然后作相反假设，进行同样的测试并记录电阻值。比较两次读数的大小，若前者阻值小，说明前者的假设是对的，那么黑表笔所接的管脚是集电极，剩下的另一只管脚就是发射极。

图1.47所示为判别三极管c、e电极的原理图。若三极管为PNP型，所用方法相同，但要将万用表的红、黑表笔对调。

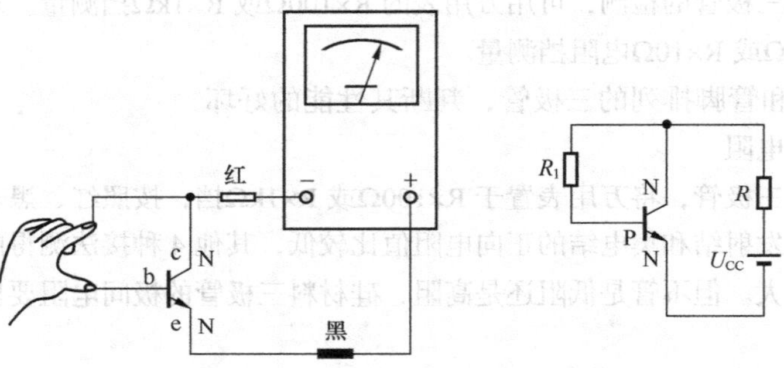

（a）判别示意图　　（b）等效电路

图1.47　判别三极管c、e电极的原理图

（三）二极管应用电路举例

普通二极管的应用范围很广，可用于开关、稳压、整流、限幅等电路。

【例1-6】二极管工作状态的判定。如图1.48所示电路，判定电路中硅二极管的工作状态，并计算U_{AB}的值。

解：判定二极管工作状态的方法如下。

① 假定断开二极管，估算其两端的电位。

② 接上二极管判定其是正偏还是反偏。若二极管正偏，则导通；否则二极管截止。

在图1.48中，假定VD断开，则VD上端A点电位和下端B点电位分别为6V和0V；接上VD，明显可见VD正偏导通。设硅二极管的正向导通压降为0.7V。VD导通后，其正极端比负极端的电位高出约0.7V，因此U_{AB}=0.7V。

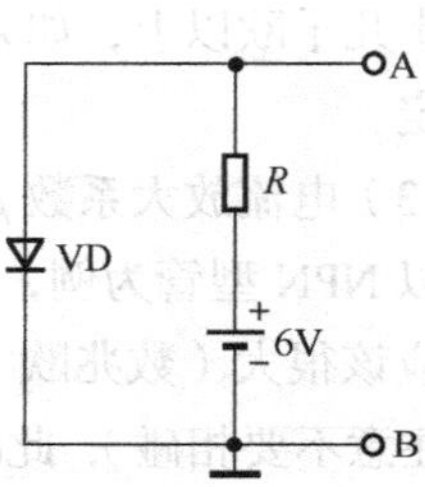

图1.48　判定二极管的工作状态

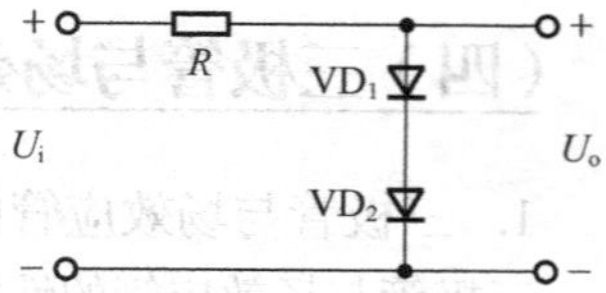

图 1.49　二极管低压稳压电路

【例 1-7】二极管低压稳压应用电路。图 1.49 所示为硅二极管构成的低压稳压电路，试计算 U_o的值。

解：利用二极管的正向导通压降，可以取得良好的低电压稳压性能。在图 1.49 所示低电压稳压电路中，若电网电压 U_i 大于 1.4V，两个硅二极管都加正向电压导通，输出电压 U_o为两个硅二极管的正向导通压降之和，即 U_o=1.4V。当 U_i 波动时（U_i 大于 1.4V），输出电压基本稳定在 1.4V。

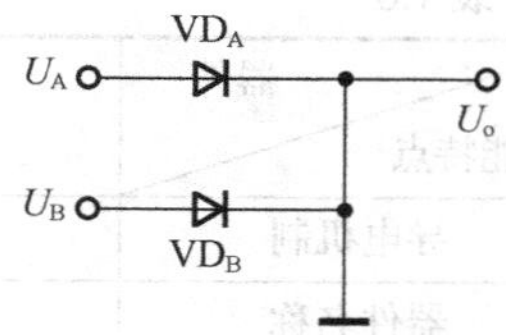

图 1.50　二极管开关电路

【例 1-8】二极管开关电路。如图 1.50 所示，设二极管理想。当 U_A、U_B 为 0V 和 5V 时，根据 U_A、U_B 取值的不同组合，判定二极管的工作状态，并计算 U_o。

解：理想二极管的正向导通压降为 0，反向截止时的电阻为无穷大。在图 1.50 中，因为二极管理想，正向导通压降为 0。根据 U_A、U_B 取值的不同组合，二极管的工作状态和输出电压 U_o 如表 1.5 所示。由表 1.5 可见，输入有一个为 5V，输出则为 5V，只有输入全为 0 时，输出才为 0，这种关系在数字电路中称为或逻辑关系。

表 1.5　　二极管工作状态及输入、输出电压的关系

输入电压		二极管工作状态		输出电压 U_o
U_A	U_B	VD_A	VD_B	
0V	0V	截止	截止	0V
0V	5V	截止	导通	5V
5V	0V	导通	截止	5V
5V	5V	导通	导通	5V

【例 1-9】二极管限幅电路。图 1.51 所示为双向限幅电路，设二极管理想，输入电压是幅度为 15V 的正弦波，试对应输入电压画出输出电压的波形。

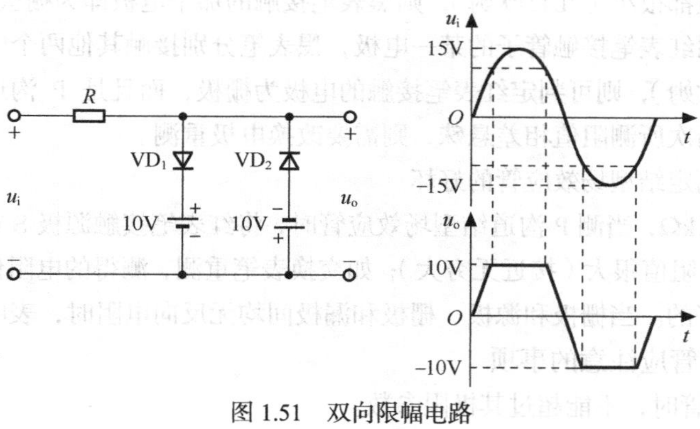

图 1.51　双向限幅电路

解：利用二极管的单向导电性及其导通压降很小且基本不变的特性，可以构成限幅电路，即根据需要，可以把输出电压的幅度限定在一定的范围之内。

在图 1.51 电路中，当输入电压大于 10V 时，VD_1 导通，VD_2 截止，输出电压被限定在 10V；当输入电压小于−10V 时，VD_1 截止，VD_2 导通，输出电压被限定在−10V；当输入电压在−10～+10V 之间变化时，VD_1 和 VD_2 均截止，$u_o=u_i$。可见，图 1.51 所示电路把输出电压限制在±10V 的范围之内。

（四）三极管与场效应管的性能特点比较及检测与选用

1. 三极管与场效应管的性能特点比较

三极管与场效应管的性能特点如表 1.6 所示。

表 1.6　三极管与场效应管的性能特点比较

性能特点 \ 器件	三极管	场效应管
导电机制	多子和少子都参与导电	只有多子参与导电
器件名称	三极管，晶体管，双极性管	场效应管，单极性管
器件类型	NPN 型，PNP 型	结型和绝缘栅型 N 沟道、P 沟道
控制方式	电流控制（I_B 控制 I_C）	电压控制（U_{GS} 控制 I_D）
放大控制参数	β（20～100）	g_m（1～6mS）
直流输入电阻	小（10^2～$10^5\Omega$）	大（10^7～$10^{15}\Omega$）
热稳定性	差	好
噪声	较大	比较小
抗辐射能力	差	强
制作工艺	较复杂	简单，成本低，易于集成化
静电影响	不受静电影响	易受静电影响
集成工艺	不易大规模集成	适宜大规模或超大规模集成

2. 结型场效应管的检测

（1）判定结型场效应管的栅极和管型

用万用表的 R×1kΩ，将黑表笔接触管子的某一电极，用红表笔分别接触管子的另外两个电极，若两次测得的电阻值都很小（几百欧姆），则黑表笔接触的那个电极即为栅极，而且是 N 沟道的结型场效应管。若用红表笔接触管子的某一电极，黑表笔分别接触其他两个电极时，两次测得的阻值都较小（几百欧姆），则可判定红表笔接触的电极为栅极，而且是 P 沟道的结型场效应管。在测量中，如出现两次所测阻值相差悬殊，则需要改换电极重测。

（2）用万用表判定结型场效应管的好坏

用万用表的 R×1kΩ，当测 P 沟道结型场效应管时，将红表笔接触源极 S 或漏极 D，黑表笔接触栅极 G，测得的电阻值很大（接近无穷大）；如交换表笔重测，测得的电阻值很小（几百欧姆），则表明场效应管是好的。当栅极和源极、栅极和漏极间均无反向电阻时，表明场效应管是坏的。

3. 选用场效应管应注意的事项

① 选用场效应管时，不能超过其极限参数。

② 结型场效应管的源极和漏极可以互换。

③ MOS 管有 3 个引脚时，表明衬底已经与源极连在一起，漏极和源极不能互换；有 4 个引脚时，源极和漏极可以互换。

④ MOS 管的输入电阻高，容易造成因感应电荷泄放不掉而使栅极击穿永久失效。因此，在存放 MOS 管时，要将 3 个电极引线短接；焊接时，电烙铁的外壳要良好接地，焊接时按漏极、

源极、栅极的顺序进行，而拆卸时按相反顺序进行；测试时，测量仪器和电路本身都要良好接地，要先接好电路再去除电极之间的短接。测试结束后，要先短接电极再撤除仪器。

⑤ 电源没有关时，绝对不能把场效应管直接插入到电路板中或从电路板中拔出来。

⑥ 相同沟道的结型场效应管和耗尽型 MOS 场效应管在相同电路中可以通用。

【模块总结】

1. 半导体材料中有两种载流子：自由电子和空穴，电子带负电，空穴带正电。在纯净半导体中掺入不同的杂质，可以得到 N 型半导体和 P 型半导体；N 型半导体中多子是自由电子，P 型半导体中多子是空穴。

2. PN 结的基本特点是具有单向导电性，PN 结正向偏置导通、反向偏置截止。

3. 二极管是由一个 PN 结构成的，同样具有单向导电性。其特性可以用伏安特性和一系列参数来描述。伏安特性有正向特性、反向特性及反向击穿特性。正向特性中有死区电压，硅二极管的死区电压约为 0.5V，锗二极管约为 0.1V。反向特性中有反向电流，反向电流越小，单向导电性越好，反向电流受温度影响大。反向击穿特性有反向击穿电压，二极管正常工作时其反向电压不能超过此值。

4. 二极管可用于限幅、稳压、开关等电路。稳压二极管稳压时，要工作在反向击穿区。稳压二极管的主要参数有稳定电压、稳定工作电流、耗散功率等。应用稳压管时，一定要配合限流电阻使用。

5. 三极管是由两个 PN 结构成的。工作时，有两种载流子参与导电，因此又称为双极性晶体管。三极管是一种电流控制电流型的器件，改变基极电流就可以控制集电极电流。三极管实现电流放大和控制的内部条件是基区做得很薄且掺杂浓度低，发射区的杂质浓度较高，集电区的面积较大；外部条件是发射结要正向偏置，集电结反向偏置。三极管的特性可用输入特性曲线和输出特性曲线来描述；其性能可以用一系列参数如电流放大系数、反向电流、极限参数等来表征。三极管有 3 个工作区：饱和区、放大区和截止区，在饱和区发射结和集电结均正偏，在放大区发射结正偏、集电结反偏，在截止区两个结均反偏。

6. 三极管和二极管均是非线性器件，均对温度非常敏感。

7. 场效应管分为结型场效应管和 MOS 场效应管两种。工作时只有一种载流子参与导电，因此称为单极性晶体管。场效应管是一种电压控制电流型器件，改变其栅源电压就可以改变其漏极电流。场效应管的特性可用转移特性曲线和输出特性曲线来描述，其性能可以用一系列参数如饱和漏极电流、夹断电压、开启电压、低频跨导、耗散功率等来表征。

习题及思考题

1．填空题

（1）半导体中有两种载流子，一种是________，另一种是________。

（2）在 N 型半导体中，多数载流子是________。在 P 型半导体中，主要靠其多数载流子________导电。

（3）PN 结的单向导电性表现为外加正向电压时________；外加反向电压时________。

（4）二极管的反向电流随外界温度的升高而________；反向电流越小，说明二极管的单向导电性________。一般硅二极管的反向电流比锗管________很多，所以应用中一般多选用硅管。

（5）稳压二极管在稳压时，应工作在其伏安特性的________区。

（6）三极管是一种________控制器件；而场效应管则是一种________控制器件。

（7）三极管工作在放大区的外部条件是发射结________偏置，集电结________偏置。

（8）三极管的输出特性分为 3 个区域，即________区、________区和________区。

（9）三极管在放大区的特点是当基极电流固定时，其________电流基本不变，体现了三极管的________特性。

（10）用在电路中的整流二极管，主要考虑两个参数________和________，选择时应适当留有余地。

（11）在放大区，对 NPN 型的三极管有电位关系：U_C________U_B________U_E；而对 PNP 型的管子，有电位关系：U_C________U_B________U_E。

（12）根据结构不同，场效应管分为两大类：________和________场效应管。

（13）为实现场效应管栅源电压对漏极电流的控制作用，结型场效应管在工作时，栅源之间的 PN 结必须________偏置。N 沟道结型场效应管的 U_{GS} 不能________ 0，P 沟道结型场效应管的 U_{GS} 不能________ 0。

（14）场效应管的参数________反映了场效应管栅源电压对漏极电流的控制及放大作用。

（15）场效应管与三极管相比较，其特点是输入电阻比较________，热稳定性比较________。

2．选择题

（1）本征半导体中，自由电子和空穴的数目是________。

① 相等　　② 自由电子比空穴的数目多　　③ 自由电子比空穴的数目少

（2）P 型半导体中的空穴数目多于自由电子，则 P 型半导体呈现的电性为________。

① 负电　　② 正电　　③ 电中性

（3）稳压二极管稳压，利用的是稳压二极管的________。

① 正向特性　　② 反向特性　　③ 反向击穿特性

（4）用万用表测量二极管的极性，将红、黑表笔分别接二极管的两个电极，若测得的电阻值很小（几千欧以下），则黑表笔所接电极为二极管的________。

① 正极　　② 负极　　③ 不能确定

（5）测得电路中一个 NPN 型三极管的 3 个电极电位分别为 U_C=6V、U_B=3V、U_E=2.3V，则可判定该三极管工作在________。

① 截止区　　② 饱和区　　③ 放大区

（6）三极管的电流放大系数 β，随温度的升高会________。

① 减小　　② 增大　　③ 不变

3．判断题

（1）二极管外加正向电压时呈现很大的电阻，而外加反向电压时呈现很小的电阻。（　　）

（2）普通二极管在电路中正常工作时，其所承受的反向电压应小于二极管的反向击穿电压，

否则会使二极管击穿损坏。 ( )

（3）三极管工作在饱和状态时，发射结和集电结均正向偏置；工作在截止状态时，两个结均反向偏置。 ( )

（4）场效应管的抗干扰能力比三极管差。 ( )

（5）三极管工作时有两种载流子参与导电，因此称为双极性器件；而场效应管工作时只有一种载流子参与导电，因此称为单极性器件。 ( )

（6）有些场效应管的源极和漏极可以互换。 ( )

4. 图 1.52 所示为二极管构成的各电路，设二极管的正向导通压降为 0.7V。

（1）判定各电路中二极管的工作状态。

（2）试求各电路的输出电压 U_o。

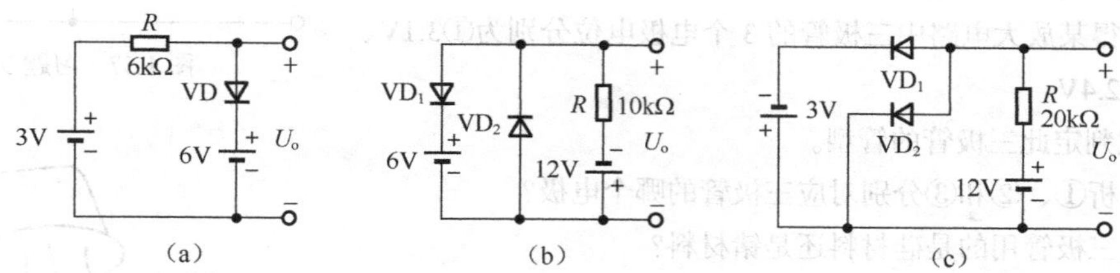

图 1.52 习题 4 图

5. 如图 1.53 所示，设变压器副边电压 u_2 的峰值为 10V，试对应 u_2 的波形画出输出电压 u_o 的波形。假设二极管理想。

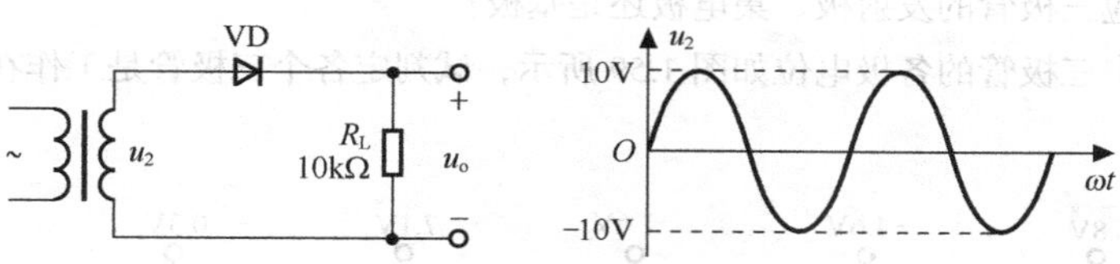

图 1.53 习题 5 图

6. 如图 1.54 所示，当输入电压为 $u_i=5\sin\omega t$V 时，试对应输入电压 u_i 画出输出电压 u_o 的波形。设二极管的正向导通压降为 0.7V。

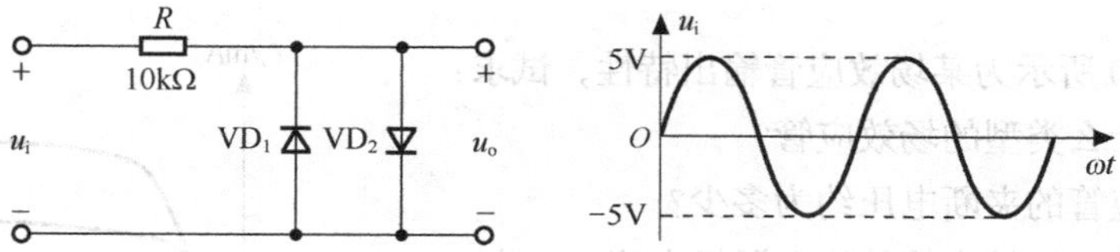

图 1.54 习题 6 图

7. 稳压管二极管稳压电路如图 1.55 所示，已知稳压管的稳定电压为 $U_Z=8$V，正向导通压降为 0.7V，当输入电压为 $u_i=15\sin\omega t$V 时，试对应输入电压 u_i 画出输出电压 u_o 的波形。

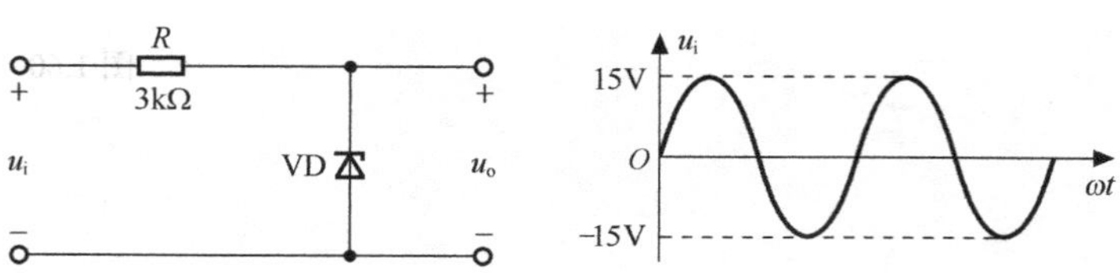

图 1.55 习题 7 图

8. 如图 1.56 所示，双向限幅电路中的二极管是理想元件，输入电压 u_i 从 0V 变到 100V。试画出电路的电压传输特性（u_o～u_i 关系的曲线）。

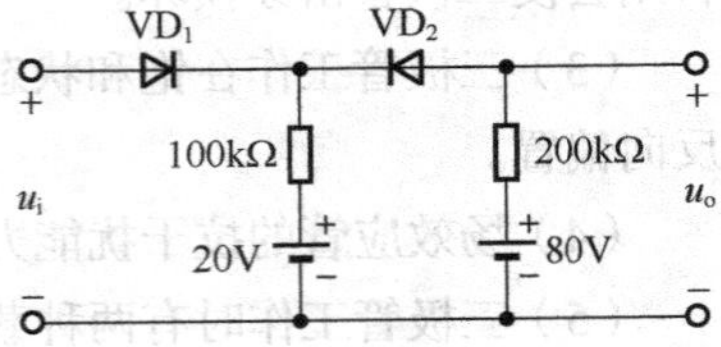

图 1.56　习题 8 图

9. 图 1.57 所示为稳压管稳压电路，当输入直流电压 u_i 为 20～22V 时，输出电压 u_o 为 12V，输出电流 I_o 为 5～15mA。

（1）试计算流过稳压管的最大电流。

（2）稳压管上的最大功耗。

（3）选取合适的稳压管型号。

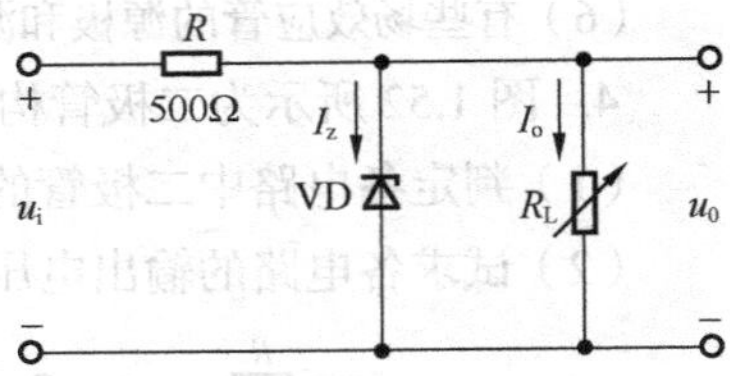

图 1.57　习题 9 图

10. 两个双极型三极管：A 管的 $\beta=200$，I_{CEO}=200μA；B 管的 $\beta=50$，I_{CEO}=50μA，其他参数相同，应选用哪一个？

11. 测得某放大电路中三极管的 3 个电极电位分别为①3.1V、②6.8V、③2.4V。

（1）试判定此三极管的管型。

（2）分析①、②和③分别对应三极管的哪个电极？

（3）此三极管用的是硅材料还是锗材料？

12. 图 1.58 所示为某放大三极管的电流流向和数值。

（1）此三极管是 NPN 型，还是 PNP 型？

（2）计算三极管的电流放大系数β。

（3）管脚①对应三极管的发射极、集电极还是基极？

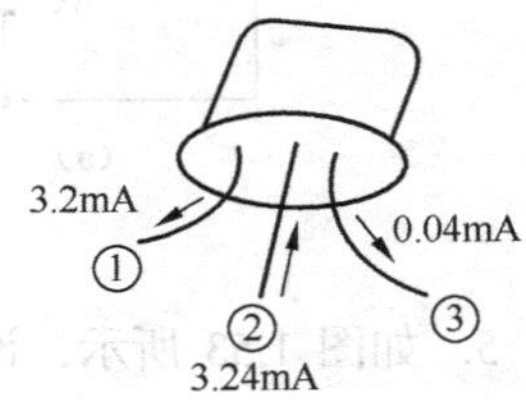

图 1.58　习题 12 图

13. 测得电路中三极管的各极电位如图 1.59 所示，试判定各个三极管是工作在截止、放大还是饱和状态？

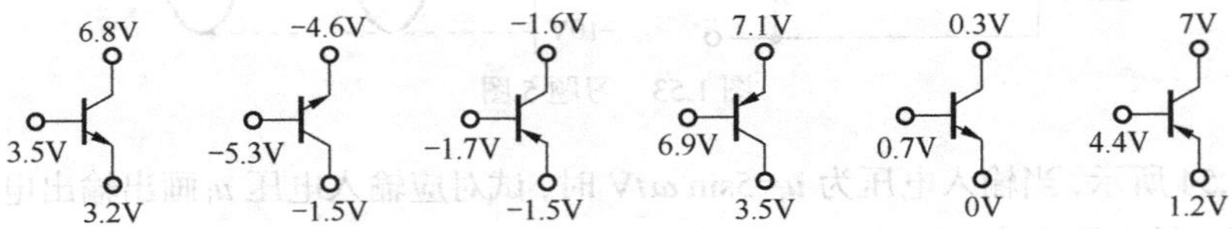

图 1.59　习题 13 图

* 14. 图 1.60 所示为某场效应管输出特性，试求：

（1）管子是什么类型的场效应管？

（2）此场效应管的夹断电压约为多少？

* 15. 一个结型场效应管的饱和漏极电流 I_{DSS} 为 4mA，夹断电压 U_P 为−2.4V。

（1）试定性画出其转移特性。

（2）此场效应管是 N 沟道管还是 P 沟道管？

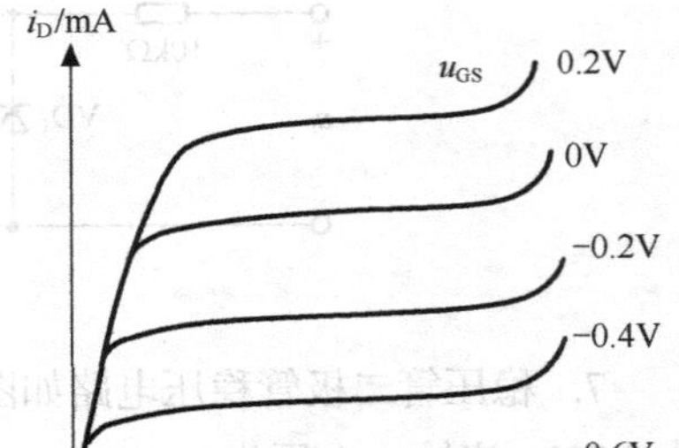

图 1.60　习题 14 图

模块二

基本放大电路

学习导读

放大电路最主要的作用是对微弱的电信号进行放大，以满足负载（如扬声器）的需要。本模块所介绍的基本放大电路几乎是所有模拟集成电路的基本单元电路，是模拟电子的基本内容。本模块从放大电路的 3 种连接方式入手，以基本共射极电路为例，介绍放大电路的组成、工作原理、分析方法。在此基础上，介绍各种常用的基本单元放大电路，如工作点稳定电路、共集电极电路、共基极电路等。

学习目标

掌握 3 种组态放大电路的基本构成及特点，非线性失真的概念，静态工作点的求解方法；会用微变等效电路分析法求解电压放大倍数、输入电阻和输出电阻，掌握工作点稳定电路稳定工作点的原理；了解放大电路工作的原理，图解分析方法，场效应管放大电路的分析方法；熟悉典型的单元电路如工作点稳定电路、共射极放大电路、共集电极放大电路等。

【相关理论知识】

知识点一　基本共射极放大电路

（一）三极管在放大电路中的 3 种连接方式

三极管有 3 个电极，它在组成放大电路时便有 3 种连接方式，即放大电路的 3 种组态：共射极、共集电极和共基极组态放大电路。

图 2.1 所示为三极管在放大电路中的 3 种连接方式。图 2.1（a）所示为从基极输入信号，从集电极输出信号，发射极作为输入信号和输出信号的公共端，此即共发射极放

大电路；图 2.1（b）所示为从基极输入信号，从发射极输出信号，集电极作为输入信号和输出信号的公共端，此即共集电极放大电路；图 2.1（c）所示为从发射极输入信号，从集电极输出信号，基极作为输入信号和输出信号的公共端，此即共基极放大电路。

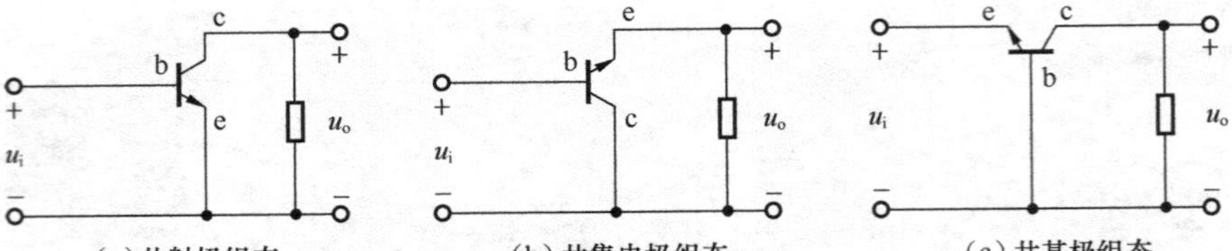

图 2.1　三极管的 3 种连接方式

（二）基本放大电路的组成和工作原理

1. 共射极放大电路

在 3 种组态放大电路中，共射极电路用得比较普遍。这里就以 NPN 型共射极放大电路为例，讨论放大电路的组成、工作原理以及分析方法。

图 2.2 所示为 NPN 型共射极放大电路的原理性电路。电路中各元件的作用如下。

（1）三极管

它是放大电路的核心器件，利用其基极电流对集电极电流的控制作用实现信号的放大。

（2）隔直耦合电容 C_1 和 C_2

电路中 C_1 和 C_2 一般是几微法（μF）到几十微法（μF）的电解电容器，其作用是隔离直流，通交流。

（3）基极回路电源 U_{BB} 和基极偏置电阻 R_b

U_{BB} 的极性要保证三极管的发射结正向偏置，并为基极提供适当的偏置电流 I_B。R_b 的阻值一般为几十千欧到几百千欧。

当 U_{BB}、R_b 确定时，偏置电流 I_B 也就基本确定，因此该电路又叫做固定偏流电路。

（4）集电极电源 U_{CC}

U_{CC} 称为集电极回路的电源，一般取值在几伏到几十伏之间。其作用有两个：一是保证三极管的集电结要反向偏置；二是为输出提供能量。

（5）集电极负载电阻 R_C

它的作用是将三极管集电极电流的变化转为电压的变化输出，从而实现电压的放大。

实际应用时，常把原理电路中的电源 U_{BB} 省去，基极偏置电阻 R_b 直接接到电源 U_{CC} 上，即三极管的基极和集电极共用一个电源。图 2.3 所示为单电源 NPN 共射极电路。

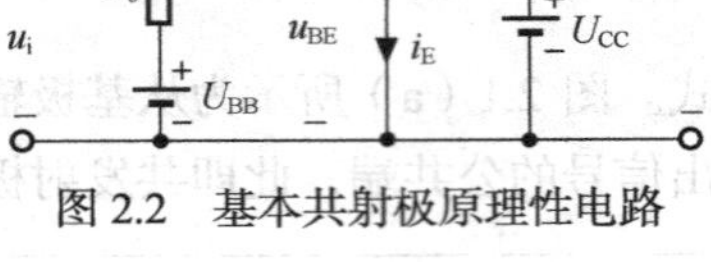

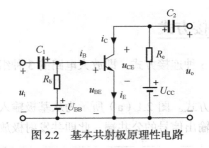

图 2.2　基本共射极原理性电路

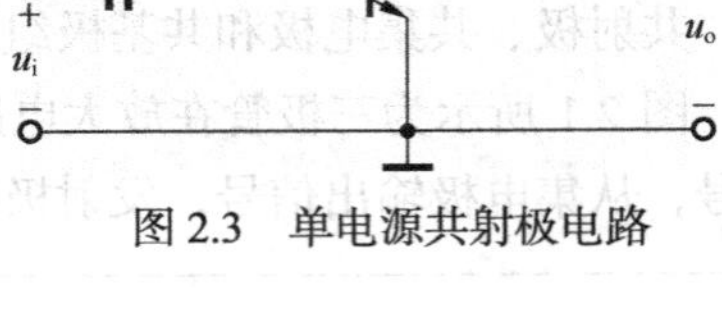

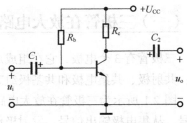

图 2.3　单电源共射极电路

在放大电路中，通常把输入回路、输出回路和直流电源 U_{CC} 的共同端点称为“地”，用“⊥”表示，并以此共同端电压作为零参考电位点（不一定真正接地）。这样电路中各点的电位指的就是该点与“地”之间的电压值。在画电路时，为了简化，常常省去直流电源的符号，只标出电源对“地”的电压数值和极性；输入、输出电压也经常画一端来表示，其中的“+”、“−”分别表示各电压对“地”假定的正方向，如图 2.3 所示。

电流的方向：对 NPN 型三极管而言，基极电流 i_B、集电极电流 i_C 流入电极为正，发射极电流 i_E 流出电极为正，这和 NPN 型三极管的实际电流方向相一致。

2. 电压、电流等符号的规定

放大电路中（见图 2.3）既有直流电源 U_{CC}，又有交流电压 u_i，电路中三极管各电极的电压和电流包含直流量和交流量两部分。为了分析的方便，各量的符号规定如下。

- 直流分量：用大写字母和大写下标表示，如 I_B 表示三极管基极的直流电流。
- 交流分量：用小写字母和小写下标表示，如 i_b 表示三极管基极的交流电流。
- 瞬时值：用小写字母和大写下标表示，它为直流分量和交流分量之和，如 i_B 表示三极管基极的瞬时电流值，$i_B=I_B+i_b$。
- 交流有效值：用大写字母和小写下标表示，如 I_b 表示三极管基极正弦交流电流有效值。
- 交流峰值：用交流有效值符号再增加小写 m 下标表示，如 I_{bm} 表示三极管基极正弦交流电流的峰值。

3. 放大电路实现信号放大的实质

待放大的交流信号 u_i 加到放大电路的输入端，经 C_1 交流耦合，输入信号 u_i 加到三极管的发射结上。随 u_i 的变化，会引起相应基极电流 i_B 的变化；因为三极管工作在放大状态，有关系式 $i_C=\beta i_B$，即 i_B 的变化会引起 i_C 作相应的变化。i_C 的变化通过电阻 R_c 产生电压降，从而转为电压的变化经 C_2 交流耦合传送出去形成 u_o。图 2.4 所示为放大电路实现信号放大的工作过程，其中 I_{BQ}、I_{CQ}、U_{CEQ} 是直流电源 U_{CC} 为三极管所提供的各电极的直流电流和电压，图中阴影部分是输入电压 u_i 的变化引起的三极管各电极电流和电压的变化量，即交流分量。

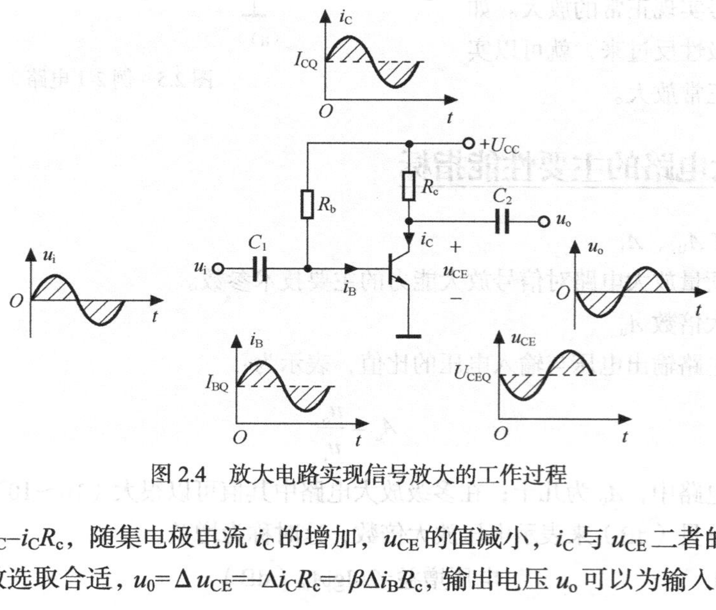

图 2.4　放大电路实现信号放大的工作过程

由于 $u_{CE}=U_{CC}-i_CR_c$，随集电极电流 i_C 的增加，u_{CE} 的值减小，i_C 与 u_{CE} 二者的变化方向刚好相反。如果电路参数选取合适，$u_0=\Delta u_{CE}=-\Delta i_CR_c=-\beta\Delta i_BR_c$，输出电压 u_o 可以为输入电压 u_i 的许多倍，

从而实现电压信号放大的目的。

假定输入电压 u_i 为幅值 50mV 的正弦波，它引起的基极电流变化量 $\Delta i_B=i_b=20\mu A$，设三极管的 β 为 50，集电极负载电阻 R_c 为 2kΩ，则有 $\Delta i_C=\beta\Delta i_B=1mA$，$u_o=\Delta u_{CE}=-\Delta i_C R_c=-2V$，即电压放大倍数为 $|A_u|=40$。可见共射极放大电路实现电压信号的放大，是利用三极管的基极电流 i_B 对集电极电流 i_C 的控制作用来实现的，即用一个小的变化量去控制实现一个较大的变化量。放大器放大的实质是实现小能量对大能量的控制和转换作用。根据能量守恒定律，在这种能量的控制和转换中，电源 U_{CC} 为输出信号提供能量。

需要特别注意的是，信号的放大仅对交流量而言。

4. 基本放大电路的组成原则

三极管具有 3 个工作状态：截止、放大和饱和。在放大电路中为实现其放大作用，三极管必须工作在放大状态。从上面放大电路的工作过程可概括出放大电路的组成原则。

① 外加电源的极性必须保证三极管的发射结正偏，集电结反偏。

② 输入电压 u_i 要能引起三极管的基极电流 i_B 作相应的变化。

③ 三极管集电极电流 i_C 的变化要尽可能地转为电压的变化输出。

④ 放大电路工作时，直流电源 U_{CC} 要为三极管提供合适的静态工作电流 I_{BQ}、I_{CQ} 和电压 U_{CEQ}，即电路要有一个合适的静态工作点 Q（详见本模块知识点二中（一）的内容）。

【例 2-1】 如图 2.5 所示的放大电路，电路能否实现对正弦交流信号的正常放大？

解： 图 2.5（a）所示为 NPN 型共射极放大电路。基极电源 U_{BB} 使得三极管的发射结反向偏置，因此电路不能对交流信号实现正常的放大。

图 2.5（b）所示为由 PNP 型三极管构成的放大电路。电路中电源 U_{CC} 的极性使三极管的发射结反偏，因此该电路也不能对交流信号实现正常的放大。如果把电源 U_{CC} 的极性反过来，就可以实现对交流信号的正常放大。

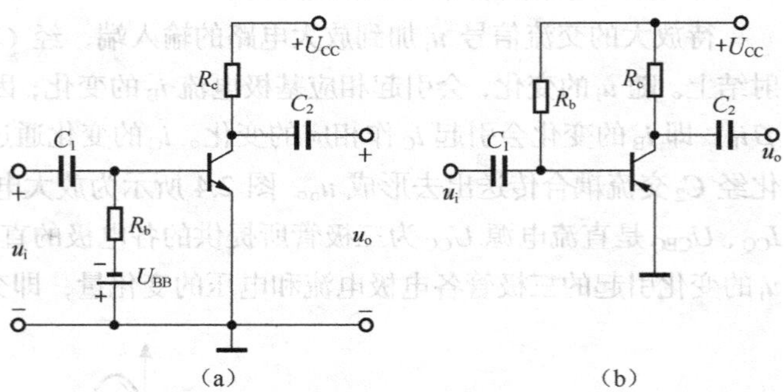

图 2.5　例 2-1 电路

（三）放大电路的主要性能指标

1. 放大倍数 A_u、A_i

放大倍数是衡量放大电路对信号放大能力的主要技术参数。

（1）电压放大倍数 A_u

它是指放大电路输出电压与输入电压的比值，表示为：

$$A_u=\frac{u_o}{u_i}$$

在单级放大电路中，A_u 为几十；在多级放大电路中其值可以很大（$10\sim10^6$）。工程上为了表示的方便，常用分贝（dB）来表示电压放大倍数，这时称为增益。

电压增益=20lg$|A_u|$（dB）

【例 2-2】①如果一个放大电路的电压放大倍数为 100 倍，用分贝作单位，其电压增益为多少分贝？②若一个放大电路的电压增益为 60dB（分贝），此放大电路的电压放大倍数为多少？

解：① 放大电路的电压增益为 40dB（分贝）。

② 放大电路的电压放大倍数为 1000 倍。

（2）电流放大倍数 A_i

它是指放大电路输出电流与输入电流的比值，表示为：

$$A_i = \frac{i_o}{i_i}$$

2. 输入电阻 R_i

放大电路对于信号源而言，相当于信号源的一个负载电阻。此电阻即为放大电路的输入电阻。换句话说，输入电阻相当于从放大电路的输入端看进去的等效电阻。图 2.6 所示为放大电路输入电阻的示意图，图中 u_s 和 R_s 分别为信号源电压和信号源内阻。

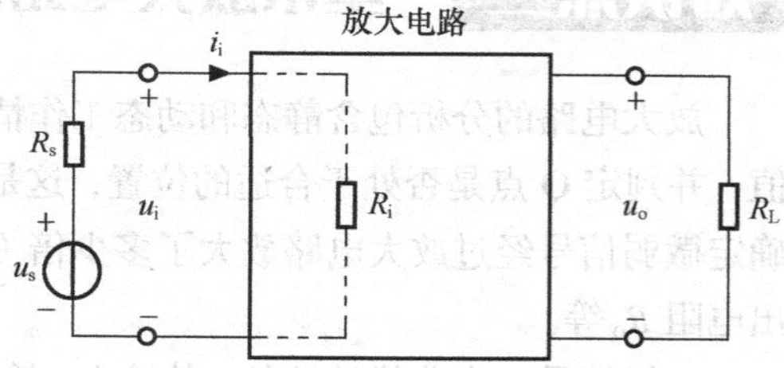

图 2.6　放大电路的输入电阻

在图 2.6 中，u_i 为实际加到放大电路两输入端的输入信号电压，i_i 为输入电压产生的输入电流，二者的比值即为放大电路的输入电阻 R_i，即：

$$R_i = \frac{u_i}{i_i}$$

输入电阻 R_i 的大小，直接影响到实际加到放大器上的输入电压值：$u_i = \dfrac{R_i}{R_i + R_s} u_s$

对于一定的信号源电路，输入电阻 R_i 越大，放大电路从信号源得到的输入电压 u_i 就越大，放大电路向信号源索取电流的能力也就越小。

3. 输出电阻 R_o

当负载电阻 R_L 变化时，输出电压 u_o 也相应变化，即从放大电路的输出端向左看，放大电路内部相当于存在一个内阻为 R_o、电压大小为 u_o' 的电压源，此内阻即为放大电路的输出电阻 R_o。图 2.7 所示为放大电路输出电阻的示意图。

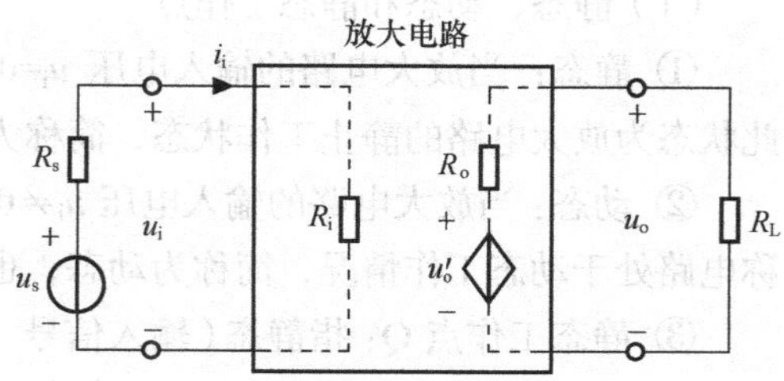

图 2.7　放大电路的输出电阻

R_o 的计算有两种方法。

（1）方法一

$R_o = \left(\dfrac{u_o'}{u_o} - 1\right) R_L$，其中，$u_o'$ 为负载开路时的输出电压。

此方法一般用于实验中定量测量 R_o。

（2）方法二

$$R_o = \frac{U_T}{I_T}\Big|_{u_s=0, R_L\to\infty}$$

令负载开路（$R_L\to\infty$），信号源短路（u_s=0），在放大电路的输出端加测试电压 U_T，则产生相应的电流 I_T，二者的比值即为放大电路的输出电阻。图 2.8 所示为求解放大电路输出电阻的等效电路。

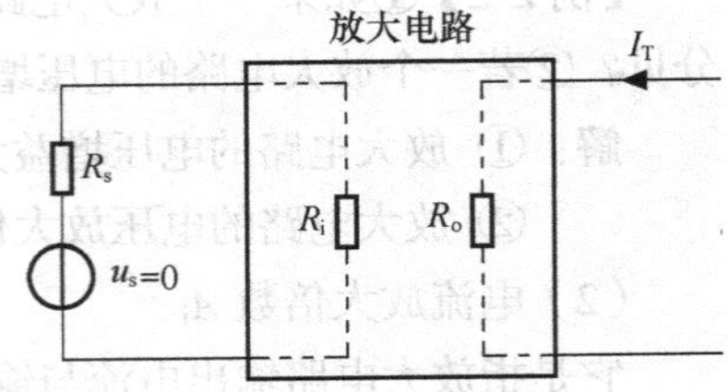

图 2.8　输出电阻的求解电路

当放大电路作为一个电压放大器来使用时，其输出电阻 R_o 的大小决定了放大电路的带负载能力。R_o 越小，放大电路的带负载能力越强，即放大电路的输出电压 u_o 受负载的影响越小。

知识点二　基本放大电路的分析方法

放大电路的分析包含静态和动态工作情况分析。静态分析主要是确定电路的静态工作点 Q 的值，并判定 Q 点是否处于合适的位置，这是三极管进行不失真放大的前提条件；动态分析主要是确定微弱信号经过放大电路放大了多少倍（如 A_u），放大器对交流信号所呈现的输入电阻 R_i、输出电阻 R_o 等。

三极管是一个非线性器件，其输入、输出特性均是非线性的，分析三极管构成的放大电路时，不能简单地用线性电路的分析方法，通常用图解分析方法和微变等效电路分析方法。

（一）放大电路的图解分析法

图解分析方法是指根据输入信号，在三极管的特性曲线上直接作图求解的方法。

1. 静态工作情况分析

（1）静态、动态和静态工作点

① 静态：当放大电路的输入电压 u_i=0 时，电路中各处的电压、电流均为固定的直流量，称此状态为放大电路的静止工作状态，简称为静态，也叫直流工作状态。

② 动态：当放大电路的输入电压 $u_i\neq0$ 时，电路中各处的电压、电流便随 u_i 处于变动的状态，称电路处于动态工作情况，简称为动态，也叫交流工作状态。

③ 静态工作点 Q：指静态（输入信号 u_i 为 0）时，直流电源 U_{CC} 为三极管提供的各电极直流电流和电压在三极管输入、输出特性曲线上确定的一个点，如图 2.9 所示。一般将静态工作点的值表示为 I_{BQ}、I_{CQ}、U_{BEQ}、U_{CEQ}。

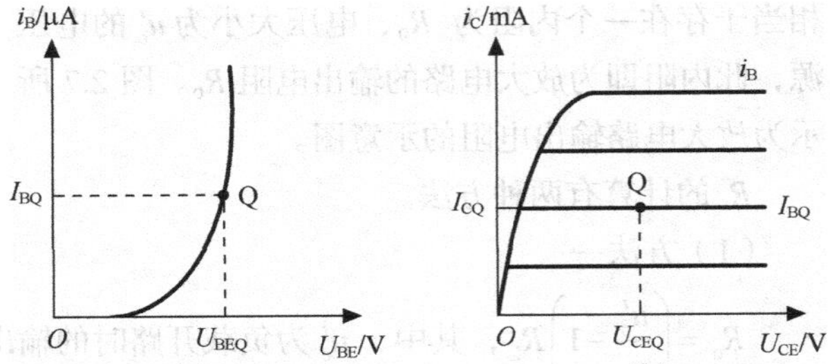

（a）　（b）

图 2.9　静态工作点 Q

（2）直流通路

放大电路中既有直流电源 U_{CC}，又有交流电压 u_i 输入，因此电路中直流、交流并存。因为隔直耦合电容的存在，电路中直流和交流的电流通路是不一样的。为了分析的方便，把电路中的直流量和交流量分开讨论。

直流通路：是指静态（u_i=0）时，电路中只有直流量，电流流过的通路。

画直流通路有以下两个要点。

① 电容视为开路。电容具有隔离直流的作用，直流电流无法通过它们，因此对直流信号而言，电容相当于开路。

② 电感视为短路。电感对直流电流的阻抗为零，可视为短路。

图 2.10 和图 2.11 所示分别为共射极放大电路及其直流通路。

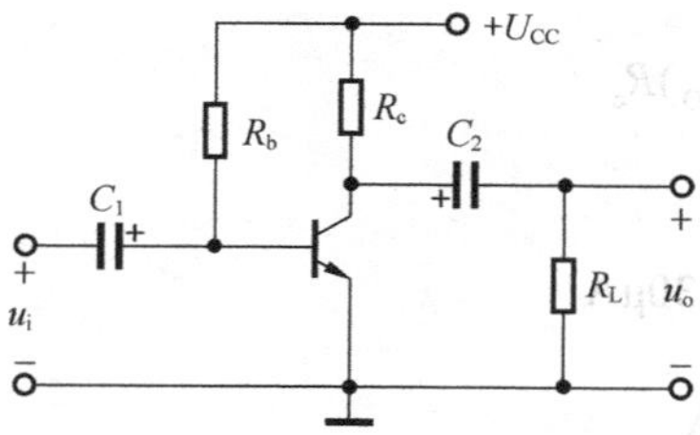

图 2.10　共射极放大电路

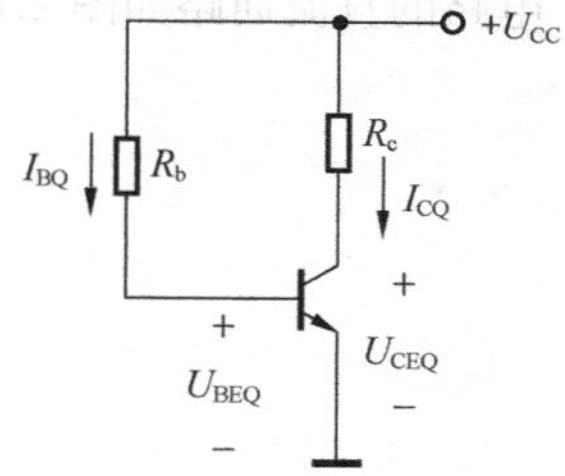

图 2.11　共射极电路的直流通路

估算电路的静态工作点 Q 时必须依据直流通路。

（3）Q 点的估算

根据直流通路，估算 Q 点有两种方法。

① 公式估算法确定 Q 点。以图 2.11 电路为例：

$$I_{BQ}=\frac{U_{CC}-U_{BEQ}}{R_b} \tag{2-1}$$

$$I_{CQ}=\beta I_{BQ} \tag{2-2}$$

$$U_{CEQ}=U_{CC}-I_{CQ}R_c \tag{2-3}$$

对 NPN 硅管 $U_{BEQ}\approx0.7V$，锗管 $U_{BEQ}\approx0.2V$。

【例 2-3】 如图 2.11 所示电路，已知 U_{CC}=10V，R_b=320kΩ，β=80，R_c=2kΩ，估算 Q 点的值。

解： 因为 $U_{CC}\gg U_{BE}$，所以：

$$I_{BQ}\approx\frac{U_{CC}}{R_b}=\frac{10}{320}\approx31\mu A$$

$$I_{CQ}=\beta I_{BQ}=80\times31\mu A\approx2.5mA$$

$$U_{CEQ}=U_{CC}-I_{CQ}R_c\approx10-2.5\times2=5V$$

② 图解法定 Q 点。设三极管的输出特性已知，以图 2.11 所示电路为例，从图中输出回路可得：

$$U_{CE}=U_{CC}-I_CR_c$$

电路中三极管压降 U_{CE} 和集电极电流 I_C 之间的关系是斜率为 $-\frac{1}{R_c}$ 的直线。如图 2.12 所示，此直线由直流通路获得，称为直流负载线。

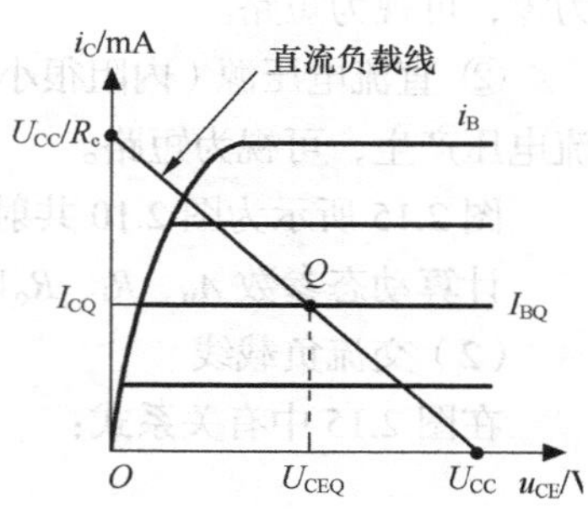

图 2.12　图解法确定 Q 点

三极管集电极电流 I_C 和电压 U_{CE} 既要满足输出特性，又要满足直流负载线，Q 点一定在二者的交点上。由关系式

$I_{BQ} \approx \dfrac{U_{CC}}{R_b}$（$U_{CC} \gg U_{BEQ}$）确定 I_{BQ} 的值，即可找到交点 Q，从而在图中可查出 I_{CQ}、U_{CEQ} 的值。

Q 点是由直流通路求得的，没有含输入信号 u_i，因此是静态工作点。

【例 2-4】 如图 2.13 所示的共射极放大电路，已知 β=50，U_{BE}=0.7V，U_{CC}=12V，试用公式估算法确定静态工作点 Q。

解： 电路的直流通路如图 2.14 所示。可列方程如下。

$$U_{CEQ} = U_{CC} - (I_{BQ} + I_{CQ})R_c$$

$$U_{CEQ} = I_{BQ}R_b + U_{BEQ}$$

$$I_{BQ} \approx \frac{U_{CC}}{R_b + (\beta + 1)\ R_c} \approx 30\mu A$$

$$I_{CQ} = \beta I_{BQ} = 1.5mA$$

$$U_{CEQ} \approx 12V - I_{CQ}R_c = 9V$$

即所求 Q 点值为：I_{BQ}=30μA，I_{CQ}=1.5mA，U_{CEQ}=9V。

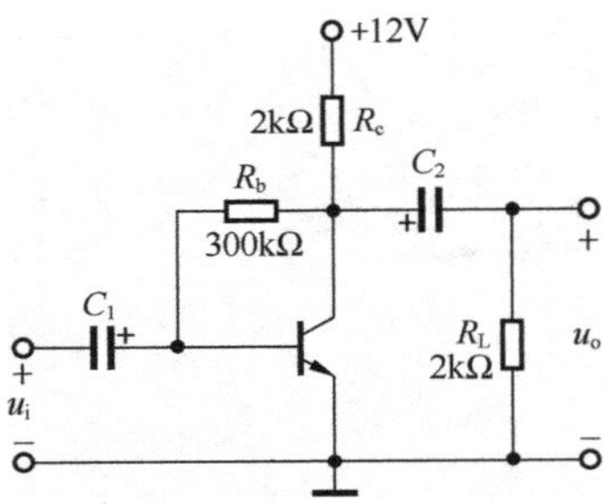

图 2.13　例 2-4 共射极放大电路图

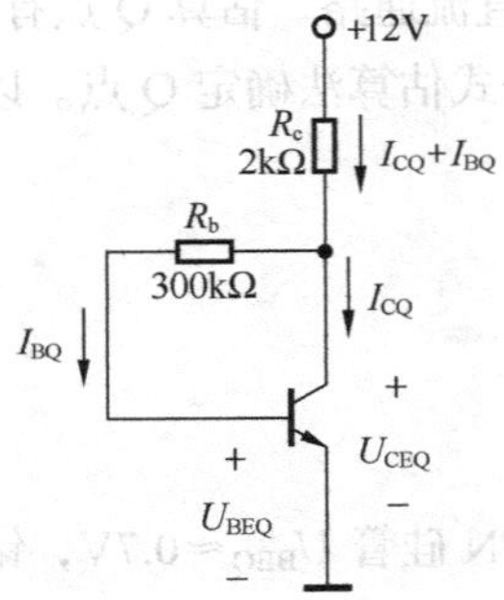

图 2.14　例 2-4 电路的直流通路

2. 动态工作情况分析

（1）交流通路

交流通路是指动态（$u_i \neq 0$）时，电路中交流分量流过的通路。

画交流通路时有以下两个要点。

① 耦合电容视为短路。隔直耦合电容的电容量足够大，对于一定频率的交流信号，容抗近似为零，可视为短路。

② 直流电压源（内阻很小，忽略不计）视为短路。交流电流通过直流电源 U_{CC} 时，两端无交流电压产生，可视为短路。

图 2.15 所示为图 2.10 共射极放大电路的交流通路。

计算动态参数 A_u、R_i、R_o 时必须依据交流通路。

（2）交流负载线

在图 2.15 中有关系式：

$$u_o = \Delta u_{CE} = -\Delta i_C R_c // R_L = -i_c R_L' \quad (2\text{-}4)$$

其中，$R_L' = R_c // R_L$ 称为交流负载电阻，负号表示电流 i_c 和电压 u_o 的方向相反。

定义过 Q 点，斜率为 $-\frac{1}{R'_L}$ 的负载线称为交流负载线。

交流变化量在变化过程中一定要经过零点，此时 $u_i=0$，与静点 Q 相符合，所以 Q 点也是动态过程中的一个点。交流负载线和直流负载线在 Q 点相交。图 2.16 所示为交流负载线。

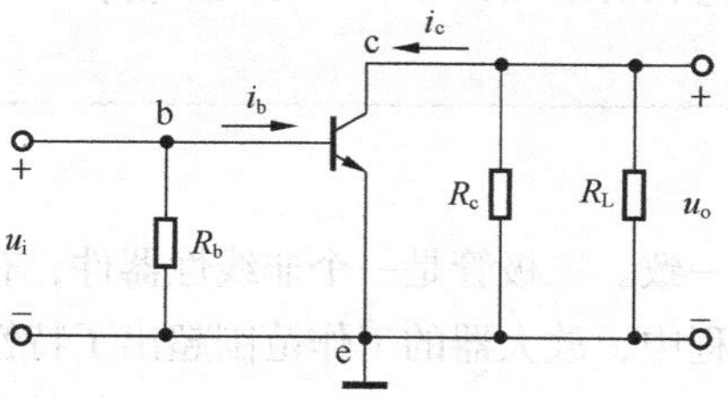

图 2.15 共射极电路的交流通路

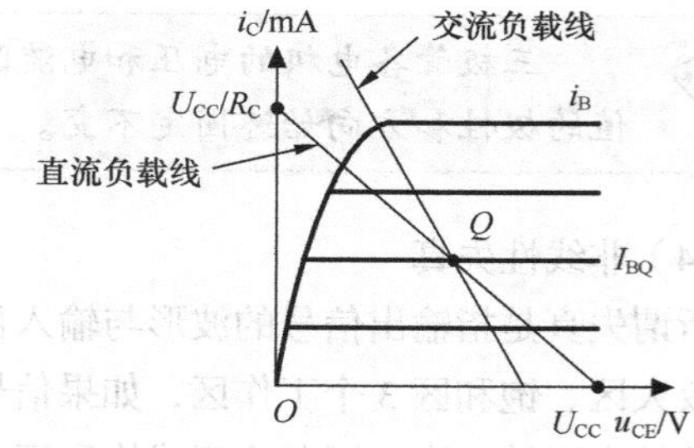

图 2.16 交流负载线

交流负载线由交流通路获得，且过 Q 点，因此交流负载线是动态工作点移动的轨迹。

（3）放大电路的动态工作范围

以图 2.10 为例，当电路接入正弦输入电压 u_i 时，电路中各点的电压、电流以 Q 点为平衡点作相应的变化。三极管各电极电压和电流的瞬时值包含直流量（Q 点值）和交流量两部分。此变化的过程可用图解分析，图 2.17 所示为电路的动态工作情况。

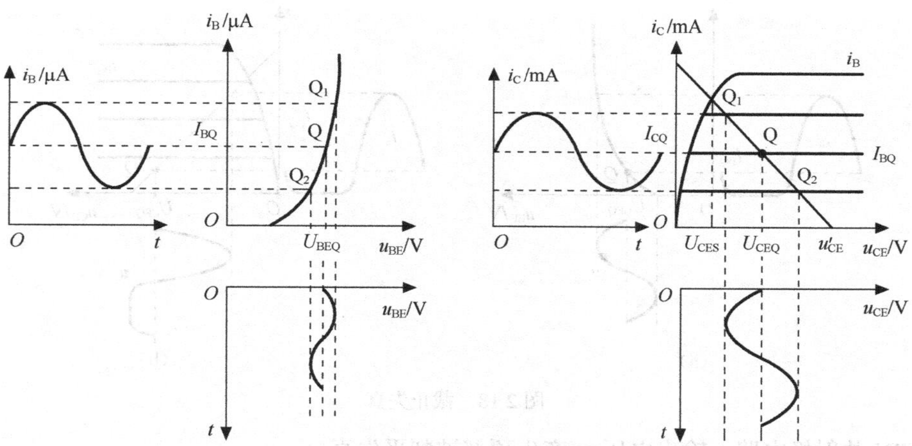

图 2.17 动态工作情况

① 输入电压 u_i 经 C_1 耦合叠加在 U_{BEQ} 上，u_{BE} 的瞬时值为 $u_{BE}=U_{BEQ}+u_{be}(u_i)$。

② 当 u_{BE} 上升时，引起 i_B 上升，动态工作点由 Q 点移动到 Q_1 点；随 u_{BE} 减小，工作点移动到 Q_2 点。i_B 瞬时值为 $i_B=I_{BQ}+i_b$。

③ 三极管工作在放大区，i_C 随 i_B 作相应的变化，i_C 瞬时值为 $i_C=I_{CQ}+i_c$。

④ 随 i_C 的增大，动态工作点由 Q 点移动到 Q_1 点，u_{CE} 值减小；随 i_C 减小，工作点移动到 Q_2 点，u_{CE} 值增大。u_{CE} 瞬时值为 $u_{CE}=U_{CEQ}+u_{ce}(u_o)$。其中，直流量 U_{CEQ} 被隔直耦合电容隔断，交流量 u_{ce} 经 C_2 耦合输出，形成 u_o。

从图 2.17 中可以看到，u_o 与 u_i 相位相反，相位差为 180°（π），即共射极放大电路输出电压与输入电压反相位，这种现象称为反相或倒相。

图 2.17 中 $u_{CES}\sim u'_{CE}$ 为放大电路的动态输出范围。正弦交流信号以 Q 值为中心作正、负半周变化，为保证动态工作点不进入截止区或饱和区，由此可确定电路能够输出的最大不失真正弦电压峰值 U_{om}。U_{om} 要在（$U_{CEQ}-U_{CES}$）和（$u'_{CE}-U_{CEQ}$）中选取一个最小值。

注意 三极管各电极的电压和电流瞬时值是在静态值的基础上叠加了交流分量，但瞬时值的极性和方向始终固定不变。

（4）非线性失真

所谓失真是指输出信号的波形与输入信号的波形不一致。三极管是一个非线性器件，有截止区、放大区、饱和区 3 个工作区，如果信号在放大的过程中，放大器的工作范围超出了特性曲线的线性放大区域，进入了截止区或饱和区，集电极电流 i_c 与基极电流 i_b 不再成线性比例的关系，则会导致输出信号出现非线性失真。

非线性失真分为截止失真和饱和失真两种。

① 截止失真。当放大电路的静态工作点 Q 选取比较低时，I_{BQ} 较小，输入信号的负半周进入截止区而造成的失真称为截止失真。图 2.18 所示为放大电路的截止失真。u_i 负半周进入截止区造成 i_b 失真，从而引起 i_c 失真，最终使 u_o 失真。

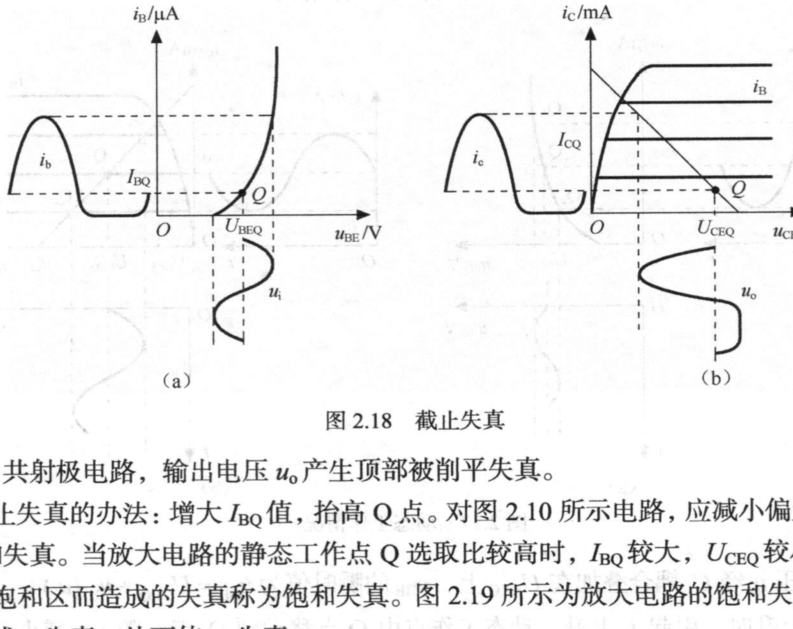

图 2.18　截止失真

对 NPN 共射极电路，输出电压 u_o 产生顶部被削平失真。

消除截止失真的办法：增大 I_{BQ} 值，抬高 Q 点。对图 2.10 所示电路，应减小偏置电阻 R_b 的值。

② 饱和失真。当放大电路的静态工作点 Q 选取比较高时，I_{BQ} 较大，U_{CEQ} 较小，输入信号的正半周进入饱和区而造成的失真称为饱和失真。图 2.19 所示为放大电路的饱和失真。u_i 正半周进入饱和区造成 i_c 失真，从而使 u_o 失真。

对 NPN 共射电路，输出电压 u_o 产生底部被削平失真。

消除饱和失真的办法：减小 I_{BQ} 值，增大 U_{CEQ}，降低 Q 点。对图 2.10 所示电路，应增大偏置电阻 R_b 的值。

可见放大电路中，Q 点如果选取不当会引起非线性失真，还会影响放大电路的动态输出范围，影响 U_{om}。电路中 Q 点的选取非常重要，一般应使 Q 点处在三极管特性曲线的线性放大区，远离截止区和饱和区。实际应用中要根据电路的参数要求，灵活地选取 Q 点：在保证不失真，且能满足幅度要求的情况下，Q 的选取要低一些，以便减少直流电源的能量消耗；当要求不失真输出幅度尽可能大时，则要合理地调整 Q 点，充分利用动态输出范围。

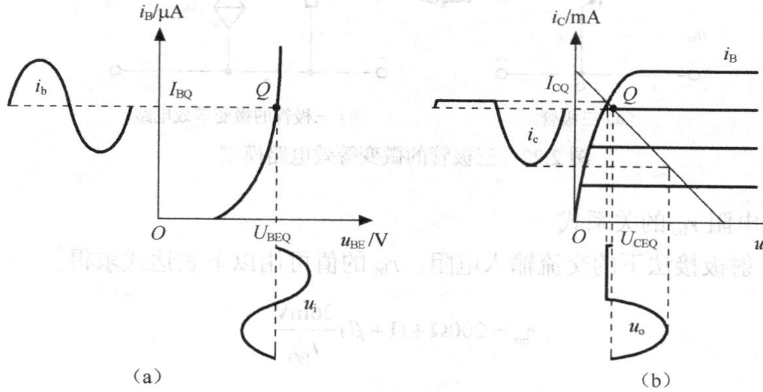

图 2.19 饱和失真

（二）放大电路的微变等效电路分析法

微变等效电路分析法指的是在三极管特性曲线上 Q 点附近，当输入为微变信号（小信号）时，可以把三极管的非线性特性近似看成是线性的，即把非线性器件三极管转为线性器件进行求解的方法。

1. 三极管的微变等效电路分析

（1）三极管的微变等效电路

当输入为微变信号时，从三极管的输入特性看，在 Q 点附近电压 u_{BE} 和电流 i_B 的变化近似满足线性关系，$\dfrac{\Delta u_{BE}}{\Delta i_B} \approx r_{be}$，如图 2.20 所示，即三极管的基极和发射极之间可用一个交流电阻 r_{be} 来等效。从三极管的输出特性看，在放大区 Q 点附近，若曲线比较平坦，电压 u_{CE} 几乎对集电极电流 i_C 无影响，三极管集电极电流的变化 Δi_C 仅仅取决于其基极电流的变化 Δi_B，$\Delta i_C = \beta \Delta i_B$，如图 2.21 所示，则在三极管的集电极和发射极之间可用一个受控电流源 βi_b 来等效。

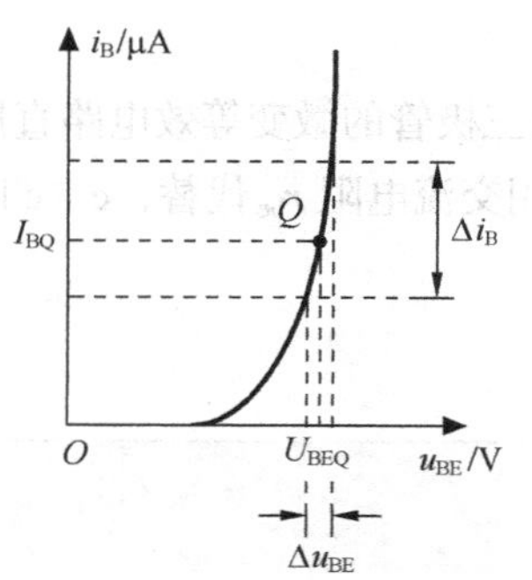

图 2.20 三极管的交流输入电阻 r_{be}

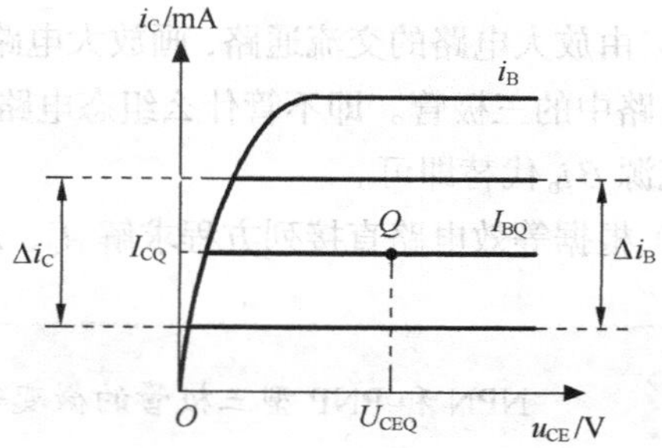

图 2.21 三极管的电流放大系数 β

结论：当输入为微变信号时，对于交流微变信号，三极管可用图 2.22（b）所示的微变等效电路来代替。图 2.22（a）所示的三极管是一个非线性器件，但图 2.22（b）所示的是一个线性电路，这样就把三极管的非线性问题转化为了线性问题。

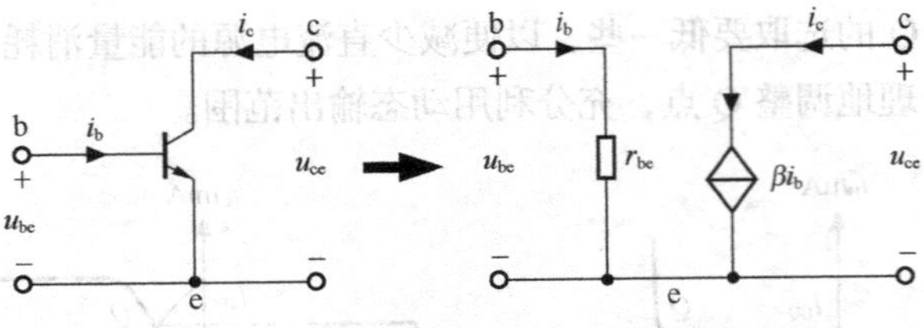

（a）三极管　（b）三极管的微变等效电路

图 2.22　三极管的微变等效电路模型

（2）交流输入电阻 r_{be} 的关系式

r_{be} 为三极管共射极接法下的交流输入电阻。r_{be} 的值可用以下表达式求得。

$$r_{be} = 200\Omega + (1+\beta)\frac{26\text{mV}}{I_{EQ}} \tag{2-5}$$

式中：200Ω 为三极管的基区体电阻；$(1+\beta)\frac{26\text{mV}}{I_{EQ}}$ 为三极管发射结电阻；I_{EQ} 是三极管的静态发射极电流，可近似用三极管的静态集电极电流 I_{CQ} 代替。r_{be} 值与 Q 点密切相关，Q 点越高，I_{EQ} 越大，r_{be} 值越小。r_{be} 的值一般为几百欧到几千欧。

（3）有关微变等效电路的几点说明

① 对于微变输入信号，三极管的基极和发射极之间可用交流电阻 r_{be} 来代替，集电极和发射极之间可以用受控电流源 βi_b 来代替。

② 此等效电路成立的前提条件是小信号（微变信号）。大信号电路（如功率放大电路）不能用此微变等效电路模型。

③ 等效电路中的受控电流源不能独立存在，其方向不能随意假定。如假定基极电流从基极流向发射极，则受控电流源的电流方向必须是从集电极流向发射极。

④ 微变等效电路中的电压、电流量都是交流信号，电路中无直流量，因此不能用等效电路来求解静态工作点 Q 的值。

2. 用微变等效电路分析法分析共射极放大电路

（1）用微变等效电路分析法分析放大电路的求解步骤

① 用公式估算法估算 Q 点值，并计算 Q 点处的参数 r_{be} 值。

② 由放大电路的交流通路，画放大电路的微变等效电路：用三极管的微变等效电路直接取代交流通路中的三极管。即不管什么组态电路，三极管的 b、e 间用交流电阻 r_{be} 代替，c、e 间用受控电流源 βi_b 代替即可。

③ 根据等效电路直接列方程求解 A_u、R_i、R_o。

注意

NPN 和 PNP 型三极管的微变等效电路一样。

（2）用微变等效电路分析法分析共射极放大电路

① 放大电路的微变等效电路。对于图 2.10 所示共射极放大电路，从其交流通路图 2.15 可得电路的微变等效电路，如图 2.23 所示。u_s 为外接的信号源，R_s 是信号源内阻。

② 求解电压放大倍数 A_u。

$$u_i = i_b r_{be}$$
$$u_o = -i_c R_c // R_L$$
$$i_c = \beta i_b$$
$$A_u = \frac{u_o}{u_i} = -\frac{\beta R'_L}{r_{be}} \qquad (2\text{-}6)$$

式中：$R'_L = R_c // R_L$；负号表示输出电压 u_o 与输入电压 u_i 反相位。

③ 求解电路的输入电阻 R_i。

由定义：$R_i = \dfrac{u_i}{i_i}$，从图 2.23 可得：

$$R_i = R_b // r_{be} \qquad (2\text{-}7)$$

一般基极偏置电阻 $R_b \gg r_{be}$，$R_i \approx r_{be}$。输入电阻 R_i 中不应包含信号源内阻 R_s。

④ 求解电路的输出电阻 R_o。根据输出电阻 R_o 的定义：

$$R_o = \frac{U_T}{I_T}\Big|_{u_s=0, R_L \to \infty}$$

图 2.24 所示为求解输出电阻的等效电路。

$$R_o \approx R_c \qquad (2\text{-}8)$$

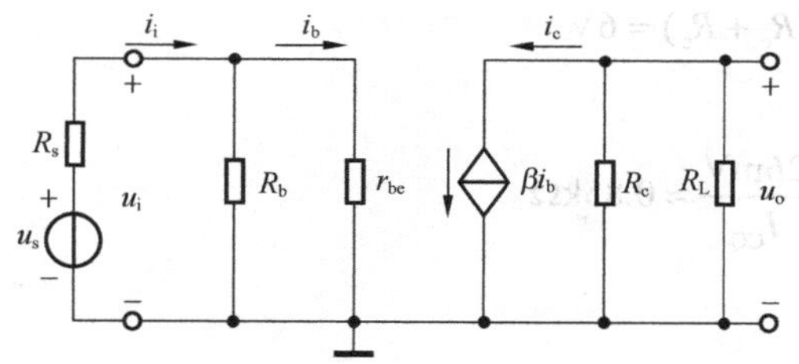

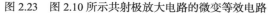

图 2.23　图 2.10 所示共射极放大电路的微变等效电路

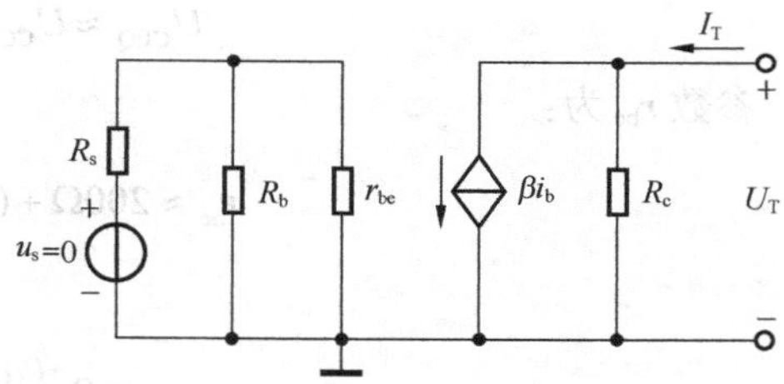

图 2.24　求解输出电阻的等效电路

输出电阻 R_o 越小，放大电路的带负载能力越强。输出电阻 R_o 中不应包含负载电阻 R_L。

⑤ 求解输出电压 u_o 对信号源电压 u_s 的放大倍数 A_{us}。

由图 2.23 可知：

$$A_{us} = \frac{u_o}{u_s} = \frac{u_i}{u_s}\frac{u_o}{u_i} = \frac{R_i}{R_i + R_s} A_u \qquad (2\text{-}9)$$

$$A_{us} \approx -\frac{\beta R'_L}{r_{be} + R_s} \qquad (2\text{-}10)$$

式中：$R_b \gg r_{be}$。

可见，由于信号源内阻的存在，$A_{us} < A_u$，电路的输入电阻越大，输入电压 u_i 越接近 u_s。

【例 2-5】 如果已知图 2.10 中 R_b=320kΩ，β=80，R_c=2kΩ，R_L=2kΩ，I_{CQ}=2.5mA，试计算放大电路的电压放大倍数 A_u、输入电阻 R_i、输出电阻 R_o。

解：由式（2-5）求解三极管的输入电阻 r_{be}：

$$r_{be} = 200\Omega + (1+\beta)\frac{26\text{mV}}{I_{EQ}} \approx 200\Omega + (1+80)\frac{26\text{mV}}{2.5\text{mA}} \approx 1.04\text{k}\Omega$$

由图2.23计算电压放大倍数A_u、输入电阻R_i、输出电阻R_o：

$$A_u=\frac{u_o}{u_i}=-\frac{\beta R_L'}{r_{be}}=-\frac{80\times1}{1.04}\approx-77$$

$$R_i=R_b//r_{be}=320//1.04\approx1\text{k}\Omega$$

$$R_o\approx R_c=2\text{k}\Omega$$

（三）两种分析方法特点的比较

放大电路的图解分析法形象直观，适用于Q点分析、非线性失真分析、最大不失真输出幅度的分析，能够用于大、小信号，但作图麻烦，只能分析简单电路，求解误差大，不易求解输入电阻、输出电阻等动态参数。

微变等效电路分析法：适用于任何复杂的电路，可方便求解动态参数，如放大倍数、输入电阻、输出电阻等，但只能用于分析小信号，不能用来求解静态工作点Q。

实际应用中，常把两种分析方法结合起来使用。

【例2-6】 如图2.25所示，已知β=50，试估算电路的静态工作点Q，并求解A_u、R_i、R_o。

解：估算静点Q：由图2.26所示直流通路可得：

$$I_{BQ}\approx\frac{U_{CC}}{R_b+(1+\beta)R_e}\approx40\mu\text{A}$$

$$I_{CQ}=\beta I_{BQ}=2\text{mA}$$

$$U_{CEQ}\approx U_{CC}-I_{CQ}(R_c+R_e)=6\text{V}$$

参数r_{be}为：

$$r_{be}\approx200\Omega+(1+\beta)\frac{26\text{mV}}{I_{CQ}}\approx0.85\text{k}\Omega$$

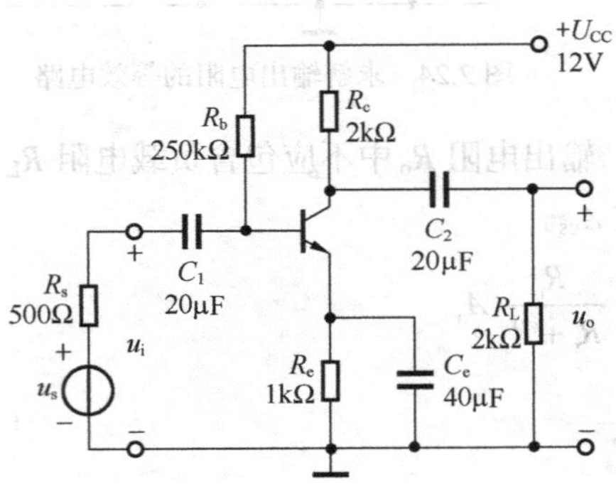

图2.25　例题2-6图

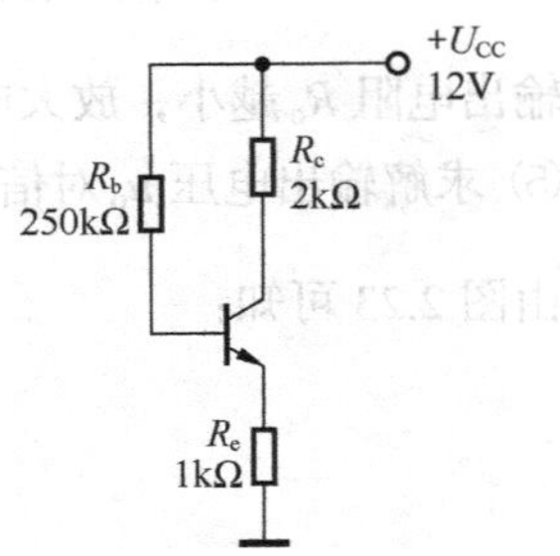

图2.26　例题2-6直流通路

图2.25的微变等效电路同图2.23一样，因此动态参数A_u、R_i、R_o分别如下。

$$A_u=-\frac{\beta R_c//R_L}{r_{be}}\approx-59$$

$$R_i=R_b//r_{be}\approx r_{be}=0.85\text{k}\Omega$$

$$R_o\approx R_c=2\text{k}\Omega$$

知识点三　工作点稳定电路

前面的分析表明 Q 点的选取非常重要，它直接影响放大电路的工作性能，如动态输出幅度 U_{om}、失真情况等。Q 点选取合适并保持其稳定是放大电路正常工作的前提。

（一）温度变化对 Q 点的影响

Q 点的影响因素有很多，如电源波动、偏置电阻的变化、管子的更换、元件的老化等，不过最主要的影响则是环境温度的变化。三极管是一个对温度非常敏感的器件，随温度的变化，三极管参数会受到影响，具体表现在以下几个方面。

（1）温度升高，三极管的反向电流增大

当温度升高时，反向电流 I_{CBO}、I_{CEO} 增大。温度每升高 10℃，I_{CBO} 和 I_{CEO} 就约增大 1 倍。

（2）温度升高，三极管的电流放大系数 β 增大

实验表明，随温度升高，β 上升。温度每升高 1℃，β 增大 0.5%～1%。

（3）温度升高，相同基极电流 I_B 下，U_{BE} 减小

三极管的输入特性具有负的温度特性。温度每升高 1℃，U_{BE} 大约减小 2.2mV。

总之，当环境温度变化时，以上各参量都会随着变化，都会导致 Q 点不稳定。

在前面介绍的固定偏置电路中，电路结构简单，但是 Q 点的稳定性较差，Q 点受温度的影响比较大，因此实际应用中较少使用此电路。通常应用较多的为工作点稳定电路。

（二）工作点稳定电路的组成及稳定 Q 点的原理

1. 工作点稳定电路的组成

图 2.27 所示为工作点稳定电路。电路中 R_{b1} 为上偏置电阻；R_{b2} 为下偏置电阻；R_e 为发射极电阻；C_e 是射极旁路电容，通交流，隔直流。其余元件和固定偏置电路一样。

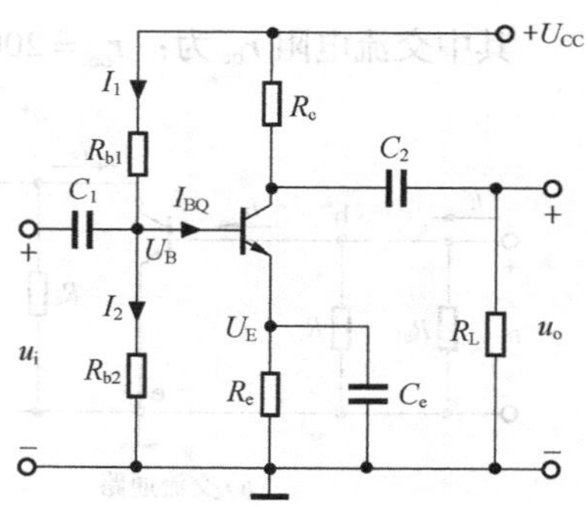

图 2.27　工作点稳定电路

三极管的基极偏置电压 U_B 由电阻 R_{b1} 和 R_{b2} 分压提供，此电路又叫分压偏置式的工作点稳定电路。

2. 稳定 Q 点的原理

图 2.27 所示电路中，一般取 $I_1 \gg I_{BQ}$，静态时有：

$$U_B \approx \frac{R_{b2}}{R_{b1}+R_{b2}}U_{CC}$$

当 U_{CC}、R_{b1}、R_{b2} 确定后，U_B 也就基本确定，不受温度的影响。

假设温度上升，使三极管的集电极电流 I_C 增大，则发射极电流 I_E 也增大，I_E 在发射极电阻 R_e 上产生的压降 U_E 也增大，使三极管发射结上的电压 $U_{BE}=U_B-U_E$ 减小，从而使基极电流 I_B 减小，又导致 I_C 减小。最终使 I_C 基本稳定，达到稳定 Q 点的目的。其工作过程可描述为：

$$\text{温度 } T\uparrow \rightarrow I_C\uparrow \rightarrow I_E\uparrow \rightarrow U_E\uparrow \rightarrow U_{BE}\downarrow \rightarrow I_B\downarrow \rightarrow I_C\downarrow$$

这里利用输出电流 I_C 的变化，通过电阻 R_e 上的压降 U_E 送回到三极管的基极和发射极回路来控制电压 U_{BE}，从而又来牵制输出电流 I_C 的措施称为反馈。这种反馈使输出信号 I_C 减弱，又叫负反馈（有关反馈的概念参见本书模块五）。

分压偏置式放大电路具有稳定 Q 点的作用，在实际电路中应用广泛。实际应用中，为保证 Q 点的稳定，要求电路：$I_1 \gg I_{BQ}$。一般对于硅材料的三极管，$I_1=(5\sim10)I_{BQ}$。

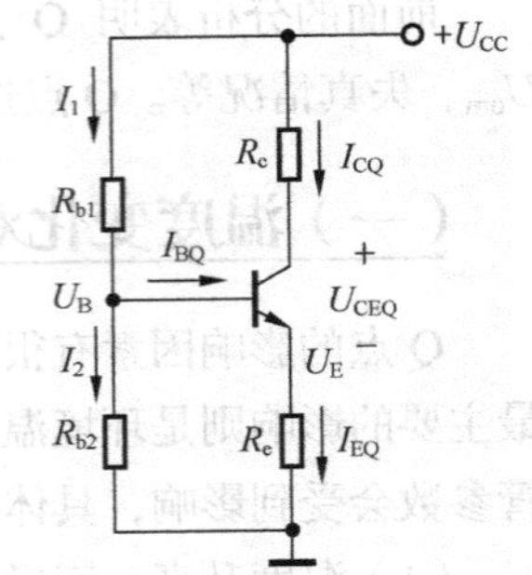

图 2.28　稳定电路的直流通路

（三）工作点稳定电路的分析

1. 静态工作点 Q 的估算

图 2.28 所示为分压偏置式工作点稳定电路的直流通路，由此直流通路可估算其静态工作点 Q 的值。

$$
\begin{aligned}
U_B &\approx \frac{R_{b2}}{R_{b1}+R_{b2}}U_{CC}\\
I_{CQ} &\approx I_{EQ}=\frac{U_B-U_{BEQ}}{R_e}\\
I_{BQ} &= \frac{I_{CQ}}{\beta}\\
U_{CEQ} &\approx U_{CC}-I_{CQ}(R_c+R_e)
\end{aligned}
\tag{2-11}
$$

2. 微变等效电路

图 2.29（a）所示为工作点稳定电路的交流通路，图 2.29（b）所示为其微变等效电路。因为旁路电容 C_e 的交流短路作用，所以电阻 R_e 被短路掉。

其中交流电阻 r_{be} 为：$r_{be}=200\Omega+(1+\beta)\dfrac{26\text{mV}}{I_{EQ}}$

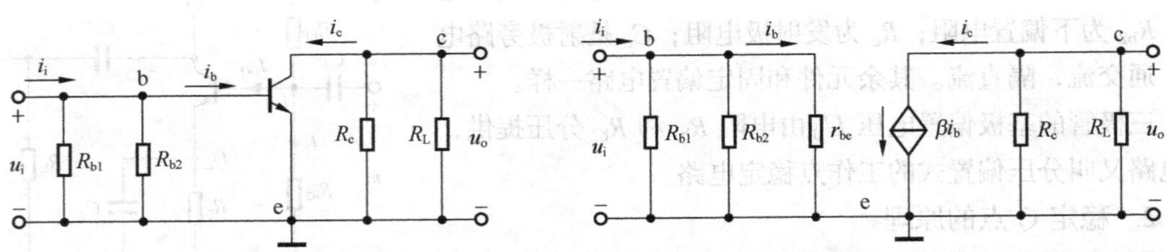

图 2.29　稳定电路

3. 动态参数 A_u、R_i、R_o

由图 2.29（b）可求得：

$$
\begin{aligned}
A_u &= -\frac{\beta R_c // R_L}{r_{be}}\\
R_i &= R_{b1}//R_{b2}//r_{be}\\
R_o &= R_c
\end{aligned}
\tag{2-12}
$$

【例 2-7】在图 2.27 中，已知 R_{b1}=20kΩ，R_{b2}=10kΩ，R_e=1.5kΩ，R_c=2kΩ，R_L=2kΩ，U_{CC}=12V，U_{BE}=0.7V，β=50，试计算放大电路的 Q 值和电路的 A_u、R_i、R_o。

解：根据图 2.28 所示直流通路，由式（2-11）可得：

$$U_B \approx \frac{R_{b2}}{R_{b1}+R_{b2}}U_{CC} = 4V$$

$$I_{CQ} \approx I_{EQ} = \frac{U_B - U_{BEQ}}{R_e} = 2.2mA$$

$$I_{BQ} = \frac{I_{CQ}}{\beta} = 44\mu A$$

$$U_{CEQ} \approx U_{CC} - I_{CQ}(R_c + R_e) = 4.3V$$

计算电阻 r_{be}：$r_{be} = 200\Omega + (1+\beta)\frac{26mV}{I_{EQ}} = 0.8k\Omega$

根据图 2.29（b），由式（2-12）可得：$A_u = -\frac{\beta R_c // R_L}{r_{be}} = -62.5$

$$R_i = R_{b1} // R_{b2} // r_{be} \approx 0.71k\Omega$$

$$R_o = R_c = 2k\Omega$$

【例 2-8】如图 2.30 所示，已知 β=60，U_{BE}=0.7V，试求：

（1）估算 Q；

（2）计算 r_{be}；

（3）用微变等效电路分析法求 A_u、R_i、R_o；

（4）若 R_{b2} 逐渐增大到无穷，会出现怎样的情况？

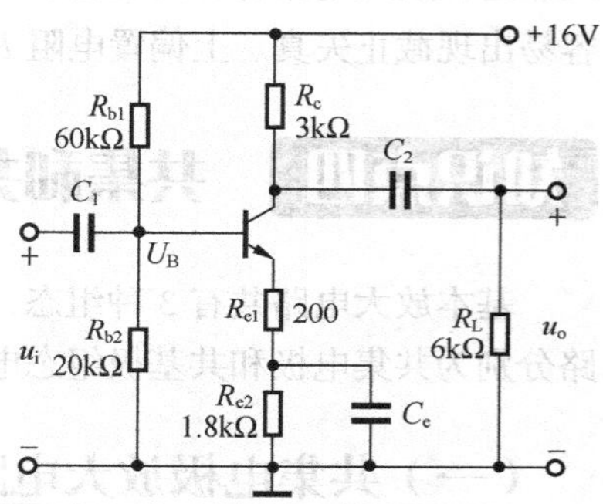

图 2.30 例 2-8 图

解：

（1）由直流通路估算 Q 点

根据式（2-11）：

$$U_B \approx \frac{R_{b2}}{R_{b1}+R_{b2}}U_{CC} = 4V$$

$$I_{CQ} \approx I_{EQ} = \frac{U_B - U_{BEQ}}{R_{e1}+R_{e2}} \approx 1.65mA$$

$$I_{BQ} = \frac{I_{CQ}}{\beta} \approx 28\mu A$$

$$U_{CEQ} \approx U_{CC} - I_{CQ}(R_c + R_{e1} + R_{e2}) \approx 7.8V$$

（2）计算 r_{be}：$r_{be} = 200\Omega + (1+\beta)\frac{26mV}{I_{EQ}} \approx 1.2k\Omega$

（3）求 A_u、R_i、R_o

如图 2.31 所示微变等效电路，由图可得：

$$A_u = -\frac{\beta R_c // R_L}{r_{be} + (1+\beta)R_{e1}} \approx -9$$

$$R_i = R_{b1} // R_{b2} // [r_{be} + (1+\beta)R_{e1}] \approx 7.5k\Omega$$

$$R_o = R_c = 3k\Omega$$

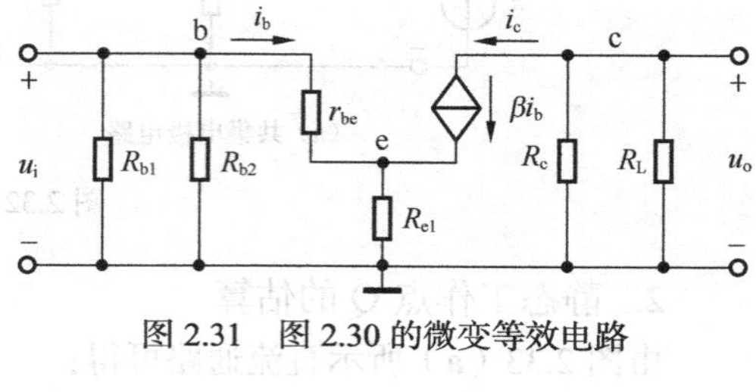

图 2.31 图 2.30 的微变等效电路

可见，发射极电阻 R_{e1} 因为没有旁路电容的作用，仍保留在等效电路中。R_{e1} 的存在使 A_u 的数值减小，R_i 的值增大。

（4）若 R_{b2} 逐渐增大到无穷，可计算这时的 Q 点。

$$I_{BQ} \approx \frac{U_{CC}}{R_{b1}+(1+\beta)(R_{e1}+R_{e2})} \approx 88\mu A$$

$$I_{CQ} = \beta I_{BQ} \approx 5.3mA$$

电源电压只有 U_{CC}=16V，这时 $I_{CQ}(R_c+R_{e1}+R_{e2})=26.5V$，显然不成立。因此，$I_{CQ}$ 不可能达到 5.3mA，三极管饱和时的集电极电流 $I_C \approx \frac{U_{CC}}{R_c+R_{e1}+R_{e2}} \approx 3.2mA$，所以三极管不再工作在放大区域，而是工作在饱和区，输出电压会出现严重的饱和失真，放大电路无法正常工作。

分压式工作点稳定电路下偏置电阻 R_{b2} 阻值越大，放大管的静态电流 I_{CQ} 就越大，Q 点向饱和区靠近，放大电路容易出现饱和失真；R_{b2} 阻值越小，I_{CQ} 就越小，Q 点向截止区靠近，放大电路容易出现截止失真。上偏置电阻 R_{b1} 对放大电路产生的影响与 R_{b2} 刚好相反。

知识点四　共集和共基放大电路

基本放大电路共有 3 种组态，前面讨论的放大电路均是共射极组态放大电路，另两种组态电路分别为共集电极和共基极组态电路。

（一）共集电极放大电路

1. 电路组成

共集电极放大电路应用非常广泛，其电路构成如图 2.32 所示。其组成原则同共射极电路一样，外加电源的极性要保证放大管发射结正偏，集电结反偏，同时保证放大管有一个合适的 Q 点。

从图 2.32（b）可明显看出，交流信号 u_i 从基极 b 输入，u_o 从发射极 e 输出，集电极 c 作为输入、输出的公共端，故称为共集电极组态。此电路也叫射极输出器。

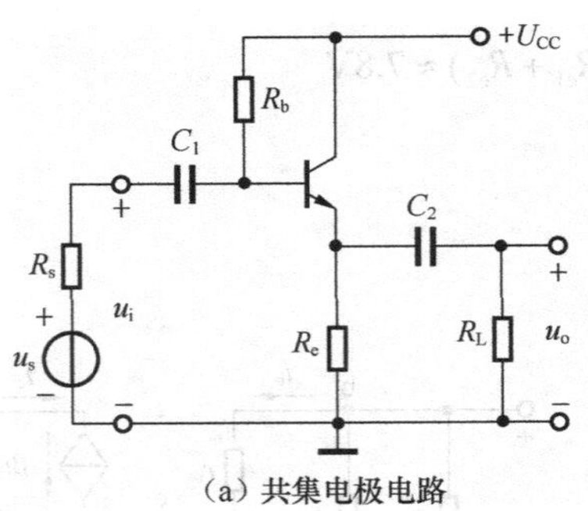

（a）共集电极电路

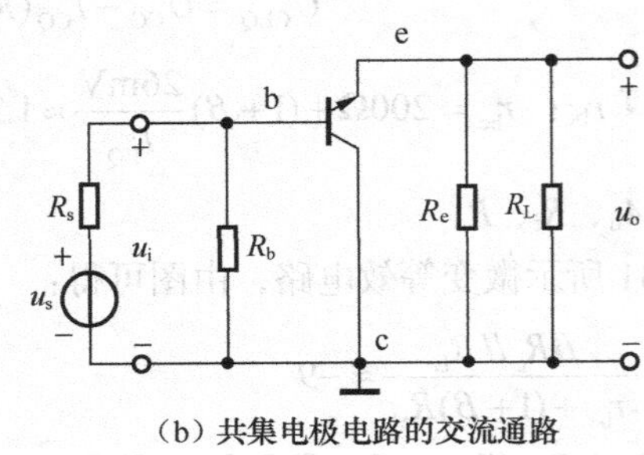

（b）共集电极电路的交流通路

图 2.32　共集电极放大电路

2. 静态工作点 Q 的估算

由图 2.33（a）所示直流通路可得：

$$I_{BQ}=\frac{U_{CC}-U_{BEQ}}{R_b+(1+\beta)R_e}$$
$$I_{CQ}=\beta I_{BQ} \qquad (2\text{-}13)$$
$$U_{CEQ}\approx U_{CC}-I_{CQ}R_e$$

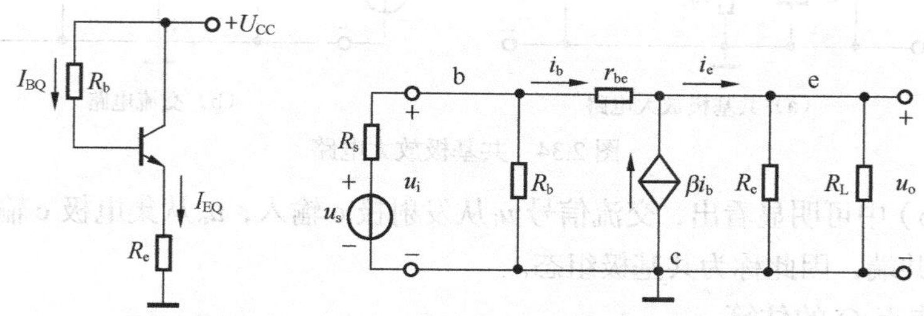

（a）直流通路　　（b）微变等效电路

图 2.33　共集电极放大电路直流通路和微变等效电路

3. 动态参数 A_u、R_i、R_o

由图 2.33（b）所示微变等效电路可求电压放大倍数 A_u、输入电阻 R_i、输出电阻 R_i。

（1）电压放大倍数 A_u

$$u_o=i_eR_e//R_L=(1+\beta)\ i_bR_e//R_L$$
$$u_i=i_br_{be}+u_o$$
$$A_u=\frac{u_o}{u_i}=\frac{(1+\beta)R_e//R_L}{r_{be}+(1+\beta)R_e//R_L} \qquad (2\text{-}14)$$

共集电极放大电路 A_u 表达式（2-14）中无负号，表示 u_o 与 u_i 同相位，且 A_u 小于 1，即共集极放大电路没有电压放大作用，$A_u\approx 1$。因此共集电极放大电路又称为射极跟随器。

（2）输入电阻 R_i

根据定义可求得：
$$R_i=R_b//[r_{be}+(1+\beta)R_e//R_L] \qquad (2\text{-}15)$$

共集电极放大电路的输入电阻比共射极放大电路的大很多。放大电路的输入电阻越大，电路从信号源获得的输入电压就越大，从信号源索取的电流就比较小。因此，共集电极放大电路通常用在多级放大电路的输入级。

（3）输出电阻 R_o

根据定义可求得：
$$R_o=R_e//\frac{r_{be}+R_s//R_b}{1+\beta} \qquad (2\text{-}16)$$

共集电极放大电路的输出电阻很小，其带负载的能力比较强。实际应用中，射极跟随器常常用在多级放大电路的输出级，以提高整个电路的带负载能力。

共集电极放大电路的输入电阻很大，输出电阻很小。实际应用中，常常用作缓冲级，以减小放大电路前后级之间的相互影响。

*（二）共基极放大电路

1. 电路组成

图 2.34 所示为共基极放大电路，C_b 为基极旁路电容，其他元件同共射极放大电路。

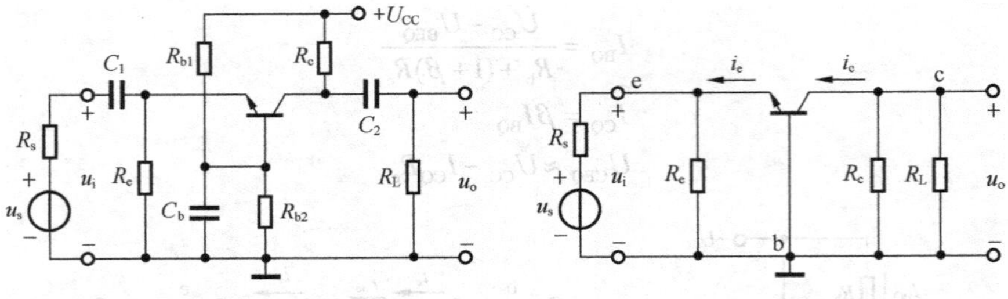

（a）共基极放大电路　　（b）交流电路

图 2.34　共基极放大电路

从图 2.34（b）中可明显看出，交流信号 u_i 从发射极 e 输入，u_o 从集电极 c 输出，基极 b 作为输入、输出的公共端，因此称为共基极组态。

2. 静态工作点 Q 的估算

图 2.34（a）所示电路的直流通路和分压式工作点稳定电路的一样，如图 2.28 所示，因此 Q 点的计算公式同式（2-11）：

$$U_B \approx \frac{R_{b2}}{R_{b1}+R_{b2}}U_{CC}$$

$$I_{CQ} \approx I_{EQ} = \frac{U_B - U_{BEQ}}{R_e}$$

$$I_{BQ} = \frac{I_{CQ}}{\beta}$$

$$U_{CEQ} \approx U_{CC} - I_{CQ}(R_c + R_e)$$

3. 动态参数 A_u、R_i、R_o

由图 2.35 所示微变等效电路可求电压放大倍数 A_u、输入电阻 R_i、输出电阻 R_o。

（1）电压放大倍数 A_u

$$u_o = -\beta i_b R_c // R_L$$

$$u_i = -i_b r_{be}$$

$$A_u = \frac{u_o}{u_i} = \frac{\beta R_c // R_L}{r_{be}} \qquad (2\text{-}17)$$

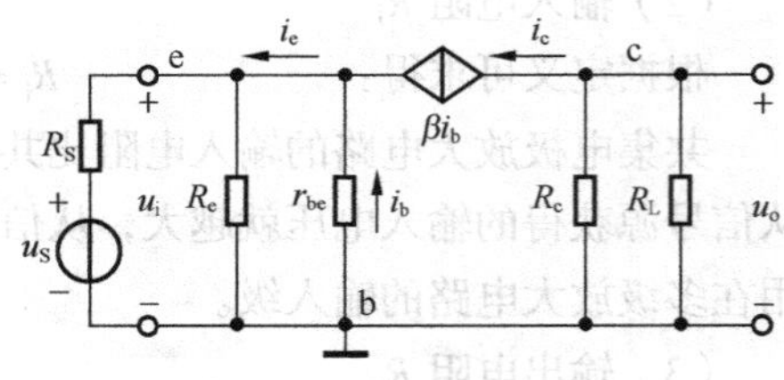

图 2.35　微变等效电路

共基极放大电路 u_o 与 u_i 同相位，电压放大倍数与共射极放大电路的相同。

（2）输入电阻 R_i

根据定义可求得：

$$R_i = R_e // \frac{r_{be}}{1+\beta} \qquad (2\text{-}18)$$

由上式可知，共基极放大电路的输入电阻很小。

（3）输出电阻 R_o

共基极放大电路的输出电阻为：

$$R_o \approx R_c \qquad (2\text{-}19)$$

共基极放大电路具有电压放大作用，u_o 与 u_i 同相位。放大管输入电流为 i_e，输出电流为 i_c，没有电流放大作用，$i_c \approx i_e$，因此电路又称为电流跟随器。其输入电阻很小，输出电阻很大。共基极放大电路的频率特性比较好，一般多用于高频放大电路。

*知识点五　场效应管放大电路

场效应管同三极管一样，具有放大作用。它也可以构成各种组态的放大电路，如共源极、共漏极、共栅极放大电路。场效应管由于具有输入阻抗高、温度稳定性能好、低噪声、低功耗等特点，其所构成的放大电路有着独特的优点，应用越来越广泛。

（一）场效应管放大电路的构成

场效应管是一个电压控制器件，在构成放大电路时，为了实现信号不失真的放大，同三极管放大电路一样也要有一个合适的静态工作点 Q，但它不需要偏置电流，而是需要一个合适的栅极源极偏置电压 U_{GS}。场效应管放大电路常用的偏置电路主要有两种：自偏压电路和分压式自偏压电路。

1. 自偏压电路

图 2.36 所示为 N 沟道结型场效应管自偏压电路。

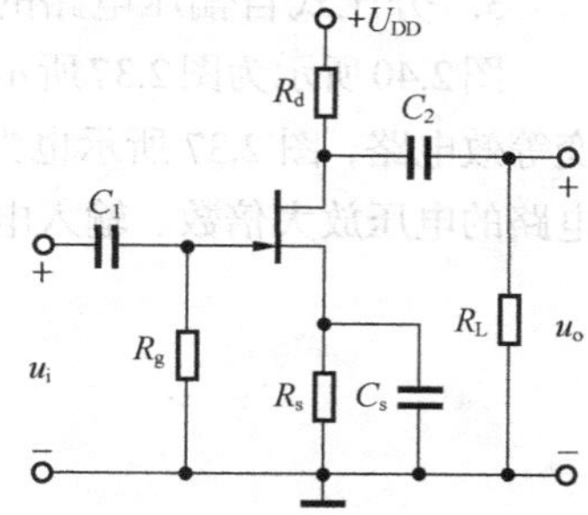

图 2.36　自偏压电路

电路中的 R_s 为源极电阻，C_s 为源极旁路电容，R_g 为栅极电阻，R_d 为漏极电阻。交流信号从栅极输入，从漏极输出，电路为共源极电路。交流输入信号 u_i=0 时（静态），栅极电阻 R_g 上无直流电流，栅极电压 U_G=0，有漏极电流 I_D 等于源极电流 I_s（I_D=I_S）。这时栅源偏置电压 $U_{GS}=U_G-U_S=-I_DR_{d1}$。电路依靠漏极电流 I_D 在源极电阻 R_s 上的压降来获得负的偏压 U_{GS}，因此称此电路为自给偏压电路。合理的选取 R_s 即可得到合适的偏压 U_{GS}。

自偏压电路只适用于耗尽型场效应管所构成的放大电路，对增强型的管子不适用。

2. 分压式自偏压电路

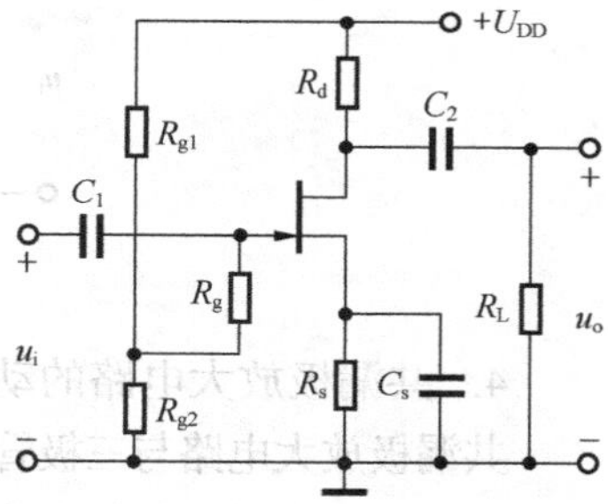

图 2.37　分压式自偏压电路

图 2.37 所示为 N 沟道结型场效应管分压式自偏压电路。同自偏压电路相比，电路中接入了两个分压电阻 R_{g1} 和 R_{g2}。静态时，R_g 上无直流电流，栅极电压 U_G 由电阻 R_{g1}、R_{g2} 分压获得。栅源偏压 U_{GS} 为 $U_{GS}=U_G-U_S=\dfrac{R_{g2}}{R_{g1}+R_{g2}}U_{DD}-I_DR_s$。合理地选取电路参数，可得到正或负的栅源偏压。分压式自偏压电路适用于耗尽型和增强型场效应管放大电路。

（二）场效应管放大电路的分析

场效应管放大电路同三极管电路的分析方法类似。

1. 场效应管微变等效电路

场效应管的栅极和源极之间电阻很大，电压为 u_{gs}，电流近似为 0，可视为开路。漏极和源极之间等效为一个受电压 u_{gs} 控制的电流源。图 2.38 所示为场效应管及其微变等效电路。

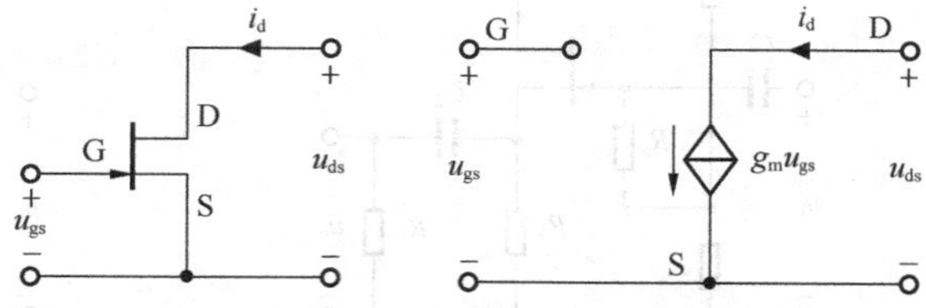

（a）场效应管　（b）微变等效电路

图 2.38　场效应管及其微变等效电路

2. 自偏压电路的动态分析

图 2.39 所示为图 2.36 所示自偏压电路的微变等效电路，由此可求得电路的电压放大倍数、输入电阻和输出电阻。

$$\begin{aligned} A_u &= -g_m R_d // R_L \\ R_i &= R_g \\ R_o &= R_d \end{aligned} \tag{2-20}$$

图 2.36 所示为共源极电路，其性能特点与共射极放大电路类似，具有电压放大作用，u_o 与 u_i 反相位。

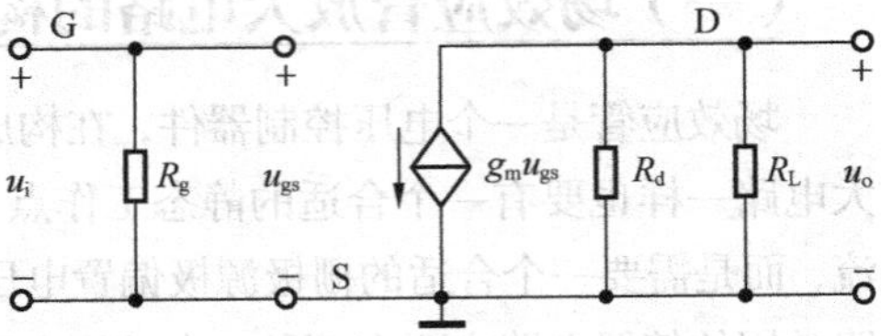

图 2.39　自偏压电路的微变等效电路

3. 分压式自偏压电路的动态分析

图2.40所示为图2.37所示分压式自偏压电路的微变等效电路，图 2.37 所示也为共源极放大电路。所求电路的电压放大倍数、输入电阻和输出电阻分别为：

$$\begin{aligned} A_u &= -g_m R_d // R_L \\ R_i &= R_g + R_{g1} // R_{g2} \\ R_o &= R_d \end{aligned} \tag{2-21}$$

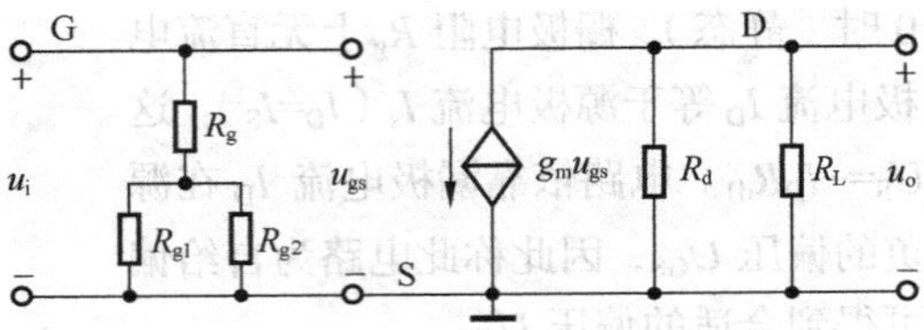

图 2.40　分压式自偏压电路的微变等效电路

4. 共漏极放大电路的动态分析

共漏极放大电路与三极管共集电极放大电路的性能特点相一致。图 2.41 和图 2.42 所示分别为共漏极电路及其微变等效电路。根据定义可分别求得电路的电压放大倍数、输入电阻及输出电阻。

$$\begin{aligned} A_u &= \frac{g_m R_s // R_L}{1 + g_m R_s // R_L} \\ R_i &= R_g + R_{g1} // R_{g2} \\ R_o &= R_s // \frac{1}{g_m} \end{aligned} \tag{2-22}$$

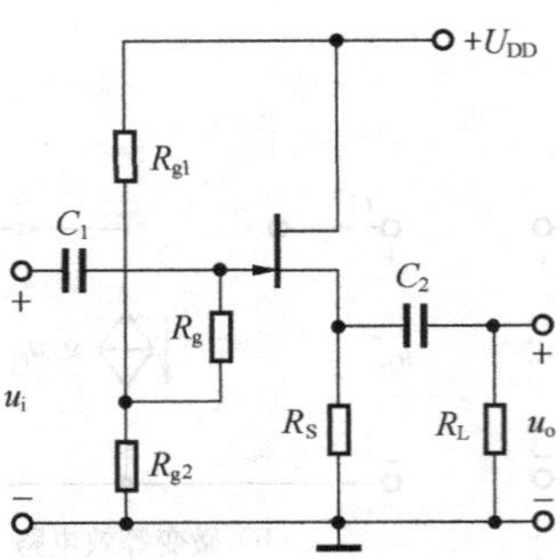

图 2.41　共漏极电路

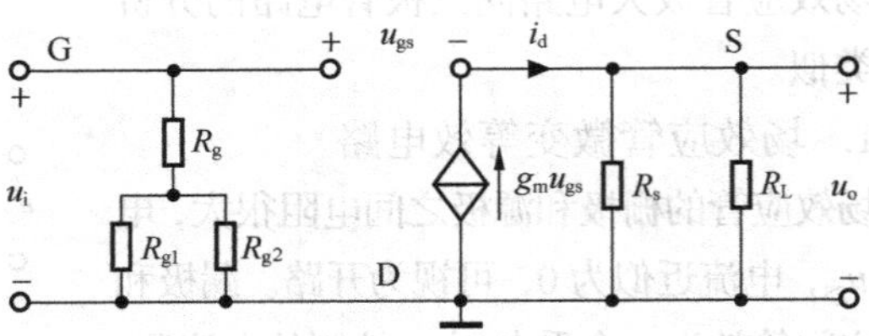

图 2.42　共漏极电路的微变等效电路

可见，同三极管共集电极放大电路一样，共漏极电路没有电压放大作用，$A_u \approx 1$，且 u_o 与 u_i

同相位；电路的输入电阻比较大，输出电阻比较小。

另外，场效应管放大电路还有共栅极电路，其性能特点同共基极放大电路相一致，具有电压放大作用、u_o与u_i同相位、电路的输入电阻小、输出电阻较大等特点。有关共栅极放大电路及其分析，请参考相关书籍。

有关场效应管放大电路的静态工作点 Q 的确定，请参阅相关书籍。

场效应管放大电路一般用在多级放大电路的输入级，以提高整个电路的输入电阻。由于场效应管电路制作工艺简单，便于集成，因此它更多地用在集成电路中。

【能力培养】

（一）三极管 3 种组态放大电路性能比较

3 种组态放大电路性能参数的比较如表 2.1 所示。

表 2.1　　3 种组态放大电路性能参数的比较

性能参数	共射极放大电路	共集电极放大电路	共基极放大电路
放大电路	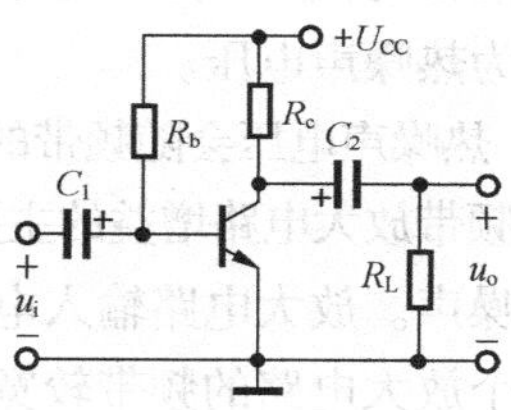	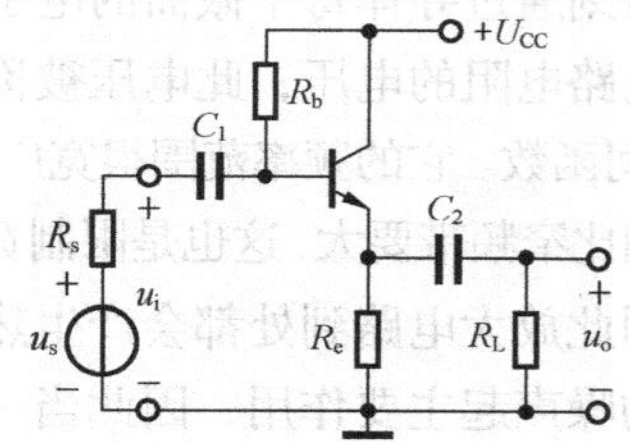	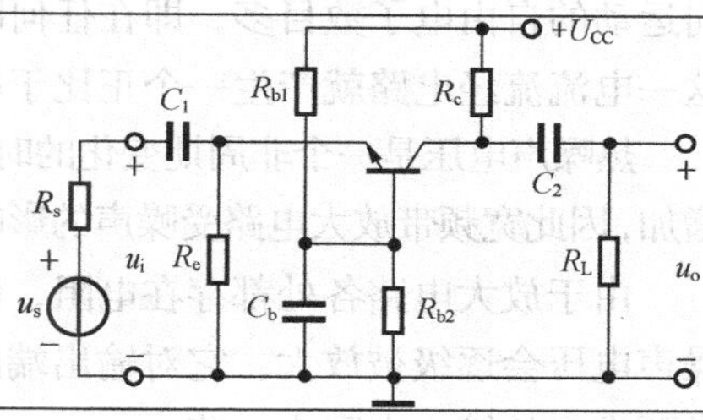
静态工作点 Q	$I_{BQ}=\dfrac{U_{CC}-U_{BEQ}}{R_b}$ $I_{CQ}=\beta I_{BQ}$ $U_{CEQ}=U_{CC}-I_{CQ}R_c$	$I_{BQ}=\dfrac{U_{CC}-U_{BEQ}}{R_b+(1+\beta)R_e}$ $I_{CQ}=\beta I_{BQ}$ $U_{CEQ}\approx U_{CC}-I_{CQ}R_e$	$U_B\approx\dfrac{R_{b2}}{R_{b1}+R_{b2}}U_{CC}$ $I_{CQ}\approx I_{EQ}=\dfrac{U_B-U_{BEQ}}{R_e}$ $I_{BQ}=\dfrac{I_{CQ}}{\beta}$ $U_{CEQ}\approx U_{CC}-I_{CQ}(R_c+R_e)$
A_u	$A_u=-\dfrac{\beta R'_L}{r_{be}}$ 有电压放大作用， u_o与u_i反相位	$A_u=\dfrac{(1+\beta)R_e//R_L}{r_{be}+(1+\beta)R_e//R_L}$ 无电压放大作用， u_o与u_i同相位	$A_u=\dfrac{\beta R_c//R_L}{r_{be}}$ 有电压放大作用， u_o与u_i同相位
A_i	$A_i=\beta$ 有电流放大作用	$A_i=1+\beta$ 有电流放大作用	$A_i=\dfrac{\beta}{1+\beta}$ 没有电流放大作用
R_i	$R_i=R_b//r_{be}$ 输入电阻中	$R_i=R_b//[r_{be}+(1+\beta)R_e//R_L]$ 输入电阻大	$R_i=R_e//\dfrac{r_{be}}{1+\beta}$ 输入电阻小
R_o	$R_o\approx R_c$ 输出电阻中	$R_o=R_e//\dfrac{r_{be}+R_s//R_b}{1+\beta}$ 输出电阻小	$R_o\approx R_c$ 输出电阻大
应用	多级放大电路的中间级，实现电压、电流的放大	多级放大的输入级、输出级或缓冲级	高频放大电路和恒流源电路

*（二）放大电路中的噪声与干扰

放大电路是一种弱电系统，具有很高的灵敏度，很容易接受外界和内部一些无规则信号的影响。放大电路的噪声和干扰电压是指当放大电路的输入端短路（输入信号为 0）时，利用示波器或扬声器可觉察到放大电路的输出端仍有杂乱无规则的电压输出。如果这些噪声和干扰电压的大小可以和有用信号电压的大小相比较，则难以分辨放大电路输出端的有用信号电压和噪声干扰分量，从而妨碍对有用信号的观察和测量。因此，噪声和干扰在高灵敏度的放大电路中就成为严重的问题。

1. 放大电路中的噪声

放大电路中的噪声实际上是杂乱无章的变化电压或电流。这些噪声主要由放大电路中电阻的热噪声和三极管的噪声所构成。

（1）噪声的种类和性质

① 电阻的热噪声。任何电阻（导体）即使不与电源接通，其两端仍有电压。因为导体中构成传导电流的自由电子随机地作热运动，所以某一瞬时向一个方向运动的电子有可能比向另一个方向运动的自由电子数目多，即在任何时刻通过导体每个截面的电子数目的代数和是不等于零的。这一电流流经电路就产生一个正比于电路电阻的电压，此电压被称为热噪声电压。

热噪声电压是一个非周期变化的时间函数。它的频率范围很宽广，热噪声电压会随频带的增加而增加，因此宽频带放大电路受噪声的影响比窄频带要大，这也是限制宽频带放大电路增益的主要原因。

由于放大电路各处都存在电阻，因此放大电路到处都会产生热噪声。放大电路输入电阻的热噪声电压会逐级被放大，它对输出端的噪声起主要作用，因此当一个放大电路的频带较宽时，通常要求它的输入电阻小一些。

② 三极管的噪声。当有电流流过三极管时，就会产生噪声。三极管的噪声来源主要有 3 种：一是由于三极管内部载流子不规则的热运动，通过三极管体电阻时而产生的热噪声；二是由于三极管的发射结注入基区的载流子数目，在各个瞬时都不相同而引起的散粒噪声；三是与载流子的产生与复合、半导体材料本身、工艺水平等有关的闪砾噪声。

由于场效应管中不存在载流子的注入、扩散和复合等过程，其噪声来源主要是沟道电阻的热噪声，因此场效应管的噪声一般比较小。

（2）放大电路的噪声指标

放大电路噪声性能的好坏可用等效输入噪声电压密度、等效输入噪声电流密度、输出端信噪比和噪声系数等来评价。

定义：
$$\text{信噪比}=\frac{\text{信号功率}(P_s)}{\text{噪声功率}(P_n)} \tag{2-23}$$

$$\text{噪声系数}N_F=\frac{\text{输入端信号噪声比}(P_{sI}/P_{nI})}{\text{输出端信号噪声比}(P_{sO}/P_{nO})} \tag{2-24}$$

放大电路不仅把输入端的噪声进行放大，而且放大电路本身也存在噪声，因此，其输出端的信号噪声比要小于输入端的信号噪声比。

噪声系数 N_F 也可以用分贝（dB）来表示：$N_F(\text{dB})=10\lg\frac{P_{sI}/P_{nI}}{P_{sO}/P_{nO}}(\text{dB})$。一个无噪声放大电

路的噪声系数为 0dB；一个低噪声放大电路的噪声系数应小于 3dB。

（3）减小噪声的措施

① 选用低噪声的元器件。在放大电路中，元器件的内部噪声起着重要的作用，因此要选用低噪声元器件。如用低噪声场效应管代替三极管，避免用高阻值电阻等。

② 选用合适的放大电路。在多级放大电路中，第一级的噪声会被逐级放大，因此它对输出端的噪声起着决定性的作用，为此多级放大电路中的第一级电路要用低噪声放大。

③ 加滤波环节或引入负反馈电路。在放大电路中，频带越宽，其噪声越大。但有用信号的频率通常在一定的范围之内，因此可在电路中加入滤波环节去掉噪声。

另外，在放大电路中引入负反馈电路可有效抑制噪声。有关负反馈的内容详见模块五。

2. 放大电路中的干扰

干扰是由外界因素对放大电路中各部分的影响所造成的。一般来讲，造成干扰的原因主要有外界电磁场、接地线不合理和整流电源的交流纹波等。当放大电路输入端的输入信号电压 u_i=0 时，输出端可能出现交流干扰电压。

（1）杂散电磁场干扰和抑制措施

放大电路工作的环境往往有许多干扰源，如高压电网、机电设备、电台、雷电现象等，它们所产生的电磁波和尖脉冲，可通过接线电容、电感耦合或交流电源线等进入放大电路，引入干扰电压。对一个高增益的放大电路来讲，只要第一级引进一个微弱的干扰电压，经过多级放大，在放大电路的输出端就有一个较大的干扰电压。

对于杂散电磁场的干扰，可采取下列措施进行抑制。

① 合理布局。从放大电路的结构布线来说，电源变压器要尽量远离第一级输入电路，安装变压器的位置要选取合适，使其不易对放大电路产生严重干扰。

此外，放大电路的布线要合理，其输入线、输出线、交流电源线要分开走，不要平行走线。输入走线越长，越容易接受干扰。放大电路要尽量远离干扰源。

② 屏蔽。采用屏蔽措施，可减小外界干扰。屏蔽一般可用铜、铝等金属薄板材料制成，它可以将干扰源或受到干扰的元件用屏蔽罩屏蔽起来，并将它妥善接地，特别是多级放大电路中的第一级更加重要。如果第一级的输入线采用具有金属套的屏蔽线，屏蔽线的外套要选一点接地。在抗干扰要求较高时，可把放大电路的前级或整个放大电路都屏蔽起来。

（2）由于接地点安排不正确而引起的干扰

在多级放大电路中，如果接地点安排不当，就会造成严重的干扰。如在同一电子设备中的放大电路，由前置放大级和功率放大级所组成，功率级的输出电流比较大，此电流通过导线流向前级。导线上总有一点电阻，电流通过时会产生压降，此压降与电源电压一起作用于前置级，引起波动，甚至产生振荡，而前置放大级的输入端接到这个不稳定的“地”上，会引起更严重的干扰。图 2.43 所示为接地点安排不正确的放大电路。

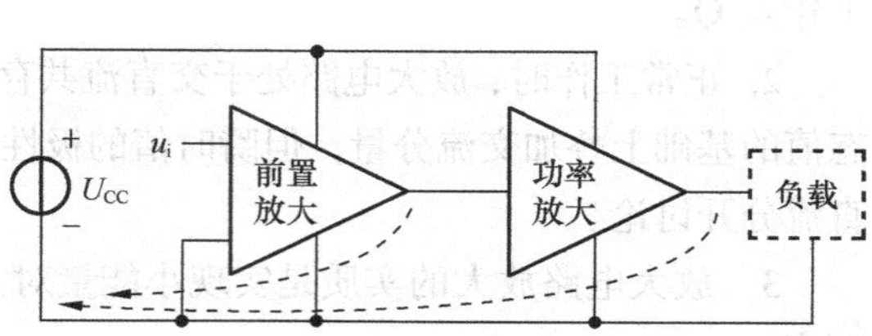

图 2.43　接地点安排不正确的放大电路

如果将各级的共同端都直接接到直流电源负的共地点，则可克服上述弊端。图 2.44 所示为接地点安排正确的放大电路。

也可在电路中增加 RC 去耦滤波电路，以隔离弱信号前置放大级和强信号功率放大级的交流通路，达到防止干扰或低频自激的目的。图 2.45 所示为增加 RC 去耦电路防止干扰的放大电路。

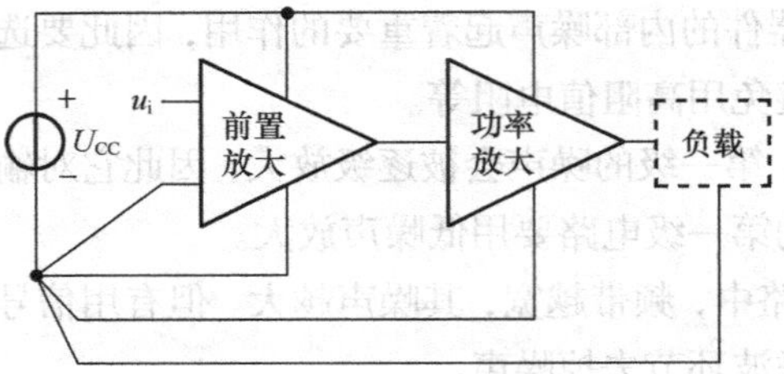

图 2.44　接地点安排正确的放大电路

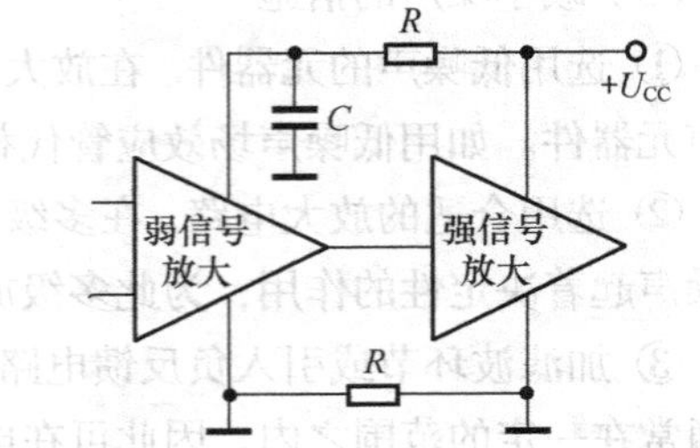

图 2.45　增加 RC 去耦电路防止干扰的放大电路

另外，在多台电子设备相连时，为防止干扰，必须把它们的共同端连接在一起。

（3）由于电源电压的波动而引起的干扰

① 由于直流电源电压波动引起的干扰。放大电路的直流电源一般是用 50Hz 的交流电经过整流、滤波、稳压后得到的。如果滤波不良，整流输出的电压就有 50Hz 或 100Hz 的交流电压使放大管的集电极电流发生波动，从而产生干扰电压，特别是第一级。由于电源产生的干扰电压会被逐级放大，从而使输出端产生较大的干扰电压。为了防止此类干扰的产生，可采用稳压电源（详见模块九）供电，并在稳压电路的输入端和输出端加一足够大电解电容或钽电容的滤波电路。对于运算放大电路（详见模块四），为防止电源的干扰，可在电源引脚和地端之间加一钽电容（一般为 10～30μF）以防止低频干扰，加一独石电容（一般为 0.01～0.1μF）以防止高频干扰。

② 由于交流电源串入的干扰。当交流电网的负载突变时（如电动机的启动），在负载突变处交流电源线与地之间将产生高频干扰电压。此电压引起的高频电流将通过直流稳压电源、放大电路以及放大电路与地之间的分布电容等组成回路，从而构成对放大电路的高频干扰。高频干扰对高灵敏度放大电路的影响很大，必须采取措施加以抑制。

为防止高频干扰，可以对稳压电源中的变压器原副边之间加屏蔽层，并让屏蔽层很好地接地，这样高频干扰电流可由屏蔽层流入地线而不经过放大电路；可在稳压电源交流进线处加滤波电路去掉高频干扰；可以采用“浮地”措施，即交流地线与直流地线分开，而且只有交流地线接地，这样可以避免交流干扰由公共地线串入而影响放大电路的工作。

【模块总结】

1. 基本放大电路有 3 种组态：共射极、共集电极和共基极组态。放大电路正常放大的前提条件是外加电源电压的极性要保证三极管的发射结正偏，集电结反偏；有一个合适的静态工作点 Q。

2. 正常工作时，放大电路处于交直流共存的状态。三极管各电极的电压和电流瞬时值是在静态值的基础上叠加交流分量，但瞬时值的极性和方向始终固定不变。为了分析方便，常将交流和直流分开讨论。

3. 放大电路放大的实质是实现小能量对大能量的控制和转换作用，但放大仅仅对交流分量而言。

4. 基本放大电路的分析方法有两种。一是图解分析法：直观方便，主要用来分析 Q 的位置是否合适，非线性失真（截止或饱和失真），最大不失真输出电压等。二是微变等效电路分析法：分析求解动态参数电压放大倍数、输入电阻、输出电阻等。

5. 固定偏置电路中 Q 点受温度影响大；分压偏置式工作点稳定电路可以稳定 Q 点。

6. 3 种组态放大电路各自的特点如下。

（1）共射电路：A_u 较大，R_i、R_o 适中，常用作电压放大，具有电压反相作用。

（2）共集电路：$A_u \approx 1$，R_i 大、R_o 小，带负载能力强，常用作输入级、缓冲级、输出级等。

（3）共基电路：A_u 较大，R_i 小，频带宽，适用于放大高频信号。

7. 场效应管放大电路的偏置电路与三极管放大电路不同，主要有自偏压式和分压式自偏压两种。

其放大电路也有 3 种组态：共源、共漏和共栅极电路。电路的动态参数分析类同于三极管电路。

8. 放大电路中存在着噪声和干扰。噪声主要由放大电路中电阻的热噪声和三极管的噪声所构成。干扰是由外界因素对放大电路中各部分的影响所造成的。噪声和干扰在高灵敏度的放大电路中会成为严重的问题，必须采取措施抑制。

习题及思考题

1．填空题

（1）基本放大电路有 3 种组态，分别是________、________和________组态。

（2）工作在放大电路中的三极管，其外加电压的极性一定要保证其发射结________偏置，集电结________偏置。

（3）放大电路放大的实质是实现________的控制和转换作用。

（4）放大电路的________负载线才是动态工作点移动的轨迹。

（5）非线性失真包含________和________两种。

（6）三极管共射极接法下的输入电阻 r_{be}=________。

（7）3 种组态放大电路中，________组态电路具有电压反相作用；________组态电路输入阻抗比较高；________组态电路的输出阻抗比较小；________组态电路常用于高频放大。

（8）场效应管放大电路和三极管电路相比，具有输入阻抗________、温度稳定性能________、噪声________、功耗________等特点。

（9）放大电路中的噪声主要由________和________所构成。

2．选择题

（1）三极管 3 种基本组态放大电路中，既有电压放大能力又有电流放大能力的组态是________。

① 共射极组态　　② 共集电极组态　　③ 共基极组态

（2）影响放大电路的静态工作点，使工作点不稳定的原因主要是温度的变化影响了放大电路中的________。

① 电阻　　② 三极管　　③ 电容

（3）如图2.46所示的工作点稳定电路，电路的输出电阻为________。

① R_c　　② R_L　　③ $R_c//R_L$

（4）如图2.46所示的电路，输入为正弦信号，调整下偏置电阻 R_{b2} 使其逐渐增大，则输出电压会出现________。

① 截止失真　　② 饱和失真　　③ 频率失真

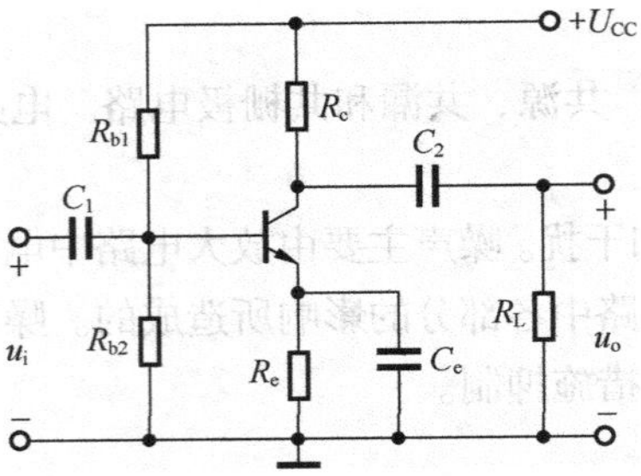

图2.46

3．判断题

（1）图2.46所示电路的输入电阻为 $R_i=R_{b1}//R_{b2}//r_{be}$。（　　）

（2）截止失真和饱和失真统称为非线性失真。（　　）

（3）共集电极组态放大电路具有电流放大作用，但没有电压放大能力。（　　）

（4）场效应管放大电路的热稳定性能差，噪声小。（　　）

4．仿照NPN固定偏置共射放大电路，试构成PNP共射放大电路。

5．如图2.47所示的各放大电路，哪些电路可以实现正常的正弦交流放大？哪些不能实现正常的正弦交流放大？简述理由。（图中各电容的容抗可以忽略）

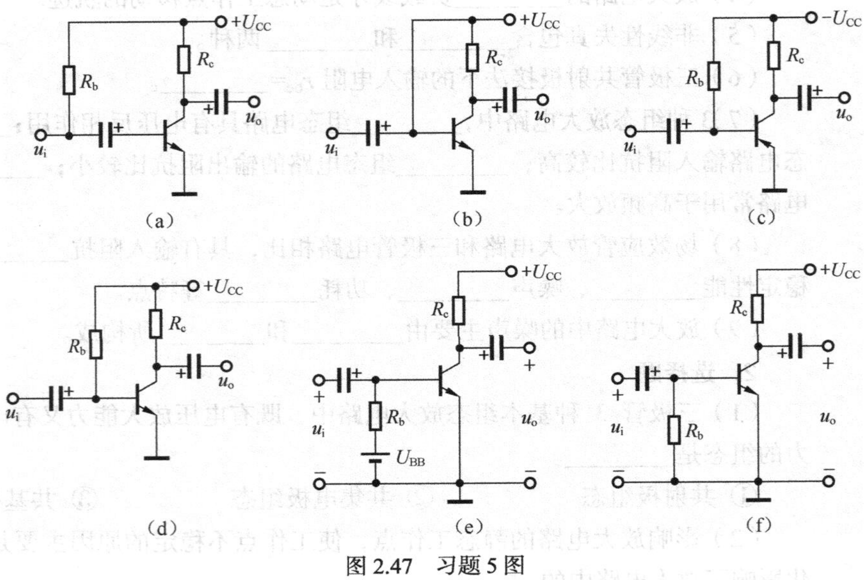

图2.47　习题5图

6. 图 2.48 所示为固定偏置共射极放大电路。输入 u_i 为正弦交流信号，试问输出电压 u_o 出现了怎样的失真？如何调整偏置电阻 R_b 才能减小此失真？

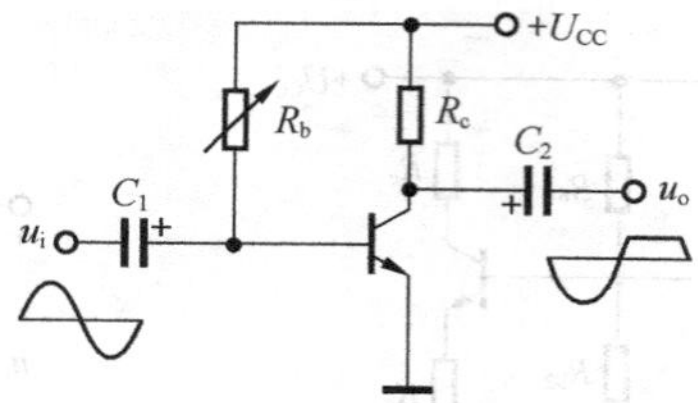

图 2.48　习题 6 图

7. 如图 2.49 所示的放大电路，若 R_b=300kΩ，R_c=3kΩ，R_L=3kΩ，U_{BE}=0.7V，三极管的电流放大系数 β=60。

（1）试估算电路的静态工作点 Q。

（2）若电路换成电流放大系数 β=100 的三极管，电路还能否实现交流信号的正常放大？

8. 在图 2.49 所示的放大电路中，调整 R_b=300kΩ，R_c=3kΩ，R_L=3kΩ，U_{BE}=0.7V，三极管的电流放大系数 β=60。

（1）画出电路的小信号等效电路。

（2）求解电路的电压放大倍数 A_u。

（3）求解电路的输入电阻和输出电阻。

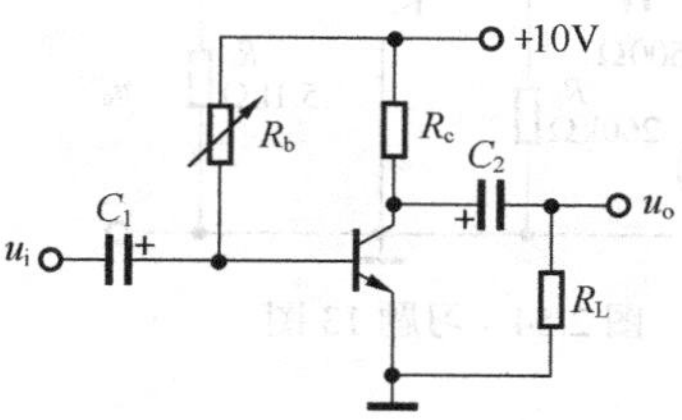

图 2.49　习题 7 图和习题 8 图

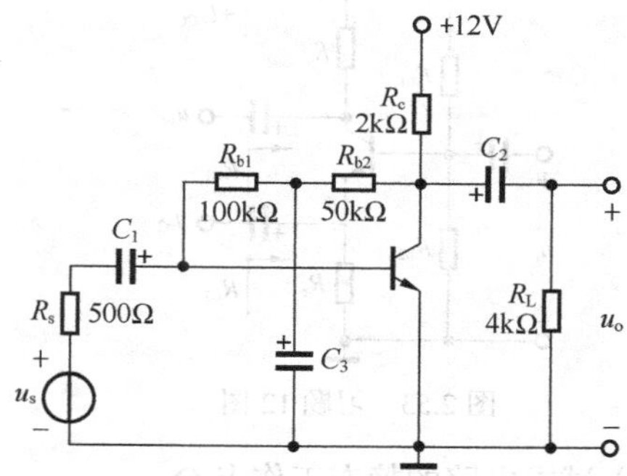

图 2.50　习题 9 图

9. 如图 2.50 所示的放大电路，已知三极管的 U_{BE}=0.7V，β=50。

（1）试分别画出电路的直流通路、交流通路和小信号等效电路。

（2）估算电路的静态工作点 Q。

（3）求解电路的 A_u、A_{us}、R_i、R_o。

（4）若信号源正弦电压 u_s 的值逐渐增大，输出电压 u_o 首先出现怎样的失真？估算电路的最大不失真输出电压幅值（设三极管的 U_{CES}=0V）。

10. 如图 2.51 所示的偏置电路，热敏电阻具有负的温度系数，试分析电路接入的热敏电阻能否起到稳定静态工作点的作用。

11. 图 2.52 所示为分压式工作点稳定电路，已知 β=60。

（1）估算电路的 Q 点。

（2）求解三极管的输入电阻 r_{be}。

（3）用小信号等效电路分析法，求解电压放大倍数 A_u。

（4）求解电路的输入电阻 R_i 及输出电阻 R_o。

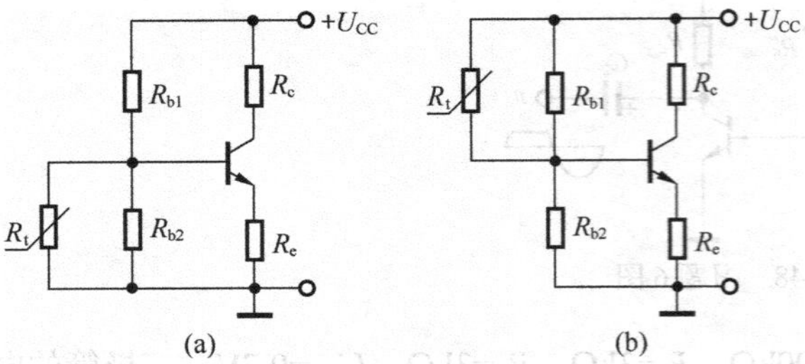

图 2.51　习题 10 图

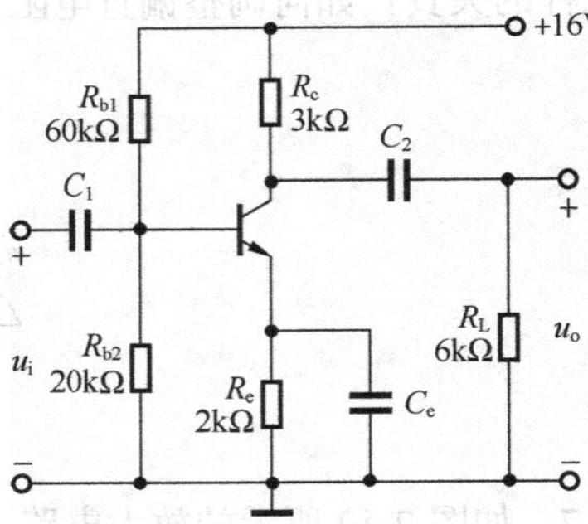

图 2.52　习题 11 图

12. 根据图 2.53 所示的放大电路作答。

（1）画出电路的小信号等效电路。

（2）分别写出 $A_{u1}=\dfrac{u_{o1}}{u_i}$ 和 $A_{u2}=\dfrac{u_{o2}}{u_i}$ 的表达式。

（3）分别求解输出电阻 R_{o1} 和 R_{o2}。

13. 在图 2.54 所示的放大电路中，已知 β=50。

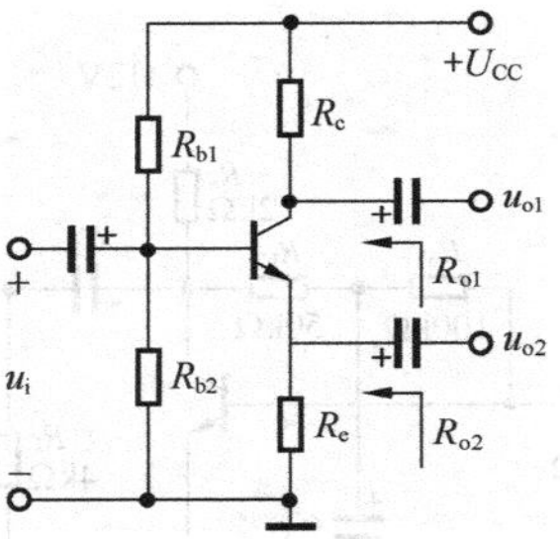

图 2.53　习题 12 图

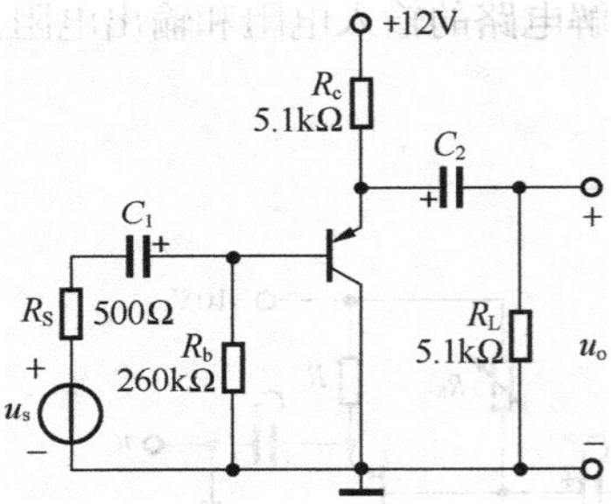

图 2.54　习题 13 图

（1）试求电路的静态工作点 Q。

（2）求解电路的 A_u、R_i、R_o。

（3）若信号源电压 u_s=100mV，估算输出电压 u_o 的值。

14. 参见图 2.55 所示的各放大电路回答问题。

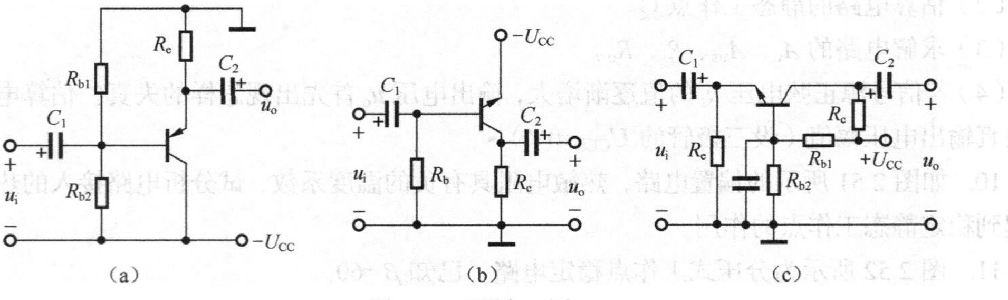

图 2.55　习题 14 图

（1）各电路都是什么组态的放大电路？

（2）各电路输出电压 u_o 与输入电压 u_i 具有怎样的相位关系？

（3）写出各电路输出电阻 R_o 的表达式。

＊15. 如图 2.56 所示的场效应管放大电路，已知 g_m=1mS。

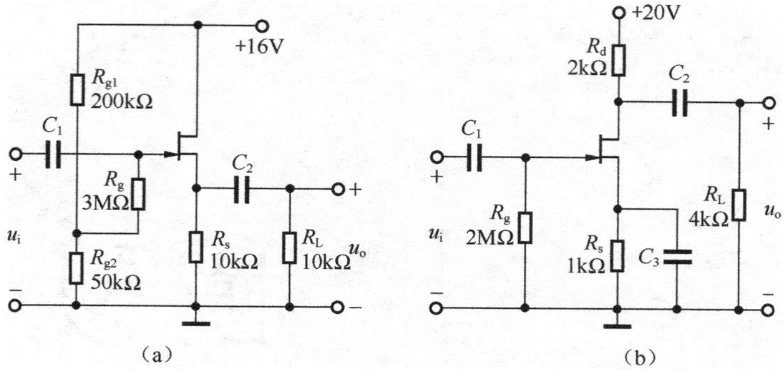

图 2.56　习题 15 图

（1）两电路分别是什么组态的放大电路？

（2）分别画出两电路的小信号等效电路。

（3）求解电路的电压增益 A_u、输入电阻 R_i、输出电阻 R_o。

＊16. 电子电路所用的电子器件中有哪几种噪声？在三极管、结型场效应管和 MOS 管 3 种器件中，哪一种器件的噪声最小？

模块三

多级放大电路与频率响应

学习导读

本模块在前面所介绍的各种基本放大电路的基础上，进一步介绍多级放大电路的耦合方式和分析方法，复合管的构成特点，放大电路的频率响应等内容。

学习目标

掌握多级放大电路的几种耦合方式及特点，复合管的构成，上、下限频率的定义以及通频带的含义；了解频率响应分析的方法。

【相关理论知识】

知识点一　多级放大电路

实际应用中，放大电路的输入信号通常很微弱（毫伏或微伏数量级），为了使放大后的信号能够驱动负载，仅仅通过单级放大电路进行信号放大，很难达到实际要求，常常需要采用多级放大电路。采用多级放大电路可有效地提高放大电路的各种性能，如提高电路的电压增益、电流增益、输入电阻、带负载能力等。

多级放大电路是指两个或两个以上的单级放大电路所组成的电路。图 3.1 所示为多级放大电路的组成框图。通常称多级放大电路的第一级为输入级。对于输入级，一般采用输入阻抗较高的放大电路，以便从信号源获得较大的电压输入信号并对信号进行放大。中间级主要实现电压信号的放大，一般要用几级放大电路才能完成信号的放大。通常把多级放大电路的最后一级称为输出级，主要用于功率放大，以驱动负载工作。

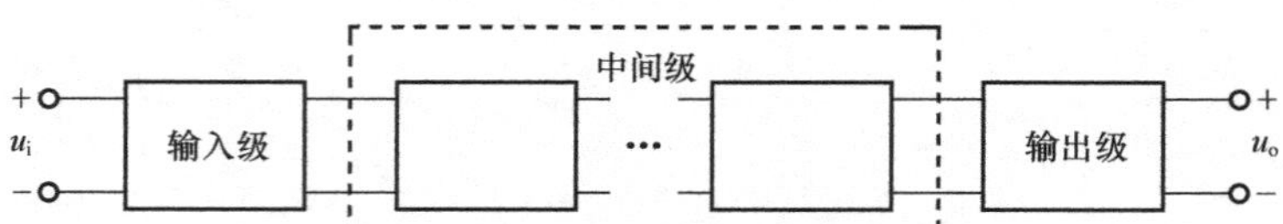

图 3.1　多级放大电路的组成框图

在多级放大电路中，各级放大电路输入和输出之间的连接方式称为耦合方式。常见的连接方式有 3 种：阻容耦合、直接耦合和变压器耦合。

多级放大电路级间耦合的条件是把前级的输出信号尽可能多地传给后级，同时保证前后级放大管均处于放大状态，能够实现不失真的放大。

（一）多级放大电路的耦合方式

1. 阻容耦合

各单级放大电路之间通过隔直耦合电容连接。图 3.2 所示为阻容耦合两级放大电路。通过隔直耦合电容 C_2 把前级的输出 u_{o1} 传送给后一级，作为后级的输入 u_{i2}。

阻容耦合多级放大电路具有以下特点。

① 各级放大电路的静态工作点相互独立，互不影响，利于放大器的设计、调试和维修。

② 低频特性差，不适合放大直流及缓慢变化的信号，只能传递具有一定频率的交流信号。

③ 输出温度漂移（详见本书模块四）比较小。

④ 阻容耦合电路具有体积小、重量轻的优点，在分立元件电路中应用较多。在集成电路中，不易制作大容量的电容，因此阻容耦合放大电路不便于做成集成电路。

2. 直接耦合

各级放大电路之间通过导线直接相连接。图 3.3 所示为直接耦合两级放大电路。前级的输出信号 u_{o1} 直接作为后一级的输入信号 u_{i2}。

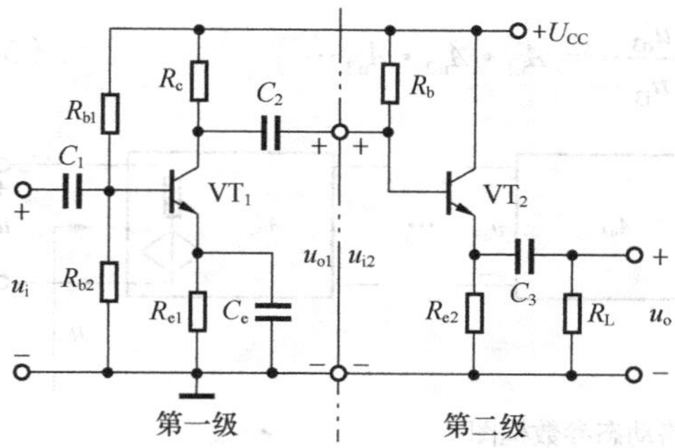

图 3.2　阻容耦合两级放大电路

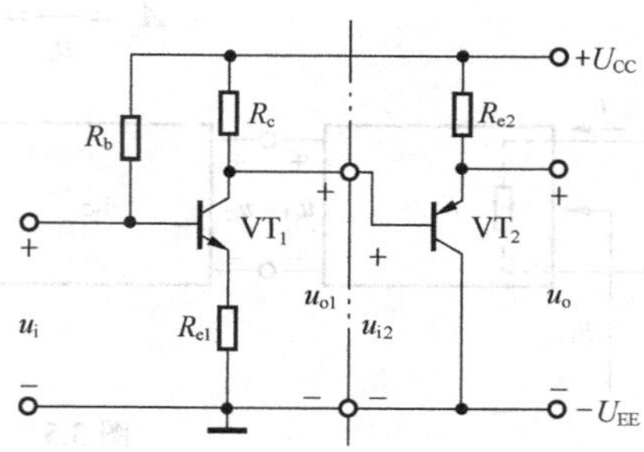

图 3.3　直接耦合两级放大电路

直接耦合电路的特点如下。

① 各级放大电路的静态工作点相互影响，不利于电路的设计、调试和维修。

② 频率特性好，可以放大直流、交流以及缓慢变化的信号。

③ 输出存在温度漂移。

④ 电路中无大的耦合电容，便于集成化。

3. 变压器耦合

各级放大电路之间通过变压器耦合传递信号。图 3.4 所示为变压器耦合放大电路。变压器 T_1 把前级的输出信号 u_{o1} 耦合传送到后级，作为后一级的输入信号 u_{i2}。变压器 T_2 将第二级的输出信号耦合传递给负载 R_L。

变压器具有隔离直流、通交流的特性，因此变压器耦合放大电路具有如下特点。

① 各级的静态工作点相互独立，互不影响，利于放大器的设计、调试和维修。

② 同阻容耦合一样，低频特性差，不适合放大直流及缓慢变化的信号，只能传递具有一定频率的交流信号。

③ 可以实现电压、电流和阻抗的变换，容易获得较大的输出功率。

④ 输出温度漂移比较小。

⑤ 变压器耦合电路体积和重量较大，不便于做成集成电路。

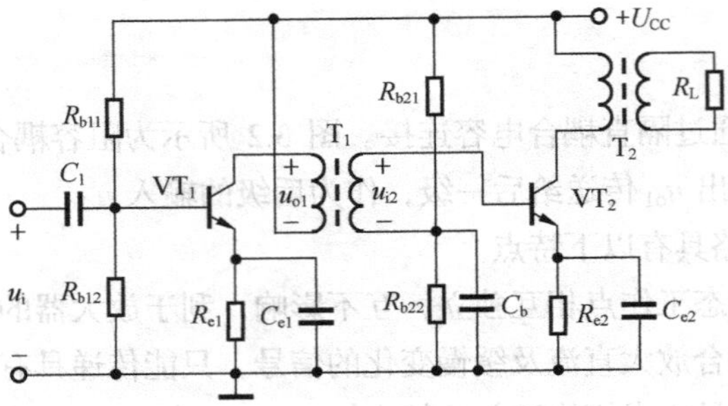

图 3.4　变压器耦合放大电路

（二）多级放大电路的分析方法

1．多级放大电路的电压放大倍数 A_u

图 3.5 所示为多级放大电路的框图，由电压放大倍数 A_u 的定义及框图可知：

$$A_u = \frac{u_o}{u_i} = \frac{u_{o1}}{u_i} \cdot \frac{u_{o2}}{u_{i2}} \cdot \frac{u_{o3}}{u_{i3}} \cdots = A_{u1} \cdot A_{u2} \cdot A_{u3} \cdots \tag{3-1}$$

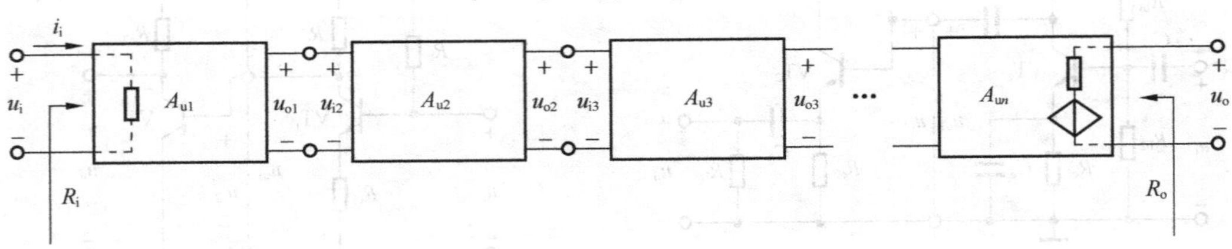

图 3.5　多级放大电路动态参数框图

即多级放大电路的电压放大倍数 A_u 为各级电压放大倍数的乘积。

若以分贝为单位来表示电压放大倍数，则有：

$$20\lg A_u(\text{dB}) = 20\lg A_{u1} + 20\lg A_{u2} + 20\lg A_{u3} + \cdots \tag{3-2}$$

电压放大倍数相乘的关系转为相加，总的电压增益为各级电压增益之和。

2．多级放大电路的输入电阻 R_i

多级放大电路的输入电阻 R_i 等于从第一级放大电路的输入端所看到的等效输入电阻 R_{i1}，即：

$$R_i = R_{i1} \tag{3-3}$$

3．多级放大电路的输出电阻 R_o

多级放大电路的输出电阻 R_o 等于从最后一级（末级）放大电路的输出端所看到的等效电阻 $R_{o末}$，即：

$$R_o = R_{o末} \tag{3-4}$$

注意 求解多级放大电路的动态参数 A_u、R_i、R_o 时，一定要考虑前后级之间的相互影响。

- 要把后级的输入阻抗作为前级的负载电阻。
- 前级的开路电压作为后级的信号源电压，前级的输出阻抗作为后级的信号源阻抗。

【例 3-1】 图 3.2 所示为两级阻容耦合放大电路。若 R_{b1}=20kΩ，R_{b2}=10kΩ，R_c=2kΩ，R_{e1}=2kΩ，R_b=200kΩ，R_{e2}=1kΩ，R_L=2kΩ，β_1=50，β_2=100，U_{CC}=12V。

（1）判定 VT_1、VT_2 各构成什么组态电路？

（2）分别估算各级的静态工作点。

（3）计算放大电路的电压放大倍数 A_u、输入电阻 R_i 和输出电阻 R_o。

解：（1）VT_1 放大管构成第一级放大电路，为共射极电路；VT_2 构成第二级放大电路，为共集电极放大电路。

（2）估算静态工作点

$$U_{B1}=\frac{R_{b2}}{R_{b1}+R_{b2}}U_{CC}=\frac{10}{10+20}\times12V=4V$$

$$I_{CQ1}\approx\frac{U_{B1}}{R_{e1}}=\frac{4}{2}mA=2mA$$

$$I_{BQ1}=\frac{I_{CQ1}}{\beta_1}=\frac{2mA}{50}=40\mu A$$

$$U_{CQ1}\approx U_{CC}-I_{CQ1}(R_c+R_{e1})=12V-2\times(2+2)V=4V$$

$$I_{BQ2}\approx\frac{U_{CC}}{R_b+(1+\beta_2)R_{e2}}=\frac{12}{200+101\times1}V\approx40\mu A$$

$$I_{CQ2}=\beta_2 I_{BQ2}=100\times40\mu A=4mA$$

$$U_{CEQ2}\approx U_{CC}-I_{CQ2}R_{e2}=12V-4\times1V=8V$$

（3）计算 A_u、R_i 和 R_o

$$r_{be1}=200\Omega+(1+\beta_1)\frac{26mV}{I_{EQ1}}\approx200\Omega+51\times\frac{26}{2}\Omega=0.86k\Omega$$

$$r_{be2}=200\Omega+(1+\beta_2)\frac{26mV}{I_{EQ2}}\approx200\Omega+101\times\frac{26}{4}\Omega=0.85k\Omega$$

第二级的输入电阻 R_{i2} 作为第一级的负载电阻：

$$R_{i2}=R_b//[r_{be2}+(1+\beta_2)R_{e2}//R_L]\approx51k\Omega$$

$$A_{u1}=-\frac{\beta_1 R_c//R_{i2}}{r_{be1}}\approx-\frac{50\times2}{0.86}=-116$$

$$A_{u2}=\frac{(1+\beta_2)R_{e2}//R_L}{r_{be2}+(1+\beta_2)R_{e2}//R_L}\approx1$$

$$A_u=A_{u1}A_{u2}\approx-116$$

$$R_i = R_{i1} = R_{b1} // R_{b2} // r_{be1} = (10//20//0.86)\text{k}\Omega \approx 0.86\text{k}\Omega$$

$$R_o = R_{o2} = R_{e2} // \frac{r_{be2} + R_b // R_{o1}}{1+\beta_2} = \left(1// \frac{0.85 + 200//2}{101}\right)\text{k}\Omega \approx 28\Omega$$

计算中把前一级的输出电阻 R_{o1} 作为后一级的信号源内阻。

知识点二 复合管

复合管是由两个或两个以上的三极管按照一定的连接方式组成的等效三极管。复合管又称为达林顿管。

实际应用中采用复合管结构，可以改变放大电路的某些性能，来满足不同放大器的需要。如功率放大电路要求输出电流尽可能大，若采用复合管结构，可有效提高放大电路的电流放大倍数，以满足负载的要求；若在放大电路的输入级采用复合管结构，可有效提高放大电路的输入电阻等。

（一）复合管的结构

复合管可以由相同类型的管子复合而成，也可以由不同类型的管子复合连接，其连接的方法有多种。连接的基本规律为小功率管放在前面，大功率管放在后面；连接时要保证每管都工作在放大区域，保证每管的电流通路。图 3.6 所示为 4 种常见的复合管结构。

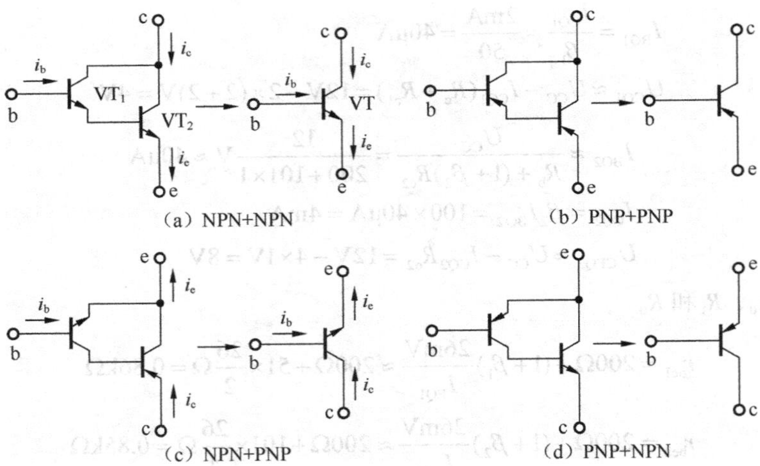

图 3.6　4 种常见的复合管结构

（二）复合管的特点

复合管有以下两个特点。

① 复合管的类型与组成复合管的第一只三极管的类型相同。如果第一只管子为 NPN 型，则复合管的管型也为 NPN；若第一只管子为 PNP 型，则复合管的管型也为 PNP。

② 复合管的电流放大系数β近似为组成该复合管的各三极管电流放大系数的乘积，即：

$$\beta \approx \beta_1 \beta_2 \beta_3 \cdots \tag{3-5}$$

知识点三　放大电路的频率响应

（一）频率响应的基本概念

1. 频率响应

前面分析放大电路时，忽略了电路中所有电抗性器件电容的影响，而且在分析电路时，只考虑到单一频率的正弦输入信号。实际上，放大电路中存在电抗性器件电容，如外接的隔直耦合电容、三极管的极间电容、线间的杂散电容等。这些电容对不同频率的信号会产生不同的影响，呈现的阻抗或大或小。另外，实际放大电路的输入信号非常复杂，不仅仅是单一频率的正弦信号，而是一段频率范围。因此考虑到这些因素后，放大电路的放大倍数对于不同频率的信号会有所变化。这种放大倍数随信号频率变化的关系称为放大电路的频率特性，也叫频率响应。频率响应包含幅频响应和相频响应两部分。

因为讨论涉及相位，这里用复数表示信号。

用关系式 $\dot{A}_u = A_u(f)\angle\varphi(f)$ 来描述放大电路的电压放大倍数与信号频率的关系。其中 $A_u(f)$ 表示电压放大倍数的模与信号频率的关系，叫幅频响应；$\varphi(f)$ 表示放大电路的输出电压 $\dot{u}_o$ 与输入电压 $\dot{u}_i$ 的相位差与信号频率的关系，叫相频响应。

2. 上、下限频率和通频带

图3.7所示为阻容耦合放大电路的幅频响应。从图 3.7 中可以看出，在某一段频率范围内，放大电路的电压增益$|\dot{A}_u|$与频率 F 无关，是一个常数，这时对应的增益称为中频增益 A_{um}；但随着信号频率的减小或增加，电压放大倍数$|\dot{A}_u|$明显减小。

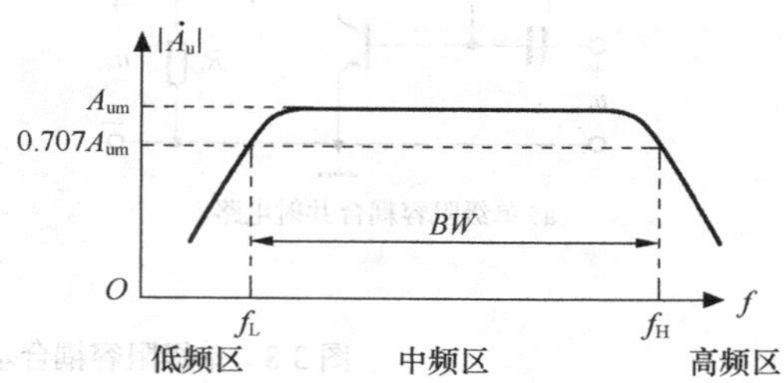

图 3.7　阻容耦合放大电路的幅频响应

（1）下限频率 f_L 和上限频率 f_H

定义：当放大电路的放大倍数$|\dot{A}_u|$下降到 $0.707A_{um}$ 时，所对应的两个频率分别叫做放大电路的下限频率 f_L 和上限频率 f_H。

（2）通频带 BW

f_L 和 f_H 之间的频率范围称为放大电路的通频带，用 BW 表示，即：

$$BW = f_H - f_L \tag{3-6}$$

一个放大器的通频带越宽，表示其工作的频率范围越宽，频率响应越好。

3. 影响放大电路频率特性的主要因素

放大电路中除有电容量较大的、串接在支路中的隔直耦合电容和旁路电容外，还有电容量较小的并接在支路中的极间电容以及杂散电容。因此，分析放大电路的频率特性时，为使分析方便，常把频率范围划分为 3 个频区：低频区、中频区和高频区，如图 3.7 所示。

（1）低频区

若信号的频率 $f<f_L$，称此频率区域为低频区。在低频区，串接在支路中的隔直耦合电容以及

旁路电容，如 C_1、C_b、C_e 等，呈现的阻抗增大，信号在这些电容上的压降增大，信号通过时会被明显衰减，增益下降。因此在低频区，不能再视隔直耦合电容以及旁路电容为交流短路。而并接的极间电容和杂散电容，容抗很大，可视为开路。

（2）中频区

若信号的频率 $f_L < f < f_H$，称此频率区域为中频区。在中频区，忽略所有电容的影响，视隔直耦合电容和旁路电容为交流短路，视极间电容和杂散电容为交流开路。

（3）高频区

若信号的频率 $f > f_H$，称此频率区域为高频区。在高频区，并接的极间电容和杂散电容容抗减小，对信号产生分流，使增益下降，不可再视为交流开路。串接在支路中的隔直耦合电容和旁路电容，呈现的阻抗很小，可视为交流短路。

（二）单级共射放大电路的频率响应

图 3.8 所示为单级阻容耦合基本共射放大电路和其频率特性。

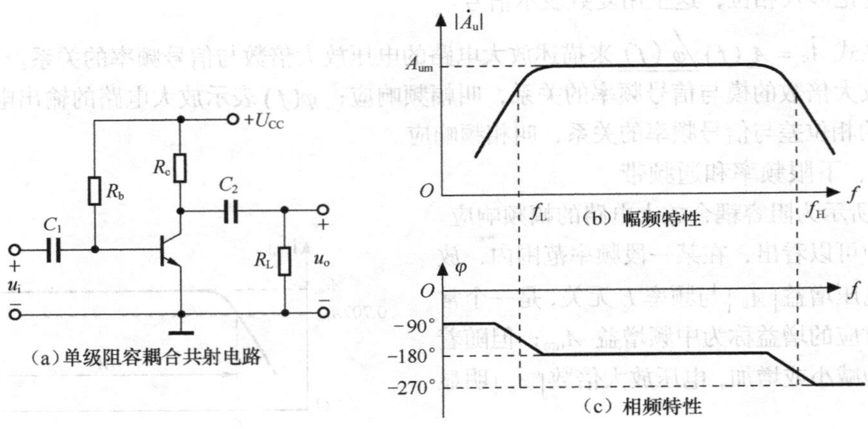

（a）单级阻容耦合共射电路　（b）幅频特性　（c）相频特性

图 3.8　单级阻容耦合基本共射放大电路及其频率特性

1. 单级共射放大电路的中频响应

在中频区，忽略所有电容的影响。利用微变等效电路分析法，在模块二中求出的电路电压放大倍数式（2-6）则为中频电压放大倍数 A_{um}：

$$A_{um} = -\frac{\beta R_c // R_L}{r_{be}} \tag{3-7}$$

A_{um} 不受信号频率的影响，是一个常数。输出电压 u_o 和输入电压 u_i 反相位，相位差为−180°。从图 3.8 中也可看出，电路中频区的频率特性是比较平坦的曲线。

2. 单级共射放大电路的低频响应

在低频区，要考虑隔直耦合电容和旁路电容的影响。为使分析简化，这里只考虑耦合电容 C_1 的作用，把电容 C_2 归入后级电路。图 3.9 所示为

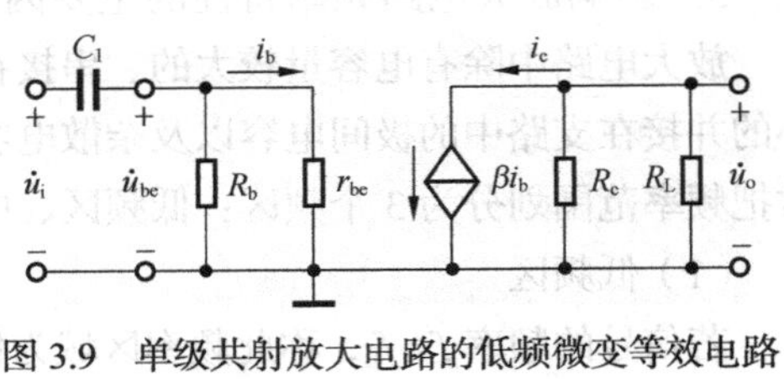

图 3.9　单级共射放大电路的低频微变等效电路

单级共射放大电路在低频区的微变等效电路。根据电容 C_1 的阻抗 $\frac{1}{j\omega C_1}$，可计算出在低频区放大电路电压放大倍数的表达式。

$$\frac{\dot{u}_o}{\dot{u}_{be}} = -\frac{\beta R_c // R_L}{r_{be}} = A_{um}$$

$$\frac{\dot{u}_{be}}{\dot{u}_i} = -\frac{R_b // r_{be}}{R_b // r_{be} + \frac{1}{j\omega C_1}} = \frac{R_i}{R_i + \frac{1}{j\omega C_1}}$$

定义：

$$f_L = \frac{1}{2\pi R_i C_1} \quad (3\text{-}8)$$

则有：

$$\dot{A}_u = \frac{\dot{u}_o}{\dot{u}_i} = \frac{\dot{u}_o}{\dot{u}_{be}} \bullet \frac{\dot{u}_{be}}{\dot{u}_i} = \frac{A_{um}}{1 - j\frac{f_1}{f}} \quad (3\text{-}9)$$

由电压放大倍数的表达式（3-9），可得电路在低频区的幅频特性和相频特性。

当 $f \gg f_L$ 时，$|\dot{A}_u| \approx A_{um}$，$\varphi$=–180°。

当 f=f_L 时，$|\dot{A}_u| = \frac{1}{\sqrt{2}} A_{um} \approx 0.707 A_{um}$，$\varphi$=–135°。

当 $f \ll f_L$ 时，$|\dot{A}_u| \approx 0$，φ=–90°。

从图 3.8 中可以看出，在低频区，随频率减小，增益减小；相对于中频区产生超前的附加相位移，相位差φ值随着频率改变。

3. 单级共射放大电路的高频响应

在高频区，主要考虑极间电容的影响。由于极间电容的分流作用，这时三极管的电流放大系数 β 不再是一个常数，而是信号频率的函数，因此三极管的中频微变等效电路模型在这里不再适用，分析时要用三极管的高频微变模型。有关高频微变模型的内容请参考相关的书籍。

从图 3.8 可见，在高频区，随信号频率的升高，电压增益减小；产生滞后的附加相位移，相位差 φ 值也随着频率改变。

（三）多级放大电路的频率响应

多级放大电路的频率响应可由单级电路的频率响应叠加得到。

1. 多级放大电路的幅频响应为各单级幅频响应的叠加

在多级放大电路中，有电压放大倍数：

$$A_u = A_{u1} A_{u2} A_{u3} \cdots$$

采用分贝为单位，则有：

$$20\lg A_u = 20\lg A_{u1} + 20\lg A_{u2} + 20\lg A_{u3} + \cdots$$

2. 多级放大电路的相频响应为各单级相频响应的叠加

$$\varphi=\varphi_1+\varphi_2+\varphi_3+\cdots$$

3. 多级放大电路的通频带

图3.10所示为两级阻容耦合放大电路的幅频响应。设两个单级放大电路具有相同的幅频特性：$f_{L1}=f_{L2}$，$f_{H1}=f_{H2}$，$BW_1=BW_2$，$A_{um1}=A_{um2}$，在$f_{L1}=f_{L2}$和$f_{H1}=f_{H2}$处，有总的电压增益为：

$$|\dot{A}_u|=|\dot{A}_{u1}|\cdot|\dot{A}_{u2}|$$

$$|\dot{A}_u|=0.707A_{um1}\times0.707A_{um2}=0.49A_{um}$$

根据上、下限频率的定义，在多级放大电路的f_L和f_H处，应该有$|\dot{A}_u|=0.707A_{um}$。因此从图3.10可看出，多级放大电路的下限频率高于组成它的任一单级放大电路的下限频率；而上限频率则低于组成它的任一单级放大电路的上限频率；通频带窄于组成它的任一单级放大电路的通频带。

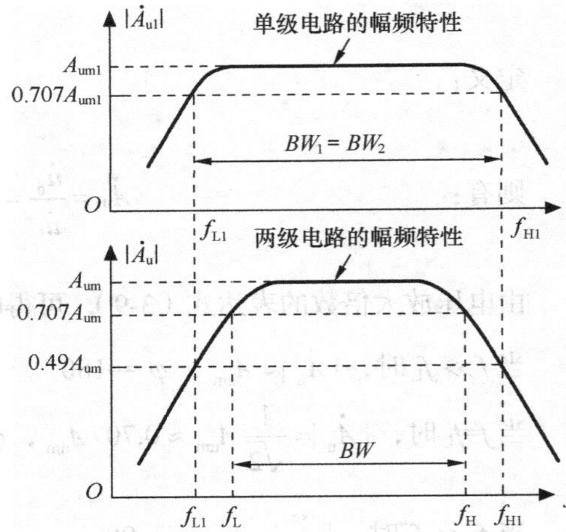

图3.10　两级阻容耦合放大电路的幅频响应

通频带是放大电路的一项非常重要的技术指标。在多级放大电路中，随着放大电路级数的增加，其电压增益增大，但其通频带变窄。放大倍数与通频带是一对矛盾，因此多级放大电路的级数并不是越多越好。实际应用中，不仅要考虑电压增益，还要兼顾电路的通频带宽，当放大电路的通频带不能满足要求时，只放大部分信号的幅度是没有意义的。

【能力培养】

*（一）应用电路举例——高输入阻抗、低噪声前置放大电路

高输入阻抗、低噪声前置放大电路如图3.11所示。该电路采用三级放大，三级之间均采用直接耦合方式。

放大电路的第一级VT_1采用输入阻抗高、噪声低的场效应管3DJ4D，从而提高整个电路的输入电阻，降低噪声。VT_1构成共源极电路，从VT_1漏极输出的信号直接传送到第二级VT_2的基极。

第二级电路VT_2为PNP型共射极放大电路，目的在于提高放大电路的电压增益。

VT_3第三级放大作为电路的输出级，采用NPN共集电极放大电路，即射极输出器。它具有输出电阻低、带负载强的特性，以提高整个电路的带负载能力。

电容C称为自举电容，它的接入可以进一步提高电路的输入阻抗，从而使电路能在放大高阻抗微弱信

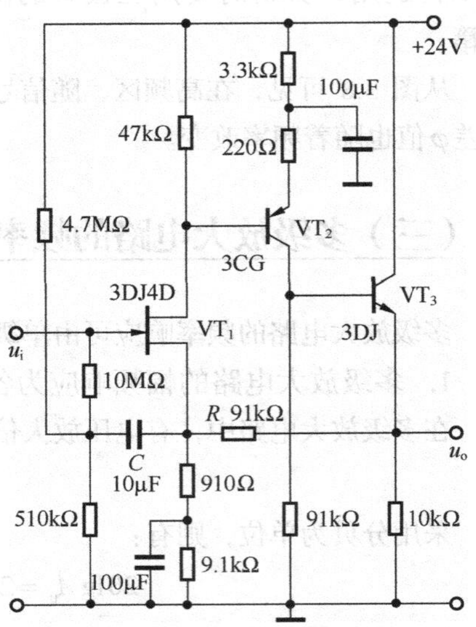

图3.11　高输入阻抗、低噪声前置放大电路

号源的场合得到广泛的应用。电阻 R 是引入的负反馈（详见模块五），目的是稳定电路的静态工作点，以改善电路的动态参量。

*（二）应用电路举例——低阻抗传声器前置放大电路

低阻抗传声器前置放大电路如图 3.12 所示。放大电路为 3 级放大，第一级和第二级之间采用阻容耦合方式传递信号，第二级和第三级之间采用直接耦合方式传递信号。

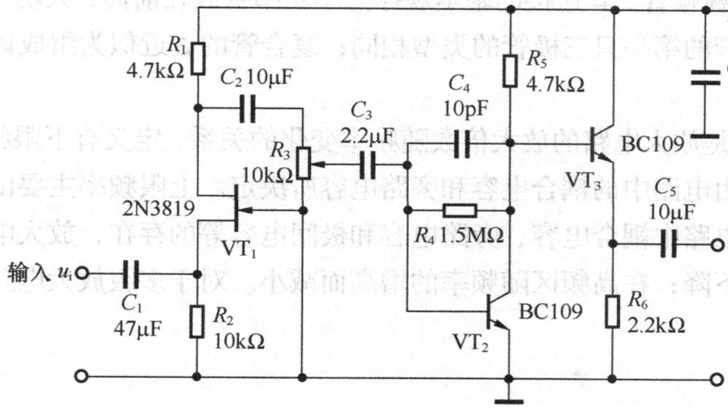

图 3.12　低阻抗传声器前置放大电路

VT_1 第一级放大采用共栅极场效应管电路。话筒信号经 C_1 耦合到场效应管的源极，经 VT_1 放大后从其漏极输出，经 C_2 耦合，R_3 幅度调整后，再经 C_3 耦合到 VT_2 的基极。共栅极电路具有输入阻抗低的特点，有利于放大电路同低阻抗传声器相匹配。另外，场效应管电路噪声小，第一级采用场效应管电路，有利于降低整个放大电路的噪声。

第二级放大电路 VT_2 是具有电压放大的共射极电路，其输出信号直接传送给 VT_3 的基极。

VT_3 构成射极输出放大电路，其输出信号经 C_5 耦合到负载电路。射极输出电路具有输出电阻小、带负载能力强的特点。

电容 C_4 为相位补偿电容，C_6 为去耦电容。

*（三）应用电路举例——单位增益缓冲器

单位增益缓冲器如图 3.13 所示。该电路为两对射极跟随器构成的单位增益缓冲器。电路采用双电源结构，完全对称。VT_1 和 VT_2 发射极基极电压相互抵消，VT_3 和 VT_4 也是如此。

VT_1 和 VT_2 构成一对射极跟随器。两个管子都是从基极输入信号，从集电极输出信号，都是共集电极电路，都采用直接耦合方式。

VT_3 和 VT_4 同 VT_1、VT_2 一样，构成另一对射极跟随器。

当输入为零时，可以对三极管失配引起的微小

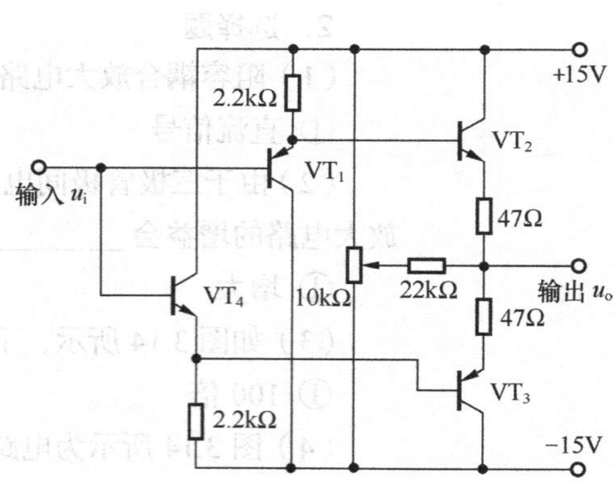

图 3.13　单位增益缓冲器

直流失调进行预调，使输出为零。

【模块总结】

1. 多级放大电路主要有3种耦合方式：阻容耦合、直接耦合和变压器耦合。多级放大电路的电压放大倍数为各级电压放大倍数的乘积$A_u=A_{u1}\times A_{u2}\times\cdots\times A_{un}$；输入电阻为第一级的输入电阻；输出电阻为最后一级的输出电阻。求解多级放大电路的动态参数时，一定要把后一级的输入电阻当作前一级的负载电阻。

2. 复合管又称为达林顿管。其连接的基本规律为小功率管放在前面，大功率管放在后面。复合管的类型与组成复合管的第一只三极管的类型相同；复合管的β近似为组成该复合管的各三极管β的乘积。

3. 频率响应描述的是放大电路的放大倍数随频率变化的关系，定义有下限频率、上限频率和通频带。下限频率主要由电路中的耦合电容和旁路电容所决定。上限频率主要由电路中三极管的极间电容所决定。因为电路中耦合电容、旁路电容和极间电容等的存在，放大电路的放大倍数在低频区随频率的减小而下降；在高频区随频率的增高而减小。对于多级放大电路，级数越多，其增益越大，频带越窄。

习题及思考题

1．填空题

（1）多级放大电路中常见的耦合方式有3种：________耦合、________耦合和________耦合。

（2）________耦合放大电路既可以放大交流信号，也可以放大直流信号。

（3）复合管的类型与组成复合管的________三极管的类型相同。

（4）影响放大电路低频响应的主要因素为________；影响其高频响应的主要因素为________。

（5）多级放大电路的级数越多，其增益越________，频带越________。

2．选择题

（1）阻容耦合放大电路可以放大________。

① 直流信号　② 交流信号　③ 直流和交流信号

（2）由于三极管极间电容的影响，当输入信号的频率大于电路的上限频率时，放大电路的增益会________。

① 增大　② 不变　③ 减小

（3）如图3.14所示，下限频率f_L处电路的电压放大倍数为________。

① 100倍　② 40倍　③ 70.7倍

（4）图3.14所示为电路的频率特性，电路的通频带为________。

① 100kHz　② 600Hz　③ 99.4 kHz

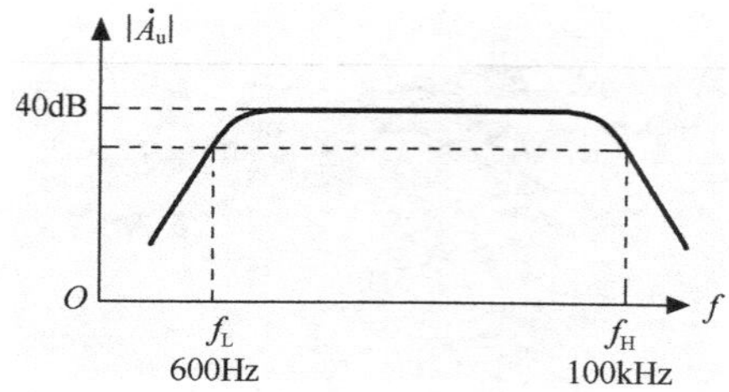

图 3.14　电路的频率特性

3．判断题

（1）图 3.14 是直接耦合放大电路的幅频响应。（　　）

（2）放大电路的放大倍数在低频区随输入信号频率的减小而降低，其原因是三极管极间电容的影响。（　　）

4．如图 3.15 所示，已知 β_1、β_2、r_{be1}、r_{be2}，求：

（1）电路采用怎样的耦合方式？由什么组态的电路构成？

（2）电路总的 A_u、R_i、R_o 的表达式。

5．图 3.16 所示为由共射和共基放大电路构成的两级电路，已知 β_1、β_2、r_{be1}、r_{be2}。求电路总的 A_u、R_i、R_o 的表达式。

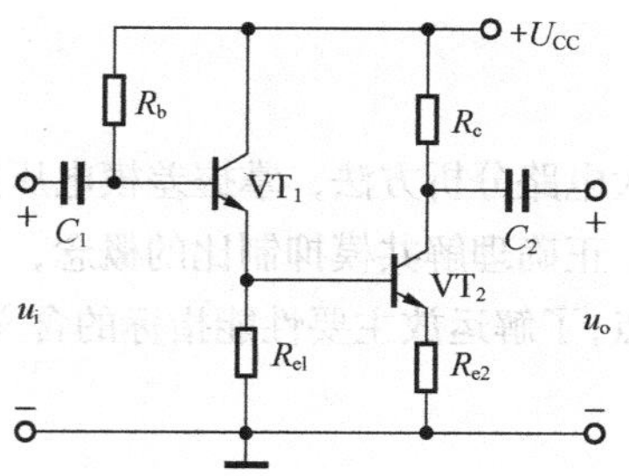

图 3.15　习题 4 图

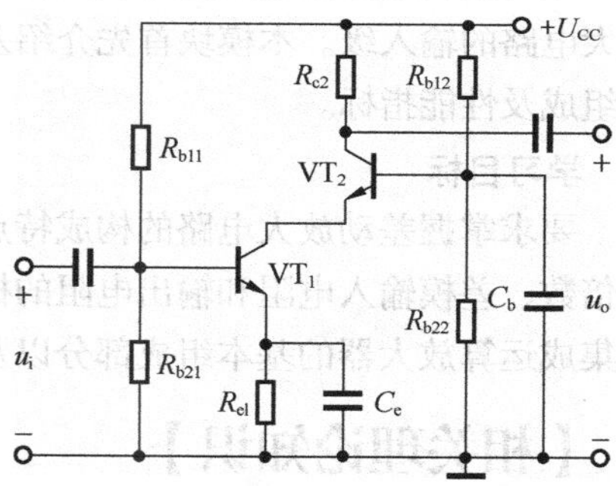

图 3.16　习题 5 图

6．一个阻容耦合的单级共射放大电路，其幅频响应曲线应该是怎样的形状？如果是直接耦合的放大电路，其幅频响应曲线有什么不同？为什么说直接耦合放大电路的低频响应比较好？

模块四

差动放大电路与集成运算放大器

学习导读

差动放大电路是集成运算放大器的输入级电路，它也可用于分立元件多级直接耦合放大电路的输入级。本模块首先介绍差动放大电路，然后介绍集成运算放大器的内部电路组成及性能指标。

学习目标

要求掌握差动放大电路的构成特点，了解差动放大电路分析方法，掌握差模电压放大倍数、差模输入电阻和输出电阻的概念和估算方法；正确理解共模抑制比的概念，了解集成运算放大器的基本组成部分以及各部分电路特点，了解运放主要性能指标的含义。

【相关理论知识】

知识点一　差动放大电路

（一）零点漂移的概念

在直接耦合多级放大电路中，由于各级之间的静态工作点相互联系、相互影响，因此会产生零点漂移现象。

所谓零点漂移，是指放大电路在没有输入信号时，由于温度变化、电源电压波动、元器件老化等原因，使放大电路的工作点发生变化，这个变化量会被直接耦合放大电路逐级加以放大并传送到输出端，使输出电压偏离原来的起始点而上下波动。由于零点漂移的产生主要是因晶体三极管的参数受温度的影响，因此零点漂移也称为温度漂移，简称温漂。

在阻容耦合多级放大电路中，这种缓慢变化的漂移电压都降落在耦合电容之上，而不会传递到下一级电路。但在直接耦合放大电路中，由于前后级直接相连，前一级的漂移电压会和有用信号一起被送到下一级，而且逐级放大。级数越多，放大倍数越大，零点漂移现象就越严重。因此，应当设法消除或抑制零点漂移现象。

抑制零点漂移可以采用多种措施，其中最有效的措施是采用差动放大电路，简称“差放”。

（二）差动放大电路的基本形式

差动放大电路是一种具有两个输入端且电路结构对称的放大电路，其基本特点是输出信号与两个输入端输入信号之差成比例，即差动放大电路放大的是两个输入信号的差值信号，故称其为差动放大电路。

1. 电路构成与特点

图 4.1 所示是差动放大电路的基本形式，从电路结构上来看，具有以下特点。

① 它由两个完全对称的共射电路组合而成，即 VT_1、VT_2 参数相同（如 $\beta_1=\beta_2$，$r_{be1}=r_{be2}$），对称位置上的电阻元件值也相同，例如，两集电极电阻 $R_{c1}=R_{c2}=R_c$。

② 电路采用正负双电源供电。VT_1 和 VT_2 的发射极都经同一电阻 R_e 接至负电源 $-U_{EE}$，该负电源能使两管基极在接地（即 $u_{i1}=u_{i2}=0$）的情况下，为 VT_1、VT_2 提供偏置电流 I_{B1}、I_{B2}，保证两管发射结正偏。另外，由于电路对称，在零输入的情况下，$u_{o1}=u_{o2}$，$u_o=u_{o1}-u_{o2}=0$，从而实现零输入，零输出。

2. 差动放大电路抑制零漂的原理

由于电路的对称性，温度的变化对 VT_1、VT_2 两管组成的左右两个放大电路的影响是一致的，相当于给两个放大电路同时加入了大小和极性完全相同的输入信号，因此，在电路完全对称的情况下，两管的集电极电位始终相同，差动放大电路的输出为零，不会出现普通直接耦合放大电路中的漂移电压。可见，利用电路对称性可以抑制零点漂移现象。

3. 静态分析

当 $u_{i1}=u_{i2}=0$ 时，由于电路对称，因此 VT_1、VT_2 两管的静态工作点也相同。以 VT_1 为例，其基极回路由 $-U_{EE}$、U_{BE} 和 R_e 构成，但要注意，流过 R_e 的电流是 VT_1、VT_2 两管射极电流之和，如图 4.2 所示，则 VT_1 管的输入回路方程为：

$$U_{EE}=U_{BE}+2I_{E1}R_e$$

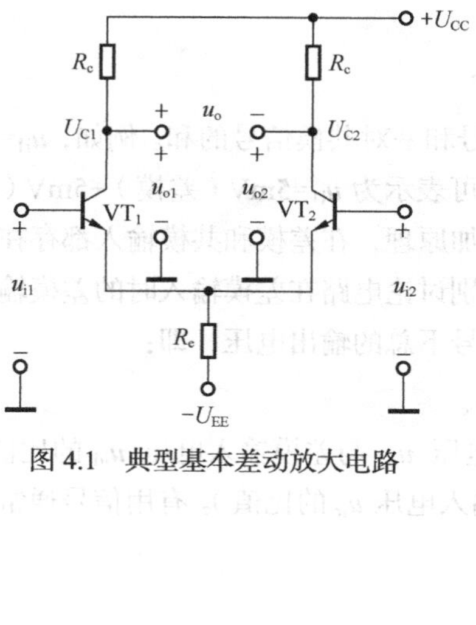

图 4.1　典型基本差动放大电路

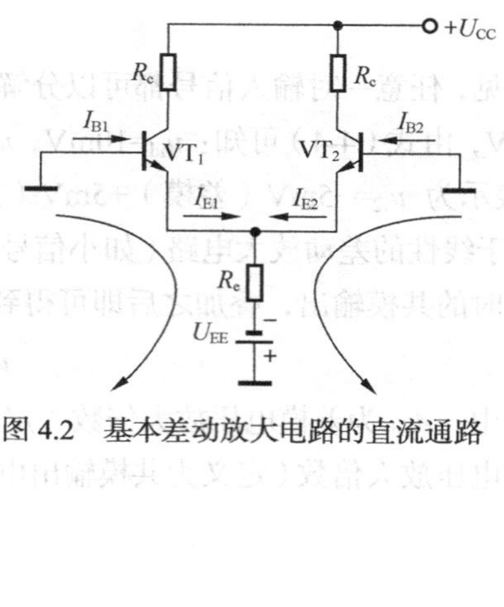

图 4.2　基本差动放大电路的直流通路

所以，静态射极电流为：

$$I_{E1}=\frac{U_{EE}-U_{BE}}{2R_e}\approx I_{C1} \tag{4-1}$$

静态基极电流为：

$$I_{B1}=\frac{I_{C1}}{\beta} \tag{4-2}$$

静态时 VT_1 管压降为：

$$U_{CE1}=U_{CC}+U_{EE}-I_{C1}R_c-2I_{E1}R_e \tag{4-3}$$

因电路参数对称，VT_2 管的静态参数与 VT_1 管相同，故静态时，两管集电极对地电位相等，即 $U_{C1}=U_{C2}$。故两管集电极之间电位差为零，即输出电压 $u_o=U_{C1}-U_{C2}=0$。

4. 差模信号与共模信号

在实际使用时，加在差动放大电路两个输入端的输入信号 u_{i1} 和 u_{i2} 是任意的，要想分析有输入信号时差动放大电路的工作情况，必须了解差模信号和共模信号的概念。

如图 4.1 所示，当两个输入信号 u_{i1} 与 u_{i2} 大小和极性都相同时，称之为共模信号，记为 u_{ic}，即 $u_{i1}=u_{i2}=u_{ic}$。当 u_{i1} 与 u_{i2} 大小相同但极性相反时，即 $u_{i1}=-u_{i2}$ 时，称之为差模信号，记为 u_{id}，并令 $u_{id}=u_{i1}-u_{i2}=2u_{i1}=-2u_{i2}$。

对于完全对称的差动放大电路来说，共模输入时两管的集电极电位必然相同，因此双端输出时 $u_o=\Delta u_{C1}-\Delta u_{C2}=0$。所以理想情况下，差动放大电路对共模信号没有放大能力，而对共模信号的抑制作用，实际上就是对零点漂移的抑制作用。因为引起零点漂移的温度等因素的变化对差放来说等效于输入了一对共模信号。

在实际应用中，输入信号 u_{i1} 和 u_{i2} 的大小和极性往往是任意的，既不是一对差模信号，也不是一对共模信号。为了分析和处理方便，通常将一对任意输入信号分解为差模信号 u_{id} 和共模信号 u_{ic} 两部分。定义差模信号为两个输入信号之差，共模信号为两个输入信号的算术平均值，即：

$$\begin{cases} u_{id}=u_{i1}-u_{i2} \\ u_{ic}=\dfrac{u_{i1}+u_{i2}}{2} \end{cases} \tag{4-4}$$

这样，可以用差模和共模信号表示两个输入信号：

$$\begin{cases} u_{i1}=+\dfrac{1}{2}u_{id}+u_{ic} \\ u_{i2}=-\dfrac{1}{2}u_{id}+u_{ic} \end{cases} \tag{4-5}$$

可见，任意一对输入信号都可以分解为一对差模信号和一对共模信号的和。例如，$u_{i1}=10\text{mV}$，$u_{i2}=0\text{mV}$，由式（4-4）可知：$u_{id}=10\text{mV}$，$u_{ic}=5\text{mV}$，则 u_{i1} 可表示为 $u_{i1}=5\text{mV}$（差模）$+5\text{mV}$（共模），u_{i2} 可表示为 $u_{i2}=-5\text{mV}$（差模）$+5\text{mV}$（共模）。根据叠加原理，在差模和共模输入都存在的情况下，对于线性的差动放大电路（如小信号情况），可以分别讨论电路在差模输入时的差模输出和共模输入时的共模输出，叠加之后即可得到在任意输入信号下总的输出电压，即：

$$u_o=A_{ud}u_{id}+A_{uc}u_{ic} \tag{4-6}$$

式中：A_{ud} 为差模电压放大倍数（定义为差模输出电压 u_{od} 与差模输入电压 u_{id} 的比值）；A_{uc} 为共模电压放大倍数（定义为共模输出电压 u_{oc} 与共模输入电压 u_{ic} 的比值）。有用信号通常接成差模信号的形式，故差模电压放大倍数 A_{ud} 越大，电路的放大能力越强；共模电压放大倍数 A_{uc} 越小，电路抑制共模信号的能力越强。

5. 差模特性分析

图 4.1 所示为典型基本差动放大电路，在输入差模信号时，双端输出时的交流通路如图 4.3 所示。由于此时 $u_{i1}=-u_{i2}=u_{id}/2$，则 VT_1 和 VT_2 两管的电流和电压变化量总是大小相等、方向相反。流过射极电阻 R_e 的交流电流由两个大小相等、方向相反的交流电流 i_{e1} 和 i_{e2} 叠加而成。在电路完全对称的情况下，$i_{e1}=-i_{e2}$，$i_{e1}+i_{e2}=0$，故 R_e 两端产生的交流压降为零，因此，图 4.3 所示的差模输入交流通路中，射极电阻 R_e 被短路。

（1）差模电压放大倍数 A_{ud}

由图 4.3 所示的差模输入等效电路及差模电压放大倍数的定义可以得出：

$$A_{ud}=\frac{u_{od}}{u_{id}}=\frac{u_{od1}-u_{od2}}{u_{i1}-u_{i2}}=\frac{2u_{od1}}{2u_{i1}}=\frac{u_{od1}}{u_{i1}}=-\beta\frac{R_c}{r_{be}} \tag{4-7}$$

可见，差动放大电路双端输出时的差模电压放大倍数和单边电路的电压放大倍数相等。

若在 VT_1、VT_2 集电极之间接负载 R_L，如图 4.4 所示。由于电路的对称性，R_L 的中点始终为零电位，等效于接地。此时，单边电路的负载为 R_L 的一半，故电路的差模电压放大倍数为：

$$A_{ud}=-\beta\frac{R_c//\frac{R_L}{2}}{r_{be}} \tag{4-8}$$

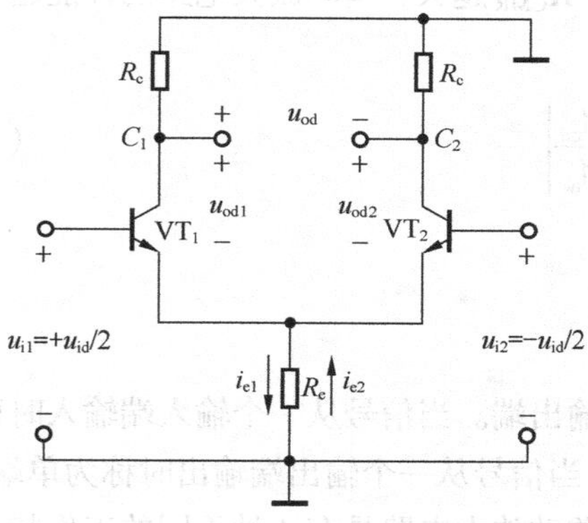

图 4.3　基本差动放大电路差模输入时的交流通路

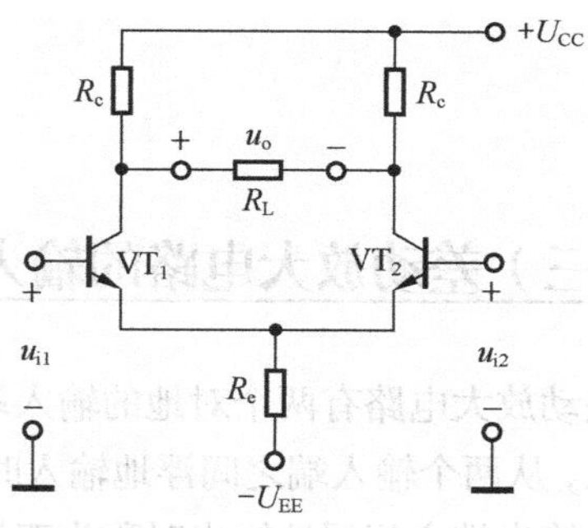

图 4.4　带负载的差动放大电路

（2）差模输入电阻 r_{id}

差模输入时，将从差动放大电路的两个输入端看进去的等效电阻定义为差模输入电阻 r_{id}，即：

$$r_{id}=2r_{be} \tag{4-9}$$

（3）差模输出电阻 r_{od}

差模输出电阻 r_{od} 定义为差模输入时从差动放大电路的两个输出端看进去的等效电阻，由图 4.3 可知：

$$r_{od}=2R_c \tag{4-10}$$

6. 共模特性分析

输入共模信号时的交流通路如图 4.5 所示。

当在差动放大电路的两个输入端接入一对共模信号时，即 $u_{i1}=u_{i2}=u_{ic}$，图 4.5 中 VT_1 和 VT_2 的电流和电压变化量总是大小相等、方向相同，故流过射极电阻 R_e 的交流电流由两个大小相等、方向相同的交流电流 i_{e1} 和 i_{e2} 组成，即流过 R_e 的交流电流为单管射极电流 i_{e1} 或 i_{e2} 的两倍，所以共模输入时的交流通路中，射极电阻不能被短路，其上有交流压降。

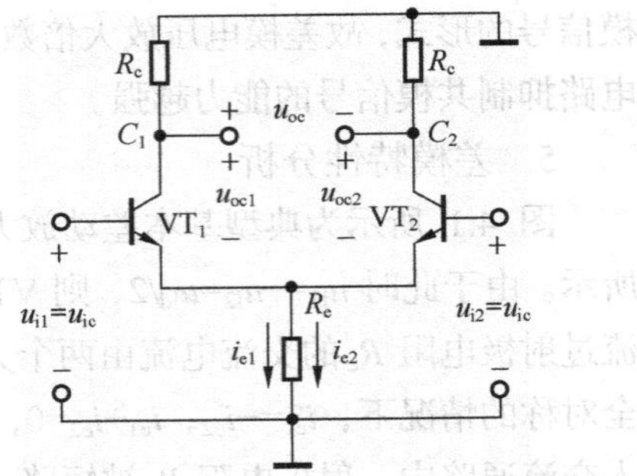

图 4.5　共模输入时基本差放电路的交流通路

（1）共模电压放大倍数 A_{uc}

由于电路对称，输入也相同，图 4.5 中两管的集电极电位始终相同，有 $u_{oc1}=u_{oc2}$。因此双端输出时 $u_{oc}=u_{oc1}-u_{oc2}=0$。故理想情况下双端输出时的共模电压放大倍数为 0，即：

$$A_{uc}=0 \tag{4-11}$$

（2）共模抑制比 K_{CMR}

为了更好地描述差动放大电路放大差模、抑制共模的特性，定义差模电压放大倍数与共模电压放大倍数之比为共模抑制比，即：

$$K_{CMR}=\left|\frac{A_{ud}}{A_{uc}}\right| \tag{4-12}$$

差模电压放大倍数越大，共模电压放大倍数越小，K_{CMR} 越大，差动放大电路的性能越好。为了方便，也可用分贝（dB）的形式表示共模抑制比：

$$K_{CMR}=20\lg\left|\frac{A_{ud}}{A_{uc}}\right| \tag{4-13}$$

（三）差动放大电路的输入、输出形式

差动放大电路有两个对地的输入端和两个对地的输出端。当信号从一个输入端输入时称为单端输入，从两个输入端之间浮地输入时称为双端输入；当信号从一个输出端输出时称为单端输出，从两个输出端之间浮地输出时称为双端输出。因此，差动放大电路具有 4 种不同的工作状态：双端输入，双端输出；单端输入，双端输出；双端输入，单端输出；单端输入，单端输出。

1. 单端输入

单端输入可以看成是双端输入的一种特例：两个输入信号中的一个为 0。例如：$u_{i1}=u_i$，$u_{i2}=0$，此时，两输入可表示为：

$$u_{i1}=\frac{1}{2}u_i+\frac{1}{2}u_i,\quad u_{i2}=-\frac{1}{2}u_i+\frac{1}{2}u_i$$

可以看作一对差模信号（$\pm\frac{1}{2}u_i$）和一对共模信号（$\frac{1}{2}u_i$）的叠加，故可以直接利用双端输入时的公式（式（4-6））进行计算。

2. 单端输出

单端输出的输出信号可以取自 VT_1 或 VT_2 的集电极。

（1）单端输出时的差模电压放大倍数 A_{ud1}

因单端输出时，差动放大电路中非输出管的输出电压未被利用，所以单端输出时的电压放大倍数是双端输出时的一半。若接有负载，由于负载电阻 R_L 直接接在输出管集电极与地之间，因此交流等效负载电阻为 $R'_L=R_c//R_L$，故单端输出时的差模电压放大倍数为：

$$|A_{ud1}|=\frac{1}{2}\frac{\beta R'_L}{r_{be}} \tag{4-14}$$

根据单端输出位置不同，差模电压放大倍数可正可负。

（2）单端输出时的共模电压放大倍数 A_{uc1}

单端输出时，由于仅取一管的集电极电压作为输出，两管的零点漂移不能在输出端互相抵消，所以存在共模放大。此时，射极电阻 R_e 上电流为单管射极电流的两倍，根据带射极电阻的单管共射放大电路的电压放大倍数公式，可得单端输出时差动放大电路的共模电压放大倍数为：

$$A_{uc1}=-\frac{\beta R_c}{r_{be}+2(1+\beta)R_e} \tag{4-15}$$

（3）单端输出时的共模抑制比

由式（4-14）和式（4-15）可得单端输出时的共模抑制比为：

$$K_{CMR}\approx\beta\frac{R_e}{r_{be}} \tag{4-16}$$

（4）单端输出时差动放大电路的输出电阻

由于仅从一管的集电极输出信号，因此输出电阻是一管集电极和地之间的等效电阻，即：

$$r_{od}=R_c \tag{4-17}$$

3. 差动放大在 4 种工作状态下的性能特点比较

表 4.1 所示为差动放大电路在 4 种不同输入、输出形式下的主要性能特点比较表。

表 4.1　　差动放大在 4 种不同输入、输出形式下的主要性能特点

工作状态 / 性能特点	双端输入 双端输出	双端输入 单端输出	单端输入 双端输出	单端输入 单端输出
差模电压放大倍数 A_{ud}	$-\beta\frac{R_c//\frac{R_L}{2}}{r_{be}}$	$\pm\frac{1}{2}\frac{\beta R'_L}{r_{be}}$	$-\beta\frac{R_c//\frac{R_L}{2}}{r_{be}}$	$\pm\frac{1}{2}\frac{\beta R'_L}{r_{be}}$
差模输入电阻 r_{id}	$r_{id}=2r_{be}$	$r_{id}=2r_{be}$	$r_{id}=2r_{be}$	$r_{id}=2r_{be}$
差模输出电阻 r_{od}	$r_{od}=2R_c$	$r_{od}=R_c$	$r_{od}=2R_c$	$r_{od}=R_c$
共模抑制比 K_{CMR}	很高	$K_{CMR}\approx\beta\frac{R_e}{r_{be}}$	很高	$K_{CMR}\approx\beta\frac{R_e}{r_{be}}$

【例 4-1】在图 4.6 所示差动放大电路中，已知 $U_{CC}=U_{EE}=12V$，三极管的$\beta=50$，$R_c=30k\Omega$，$R_e=27k\Omega$，$R=10k\Omega$，$R_W=500\Omega$，设 R_W 的活动端调在中间位置，负载电阻 $R_L=20k\Omega$。试估算放大电路的静态工作点、差模电压放大倍数 A_{ud}、差模输入电阻 r_{id} 和输出电阻 r_{od}。

解：由三极管的基极回路可得：

$$I_{BQ}=\frac{U_{EE}-U_{BEQ}}{R+(1+\beta)(2R_e+0.5R_W)}=\left[\frac{12-0.7}{10+51\times(2\times27+0.5\times0.5)}\right]mA\approx0.004mA$$

$$I_{CQ} \approx \beta I_{BQ} = (50 \times 0.004)\text{mA} = 0.2\text{mA}$$

$$U_{CQ} = U_{CC} - I_{CQ}R_c = (12 - 0.2 \times 30)\text{V} = 6\text{V}$$

$$U_{BQ} = -I_{BQ}R = (-0.004 \times 10)\text{V} = -0.04\text{V} = -40\text{mV}$$

$$U_{EQ} = U_{BQ} - U_{BEQ} = (-0.04 - 0.7)\text{V} = -0.74\text{V}$$

$$U_{CEQ} = U_{CQ} - U_{EQ} = [6 - (-0.74)]\text{V} = 6.74\text{V}$$

差模输入时放大电路的交流通路如图 4.7 所示。由图 4.7 可求得差模电压放大倍数为：

$$A_{ud} = -\frac{\beta R'_L}{R + r_{be} + (1+\beta)\dfrac{R_W}{2}}$$

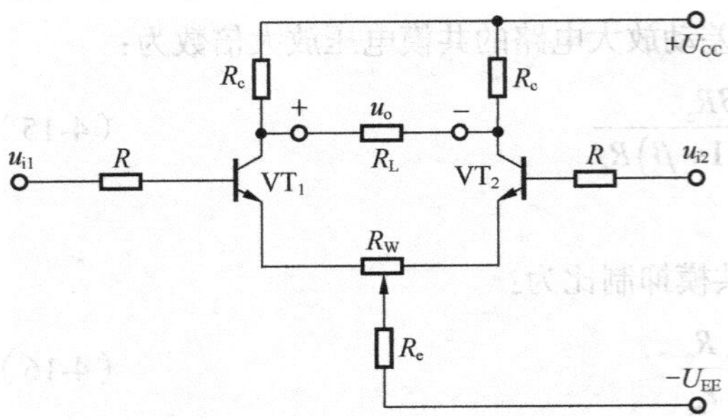

图 4.6　接有调零电位器的差动放大电路

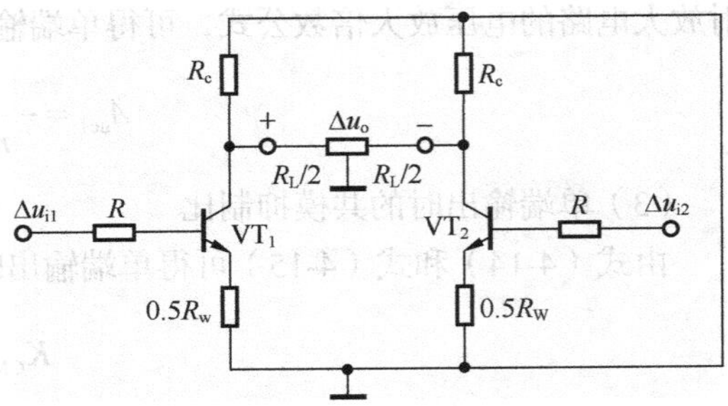

图 4.7　图 4.6 的交流通路

式中，

$$R'_L = R_c // \frac{R_L}{2} = 30\text{k}\Omega // 10\text{k}\Omega = 7.5\text{k}\Omega$$

$$r_{be} = r_{bb'} + (1+\beta)\frac{26}{I_{EQ}} = (200 + 51 \times \frac{26}{0.2})\Omega = 6830\Omega = 6.83\text{k}\Omega$$

则

$$A_{ud} = -\frac{50 \times 7.5}{10 + 6.83 + 51 \times 0.5 \times 0.5} = -12.7$$

$$r_{id} = 2\left[R + r_{be} + (1+\beta)\frac{R_W}{2}\right] = 2 \times (10 + 6.83 + 51 \times 0.5 \times 0.5)\text{k}\Omega \approx 59\text{k}\Omega$$

$$r_{od} = 2R_c = (2 \times 30)\text{k}\Omega = 60\text{k}\Omega$$

（四）恒流源式差动放大电路

在基本差动放大电路中，射极电阻 R_e 越大，抑制温漂的效果越好。但是，R_e 越大，为了得到同样的静态电流所需的负电源 U_{EE} 的值也越高。若希望既要抑制温漂效果好，又不要求过高的 U_{EE} 值，则可考虑采用恒流源来代替射极电阻 R_e，因为恒流源的内阻较大，可以得到较好的共模抑制效果，同时利用恒流源的恒流特性可给三极管提供更稳定的静态偏置电流。

图 4.8 所示为一种常见的恒流源式差动放大电路。图 4.8 中恒流源由 VT_3 构成，为使其集电极电流稳定，采用了由 R_{b1}、R_{b2} 和 R_e 构成的分压式偏置电路。恒流管 VT_3 的基极电位由电阻 R_{b1}、R_{b2} 分压后得到，可认为基本不受温度变化的影响，则 VT_3 的发射极电位和发射极电流也基本保持稳定，

而两个放大管 VT_1 和 VT_2 的集电极电流 i_{C1} 和 i_{C2} 之和近似等于 i_{C3}，所以 i_{C3} 的稳定决定了 i_{C1} 和 i_{C2} 将不会因温度的变化而同时增大或减小。可见，接入恒流三极管 VT_3 后，抑制了共模信号的变化。

有时，为简化起见，常常用恒流源符号来表示恒流管 VT_3 组成的具体电路，如图 4.9 所示。

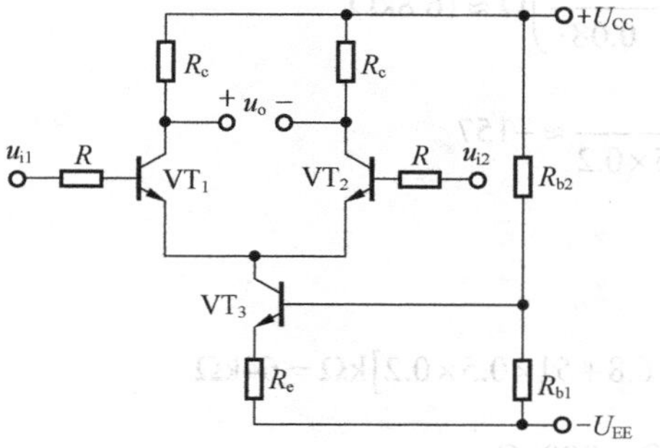

图 4.8　恒流源式差动放大电路

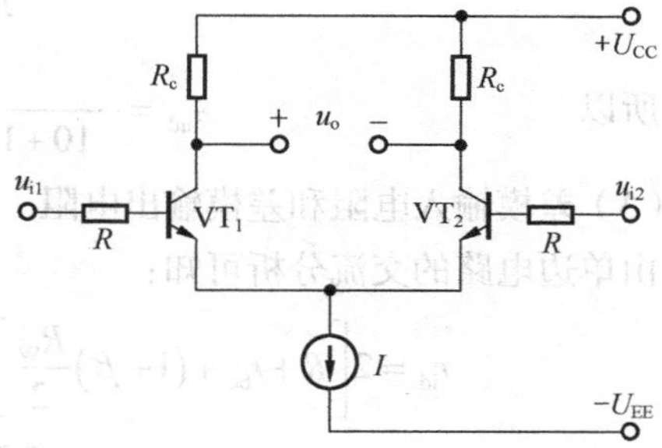

图 4.9　恒流源式差动放大电路的简化表示法

【例 4-2】在图 4.10 所示的恒流源式差动放大电路中，设 $U_{CC}=U_{EE}=12V$，三极管的β均为 50，$R_c=100k\Omega$，$R_e=33k\Omega$，$R=10k\Omega$，$R_W=200\Omega$，稳压管的 $U_Z=6V$。试估算：（1）放大电路的静态工作点 Q；（2）差模电压放大倍数；（3）差模输入电阻和差模输出电阻。

解：（1）静态分析

由图 4.0 可见：

$$I_{CQ3}\approx I_{EQ3}=\frac{U_Z-U_{BEQ3}}{R_e}=\left(\frac{6-0.7}{33}\right)mA\approx 0.16mA$$

则

$$I_{CQ1}=I_{CQ2}\approx\frac{1}{2}I_{CQ3}=0.08mA$$

$$U_{CQ1}=U_{CQ2}=U_{CC}-I_{CQ}R_c=(12-0.08\times100)V=4V$$

$$I_{BQ1}=I_{BQ2}\approx\frac{I_{CQ1}}{\beta}=\left(\frac{80}{50}\right)\mu A=1.6\mu A$$

$$U_{BQ1}=U_{BQ2}=-I_{BQ1}R=(-1.6\times10)mV=-16mV$$

（2）差模电压放大倍数

由于恒流源上的电流是恒定的，所以差模输入时，一管的射极电流增大，另一管的射极电流就会减小同样的数值，所以 R_W 的中点交流电位为零，交流通路如图 4.11 所示。由带射极电阻的共射极放大电路的交流分析结果可得差模电压放大倍数为：

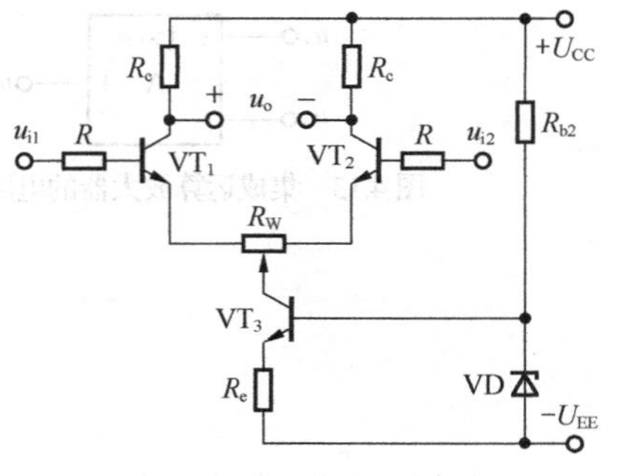

图 4.10　例 4-2 电路图

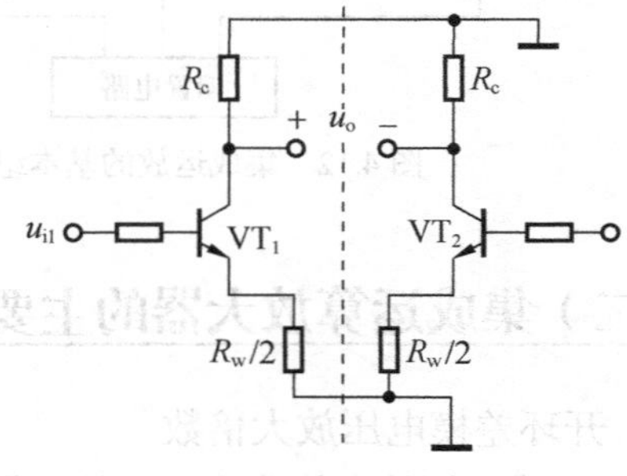

图 4.11　图 4.10 的交流通路

$$A_{ud}=-\frac{\beta R_c}{R+r_{be}+(1+\beta)\frac{R_W}{2}}$$

其中
$$r_{be}=r_{bb'}+(1+\beta)\frac{26}{I_{EQ}}=\left(200+\frac{51\times26}{0.08}\right)\Omega\approx16.8\text{k}\Omega$$

所以
$$A_{ud}=-\frac{50\times100}{10+16.8+51\times0.5\times0.2}\approx-157$$

（3）差模输入电阻和差模输出电阻

由单边电路的交流分析可知：

$$r_{id}=2\left[R+r_{be}+(1+\beta)\frac{R_W}{2}\right]=2\times[10+16.8+51\times0.5\times0.2]\text{k}\Omega=64\text{k}\Omega$$

$$r_{od}=2R_c=2\times100\text{k}\Omega=200\text{k}\Omega$$

知识点二　集成运算放大器

（一）集成运算放大器的基本组成

集成运算放大器（简称集成运放或运放）实质上是一个具有高电压放大倍数的多级直接耦合放大电路。从20世纪60年代发展至今已经历了四代产品，类型和品种相当丰富，但在结构上基本一致，其内部电路通常包含4个基本组成部分：差动输入级、中间放大级、输出级以及偏置电路，如图4.12所示。

为了抑制零点漂移，输入级一般采用差动放大电路；为提高电压放大倍数，中间级一般采用共射放大电路形式；为提高电路的带负载能力，输出级多采用互补对称输出级电路。偏置电路的作用是供给各级电路合适的静态偏置电流。

图4.13所示为集成运算放大器的电路符号，由于集成运算放大器的输入级是差动输入，因此有两个输入端：用“+”表示同相输入端，用“–”表示反相输入端，输出电压可表示为$u_o=A_{ud}(u_+-u_-)$。当从同相输入端输入电压信号且反相输入端接地时，输出电压信号与输入信号同相；当从反相输入端输入电压信号且同相输入端接地时，输出电压信号与输入信号反相。集成运放应用电路可以有同相输入、反相输入及差动输入3种输入方式。

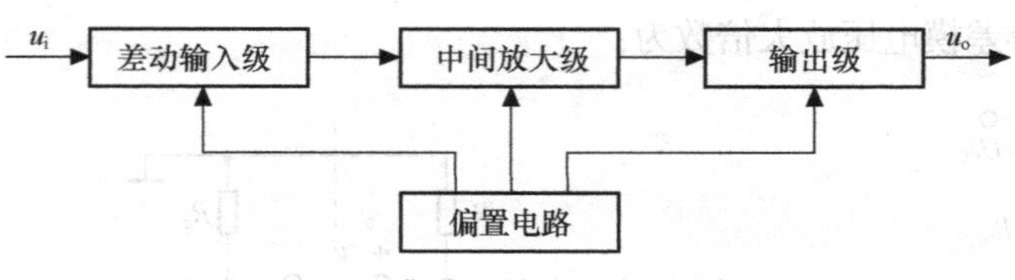

图4.12　集成运放的基本组成部分

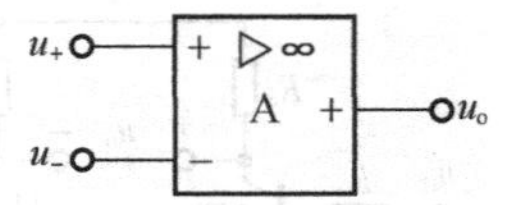

图4.13　集成运算放大器的电路符号

（二）集成运算放大器的主要性能指标

1. 开环差模电压放大倍数

开环差模电压放大倍数（A_{ud}）是指集成运放工作在开环（无外加反馈）状态下的差模电压放

大倍数，即：

$$A_{ud}=\frac{U_o}{U_{id}} \tag{4-18}$$

对于集成运放而言，希望 A_{ud} 大且稳定。目前高增益集成运放的 A_{ud} 可高达 10^7 倍，即 140dB，理想集成运放认为 A_{ud} 为无穷大。

2. 输入失调电压

输入失调电压（U_{IO}）是指为了使输出电压为零而在输入端加的补偿电压（去掉外接调零电位器），其大小反映了电路的不对称程度和调零的难易。对集成运放，希望其输入为零时，输出也为零，但实际中往往输出不为零，将此电压折合到集成运放的输入端的电压，常称为输入失调电压 U_{IO}，其值在 1～10mV 范围，该参数值越小运放性能越好。

3. 输入偏置电流

输入偏置电流（I_{IB}）是指静态时输入级两差放管基极（栅极）电流 I_{B1} 和 I_{B2} 的平均值，用 I_{IB} 表示，即：

$$I_{IB}=\frac{I_{B1}+I_{B2}}{2} \tag{4-19}$$

输入偏置电流越小，信号源内阻变化引起的输出电压变化也越小。该指标一般为 10nA～1μA。

4. 输入失调电流

输入失调电流（I_{IO}）是指当输出电压为 0 时，流入放大器两输入端的静态基极电流之差，即：

$$I_{IO}=\left|I_{B2}-I_{B1}\right| \tag{4-20}$$

它反映了放大器的不对称程度，所以希望它越小越好，其值为 1nA～0.1μA。

5. 输入失调电压温漂和输入失调电流温漂

它们可以用来衡量集成运放的温漂特性。

输入失调电压温漂（$\Delta U_{IO}/\Delta T$）是指在规定的温度范围内，输入失调电压随温度的变化率，它是反映集成运放电压漂移特性的指标，其范围一般为（10～30μV）/℃。

输入失调电流温漂（$\Delta I_{IO}/\Delta T$）是指在规定的温度范围内，输入失调电流随温度的变化率，它是反映集成运放电流漂移特性的指标，其范围一般在（5～50nA）/℃。

6. 共模抑制比

共模抑制比（K_{CMR}）反映了集成运放对共模输入信号的抑制能力，其定义同差动放大电路，即差模电压放大倍数与共模电压放大倍数之比。K_{CMR} 越大越好，高质量运放的 K_{CMR} 目前可达 160dB。

7. 差模输入电阻

集成运放工作在开环状态时两个输入端之间的交流等效电阻，称为差模输入电阻，表示为 r_{id}。r_{id} 的大小反映了集成运放输入端向差模输入信号源索取电流的大小。一般来说，r_{id} 越大越好，一般双极型集成运放 r_{id} 为几百千欧至几兆欧，故输入级常采用场效应管来提高输入电阻 r_{id}。

8. 输出电阻

集成运放的输出端和地之间的交流等效电阻，称为运放的输出电阻，记为 r_{od}。r_{od} 的大小反映了集成运放在小信号输出时的带负载能力。

另外，还有最大差模输入电压 U_{idmax}，最大共模输入电压 U_{icmax}，−3dB 带宽 f_H，转换速率 S_R 等参数。

集成运放种类较多，有通用型，还有为适应不同需要而设计的专用型，如高速型、高阻型、高压型、大功率型、低功耗型、低漂移型等。附录 A.3 常用集成运算放大器的性能参数中给出国内外部分集成运放典型产品的主要技术指标，供选用时参考。

【能力培养】

（一）集成运算放大器的选择

通常在设计集成运放应用电路时，需要根据设计需求选择具有相应性能指标的芯片。选择时，通常要考虑以下几个因素。

1. 信号源的性质

根据信号源是电压源还是电流源、内阻的大小、输入信号的幅值以及频率变化范围等，选择运放的差模输入电阻 r_{id}、-3dB 带宽（或单位增益带宽）、转换速率 S_R 等指标参数。

2. 负载的性质

根据负载电阻的大小，确定所需运放的输出电压和输出电流的幅值。对于容性负载或感性负载，还要考虑它们对频率参数的影响。

3. 精度要求

对模拟信号的处理，如放大、运算等，往往提出精度要求；如电压比较，往往提出响应时间、灵敏度等要求。根据这些要求选择运放的开环差模增益 A_{ud}、失调电压 U_{IO}、失调电流 I_{IO} 以及转换速率 S_R 等指标参数。

4. 环境条件

根据环境温度的变化范围，可以正确选择运放失调电压的温漂 $\Delta U_{IO}/\Delta T$ 和失调电流的温漂 $\Delta I_{IO}/\Delta T$ 等参数；根据所能提供的电源（如有些情况下只能用干电池）选择运放的电源电压；根据对功耗有无限制，选择运放的功耗等。

根据上述分析就可以通过查阅手册等手段选择某一型号的运放了，必要时还可以通过各种 EDA 软件进行仿真，最终确定最满意的芯片。目前，各种专用运放和多方面性能俱佳的运放种类繁多，采用它们会大大提高电路的质量。

不过，从性能价格比方面考虑，应尽量采用通用型运放，只有在通用型运放不能满足应用要求时才采用特殊型运放。

（二）集成运放参数的测试

当选定集成运放的产品型号后，通常只要查阅有关器件手册即可得到各项参数值，而不必逐个测试。但是手册中给出的往往只是典型值，由于材料和制造工艺的分散性，每个运放的实际参数与手册上给定的典型值之间可能存在差异，因此有时仍需对参数进行测试。

在成批生产或其他需要大量使用集成运放的场合，可以考虑使用专门的参数测试仪器进行自动测量。在没有专用测试仪器时，可采用一些简易的电路和方法手工进行，如可用万用表测量管脚之间的电阻，检测管脚之间有无短路和断路现象，以及判断参数的一致性；也可用万用表估测运放的放大能力。以μA741 为例，其管脚排列如图 4.14（a）所示。其中，2 脚为反相输入端，3

脚为同相输入端，7 脚接正电源 15V，4 脚接负电源−15V，6 脚为输出端，1 脚和 5 脚之间应接调零电位器。μA741 的开环电压增益 A_{ud} 约为 94dB（5×10^4 倍）。

用万用表估测μA741 的放大能力时，需接上±15V 电源。万用表拨至直流 50V 挡，电路如图 4.14（b）所示。测量之前，输入端开路，运放处于截止状态，对于大多数μA741 来说，处于正向截止状态，即输出端 6 脚对负电源 4 脚的电压约为 28V。万用表红表笔接 6 脚，黑表笔接 4 脚，可测出此时的截止电压。用手握住螺丝刀的绝缘柄，并用金属杆依次碰触同相输入端和反相输入端，表针若从 28V 摆到 15～20V，即说明运放的增益很高；若表针摆动很小，说明放大能力很差；如果表针不动，说明内部已损坏。一般用螺丝刀碰触 2 脚（反相输入端）时，表针摆动较大，而碰触 3 脚（同相输入端）时，表针摆动较小，这属于正常现象。

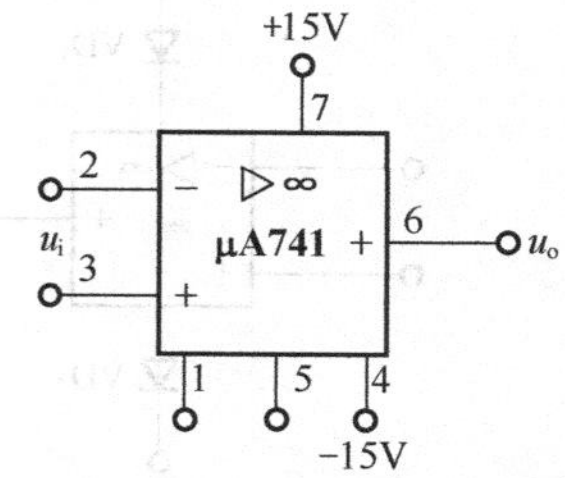

（a）μA741的管脚排列

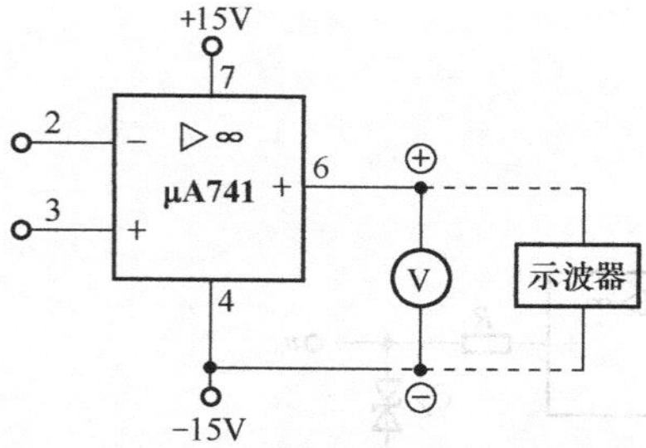

（b）估测运放的放大能力

图 4.14　μA 741 参数设置

少数运放在开环时处于反向截止状态，即 6 脚对 7 脚的电压为−28V。此时可将万用表接在 6 脚和 7 脚之间，红表笔接 7 脚，黑表笔接 6 脚。假如按上述方法用螺丝刀碰 2 脚时，因输入信号太弱，表针摆动很小，也可以直接用手捏住 2 脚或 3 脚，表针应指在 15V 左右。这是因为人体感应的 50Hz 电压较高，一般为几伏至几十伏，所以即使运放的增益很低，输出电压仍接近方波。也可采用交流法测量运放参数。

（三）集成运放的保护

集成运放在使用中常因以下 3 种原因被损坏：输入信号过大，使 PN 结击穿；电源电压极性接反或过高；输出端直接接“地”或接电源，此时，运放将因输出级功耗过大而损坏。因此，为使运放安全工作，也需要从这 3 个方面进行保护。

1. 输入保护

图 4.15（a）所示为防止差模电压过大的保护电路，限制集成运放两个输入端之间的差模输入电压不超过二极管 VD_1、VD_2 的正向导通电压。图 4.15（b）所示为防止共模电压过大的保护电路，限制集成运放的共模输入电压不超过$+U$～$-U$ 的范围。

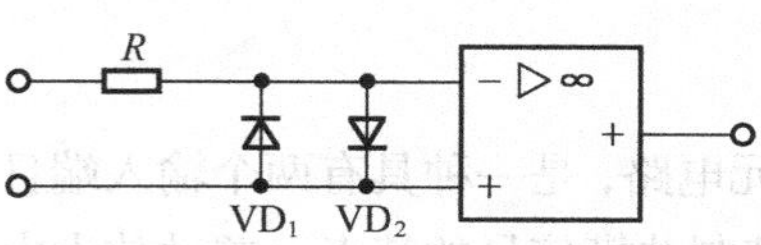

（a）防止输入差模信号幅值过大

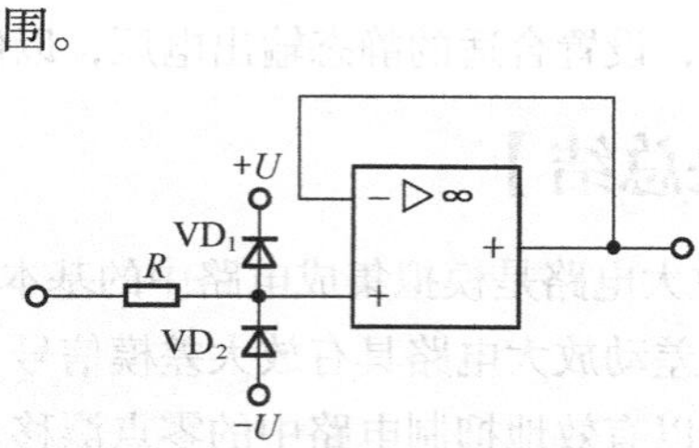

（b）防止输入共模信号幅值过大

图 4.15　输入保护措施

2. 输出保护

图 4.16 所示为输出端保护电路，限流电阻 R 与稳压管 VZ 构成限幅电路，它一方面将负载与集成运放输出端隔离开来，限制了运放的输出电流，另一方面也限制了输出电压的幅值。当然，任何保护措施都是有限度的，若将输出端直接接电源，稳压管会损坏，使电路的输出电阻大大提高，影响电路的性能。

3. 电源端保护

为防止电源极性接反，可利用二极管的单向导电性，在电源端串接二极管来实现保护，如图 4.17 所示。由图 4.17 可见，若电源极性接错，二极管 VD_1、VD_2 不能导通，电源被断开。

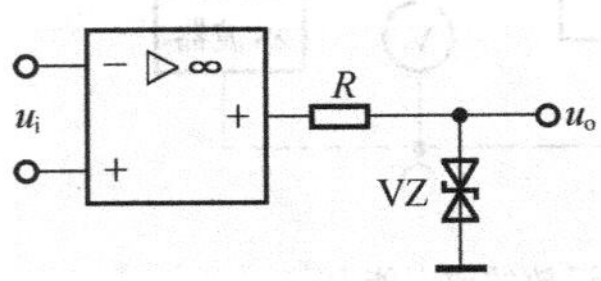

图 4.16 输出保护电路

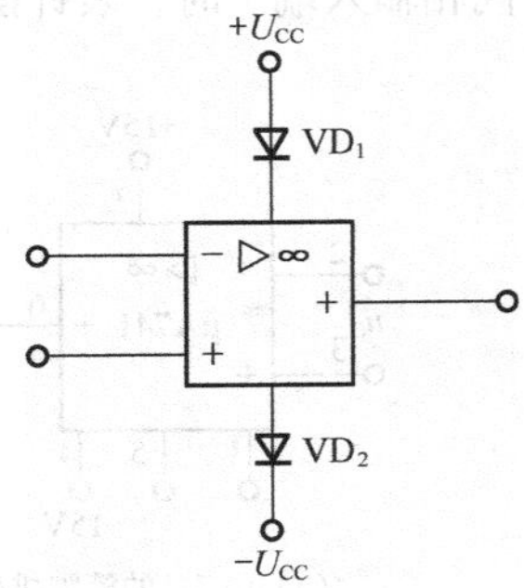

图 4.17 电源端保护

（四）集成运放使用前的准备

1. 辨认集成运放的管脚

目前集成运放的常见封装方式有金属壳封装和双列直插式封装。双列直插式有 8、10、12、14、16 管脚等种类，虽然它们的管脚排列日趋标准化，但各制造厂仍略有区别。因此，使用运放前必须查阅有关手册，辨认管脚，以便正确连线。

2. 测量参数

使用运放之前往往要用简易测试法判断其好坏，例如，用万用表中间挡（“×100Ω” 或 “×1kΩ” 挡，避免电流或电压过大）对照管脚测试有无短路和断路现象。必要时还可采用测试设备测量运放的主要参数。

3. 调零或调整偏置电压

由于失调电压及失调电流的存在，输入为零时输出往往不为零。对于内部无自动稳零措施的运放需外加调零电路，使之在零输入时输出为零。对于单电源供电的运放，有时还需在输入端加直流偏置电压，设置合适的静态输出电压，以便能放大正、负两个方向的变化信号。

【模块总结】

1. 差动放大电路是模拟集成电路中的基本单元电路，是一种具有两个输入端且电路结构对称的放大电路。差动放大电路具有放大差模信号、抑制共模信号的特点。差动放大电路作为集成运放的输入级可以有效地抑制电路中的零点漂移。

2. 差动放大电路使用了双倍于基本放大电路的元件数，但换来了抑制共模信号的能力。所以差动放大电路的分析可以利用单边电路的计算来进行。

3. 为描述差动放大电路放大差模、抑制共模的能力，定义了共模抑制比 K_{CMR}，它是差模电压放大倍数与共模电压放大倍数的比值，K_{CMR} 越大，差动放大电路的性能越好。

4. 集成运算放大器是一种多级直接耦合的高电压放大倍数的放大电路，具有输入电阻高、输出电阻小等特点，同时还有可靠性高、性能优良、重量轻、造价低廉、使用方便等集成电路的优点。其内部结构主要由输入级、中间级、输出级以及偏置电路组成。输入级一般采用可以抑制零点漂移的差动放大电路；中间级采用共射极（或共源极）电路以获得较高的电压放大倍数；输出级采用互补对称的射极（或源极）跟随器以提高带负载能力；偏置电路供给各级合理的偏置电流。

5. 集成运放的技术指标是其各种性能的定量描述，也是选用运放产品的主要依据。

习题及思考题

1. 填空题

（1）差模放大电路能有效地克服温漂，这主要是通过________。

（2）差模电压放大倍数 A_{ud} 是________之比；共模电压放大倍数 A_{uc} 是________之比。

（3）共模抑制比 K_{CMR} 是________之比，K_{CMR} 越大表明电路________。

（4）集成运放内部电路主要由________、________、________和________4部分组成。

2. 选择题

（1）集成运放电路采用直接耦合方式是因为________。

① 可获得很大的放大倍数　② 可使温漂小　③ 集成工艺难于制造大容量电容

（2）集成运放的输入级采用差分放大电路是因为可以________。

① 减小温漂　② 增大放大倍数　③ 提高输入电阻

（3）为增大电压放大倍数，集成运放的中间级多采用________。

① 共射放大电路　② 共集放大电路　③ 共基放大电路

3. 判断题

（1）运放的输入失调电压 U_{IO} 是两输入端电位之差。（　）

（2）运放的输入失调电流 I_{IO} 是两端电流之差。（　）

（3）运放的共模抑制比 $K_{CMR}=\left|\frac{A_{ud}}{A_{uc}}\right|$。（　）

4. 简答题

（1）集成运算放大器为什么要选用“差放”的电路形式？

（2）差动放大电路中的发射极电阻有什么作用？是不是越大越好？

（3）差动放大电路能够抑制温度漂移的本质是什么？

（4）在差动放大电路中采用恒流源有什么好处？

（5）直接耦合放大电路存在零点漂移的原因是什么？

（6）集成运算放大器内部电路主要由哪几部分组成？每一部分电路有什么特点？

5. 如图4.18所示的电路参数理想对称，$\beta_1=\beta_2=\beta$，$r_{be1}=r_{be2}=r_{be}$。写出A_{ud}的表示式。

6. 图4.19所示的电路参数理想对称，晶体管的β值均为100，$U_{BEQ}\approx0.7V$。试计算R_W的滑动端在中点时VT_1管和VT_2管的发射极静态电流I_{EQ}以及动态参数A_{ud}和R_{id}。

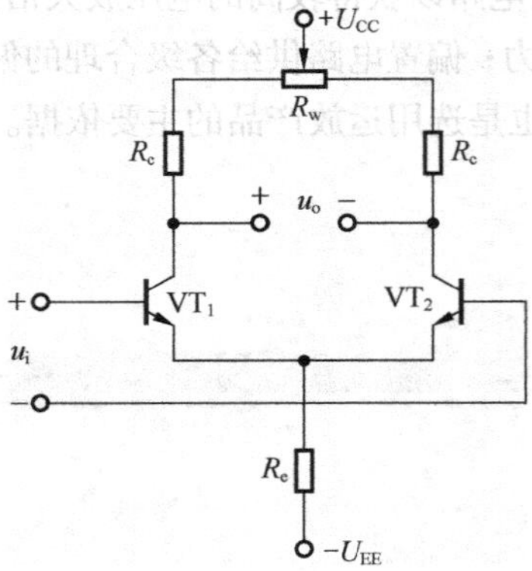

图4.18　习题5图

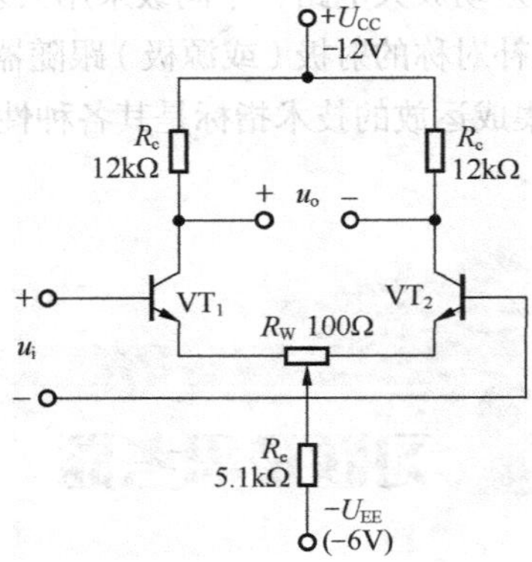

图4.19　习题6图

7. 电路如图4.20所示，晶体管的β值均为50。

（1）计算静态时VT_1管和VT_2管的集电极电流和集电极电位。

（2）用直流表测得u_o=2V，u_i是多少？若u_i=10mV，则u_o是多少？

8. 电路如图4.21所示，VT_1管和VT_2管的β值均为40，r_{be}均为3kΩ。试问：若输入直流信号u_{i1}=20mV，u_{i2}=10mV，则电路的共模输入电压u_{ic}是多少？差模输入电压u_{id}是多少？输出动态电压Δu_o是多少？

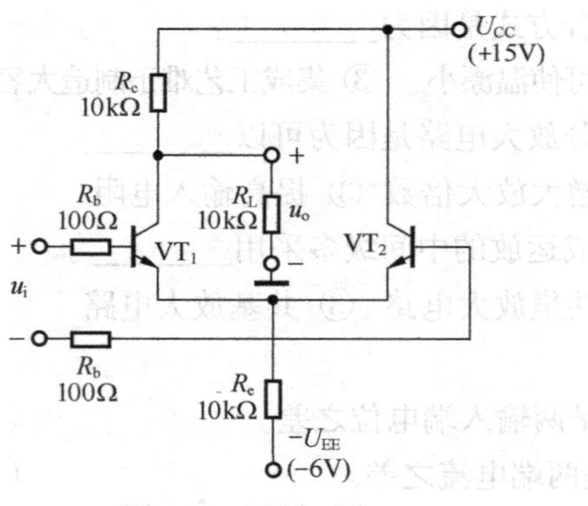

图4.20　习题7图

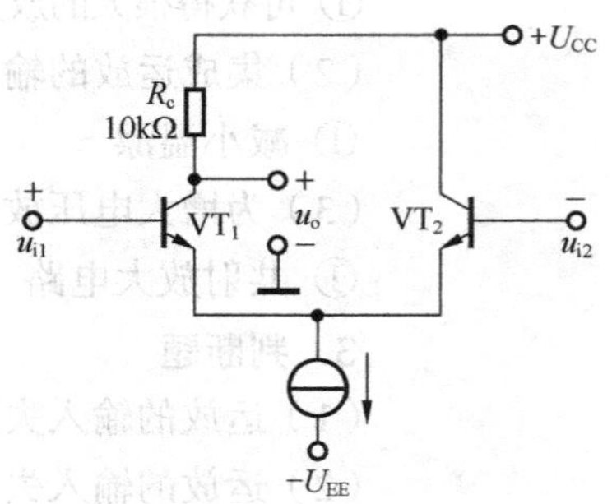

图4.21　习题8图

模块五

反馈放大电路

学习导读

反馈是放大电路中非常重要的概念，实际应用中，只要有放大电路出现的地方几乎都有反馈。在放大电路中采用负反馈，可以改善电路的性能指标；采用正反馈构成各种振荡电路，可以产生各种波形信号。本模块借助于方框图首先讨论反馈的概念及其一般表达式，而后介绍反馈的类型及其判定方法，负反馈的引入对放大电路性能产生的影响，最后介绍深度负反馈放大电路的估算和典型应用单元电路。

学习目标

掌握反馈的概念以及反馈类型的判定方法，熟悉负反馈的引入对放大电路性能产生的影响，会根据放大电路的要求正确引入负反馈，会估算深度负反馈放大电路的电压增益，了解自激振荡产生的原因及消除的方法。

【相关理论知识】

知识点一　反馈的基本概念

（一）反馈的概念

1. 什么是反馈

在电子系统中，把放大电路输出量（电压或电流）的部分或全部，经过一定的电路或元件返送回到放大电路的输入端，从而牵制输出量，这种措施称为反馈。有反馈的放大电路称为反馈放大电路。

2. 反馈电路的一般框图

任意一个反馈放大电路都可以表示为一个基本放大电路和反馈网络组成的闭环系

统，其构成如图 5.1 所示。

图 5.1 中 X_i、X_{id}、X_f、X_o 分别表示放大电路的输入量、净输入量、反馈量和输出量，它们可以是电压量，也可以是电流量。

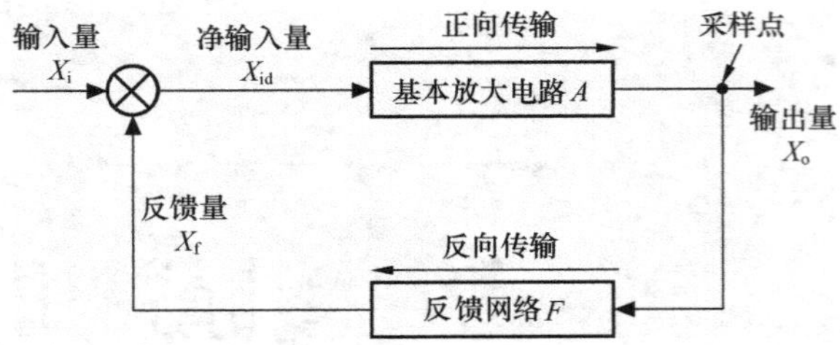

图 5.1　反馈放大电路的一般方框图

没有引入反馈时的基本放大电路叫做开环电路，其中的 A 表示基本放大电路的放大倍数，也称为开环放大倍数。引入反馈后的放大电路叫做闭环电路。图 5.1 中的 F 表示反馈网络的反馈系数，反馈网络可以由某些元件或电路构成。反馈网络与基本放大电路在输出回路的交点称为采样点。图 5.1 中的“⊗”表示信号的比较环节，反馈信号 X_f 和输入信号 X_i 在输入回路相比较得到净输入信号 X_{id}。图 5.1 中箭头的方向表示信号传输的方向，为了分析的方便，假定信号单方向传输，即在基本放大电路中信号正向传输，在反馈网络中信号反向传输。实际上信号的传输方向是很复杂的。

3. 反馈元件

在反馈电路中既与基本放大电路输入回路相连又与输出回路相连的元件，以及与反馈支路相连且对反馈信号的大小产生影响的元件，均称为反馈元件。

（二）反馈放大电路的一般表达式

1. 闭环放大倍数 A_f

根据图 5.1 所示反馈放大电路的一般方框图，可求解电路闭环增益的一般表达式。

定义：基本放大电路的放大倍数

$$A=\frac{X_o}{X_{id}} \tag{5-1}$$

反馈网络的反馈系数

$$F=\frac{X_f}{X_o} \tag{5-2}$$

反馈放大电路的放大倍数

$$A_f=\frac{X_o}{X_i} \tag{5-3}$$

基本放大电路的净输入信号

$$X_{id}=X_i-X_f \tag{5-4}$$

根据

$$A_f=\frac{X_o}{X_i}=\frac{AX_{id}}{X_i}=\frac{A(X_i-X_f)}{X_i}=\frac{A(X_i-FX_o)}{X_i}=A-AFA_f$$

可得闭环放大电路增益的一般表达式

$$A_f=\frac{A}{1+AF} \tag{5-5}$$

2. 反馈深度（$1+AF$）

① 定义（$1+AF$）为闭环放大电路的反馈深度。它是衡量放大电路反馈强弱程度的一个重要

指标。闭环放大倍数 A_f 的变化均与反馈深度有关。乘积 AF 称为电路的环路增益。

② 若 $(1+AF)>1$，则有 $A_f<A$，这时称放大电路引入的反馈为负反馈。

③ 若 $(1+AF)<1$，则有 $A_f>A$，这时称放大电路引入的反馈为正反馈。

④ 若 $(1+AF)=0$，则有 $A_f=\infty$，这时称反馈放大电路出现自激振荡。

⑤ 若 $(1+AF)\gg 1$，则有 $A_f=\dfrac{A}{1+AF}\approx\dfrac{1}{F}$，这时称放大电路引入深度负反馈。

知识点二　反馈的类型及其判定方法

（一）正反馈和负反馈

按照反馈信号极性的不同进行分类，反馈可以分为正反馈和负反馈。

1. 定义

① 正反馈：引入的反馈信号 X_f 增强了外加输入信号的作用，使放大电路的净输入信号增加，导致放大电路的放大倍数增大的反馈。

正反馈主要用在振荡电路、信号产生电路。其他电路中则很少用正反馈。

② 负反馈：引入的反馈信号 X_f 削弱了外加输入信号的作用，使放大电路的净输入信号减小，导致放大电路的放大倍数减小的反馈。

一般放大电路中经常引入负反馈，以改善放大电路的性能指标。

2. 正、负反馈的判定方法

常用电压瞬时极性法，判定电路中引入反馈的极性，具体方法如下。

① 先假定放大电路的输入信号电压处于某一瞬时极性。如用“+”号表示该点电压的变化是增大；用“–”号表示电压的变化是减小。

② 按照信号单向传输的方向（见图 5.1），同时根据各级放大电路输出电压与输入电压的相位关系，确定电路中相关各点电压的瞬时极性。

③ 根据返送到输入端的反馈电压信号的瞬时极性，确定是增强还是削弱了原来输入信号的作用。如果是增强，则引入的为正反馈；反之，则为负反馈。

判定反馈的极性时，一般有如下结论。

在放大电路的输入回路，输入信号电压 u_i 和反馈信号电压 u_f 相比较。当输入信号 u_i 和反馈信号 u_f 在相同端点时，如果引入的反馈信号 u_f 和输入信号 u_i 同极性，则为正反馈；若二者的极性相反，则为负反馈。当输入信号 u_i 和反馈信号 u_f 不在相同端点时，若引入的反馈信号 u_f 和输入信号 u_i 同极性，则为负反馈；若二者的极性相反，则为正反馈。图 5.2 所示为反馈

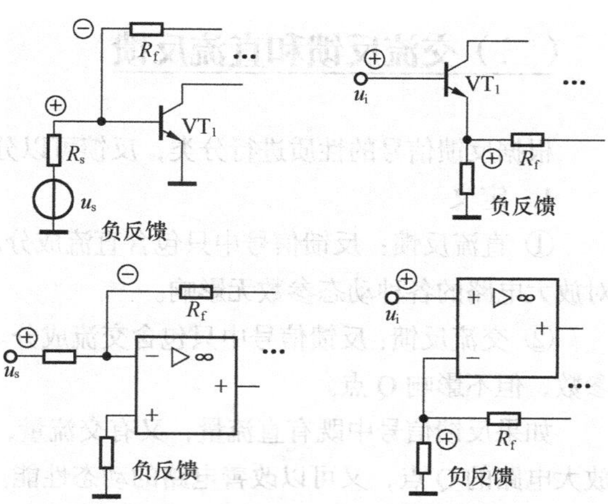

（a）反馈信号与输入信号在相同端点　（b）反馈信号与输入信号在不同端点

图 5.2　反馈极性的判定

极性的判定方法。

如果反馈放大电路是由单级运算放大器构成，则有反馈信号送回到反相输入端时，为负反馈；反馈信号送回到同相输入端时，为正反馈。

【例 5-1】 图 5.3 所示分别为运算放大器和三极管构成的反馈放大电路，判定电路中反馈的极性。

解： 在图 5.3（a）所示电路中，输入信号 u_i 从运放的同相端输入，假设 u_i 极性为正，则输出信号 u_o 为正，经反馈电阻 R_f 反馈回的反馈信号 u_f 也为正（信号经过电阻、电容时不改变极性），u_f 和 u_i 相比较，净输入信号 $u_{id}=(u_i-u_f)$ 减小，反馈信号削弱了输入信号的作用，因此引入的为负反馈。从电路中可见，输入信号 u_i 和反馈信号 u_f 在不同端点，u_f 和 u_i 同极性，为负反馈。R_f 和 R 为反馈元件。

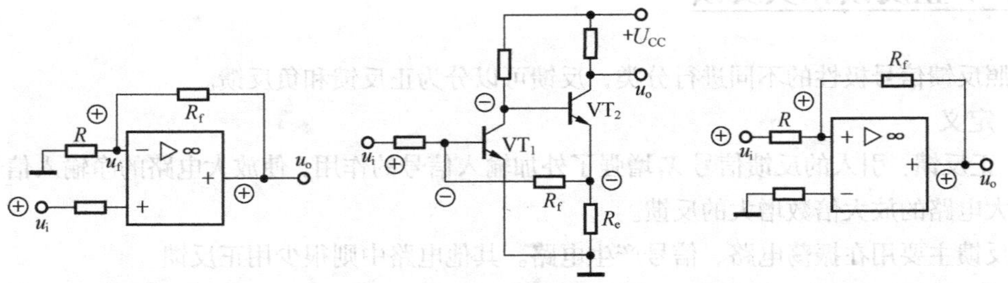

（a）负反馈　　（b）负反馈　　（c）正反馈

图 5.3　反馈极性的判定

对于图 5.3（b）所示电路，u_i 从 VT_1 的基极输入，假定 u_i 为正，则有 VT_1 集电极输出电压为负，从第二级 VT_2 发射极采样，极性为负，经 R_f 反馈回的电压极性为负，反馈信号 u_f 明显削弱了输入信号 u_i 的作用，使净输入信号减小，因此为负反馈。从电路中可见，输入信号和反馈信号在相同端点，u_f 和 u_i 极性不同，因此引入的为负反馈。反馈元件为 R_f 和 R_e。

对于图 5.3（c）所示电路，反馈信号 u_f 与输入信号 u_i 在相同端点，u_f 和 u_i 极性相同，引入的为正反馈。反馈元件为 R_f。

（二）交流反馈和直流反馈

根据反馈信号的性质进行分类，反馈可以分为交流反馈和直流反馈。

1. 定义

① 直流反馈：反馈信号中只包含直流成分。直流负反馈的作用可以稳定放大电路的 Q 点，对放大电路的各种动态参数无影响。

② 交流反馈：反馈信号中只包含交流成分。交流负反馈的作用可以改善放大电路的各种动态参数，但不影响 Q 点。

如果反馈信号中既有直流量，又有交流量，则为交、直流反馈。交、直流负反馈既可以稳定放大电路的 Q 点，又可以改善电路的动态性能。

2. 判定方法

交流反馈和直流反馈的判定，可以通过画反馈放大电路的交、直流通路来完成。在直流通路中，如果反馈回路存在，即为直流反馈；在交流通路中，如果反馈回路存在，即为交流反馈；如果在直流通路、交流通路中，反馈回路都存在，即为交、直流反馈。

【例 5-2】 如图 5.4 所示的反馈放大电路，判定电路中的反馈是直流反馈还是交流反馈。

解： 在图 5.4（a）所示的直流通路中，R_{e1} 和 R_{e2} 都有负反馈作用，都是直流反馈；在图 5.4（a）所示的交流通路中，只有 R_{e1} 存在，R_{e2} 被电容 C_e 短路掉，R_{e1} 为交流负反馈。因此可判定 R_{e1} 为交、直流负反馈，R_{e2} 为直流负反馈。

图 5.4（b）所示的电路有两条反馈回路，R_{f1} 和 R_{e1} 引入的反馈回路以及 R_{f2} 和 R_{e2} 引入的反馈回路。在直流通路中，因为隔直耦合电容 C 的作用，R_{f1} 反馈回路不存在，只存在 R_{f2} 反馈回路，所以反馈元件 R_{f2} 和 R_{e2} 引入的为直流负反馈。在交流通路中，隔直耦合电容 C 短路，R_{f1} 反馈回路存在，但因为电容 C_e 的旁路作用，R_{f2} 反馈回路不存在。所以反馈元件 R_{f1} 和 R_{e1} 引入的为交流负反馈。

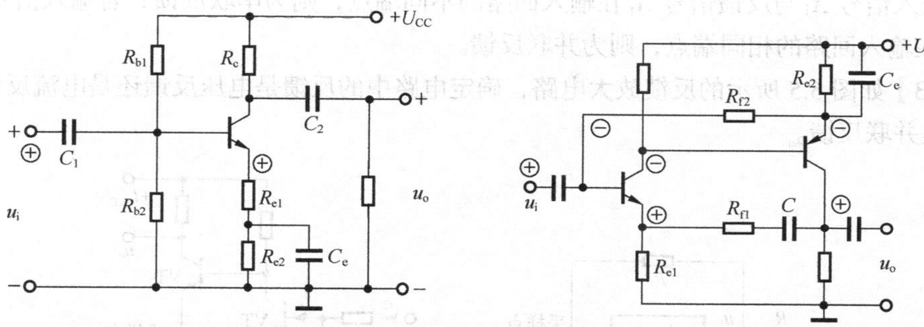

（a）R_{e2} 直流负反馈，R_{e1} 交、直流负反馈　　（b）R_{f1} 和 R_{e1} 交流负反馈，R_{f2} 和 R_{e2} 直流负反馈

图 5.4　交、直流反馈的判定

（三）电压反馈和电流反馈

根据反馈信号在放大电路输出端的采样方式不同进行分类，交流反馈可以分为电压反馈和电流反馈。

1. 定义

① 电压反馈：反馈信号从输出电压 u_o 采样。对于电压反馈，反馈信号 X_f 正比于输出电压，若令 u_o=0，则反馈信号不再存在。

② 电流反馈：反馈信号从输出电流 i_o 采样。对于电流反馈，反馈信号 X_f 正比于输出电流，若令 u_o=0，则反馈信号仍然存在。

2. 判定方法

① 根据定义判定。方法是：令 u_o=0，检查反馈信号是否存在。若不存在，则为电压反馈；否则为电流反馈。

② 一般电压反馈的采样点与输出电压在相同端点；电流反馈的采样点与输出电压在不同端点。如果在三极管的集电极输出电压 u_o，反馈信号的采样点也在集电极，则为电压反馈；如果从三极管的集电极输出电压 u_o，反馈信号的采样点在发射极，则为电流反馈。

（四）串联反馈和并联反馈

根据反馈信号 X_f 和输入信号 X_i 在输入端的连接方式不同进行分类，交流反馈可以分为串联反馈和并联反馈。

1. 定义

① 串联反馈：反馈信号 X_f 与输入信号 X_i 在输入回路中以电压的形式相加减，即在输入回路中彼此串联。

② 并联反馈：反馈信号 X_f 与输入信号 X_i 在输入回路中以电流的形式相加减，即在输入回路中彼此并联。

2. 判定方法

如果输入信号 X_i 与反馈信号 X_f 在输入回路的不同端点，则为串联反馈；若输入信号 X_i 与反馈信号 X_f 在输入回路的相同端点，则为并联反馈。

【例 5-3】如图 5.5 所示的反馈放大电路，确定电路中的反馈是电压反馈还是电流反馈，是串联反馈还是并联反馈。

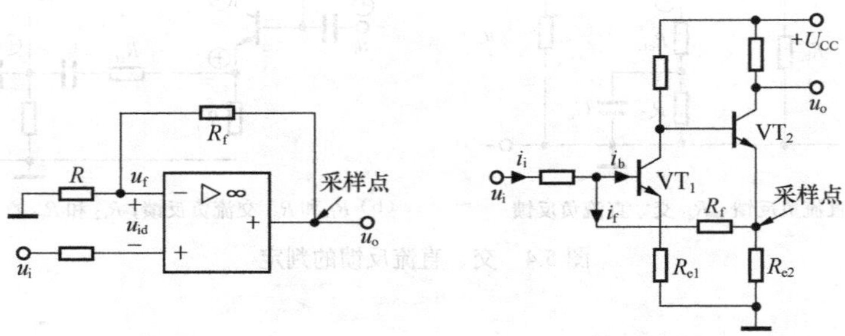

（a）电压反馈，串联反馈　　　　（b）电流反馈，并联反馈

图 5.5　电压、电流反馈和串联、并联反馈的判定

解：对于图 5.5（a），在输出回路，反馈信号的采样点与输出电压在同端点，因此为电压反馈。也可以根据定义判定，令 $u_o=0$，如果反馈信号 u_f 不再存在，则为电压反馈。在输入回路，反馈信号与输入信号以电压的形式相加减，$u_{id}=u_i-u_f$，是串联反馈。从图 5.5（a）中可见，输入信号与反馈信号在不同端点，是串联反馈。

对于图 5.5（b），在输出回路，反馈信号的采样点与输出电压在不同端点，因此为电流反馈。令 $u_o=0$，如果输出电流 i_{e2} 的变化仍会通过反馈回路 R_f 送回到输入端，形成电流 i_f，即反馈信号 $i_f\neq0$，是电流反馈。从图 5.5（b）中可见，在输入回路，输入信号与反馈信号为同端点，是并联反馈。由定义，反馈信号 i_f 与输入信号 i_i 以电流的形式相加减，$i_b=i_i-i_f$，可知是并联反馈。

在图 5.5（b）所示电路中，R_{e1} 和 R_{e2} 分别为 VT_1 和 VT_2 的本级反馈，R_f 称为级间反馈。本级负反馈只改善本级电路的性能，级间负反馈可以改善整个放大电路的性能。当电路中既有本级反馈又有级间反馈时，一般只需分析级间反馈即可。

（五）交流负反馈放大电路的 4 种组态

在输出回路，反馈信号可以从输出电压或电流采样，而在输入回路，反馈信号和输入信号的连接方式可以彼此串联或并联。这样就构成负反馈电路的 4 种组态：电压串联负反馈、电压并联负反馈、电流串联负反馈和电流并联负反馈。

1. 电压串联负反馈

如图 5.6 所示的负反馈放大电路中，采样点和输出电压同端点，为电压反馈；反馈信号与输入信号在不同端点，为串联反馈，因此电路引入的反馈为电压串联负反馈。

在图 5.6 所示电路中，R_1 和 R_2 构成反馈网络 F，反馈电压 u_f 为电阻 R_1 对输出电压 u_o 的分压值，即 $u_f=\dfrac{R_1}{R_1+R_2}u_o$。当某种原因导致输出电压 u_o 增大时，则有 u_f 增大，运算放大器的净输入电压 $u_{id}=(u_i-u_f)$ 减小，u_{id} 的减小必定导致输出电压 u_o 减小，最终使输出电压 u_o 趋于稳定。电路稳定 u_o 的过程可表述为：

$$u_o\uparrow\rightarrow u_f\uparrow\rightarrow u_{id}\downarrow\rightarrow u_o\downarrow$$

由此可见，放大电路引入电压串联负反馈后，通过自身闭环系统的调节，可使输出电压趋于稳定。

电压串联负反馈的特点是输出电压稳定，输出电阻减小，输入电阻增大，具有很强的带负载能力。

2. 电压并联负反馈

图 5.7 所示为由运放所构成的电路。在该电路中，采样点和输出电压在同端点，为电压反馈；反馈信号与输入信号在同端点，为并联反馈，因此电路引入的反馈为电压并联负反馈。电路中电阻元件 R_f 构成反馈网络 F，有反馈电流 $i_f\approx-\dfrac{u_o}{R_f}$。如果某种原因使输出电压 u_o 的值增大，则 i_f 的值增大，净输入电流 $i_{id}=(i_i-i_f)$ 的值减小，从而使 u_o 的值减小，最终使输出电压 u_o 稳定。

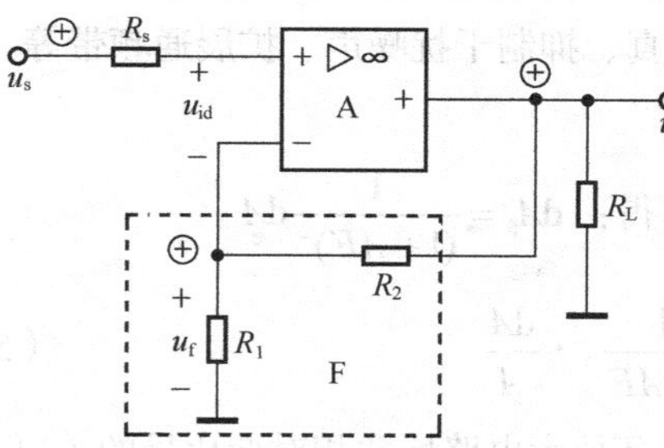

图 5.6　电压串联负反馈

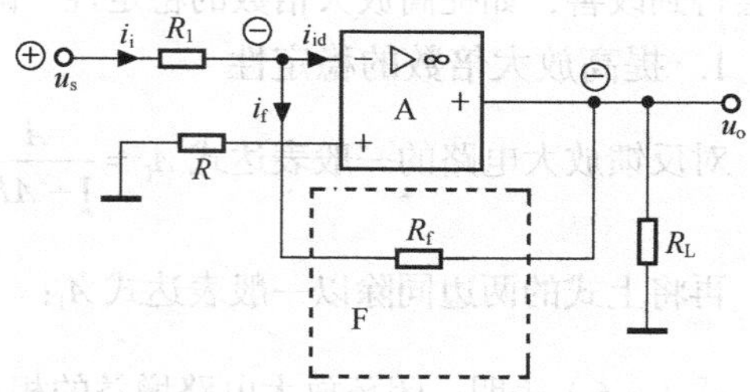

图 5.7　电压并联负反馈

电压并联负反馈的特点为输出电压稳定，输出电阻减小，输入电阻减小。

3. 电流串联负反馈

在如图 5.8 所示的电路中，电阻 R_1 构成反馈网络 F。如果令输出电压 u_o=0，输出电流 i_o 的变化仍可以通过反馈网络送回到输入端，反馈信号在 u_o=0 时仍然存在，有 $u_f=i_oR_1$，因此电路为电流反馈；反馈信号与输入信号在不同端点，为串联反馈，因此电路引入的反馈为电流串联负反馈。

在图 5.8 所示电路中，如果某种原因使输出电流 i_o 增大，则 u_f 增大，净输入信号 $u_{id}=(u_i-u_f)$ 减小，最终使 i_o 稳定。稳定 i_o 的过程可表述为：

$$i_o\uparrow\rightarrow u_f\uparrow\rightarrow u_{id}\downarrow\rightarrow i_o\downarrow$$

电流串联负反馈的特点为输出电流稳定，输出电阻增大，输入电阻增大。

4．电流并联负反馈

图 5.9 所示为由运放所构成的电路。在该电路中，反馈信号与输入信号在同端点，为并联反馈；输出电压 u_o=0 时，反馈信号仍然存在，为电流反馈，因此电路引入的反馈为电流并联负反馈。R_f 和 R 元件构成反馈网络 F，反馈电流为 $i_f=-\dfrac{i_oR}{R+R_f}$。

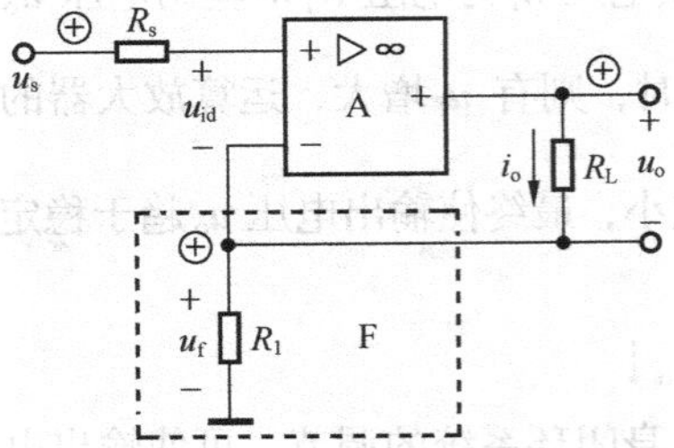

图 5.8　电流串联负反馈

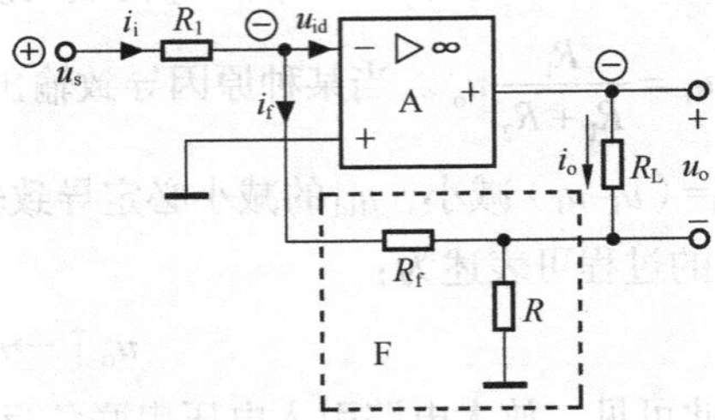

图 5.9　电流并联负反馈

电流并联负反馈的特点为输出电流稳定，输出电阻增大，输入电阻减小。

知识点三　负反馈对放大电路性能的影响

（一）负反馈对放大电路性能的影响

从反馈放大电路的一般表达式可知，电路中引入负反馈后其增益下降，但放大电路的其他性能会得到改善，如提高放大倍数的稳定性、减小非线性失真、抑制干扰噪声、扩展通频带等。

1．提高放大倍数的稳定性

对反馈放大电路的一般表达式 $A_f=\dfrac{A}{1+AF}$ 求微分，可得：$dA_f=\dfrac{1}{(1+AF)^2}dA$

再将上式的两边同除以一般表达式 A_f:

$$\frac{dA_f}{A_f}=\frac{1}{1+AF}\cdot\frac{dA}{A}\tag{5-6}$$

式（5-6）表明：闭环放大电路增益的相对变化量是开环放大电路增益相对变化量的（1+AF）分之一，即负反馈电路的反馈越深，放大电路的增益也就越稳定。

前面的分析表明，电压负反馈使输出电压稳定，电流负反馈使输出电流稳定，即在输入一定的情况下，可以维持放大器增益的稳定。

【例 5-4】已知某开环放大电路的放大倍数 A=1000，由于某种原因，其变化率为 $\dfrac{dA}{A}=10\%$。若电路引入负反馈，反馈系数为 F=0.009，这时电路放大倍数的变化率为多少？

解：根据式（5-6）可得：

$$\frac{dA_f}{A_f}=\frac{1}{1+AF}\times\frac{dA}{A}=\frac{1}{1+1000\times0.009}\times10\%=1\%$$

可见放大倍数的变化率由原来的 10%降低到 1%。引入负反馈后，电路的稳定性明显提高。

2. 减小环路内的非线性失真

三极管是一个非线性器件，放大器在对信号进行放大时不可避免地会产生非线性失真。假设放大器的输入信号为正弦信号，没有引入负反馈时，开环放大器产生如图 5.10（a）所示的非线性失真，即输出信号的正半周幅度变大，而负半周幅度变小。现在引入负反馈，假设反馈网络为不会引起失真的线性网络，则反馈回的信号同输出信号的波形一样。反馈信号在输入端与输入信号相比较，使净输入信号 $X_{id}=(X_i-X_f)$波形的正半周幅度变小，而负半周幅度变大，如图 5.10（b）所示。经基本放大电路放大后，输出信号趋于正、负半周对称的正弦波，从而减小了非线性失真。

注意　引入负反馈减小的是环路内的失真。如果输入信号本身有失真，此时引入负反馈的作用不大。

3. 抑制环路内的噪声和干扰

在反馈环内，放大电路本身产生的噪声和干扰信号，可以通过负反馈进行抑制，其原理同减小非线性失真的原理相同。但对反馈环外的噪声和干扰信号，引入负反馈也无能为力。

4. 扩展频带

频率响应是放大电路的重要特性之一。在多级放大电路中，级数越多，增益越大，频带越窄。引入负反馈后，可有效地扩展放大电路的通频带。

图 5.11 所示为放大器引入负反馈后通频带的变化。根据上下限频率的定义，从图 5.11 中可见放大器引入负反馈以后，其下限频率降低，上限频率升高，通频带变宽。

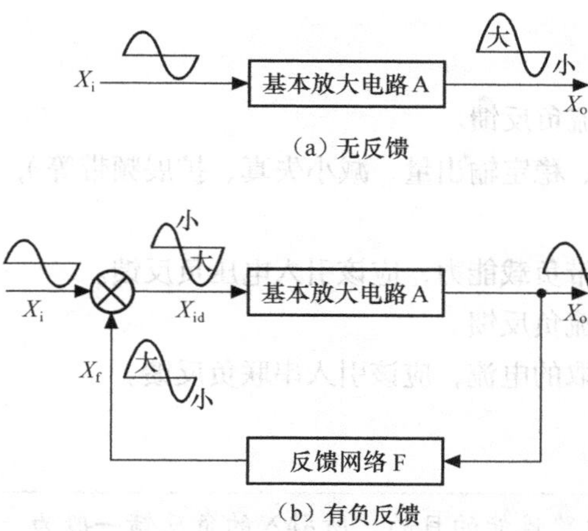

图 5.10　引入负反馈减小失真

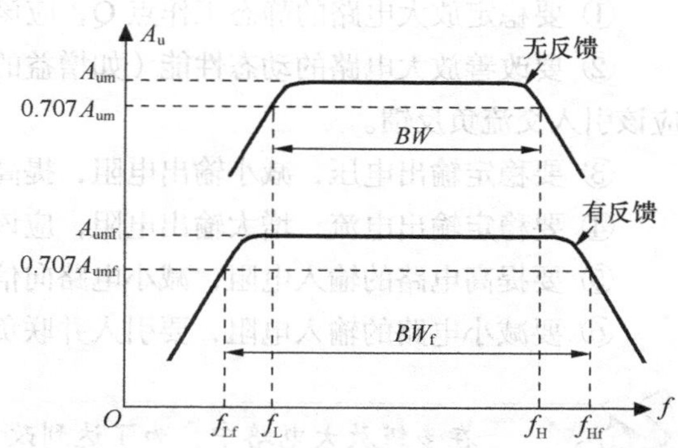

图 5.11　负反馈扩展频带

一般有关系式

$$BW_f \approx (1+AF)BW$$

式中：BW_f为引入负反馈后的通频带宽；BW为无负反馈时的带宽。

放大电路引入负反馈后，其增益下降越多，通频带展宽越多。在电路参数及放大管选定后，增益与带宽的乘积基本为一个定值。也就是说，引入负反馈扩展频带是以牺牲放大倍数作为代价换来的。实际应用中，要根据放大器的要求综合考虑两个参数。

5. 改变输入和输出电阻

（1）负反馈对放大电路输入电阻的影响

反馈放大电路中，输入电阻的变化与反馈信号在输出端的采样信号是电压还是电流无关，它只取决于反馈信号在输入回路与输入信号的连接方式。

对于串联负反馈，电路开环时，有 $u_{id}=u_i$，当引入串联负反馈后，有 $u_{id}=u_i-u_f$，对于相同的输入电压 u_i 来讲，电路的输入电流减小，从而引起输入电阻的增大。

对于并联负反馈，相同的 u_i 下，当引入并联负反馈后，反馈电流在放大电路的输入端并联，输入电流 $i_i=(i_{id}+i_f)$ 增大，从而引起输入电阻减小。

由此可见，串联负反馈使放大电路的输入电阻增大，而并联负反馈使输入电阻减小。

（2）负反馈对放大电路输出电阻的影响

电路中引入负反馈后，输出电阻的变化只取决于反馈信号在输出端的采样方式是电压还是电流。

从前面的分析知道，电压负反馈使输出电压稳定，输出电压受负载的影响减小，结合电压源的特性，即放大电路的输出电阻减小。

电流负反馈使输出电流稳定，相当于电流源，结合电流源的特性，电路的输出电阻增大。

由此可见，电压负反馈使放大电路的输出电阻减小，而电流负反馈使输出电阻增大。

（二）放大电路引入负反馈的一般原则

电路中引入负反馈可以使放大电路的性能多方面得到改善。实际应用中也可以根据放大电路性能参数的要求，合理地引入负反馈。

放大电路引入负反馈的一般原则如下。

① 要稳定放大电路的静态工作点 Q，应该引入直流负反馈。

② 要改善放大电路的动态性能（如增益的稳定性、稳定输出量、减小失真、扩展频带等），应该引入交流负反馈。

③ 要稳定输出电压，减小输出电阻，提高电路的带负载能力，应该引入电压负反馈。

④ 要稳定输出电流，增大输出电阻，应该引入电流负反馈。

⑤ 要提高电路的输入电阻，减小电路向信号源索取的电流，应该引入串联负反馈。

⑥ 要减小电路的输入电阻，要引入并联负反馈。

注意

在多级放大电路中，为了达到改善放大电路性能的目的，所引入的负反馈一般为级间反馈。

【例 5-5】 如图 5.12 所示放大电路，试根据要求正确引入负反馈。

① 如果要稳定各级的静态工作点，如何引反馈？

② 如果要提高电路的输入电阻，如何引反馈？引入的反馈为何种类型？

③ 若要稳定输出电压，减小输出电阻，应该如何引入反馈？引入的反馈为何种组态？

④ 如果要稳定输出电流，如何引入反馈？

解： 放大电路中引入负反馈才能改善放大电路的性能，为了保证引入的为负反馈，首先要根据电压瞬时极性法标出电路中相关各点的极性。如图 5.12 所示，假定输入电压信号为正极性，有 VT_1 集电极电压极性为负，VT_2 集电极电压极性为正，VT_3 集电极电压极性为负，VT_3 发射极电压极性为正。

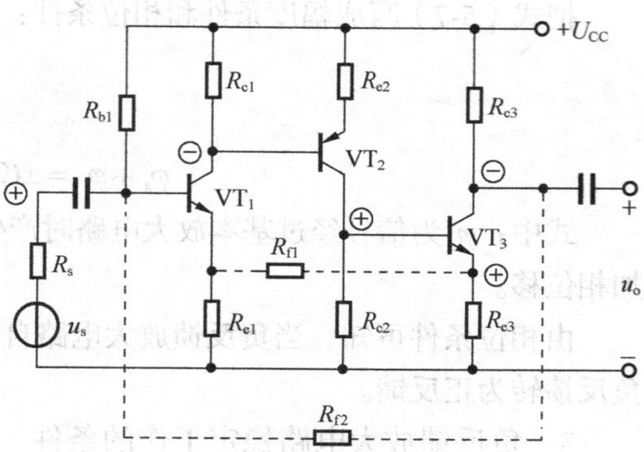

图 5.12　正确引入负反馈

① 要稳定各级静态工作点，应该引入级间直流负反馈。可以在 VT_1 的发射极和 VT_3 的发射极之间接反馈，如图 5.12 中 R_{f1} 反馈支路，引入的为交、直流反馈。

② 要提高输入电阻，应该引入串联负反馈。①中引入的反馈支路 R_{f1} 即可满足要求。引入的为电流串联负反馈。

③ 根据要求应该引入电压负反馈。在输出回路，反馈信号要从输出电压采样，为保证引入的为负反馈，反馈回路应该在 VT_1 的基极和 VT_3 的集电极之间连接，如图 5.12 中的 R_{f2} 支路。引入的为电压并联负反馈。

④ 要稳定电流应该引入电流负反馈，②中引入的电流负反馈即可满足要求。

*（三）负反馈放大电路的稳定问题

在负反馈放大电路的一般表达式 $A_f=\dfrac{X_o}{X_i}=\dfrac{A}{1+AF}$ 中，当（$1+AF$）=0 时，有 $A_f=\infty$，即表示在输入端不加输入信号（$X_i=0$），这时也有输出（$X_o\neq0$），这种现象称为自激振荡。自激振荡会使放大电路无法稳定的工作，应尽量避免。

一般负反馈放大电路中，为改善电路性能，希望（$1+AF$）越大越好，反馈越深，性能越优良。但是对于多级放大电路，反馈过深时，会造成电路工作不稳定，出现自激振荡。

1. 自激振荡产生的原因

当放大电路的信号频率处于中频范围时，根据模块三频率响应的内容，电路中所有电容的作用均可忽略，放大电路对信号不产生附加的相位移，引入的负反馈极性不变。

当放大电路的信号频率处于高频或低频区域时，电路中的极间电容或者隔直耦合电容会产生附加的相位移。单级放大电路的附加相位移可以达到±90°，而三级放大电路的附加相位移则可达到±270°。因此在多级放大电路中，当附加相位移的值等于±180°时，会导致中频引入的负反馈转为正反馈，净输入信号 X_{id} 由负反馈时的 $X_{id}=(X_i-X_f)$ 转为 $X_{id}=(X_i+X_f)$，如果这时正反馈信号 X_f 的幅度足够大，即使没有输入信号 X_i，反馈信号 X_f 仍可取代输入信号 X_i 的作用，作为净输入信号送入放大电路维持信号的输出 X_o，从而出现自激振荡。

2. 自激振荡产生的条件

因为讨论涉及相位，这里用复数表示信号。

当反馈深度 $|1+\dot{A}\dot{F}|=0$ 时，出现自激振荡，由此可得自激振荡产生的条件为：

$$\dot{A}\dot{F}=-1 \qquad (5\text{-}7)$$

把式（5-7）写成幅度条件和相位条件：

$$|\dot{A}\dot{F}|=1$$

$$\varphi_a+\varphi_f=\pm(2n+1)\pi,\ n=0,1,2,\cdots \tag{5-8}$$

式中：φ_a 为信号经过基本放大电路时产生的附加相位移；φ_f 为信号经过反馈网络时产生的附加相位移。

由相位条件可知，当负反馈放大电路自激振荡时，电路产生±180° 的附加相位移，使原来的负反馈转为正反馈。

3. 负反馈放大电路稳定工作的条件

为了使负反馈放大电路能够稳定的工作，必须破坏其自激产生的幅度条件或相位条件。一般要求：当 $|\dot{A}\dot{F}|\geqslant 1$ 时，有 $|\varphi_a+\varphi_f|<\pi$；当 $\varphi_a+\varphi_f=\pm(2n+1)\pi$ 时，有 $|\dot{A}\dot{F}|<1$，即自激振荡的两个条件不能同时满足，这样可以保证反馈放大电路稳定的工作。

4. 消除自激振荡常用的方法

为了增加负反馈放大电路工作的稳定性，通常在电路中适当地增加 RC 元件进行频率特性补偿，以改变电路的频率特性，破坏电路自激振荡的幅度条件或相位条件，从而消除自激振荡。

常用的 RC 频率特性补偿方法如下。

（1）电容滞后相位补偿法

如图 5.13（a）所示，在直接耦合多级放大电路中，在信号线和地之间接一个补偿小电容，对高频信号进行滞后移相，破坏电路的自激条件，使电路稳定的工作。这种方法简单易行，但放大电路的通频带变窄。

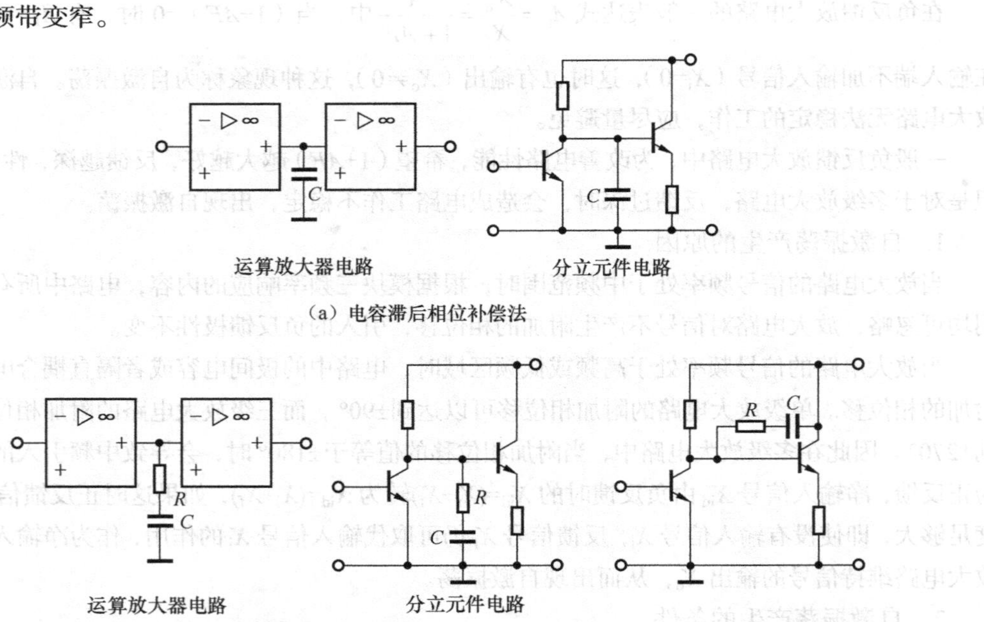

运算放大器电路　分立元件电路

（a）电容滞后相位补偿法

运算放大器电路　分立元件电路

（b）RC滞后相位补偿法　（c）RC元件反馈补偿法

图 5.13　RC 频率特性补偿电路

（2）RC 滞后相位补偿法

RC 滞后相位补偿法如图 5.13（b）所示。用电阻 R 和电容 C 串联的网络取代上一种方法中的补偿小电容。其优点是不仅可以消除自激振荡，而且可以使通频带较上种方法有所改善。

（3）RC 元件反馈补偿法

该方法将补偿 RC 元件接在局部负反馈中，破坏自激振荡的条件，如图 5.13（c）所示。

知识点四 深度负反馈放大电路的估算

（一）深度负反馈放大电路的特点

当反馈深度（$1+AF$）≫1，称放大电路引入深度负反馈，这时有闭环放大倍数：

$$A_f=\frac{A}{1+AF}\approx\frac{1}{F} \tag{5-9}$$

深度负反馈放大电路具有如下特点。

① 闭环放大倍数 A_f 只取决于反馈系数 F，和基本放大电路的放大倍数 A 无关。

② 因为闭环放大倍数 $A_f=\dfrac{X_o}{X_i}$，反馈系数 $F=\dfrac{X_f}{X_o}$，所以由式（5-9）可得，深度负反馈条件下反馈量 X_f 近似等于输入量 X_i，即 $X_i\approx X_f$。不同组态的负反馈电路，X_i 和 X_f 表示不同的电量（电压或电流）。

③ 深度负反馈条件下，反馈环路内的参数可以认为理想。例如串联负反馈，环路内的输入电阻可以认为是无穷大；并联负反馈，环路内的输入电阻可以认为是零；电压负反馈，环路内的输出电阻可以认为是零等。

（二）深度负反馈放大电路的估算

1. 估算深度负反馈放大电路电压增益的步骤

（1）确定放大电路中反馈的组态

如果是串联负反馈，反馈信号和输入信号以电压的形式相减，X_i 和 X_f 是电压，则有反馈电压近似等于输入电压，即 $u_i\approx u_f$，串联负反馈的表现形式如图 5.14 所示。

如果是并联负反馈，反馈信号和输入信号以电流的形式相减，X_i 和 X_f 是电流，则有反馈电流近似等于输入电流，即 $i_i\approx i_f\approx\dfrac{u_s}{R_s}$，并联负反馈的表现形式如图 5.15 所示。

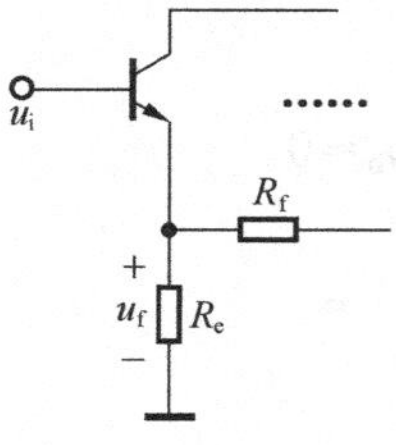

（a）分立元件电路

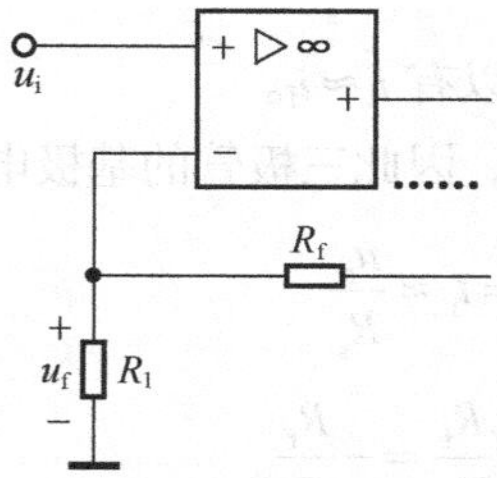

（b）运算放大器电路

图 5.14 深度串联负反馈 $u_i\approx u_f$

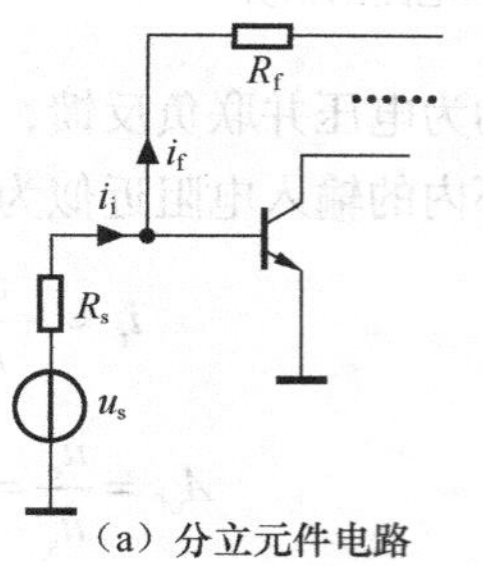

（a）分立元件电路

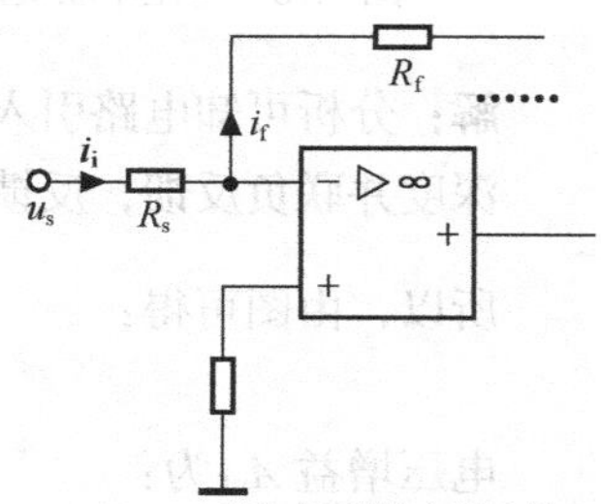

（b）运算放大器电路

图 5.15 深度并联负反馈 $i_i\approx i_f$

（2）求反馈系数

根据反馈放大电路，列出反馈量 X_f 与输出量 X_o 的关系。从而可以求出反馈系数 F：$F=\dfrac{X_f}{X_o}$；

闭环增益 A_f：$A_f\approx\dfrac{1}{F}$。

（3）估算闭环电压增益

如果要估算闭环电压增益 A_{uf}，可根据电路列出输出电压 u_o 和输入电压 u_i 的表达式，从而计算电压增益。

2. 计算举例

【例 5-6】 如图 5.16 所示的反馈放大电路，估算电路的电压增益。

解： 根据反馈类型的分析方法分析可知，电路引入的为电压串联负反馈。因此有 $u_i\approx u_f$。

从电路中可得：

$$u_f\approx\frac{R_1}{R_1+R_f}u_o$$

反馈系数 F 为：

$$F_u=\frac{u_f}{u_o}=\frac{R_1}{R_1+R_f}$$

闭环电压增益 A_{uf} 为：

$$A_{uf}=\frac{u_o}{u_i}=\frac{u_o}{u_f}=\frac{1}{F}=1+\frac{R_f}{R_1}$$

可见，电压串联负反馈的电压增益与负载电阻无关。

【例 5-7】 如图 5.17 所示的反馈放大电路，估算电路的电压增益，并定性说明此反馈的引入对电路输入电阻和输出电阻的影响。

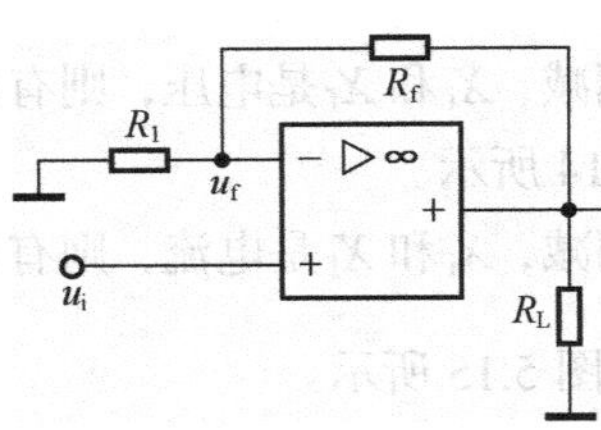

图 5.16 电压串联负反馈电路的估算

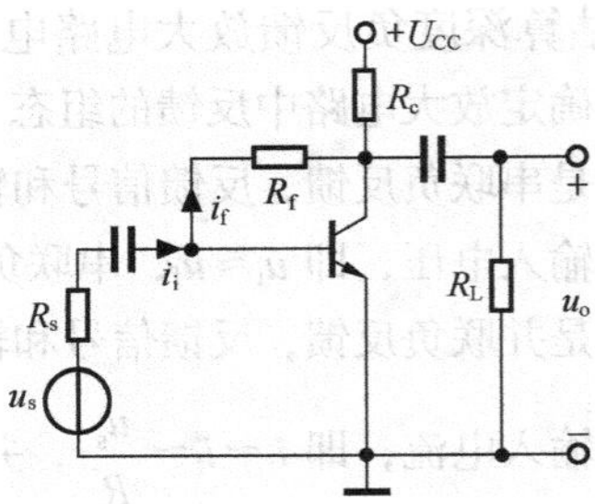

图 5.17 电压并联负反馈电路的估算

解： 分析可知电路引入的为电压并联负反馈，所以有 $i_i\approx i_f$。

深度并联负反馈，反馈环内的输入电阻近似为零，因此三极管的基极电压 $u_b\approx 0$。

所以，由图可得：

$$i_f\approx-\frac{u_o}{R_f}=i_i\approx\frac{u_s}{R_s}$$

电压增益 A_{uf} 为：

$$A_{uf}=\frac{u_o}{u_s}=\frac{-i_fR_f}{i_iR_s}=-\frac{R_f}{R_s}$$

深度电压并联负反馈的电压增益与负载 R_L、管参数 β、r_{be} 等均无关。电压并联负反馈的引入使电路的输入电阻减小，输出电阻也减小。

【例 5-8】 如图 5.18 所示的反馈放大电路，估算电路的电压增益。

解： 分析可知电路引入的反馈为电流串联负反馈，因此有 $u_i \approx u_f$。

从电路中可得：

$$u_f = i_e R_e$$

$$u_o = -i_c R_c // R_L$$

电路的电压增益 A_{uf} 为：

$$A_{uf} = \frac{u_o}{u_i} = \frac{u_o}{u_f} \approx -\frac{R_c // R_L}{R_e}$$

【例 5-9】 如图 5.19 所示的反馈放大电路，试估算该电路的电压增益。

解： 分析电路可知，电路引入的为电流并联负反馈，因此有 $i_i = i_f$。

从图中可求得：

$$i_f \approx -\frac{u_R}{R_f} = -\frac{(i_f + i_o)R}{R_f}$$

$$i_f \approx -\frac{i_o R}{R + R_f}$$

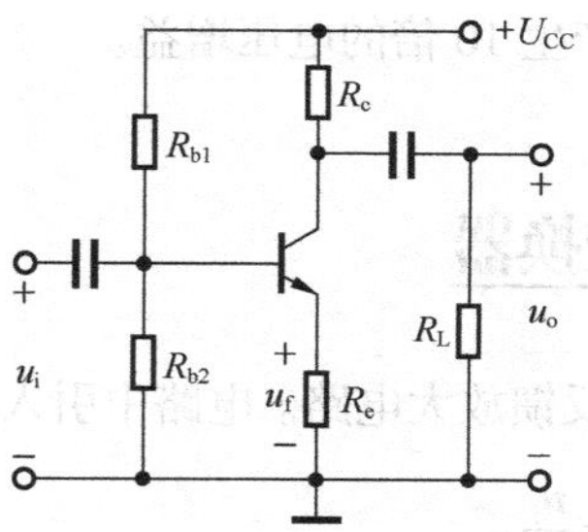

图 5.18 电流串联负反馈电路的估算

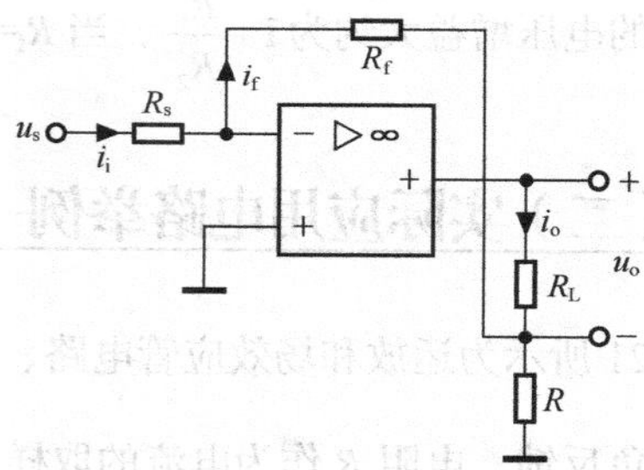

图 5.19 电流并联负反馈电路的估算

因为

$$i_i \approx \frac{u_s}{R_s}, \quad u_o = i_o R_L$$

所以有：

$$u_s = i_i R_s = i_f R_s, \quad u_o = i_o R_L = -\frac{(R + R_f)R_L}{R} \bullet i_f$$

因此电压增益为：

$$A_{uf} = \frac{u_o}{u_S} = -\frac{(R + R_f) \bullet R_L}{R \bullet R_S}$$

【能力培养】

*（一）实际应用电路举例——通用前置放大电路

图 5.20 所示为用于音频或视频放大的通用前置放大电路。该放大电路由两级具有电压放大功能的共射极电路组成，R_2 和 R_5 分别为两级电路的本级反馈，可以稳定本级电路的静态工作点。

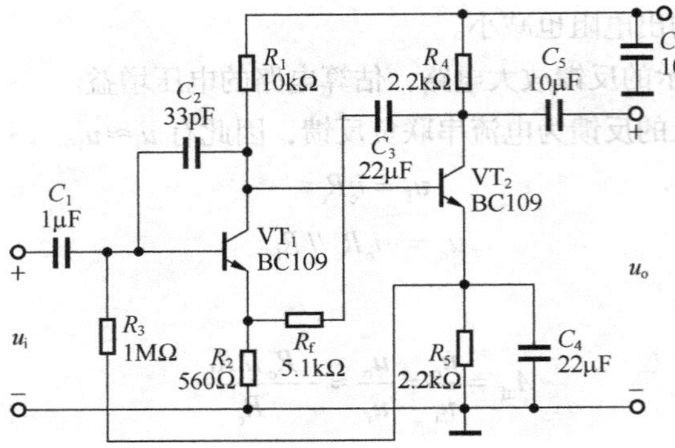

图 5.20　通用前置放大电路

放大电路中有两条级间反馈，一是由 R_3 和 R_5 元件构成的反馈回路，因为旁路电容 C_4 的作用，此反馈为直流负反馈，可以稳定各级的 Q 点；另一反馈回路由 R_f、C_3 和 R_2 元件构成，因为隔直耦合电容 C_3 的作用，此反馈为交流反馈，利用前面学过的方法可以判定此反馈为电压串联负反馈。电压串联负反馈使电路的输入电阻增大，输出电阻减小，有利于电路从信号源获取更多的输入电压，同时为后级提供稳定的输出电压。

电路的电压增益大约为 $1+\dfrac{R_f}{R_2}$，当 R_f=5.1kΩ时，电路将产生 10 倍的电压增益。

*（二）实际应用电路举例——精密电流变换器

图 5.21 所示为运放和场效应管电路、三极管电路构成的反馈放大电路。电路中引入的反馈为电流串联负反馈，电阻 R 作为电流的取样电阻，输出电流 $i_o=\dfrac{u_i}{R}$。

*（三）实际应用电路举例——高阻宽带缓冲器

图 5.22 所示为共源极场效应管放大电路和共射极三极管放大电路所构成的反馈放大电路。分析可知，电路中引入的反馈为电压串联负反馈，输入电阻很高，输出电阻较低，电路的电压增益约为 1。场效应管 2N5485 具有低的输入电容，从而使电路具有高的上限频率，即电路构成一个高输入阻抗、宽频带、单位增益的缓冲放大器。

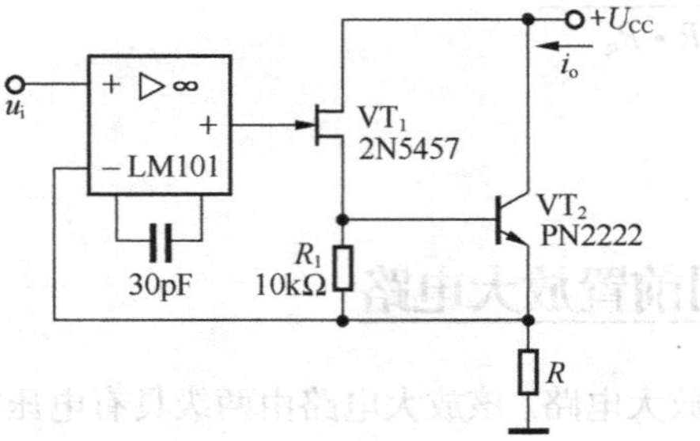

图 5.21　精密电流变换器

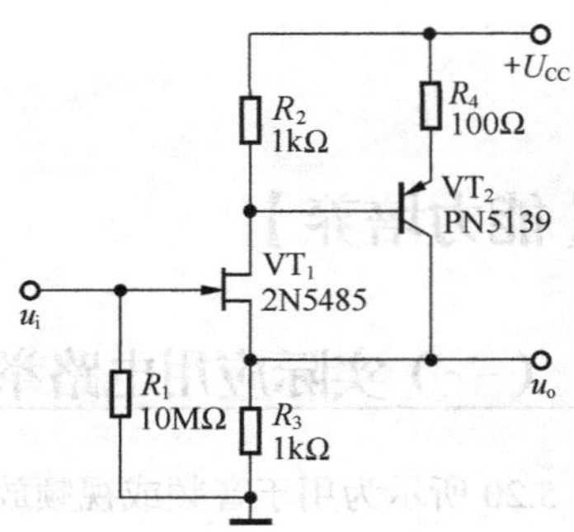

图 5.22　高阻宽带缓冲器

【模块总结】

1. 将电子系统输出量（电压或电流）的部分或全部，通过元件或电路送回到输入回路，从而影响输出量的过程称为反馈。

2. 负反馈电路可以用方框图表示，其闭环增益的一般表达式为 $A_f = \dfrac{A}{1+AF}$。

3. 按照不同的分类方法，反馈有正反馈、负反馈；交流反馈、直流反馈。交流反馈中有电压反馈、电流反馈；串联反馈、并联反馈。电路中常用的交流负反馈有 4 种组态：电压串联负反馈、电压并联负反馈、电流串联负反馈和电流并联负反馈。不同的反馈组态，具有不同的特点。

4. 负反馈的引入可以全面改善放大电路的性能，如直流负反馈可以稳定静态工作点，交流负反馈可以提高放大倍数的稳定性、减小非线性失真、抑制噪声干扰、扩展频带、改变输入和输出电阻等。利用负反馈对放大电路性能的影响，可以根据电路的要求，在电路中正确地引入负反馈。若需要稳定输出电压，则引入电压负反馈；若要稳定输出电流，则引入电流负反馈等。

5. 负反馈电路的反馈深度如果过深，电路有可能产生自激振荡。采用频率补偿技术可以消除自激振荡，但这样会使电路的频带变窄。

6. 深度负反馈条件下，在反馈放大电路中有反馈量 X_f 近似等于输入量 X_i，电路的闭环增益可用 $A_f \approx \dfrac{1}{F}$ 估算。如果求解电压增益，可以根据具体电路，列写输出电压和输入电压的表达式进行估算。

习题及思考题

1．填空题

（1）放大电路无反馈称为________，放大电路有反馈称为________。

（2）________称为放大电路的反馈深度，它反映了反馈对放大电路影响的程度。

（3）所谓负反馈，是指加入反馈后，净输入信号________，输出幅度下降，而正反馈则是指加入反馈后，净输入信号________，输出幅度增加。

（4）反馈信号的大小与输出电压成比例的反馈称为________；反馈信号的大小与输出电流成比例的反馈称为________。

（5）交流负反馈有 4 种组态，分别为________、________、________和________。

（6）电压串联负反馈可以稳定________，使输出电阻________，输入电阻________，电路的带负载能力________。

（7）电流串联负反馈可以稳定________，输出电阻________。

（8）电路中引入直流负反馈，可以________静态工作点。引入________负反馈可以改善电路的动态性能。

（9）交流负反馈的引入可以________放大倍数的稳定性，________非线性失真，________频带。

（10）放大电路中若要提高电路的输入电阻，应该引入________负反馈；若要减小输入电阻应该引入________负反馈；若要增大输出电阻，应该引入________负反馈。

2．选择题

（1）引入负反馈可以使放大电路的放大倍数________。

① 增大　　② 减小　　③ 不变

（2）已知 A=100，F=0.2，则有 A_f=________。

① 20　　② 5　　③ 100

（3）当负载发生变化时，欲使输出电流稳定，且提高输入电阻，应引入________。

① 电压串联负反馈　　② 电流串联负反馈　　③ 电流并联负反馈

（4）放大电路引入交流负反馈可以减小________。

① 环路内的非线性失真　　② 环路外的非线性失真　　③ 输入信号的失真

（5）深度负反馈下，闭环增益 A_f ________。

① 仅与 F 有关　　② 仅与 A 有关　　③ 与 A、F 均无关

3．判断题

（1）交流负反馈不能稳定电路的静态工作点；直流负反馈不能改善电路的动态性能。（　　）

（2）交流负反馈可以改善放大电路的动态性能，且改善的程度与反馈深度有关，所以负反馈的反馈深度越深越好。（　　）

（3）深度负反馈条件下，闭环增益 A_f 仅与反馈系数 F 有关，与开环放大倍数 A 无关，因此可以省去基本放大电路，只保留反馈网络就可获取稳定的闭环增益。（　　）

（4）如果输入信号本身含有一定的噪声干扰信号，可以通过在放大电路中引入负反馈来减小该噪声干扰信号。（　　）

4．一个负反馈放大电路，如果反馈系数 F=0.1，闭环增益 A_f=9，试求开环放大倍数。

5．如图 5.23 所示，试判定各电路的反馈类型，正反馈还是负反馈？直流反馈还是交流反馈？反馈元件是什么？

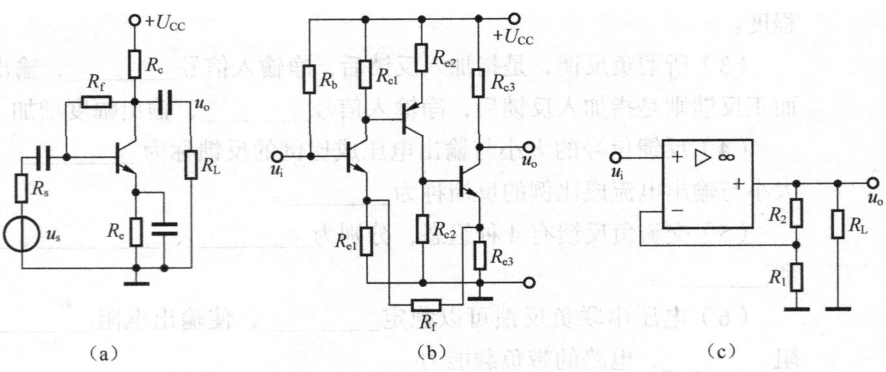

图 5.23　习题 5 图

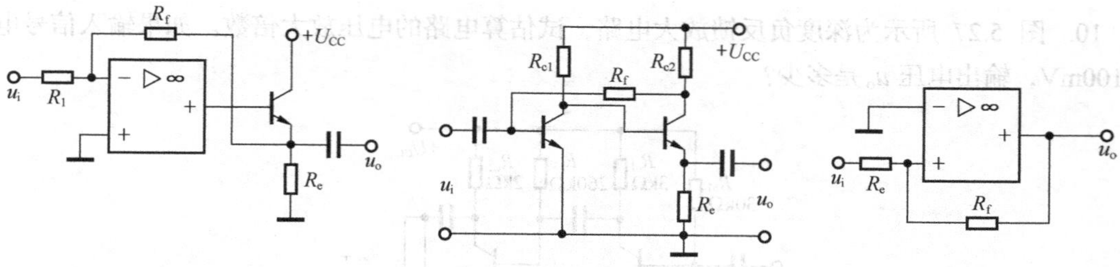

（d）　　（e）　　（f）

图 5.23　习题 5 图（续）

6. 判定图 5.23 中各电路交流负反馈的组态，是电压反馈还是电流负反馈？串联负反馈还是并联负反馈？

7. 如图 5.24 所示，根据电路的要求正确连接反馈电阻 R_f。

（1）希望负载发生变化时，输出电压能够稳定不变，R_f应该与点 J、K 和 M、N 如何连接才可满足要求？

（2）希望电路向信号源索取的电流减小，R_f应该与点 J、K 和 M、N 如何连接？

（3）希望电路的输入电阻减小，R_f应该与点 J、K 和 M、N 如何连接？

8. 如图 5.25 所示，按要求正确连接放大电路、信号源及 R_f。

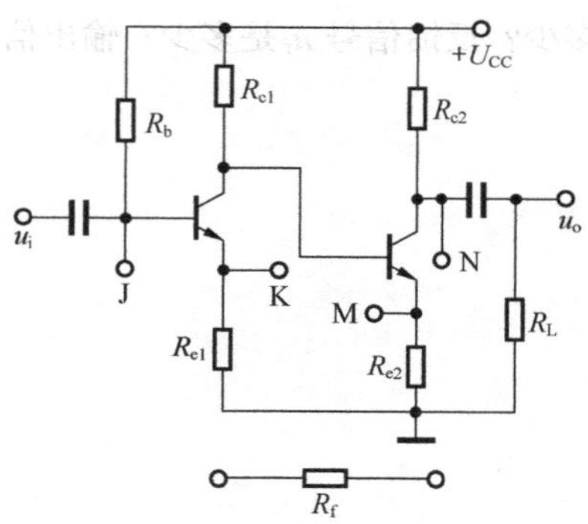

图 5.24　习题 7 图

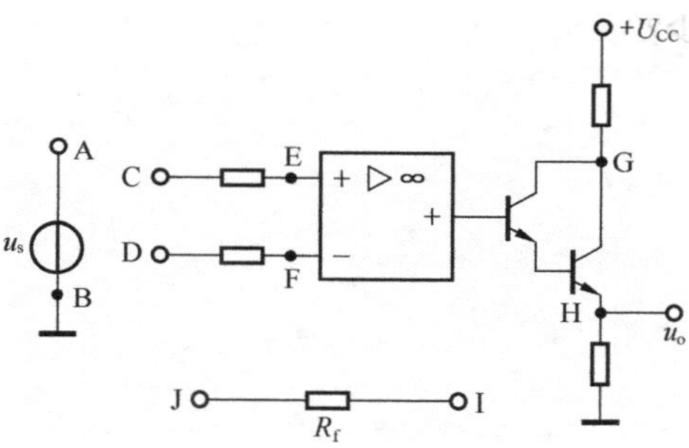

图 5.25　习题 8 图

（1）要提高电路的带负载能力，增大输入电阻，该如何连接？

（2）能稳定输出电压，输入电阻减小，该如何连接？

9. 如图 5.26 所示，电路中引入的反馈为何种类型？该反馈的引入对电路输入电阻和输出电阻产生怎样的影响？估算深度负反馈条件下的电压增益。

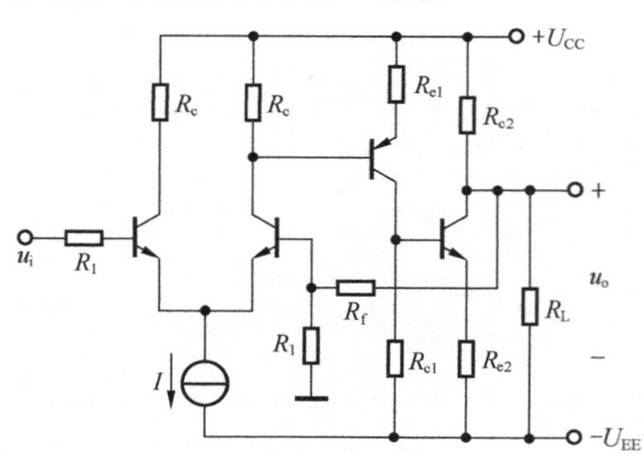

图 5.26　习题 9 图

10. 图 5.27 所示为深度负反馈放大电路，试估算电路的电压放大倍数。如果输入信号电压 u_i=100mV，输出电压 u_o 是多少？

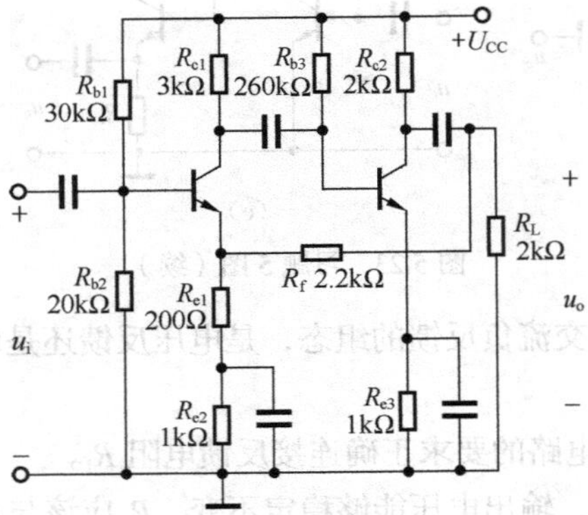

图 5.27　习题 10 图

11. 估算图 5.23（a）～图 5.23（d）电路中深度负反馈下的闭环增益 A_f。

12. 一个电压串联负反馈放大电路，已知 $A=10^3$，F=0.099。

（1）试计算 A_f=?

（2）如果输入信号 u_i=0.1V，试计算净输入信号 u_{id} 是多少？反馈信号 u_f 是多少？输出信号 u_o 是多少？

模块六

功率放大电路

学习导读

一个实用放大电路，其输出级都要接实际负载。一般来说，负载上的电流和电压都有一定要求，即负载要求放大电路输出级输出一定的功率给负载，故习惯上将其称之为功率放大电路，简称功放。本模块首先简述功率放大电路的特点，然后介绍常用的OCL和OTL互补对称式功率放大电路以及集成功率放大电路，最后介绍两个实用的功放电路。

学习目标

要求正确理解典型功放电路的组成原则、工作原理及其特点，熟悉功放电路最大输出功率和效率的估算方法，并了解功放管的选择方法和集成功率放大电路的工作原理。

【相关理论知识】

知识点一　功率放大电路的几个问题

（一）功率放大电路的特点及主要技术指标

功率放大电路的主要任务是向负载提供一定的信号功率，功率放大电路有以下特点。

1. 输出功率要满足负载需要

如输入信号为某一频率的正弦信号，则输出功率为：

$$P_o=I_oU_o \tag{6-1}$$

式中，I_o、U_o分别为负载R_L上的正弦信号的电流、电压的有效值。如用振幅表示，$I_o=I_{om}/\sqrt{2}$，$U_o=U_{om}/\sqrt{2}$，代入式（6-1）则有：

$$P_o = \frac{1}{2} I_{om} U_{om} \quad (6-2)$$

最大输出功率 P_{OM} 是指在输入为正弦信号，输出波形不超过规定的非线性失真指标时，放大电路最大输出电压和最大输出电流有效值的乘积。

2. 效率要高

放大电路输出给负载的功率是由直流电源提供的。在输出功率比较大时，效率问题尤为突出。如果功率放大电路的效率不高，不仅会造成能量的浪费，而且消耗在电路内部的电能将转换为热量，使管子、元件等温度升高，从而影响电路的稳定性。为定量反映放大电路效率的高低，定义放大电路的效率为：

$$\eta = \frac{P_o}{P_E} \times 100\% \quad (6-3)$$

式中：P_o 为信号输出功率；P_E 为直流电源向电路提供的功率。可见，效率 η 反映了功放把电源功率转换成输出信号功率（即有用功率）的能力，表示了电源功率的转换率。

3. 非线性失真尽量小

在功率放大电路中，晶体管处于大信号工作状态，因此输出波形不可避免地产生一定的非线性失真。在实际的功率放大电路中，应根据负载的要求来规定允许的失真度范围。

4. 分析估算采用图解法

由于功放中的晶体管工作在大信号状态，因此分析电路时，不能用微变等效电路分析方法，而应采用图解法对其输出功率和效率等指标作粗略估算。

5. 功放中晶体管常工作在极限状态

在功率放大电路中，晶体管往往工作在接近管子的极限参数状态，即晶体管集电极电流最大时接近 I_{CM}（管子的最大集电极电流），管压降最大时接近 U_{CEO}（管子 c-e 间能承受的最大管压降），耗散功率最大时接近 P_{CM}（管子的集电极最大耗散功率）。因此，在选择功放管时，要特别注意极限参数的选择，以保证管子的安全使用。当晶体管选定后，需要合理选择功放的电源电压及静态工作点，甚至需要对晶体管加散热措施，以保护晶体管，使其安全工作。

功率放大电路的主要技术指标为最大输出功率和转换效率。

（二）功率放大电路工作状态的分类

功率放大电路按其中晶体管导通时间的不同，可分为甲类、乙类、甲乙类和丙类等。

在输入信号的一个周期内，甲类功放中晶体管始终工作于导通状态；乙类功放电路中晶体管仅在半个周期内导通；甲乙类功放中晶体管导通时间大于半周而小于全周；丙类功放电路的特征是晶体管导通时间小于半个周期。4类功放的工作状态示意图如图6.1所示。

前面章节介绍的小信号放大电路中（如共射放大电路），在输入信号的整个周期内，晶体管始终工作在线性放大区域，故属甲类工作状态。本章将要介绍的OCL、OTL功放工作在乙类或甲乙类状态。

以上是按晶体管的工作状态对功放分类。此外，功放也可以按照放大信号的频率分类，分为低频功放和高频功放。前者用于放大音频范围（几十赫兹到几十千赫兹）的信号，后者用于放大射频范围（几百千赫兹到几十兆赫兹）的信号。本课程仅介绍低频功放。

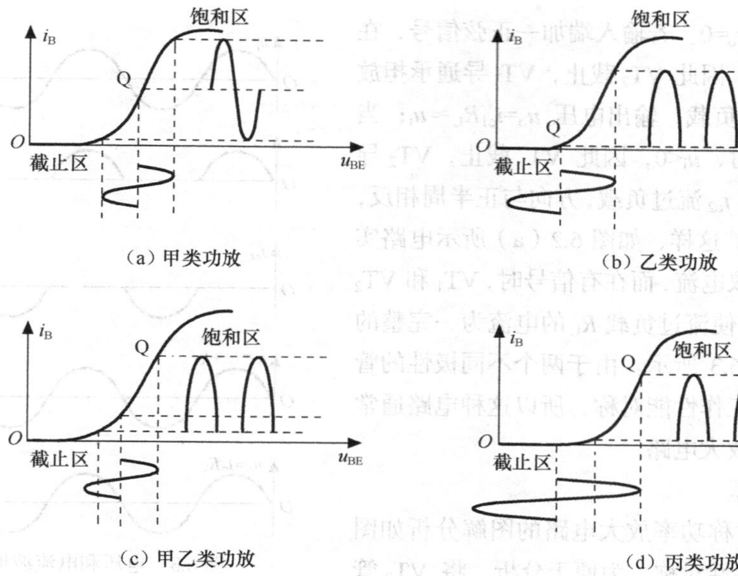

图 6.1　4 类功率放大电路工作状态示意图

知识点二　几种常见的功率放大电路

(一) OCL 乙类互补对称功率放大电路

1. 电路组成和工作原理

无输出电容电路（Output Capacitor Less，OCL）乙类互补对称功率放大电路如图 6.2（a）所示。图 6.2（a）中 VT_1、VT_2 分别为 NPN 型和 PNP 型晶体管，要求 VT_1 和 VT_2 管特性对称，并且正负电源对称。两管的基极和发射极分别连接在一起，信号从基极输入、射极输出，R_L 为负载。该电路可以看成图 6.2（b）和图 6.2（c）两个射极输出电路的组合。

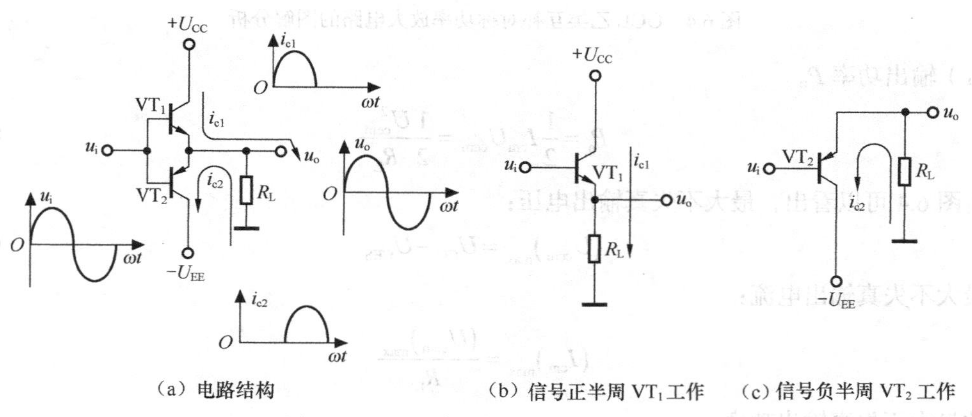

图 6.2　OCL 乙类互补对称功率放大电路

设两管的死区电压为零，由于电路对称，当输入信号 u_i=0 时，则偏置电流 I_{CQ}=0，两管均处于截止状态，故输出 $u_o=0$。若输入端加一正弦信号，在正半周时，由于 $u_i>0$，因此 VT_2 截止，VT_1 导通承担放大任务，电流 i_{c1} 流过负载，输出电压 $u_o=i_{c1}R_L\approx u_i$；当输入信号处于负半周时，$u_i<0$，因此 VT_1 截止，VT_2 导通承担放大任务，电流 i_{c2} 流过负载，方向与正半周相反，输出电压 $u_o=i_{c2}R_L\approx u_i$。这样，如图 6.2（a）所示电路实现了在静态时管子不取电流，而在有信号时，VT_1 和 VT_2 轮流导电，交替工作，使流过负载 R_L 的电流为一完整的正弦信号，波形如图 6.3 所示。由于两个不同极性的管子互补对方的不足，工作性能对称，所以这种电路通常称为互补对称式功率放大电路。

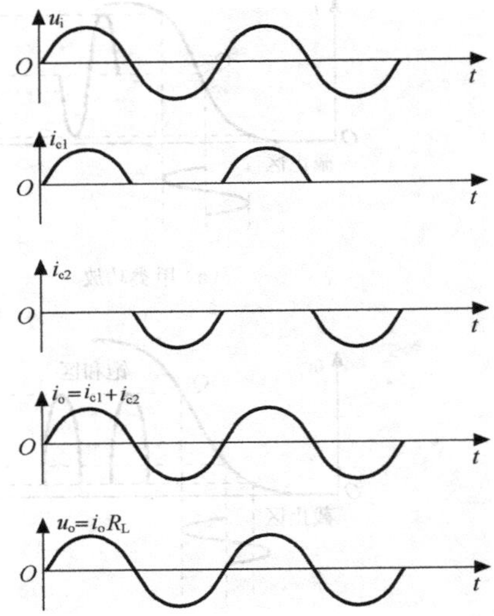

图 6.3　电压和电流波形图

2. 性能指标估算

OCL 乙类互补对称功率放大电路的图解分析如图 6.4 所示。由于两管特性对称，为便于分析，将 VT_2 管的特性曲线倒置后与 VT_1 的特性画在一起，使两管的静态工作点 Q 重合，形成两管合成曲线。这时的交流负载线为一条通过 Q 点、斜率为 $-1/R_L$ 的直线 AB。由图 6.4 可以看出，输出电流、输出电压的最大允许变化范围分别为 $2I_{cm}$ 和 $2U_{cem}$，I_{cm} 和 U_{cem} 分别为集电极正弦电流和电压的振幅值。

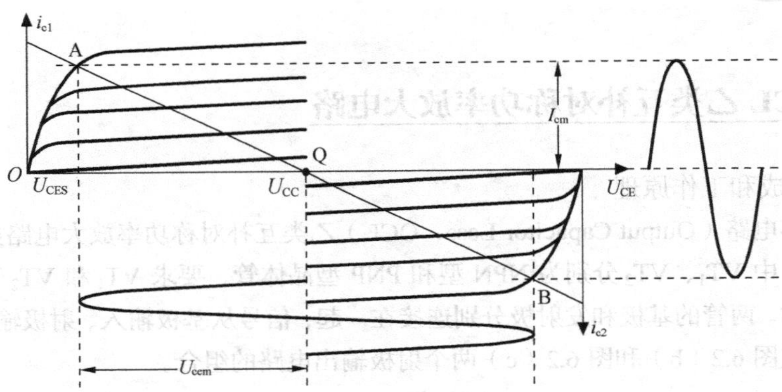

图 6.4　OCL 乙类互补对称功率放大电路的图解分析

（1）输出功率 P_o

$$P_o=\frac{1}{2}I_{cm}U_{cem}=\frac{1}{2}\frac{U_{cem}^2}{R_L} \tag{6-4}$$

由图 6.4 可以看出，最大不失真输出电压：

$$(U_{cem})_{max}=U_{CC}-U_{CES} \tag{6-5}$$

最大不失真输出电流：

$$(I_{cm})_{max}=\frac{(U_{cem})_{max}}{R_L} \tag{6-6}$$

故最大不失真输出功率：

$$P_{omax}=\frac{1}{2}(I_{cm})_{max}(U_{cem})_{max}=\frac{1}{2}\frac{(U_{cem})_{max}^2}{R_L}\approx\frac{U_{CC}^2}{2R_L} \tag{6-7}$$

（2）效率η

由（6-3）式定义，要估算效率η需求出电源供给功率P_E。在乙类互补对称功率放大电路中，每个晶体管的集电极电流波形均为半个周期的正弦波形（见图 6.3），其平均值（I_{av1}）为：

$$I_{av1}=\frac{1}{2\pi}\int_0^{2\pi}i_{c1}d(\omega t)=\frac{1}{2\pi}\int_0^{\pi}I_{cm}\sin\omega t d(\omega t)=\frac{1}{\pi}I_{cm} \tag{6-8}$$

因此，直流电源U_{CC}提供给电路的功率为：

$$P_{E1}=I_{av1}U_{CC}=\frac{1}{\pi}I_{cm}U_{CC}=\frac{1}{\pi}\frac{U_{cem}}{R_L}U_{CC} \tag{6-9}$$

考虑正负两组直流电源提供给电路总的功率为：

$$P_E=2P_{E1}=\frac{2}{\pi}\frac{U_{cem}}{R_L}U_{CC} \tag{6-10}$$

将式（6-4）、式（6-10）代入式（6-3）可得：

$$\eta=\frac{\pi}{4}\frac{U_{cem}}{U_{CC}} \tag{6-11}$$

当输出信号达到最大不失真输出时，效率最高，此时

$$\left(U_{cem}\right)_{max}=U_{CC}-U_{CES}\approx U_{CC} \tag{6-12}$$

$$\eta_{max}\approx\frac{\pi}{4}\approx 78.5\% \tag{6-13}$$

（3）单管最大平均管耗P_{T1max}

对 VT_1 管来说，在输入信号的一个周期内，只有正半周导通，VT_1 管的瞬时管压降为$u_{CE1}=U_{CC}-u_o$，流过 VT_1 管的瞬时电流 $i_{c1}=u_o/R_L$，一个周期的平均功率损耗为：

$$\begin{aligned}P_{T1}&=\frac{1}{2\pi}\int_0^{\pi}u_{CE1}i_{c1}d(\omega t)=\frac{1}{2\pi}\int_0^{\pi}(U_{CC}-U_{om}\sin\omega t)I_{cm}\sin\omega t d(\omega t)\\&=\frac{1}{R_L}\left(\frac{U_{CC}U_{om}}{\pi}-\frac{U_{om}^2}{4}\right)=\frac{U_{CC}}{\pi}I_{cm}-\frac{1}{4}I_{cm}^2R_L\end{aligned} \tag{6-14}$$

可见平均管耗P_{T1}与I_{cm}是非线性关系。

令 $dP_{T1}/dI_{cm}=0$，可求出：当$I_{cm}=2U_{CC}/\pi R_L$时，或 $U_{cem}=2U_{CC}/\pi$时，平均管耗P_{T1}最大，其最大值P_{T1max}为：

$$P_{T1max}=\frac{2U_{CC}^2}{\pi^2R_L}-\frac{U_{CC}^2}{\pi^2R_L}=\frac{U_{CC}^2}{\pi^2R_L}\approx 0.1\frac{U_{CC}^2}{R_L}=0.2P_{omax} \tag{6-15}$$

3. 功放管的选管原则

在功率放大电路中，功放管既要流过大电流，又要承受高电压，所以应根据功放管所承受的最大管压降、集电极最大电流以及最大功耗来选择功放管。即要求功放管的功耗要小于允许的最大集电极耗散功率P_{CM}，最大反向工作电压必须小于允许的击穿电压U_{CEO}，功放管的最大工作电流必须小于该功放管的最大允许电流I_{CM}。

由以上分析可知，晶体管的参数必须满足下列条件。

① 每只晶体管的最大允许管耗（或集电极功率损耗）P_{CM}必须大于$P_{T1max}=0.2P_{omax}$。

② 考虑到当 VT_2 接近饱和导通时，忽略饱和压降，此时 VT_1 管的 u_{CE1} 具有最大值，且等于$2U_{CC}$，因此，应选用$U_{CEO}>2U_{CC}$的管子。

③ 通过晶体管的最大集电极电流约为 U_{CC}/R_L，所选晶体管的 I_{CM} 一般不宜低于此值。

另外还要注意散热及二次击穿问题。最大允许功耗 P_{CM} 与管子的散热条件有关，散热条件越好，热量散发越快，管芯的结温上升将减小，允许的功耗将增大，越有利于发挥晶体管输出功率的潜力。因此功放管在使用时要按照产品手册中的要求加装合适的散热器。

【例 6-1】功放电路如图 6-2（a）所示，设 U_{CC}=12V，R_L=8Ω，晶体管的极限参数为 I_{CM}=2A，U_{CEO}=30V，P_{CM}=5W。试求最大输出功率 P_{omax}；并检验所给晶体管是否能安全工作。

解：由式（6-7）可求出：

$$P_{omax}=\frac{1}{2}\frac{U_{CC}^2}{R_L}=\frac{12^2}{2\times 8}\text{W}=9\text{W}$$

通过晶体管的最大集电极电流、c-e 间最大压降和最大管耗分别为：

$$I_{cm}=\frac{U_{CC}}{R_L}=\frac{12\text{V}}{8\Omega}=1.5\text{A}$$

$$U_{cem}=2U_{CC}=24\text{V}$$

$$P_{T1max}\approx 0.2P_{omax}=0.2\times 9\text{W}=1.8\text{W}$$

I_{cm}、U_{cem} 和 P_{T1max} 均分别小于极限参数 I_{CM}、U_{CEO} 和 P_{CM}，故晶体管能安全工作。

（二）OCL 甲乙类互补对称功率放大电路

以上对 OCL 乙类互补对称功率放大电路的分析是假设管子死区电压为零，且认为是线性关系。实际电路中晶体管输入特性存在死区电压，且电流、电压关系也不是线性关系，因此在输入电压较小时，存在一小段死区，此段输出电压与输入电压不是线性关系，从而使输出信号波形产生了失真。由于这种失真出现在信号通过零值处，故称为交越失真。交越失真波形如图 6.5 所示。

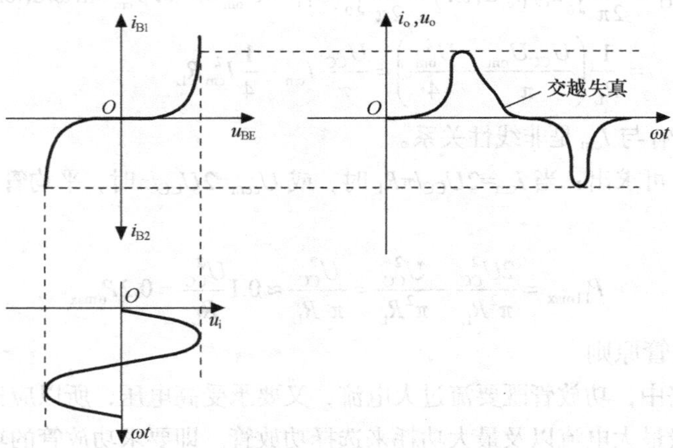

图 6.5　互补对称功率放大电路的交越失真

为减小交越失真，改善输出波形，通常设法使晶体管在静态时有一个较小的基极电流。为此，可在两个晶体管基极之间接入电阻 R 和两个二极管 VD_1、VD_2，如图 6.6 所示。这样在两个晶体管的基极之间产生一个偏压，使得当 u_i=0 时，VT_1、VT_2 已微导通，两个管子的基极存在一个较小的基极电流 I_{B1} 和 I_{B2}；因而，在两管的集电极回路也各有一个较小的集电极电流 I_{C1} 和 I_{C2}，但静态时负载电流 $I_L=I_{C1}-I_{C2}=0$。当加上正弦输入电压 u_i 时，在正半周，i_{C1} 逐渐增大，i_{C2} 逐渐减小，

然后 VT_2 截止；在负半周则相反，i_{C2} 逐渐增大，而 i_{C1} 逐渐减小，最后 VT_1 截止。i_{C1}、i_{C2} 的波形如图 6.7 所示，可见，两管轮流导电的交替过程比较平滑，最终得到的 i_L 和 u_o 的波形更接近于理想的正弦波，从而减小了交越失真。

由图 6.7 还可以看出，此时每管的导通时间略大于半个周期，而小于一个周期，故这种电路称为 OCL 甲乙类互补对称功率放大电路。

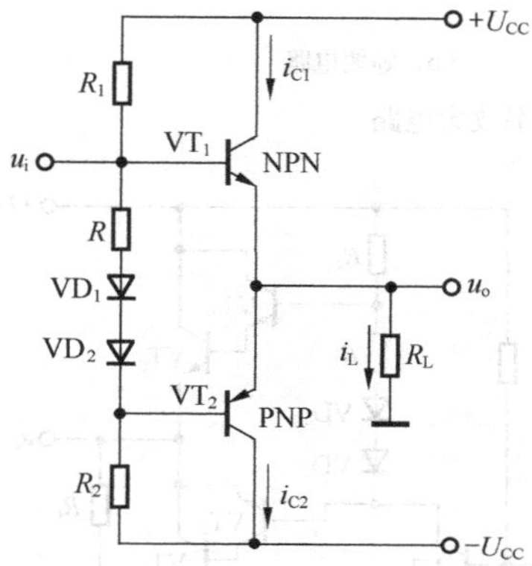

图 6.6　典型 OCL 甲乙类互补对称功放电路

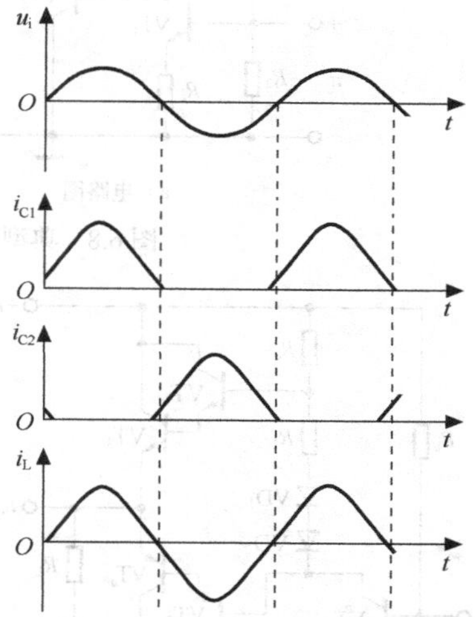

图 6.7　OCL 甲乙类互补对称功放电路波形图

在甲乙类互补对称电路中，为了提高效率，通常使静态时集电极电流很小，即电路静态工作点 Q 的位置很低，与乙类互补电路的工作情况相近。因此，OCL 甲乙类互补对称功放电路的最大输出功率和效率可近似采用 OCL 乙类互补对称功放电路的计算公式来进行估算。

（三）OTL 甲乙类互补对称功率放大电路

OCL 互补对称功放具有效率高等很多优点，但需要正负两个电源。若电路中仅有一路电源时，可采用单电源互补对称电路，如图 6.8（a）所示，又称为无输出变压器电路、OTL（Output Capacitor Less）电路。

图 6.8（a）中，VT_2 和 VT_3 两管的射极通过一个大电容 C 接到负载 R_L 上，二极管 VD_1、VD_2 及 R 用来消除交越失真，向 VT_2、VT_3 提供偏置电压，使其工作在甲乙类状态。静态时，调整电路使 VT_2、VT_3 的发射极节点电压为电源电压的一半，即 $U_{CC}/2$，则电容 C 两端直流电压为 $U_{CC}/2$。当有信号输入时，由于 C 上的电压维持 $U_{CC}/2$ 不变，可视为恒压源，这使得 VT_2 和 VT_3 的 c-e 回路的等效电源都是 $U_{CC}/2$，其等效电路如图 6.8（b）所示。由图 6.8（b）可以看出，OTL 功放的工作原理与 OCL 功放相同。只要把图 6.4 中 Q 点的横坐标改为 $U_{CC}/2$，并用 $U_{CC}/2$ 取代 OCL 功放有关公式中的 U_{CC}，就可以估算 OTL 功放的各类指标。

（四）采用复合管的互补功率放大电路

由复合管组成的互补功率放大电路如图 6.9 所示。图 6.9 中，要求 VT_3 和 VT_4 既要互补又要对称，对于 NPN 型和 PNP 型两种大功率管来说，一般比较难以实现。为此，最好选 VT_3 和 VT_4 是同一型号的管子，通过复合管的接法来实现互补，这样组成的电路称为准互补电路，如图 6.10 所示。

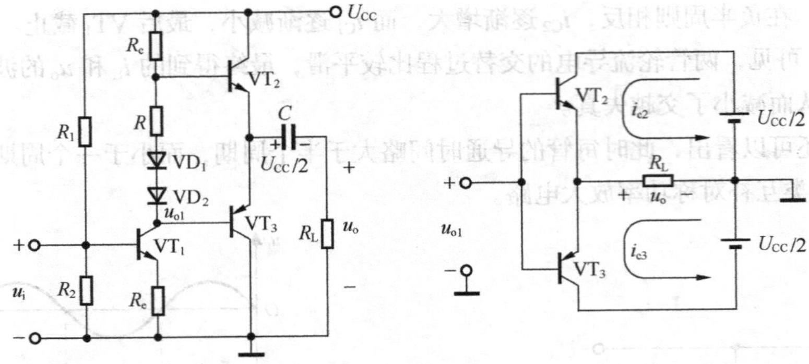

（a）电路图　　（b）等效电路

图 6.8　典型 OTL 甲乙类互补对称功率放大电路

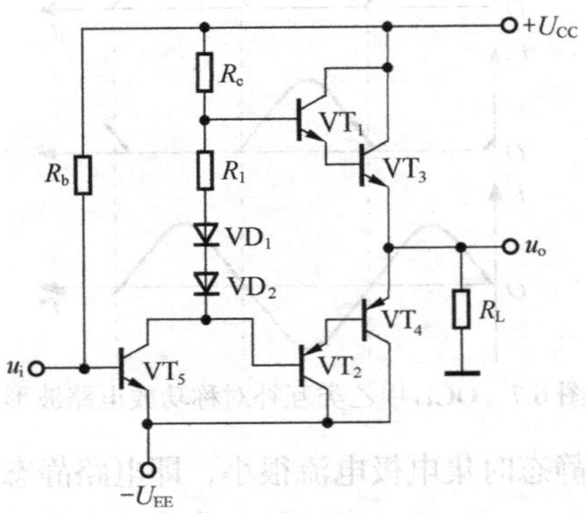

图 6.9　复合管互补对称电路

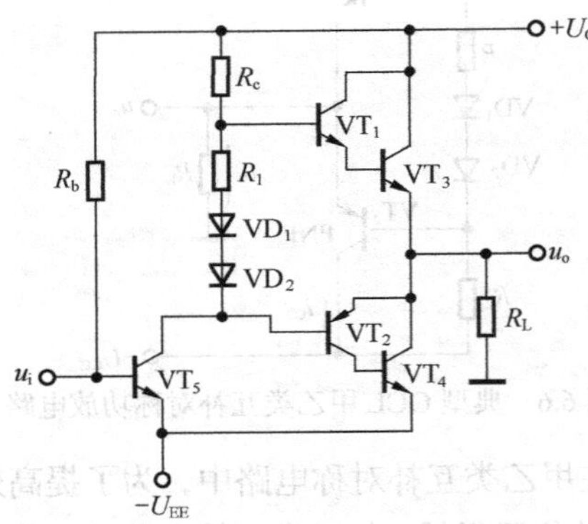

图 6.10　准互补对称电路

【能力培养】

*（一）D 类功率放大电路简介

晶体管 D 类功率放大电路是由两个晶体管组成，它们轮流导电，来完成功率放大任务。控制晶体管工作于开关状态的激励电压波形可以是正弦波，也可以是方波。晶体管 D 类功率放大电路有两种类型的电路：电流开关型和电压开关型。典型电路如图 6.11、图 6.12 所示。

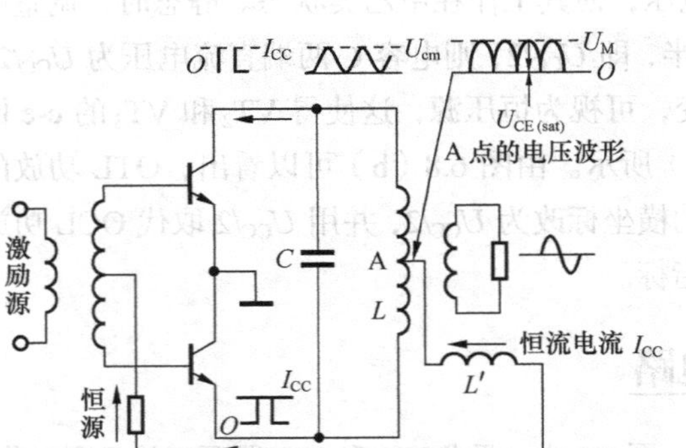

图 6.11　电流开关型

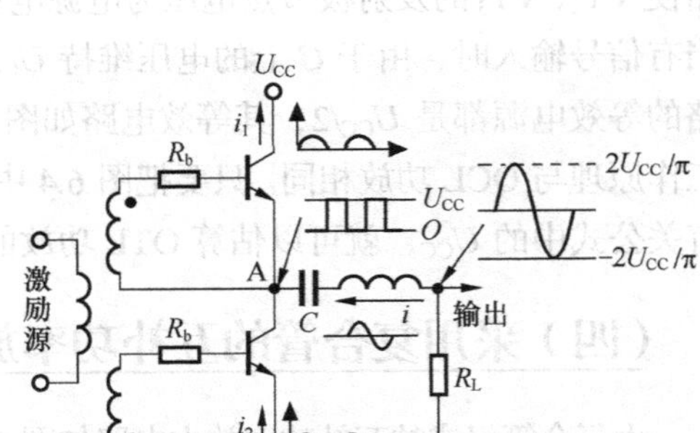

图 6.12　电压开关型

在电流开关型电路中，两管推挽工作，电源 U_{CC} 通过大电感 L' 供给一个恒定电流 I_{CC}。两管轮流导电（饱和），因而回路电流方向也随之轮流改变。

在电压开关型电路中，两管是与电源电压 U_{CC} 串联的。当上面的晶体管导通（饱和）时，下面的晶体管截止，A 点的电压接近于 U_{CC}；当上面的晶体管截止时，下面的晶体管饱和导通，A 点的电压接近于零，因而 A 点的电压波形即为矩形波。图 6.11、图 6.12 分别给出了各点的电压与电流波形。

在图 6.11 所示的电流开关型电路中，在 U_{CC} 电路中串接了大电感 L'，目的是利用通过电感的电流不能突变的原理，使 U_{CC} 供给一个恒定的电流 I_{CC}。因此，当两管轮流导电时，每管的电流波形是矩形脉冲。当 LC 回路谐振时，在它两端所产生的正弦波电压与集电极方波电流中的基波电流分量同相。

*（二）集成功率放大器及其应用

目前，利用集成电路工艺已经能够生产出品种繁多的集成功率放大器。集成功率放大器除了具有一般集成电路的共同特点，如可靠性高、使用方便、性能好、轻便小巧、成本低廉等之外，还具有温度稳定性好、电源利用率高、功耗较低、非线性失真较小等优点。它还可以将各种保护电路，如过流保护、过热保护以及过压保护等也集成在芯片内部，使使用更加安全。

从电路结构来看，和集成运放类似，集成功率放大器也包括输入级、中间级和功率输出级，以及偏置电路、稳压、过流过压保护等附属电路。除此以外，基于功率放大电路输出功率大的特点，在内部电路的设计上还要满足一些特殊要求，如输出级采用复合管、采用更高的直流电源电压、要求外壳装散热片等。

集成功放的种类很多，从用途划分，有通用型功放和专用型功放；从芯片内部的构成划分，有单通道功放和双通道功放；从输出功率划分，有小功率功放和大功率功放等。本节以一种通用型小功率集成功率放大器 LM386 为例进行介绍。

1. LM386 内部电路

LM386 电路简单，通用性强，是目前应用较广的一种小功率集成功放，具有电源电压范围宽（4～16V）、功耗低（常温下为 660mW）、频带宽（300kHz）等优点，输出功率为 0.3～0.7W，最大可达 2W。另外，电路外接元件少，不必外加散热片，使用方便，广泛应用于收录机和收音机中。

LM386 的内部电路原理图如图 6.13 所示，图 6.14 是其引脚排列图，封装形式为双列直插。

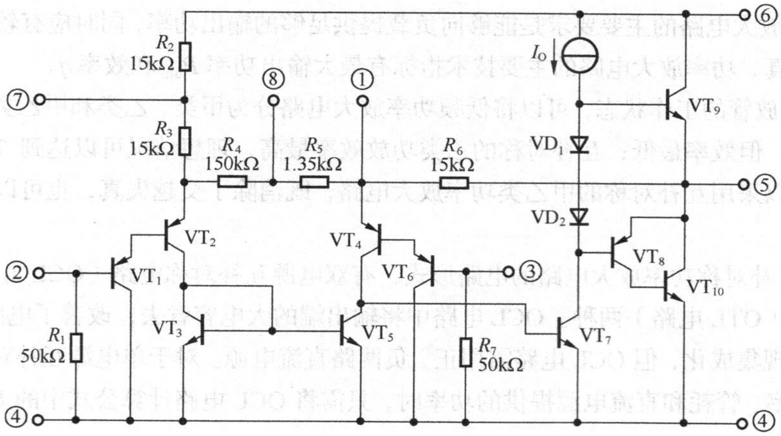

图 6.13　LM386 内部电路原理图

与集成运放类似，它是一个三级放大电路，输入级为差分放大电路；中间级为共射放大电路，为LM386的主增益级；第三级为准互补输出级。引脚2为反相输入端，引脚3为同相输入端。电路由单电源供电，故为OTL电路。

应用时通常在7脚和地之间外接电解电容组成直流电源去耦滤波电路；在1、8两脚之间外接一个阻容串联电路，构成差放管射级的交流反馈，通过调节外接电阻的阻值就可调节该电路的放大倍数。其中，1、8两脚开路时，负反馈量最大，电压放大倍数最小，约为20。1、8两脚之间短路时或只外接一个大电容时，电压放大倍数最大，约为200。

2. LM386的典型应用电路

图6.15所示是LM386的典型应用电路。图6.15中，接于1、8两脚的C_2、R_1用于调节电路的电压放大倍数。因LM386为OTL电路，所以需要在LM386的输出端接一个大电容，图6.15中外接一个220μF的耦合电容C_4。C_5、R_2组成容性负载，以抵消扬声器音圈电感的部分感性，防止信号突变时，音圈的反电动势击穿输出管，在小功率输出时C_5、R_2也可不接。C_3与内部电阻R_2组成电源的去耦滤波电路。若电路的输出功率不大、电源的稳定性又好，则只需在输出端5外接一个耦合电容和在1、8两端外接放大倍数调节电路就可以使用。LM386广泛用于收音机、对讲机、方波和正弦波发生器等电子电路中。

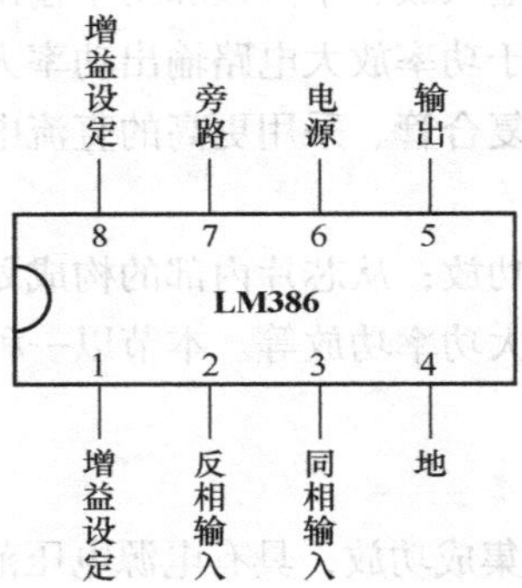

图6.14 LM386引脚排列图

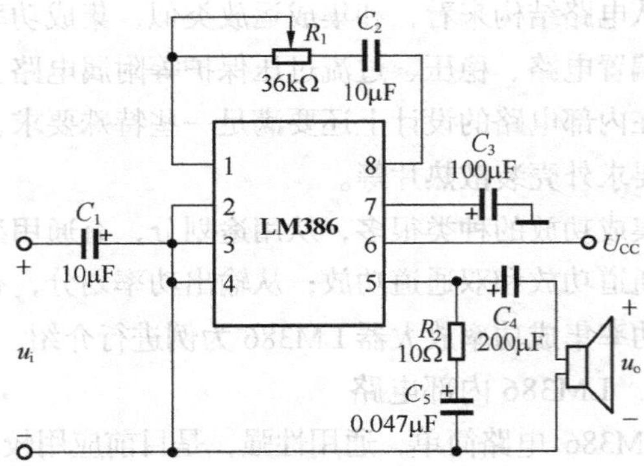

图6.15 LM386典型应用电路

【模块总结】

1. 对功率放大电路的主要要求是能够向负载提供足够的输出功率，同时应有较高的效率和较小的非线性失真。功率放大电路的主要技术指标有最大输出功率P_{om}和效率η。

2. 按照功放管的工作状态，可以将低频功率放大电路分为甲类、乙类和甲乙类等。其中甲类功放的失真小，但效率最低；互补对称的乙类功放效率最高，理想情况可以达到78.5%，但存在交越失真。所以采用互补对称的甲乙类功率放大电路，既消除了交越失真，也可以获得接近乙类功放的效率。

3. 根据互补对称功率放大电路的电路形式，有双电源互补对称电路（OCL电路）和单电源互补对称电路（OTL电路）两种。OCL电路中将输出端的大电容省去，改善了电路的低频响应，而且有利于实现集成化，但OCL电路需用正、负两路直流电源。对于单电源互补对称电路，计算输出功率、效率、管耗和直流电源提供的功率时，只需将OCL电路计算公式中的U_{CC}用$U_{CC}/2$代替即可。

4. 集成功放种类繁多，大多工作在音频范围。集成功放有通用型和专用型之分，输出功率从几十毫瓦至几百毫瓦，有些集成功放既可以双电源供电，也可以单电源供电。由于集成功放具有许多突出优点，如温度稳定性好、电源利用率高、功耗较低、非线性失真较小等，目前已经得到了广泛的应用。

习题及思考题

1. 填空题

（1）无交越失真的 OTL 电路和 OCL 电路均工作在________状态。

（2）对功率放大器所关心的主要性能参数是________和________。

（3）设计一个输出功率为 20W 的扩音机电路，用乙类互补对称功率放大，则功放管的 P_{CM} 应满足________W。

2. 选择题

（1）功率放大电路的最大输出功率是指在输入电压为正弦波时，输出基本不失真情况下，负载上可能获得的最大________。

① 交流功率　　② 直流功率　　③ 平均功率

（2）功率放大电路的转换效率是指________。

① 输出功率与晶体管所消耗的功率之比

② 最大输出功率与电源提供的平均功率之比

③ 晶体管所消耗的功率与电源提供的平均功率之比

（3）在 OCL 乙类功放电路中，若最大输出功率为 1W，则电路中功放管的集电极最大功耗约为________。

① 1W　　② 0.5W　　③ 0.2W

（4）在选择功放电路中的晶体管时，应当特别注意的参数有________。

① β　　② I_{CM}　　③ I_{CBO}

④ U_{CEO}　　⑤ P_{CM}　　⑥ f_T

3. 判断题

（1）功率放大电路的最大输出功率是指在基本不失真情况下，负载上可能获得的最大交流功率。（　）

（2）当 OCL 电路的最大输出功率为 1W 时，功放管的集电极最大耗散功率应大于 1W。（　）

（3）功率放大电路与电压放大电路、电流放大电路的共同点是

① 都使输出电压大于输入电压；（　）

② 都使输出电流大于输入电流；（　）

③ 都使输出功率大于信号源提供的输入功率。（　）

（4）功率放大电路与电压放大电路的区别是

① 前者比后者电源电压高； （ ）

② 前者比后者电压放大倍数数值大； （ ）

③ 前者比后者效率高； （ ）

④ 在电源电压相同的情况下，前者比后者的最大不失真输出电压大。 （ ）

4. 什么是功率放大器？与一般电压放大器相比，对功率放大器有何特殊要求？

5. 如何区分晶体管工作在甲类、乙类还是甲乙类？画出在3种工作状态下的静态工作点及与之相应的工作波形示意图。

6. 什么是交越失真？如何克服？

7. 某OCL互补对称电路如图6.16所示，已知三极管VT_1、VT_2的饱和压降U_{CES}=1V，U_{CC}=18V，R_L=8Ω。

（1）计算电路的最大不失真输出功率P_{omax}；

（2）计算电路的效率；

（3）求每个三极管的最大管耗P_{Tmax}；

（4）为保证电路正常工作，所选三极管的U_{CEO}和I_{CM}应为多大？

8. OTL互补对称电路如图6.17所示，试分析电路的工作原理。

（1）电阻R_1与二极管VD_1、VD_2的作用是什么？

（2）静态时VT_1管射极电位U_E是多少？负载电流I_L是多少？

（3）电位器R_W的作用是什么？

（4）若电容C足够大，U_{CC}=+15V，三极管饱和压降U_{CES}≈1V，R_L=8Ω，则负载R_L上得到的最大不失真输出功率P_{omax}为多大？

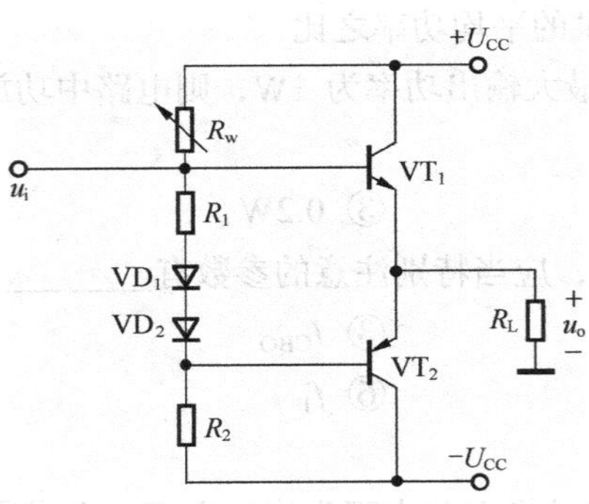

图6.16 习题7图

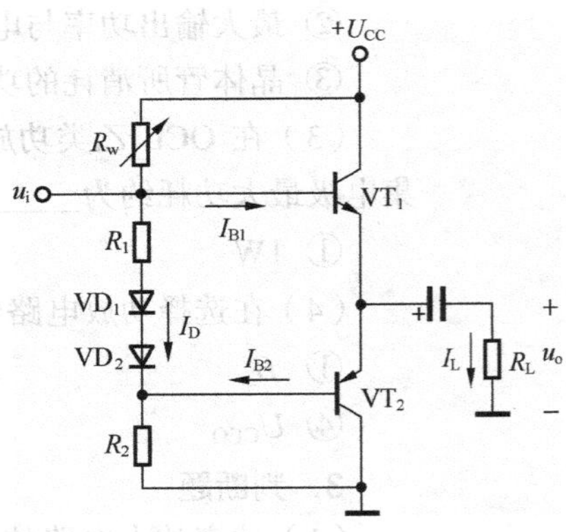

图6.17 习题8图

9. OCL互补电路如图6.18所示。

（1）在图中标明VT_1～VT_4管的类型。

（2）静态时输出u_o端的直流电位U_o是多少？怎样调整？

（3）VT_5管和电阻R_2、R_3组成电路的名称及其作用是什么？

10. OCL互补电路如图6.19所示。已知U_{CC}=15V，R_L=12Ω，R_1=10kΩ，试回答下述问题或计算有关参数。

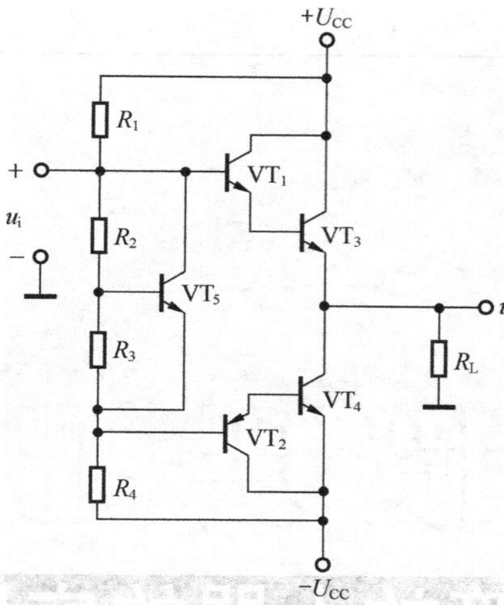

图 6.18　习题 9 图

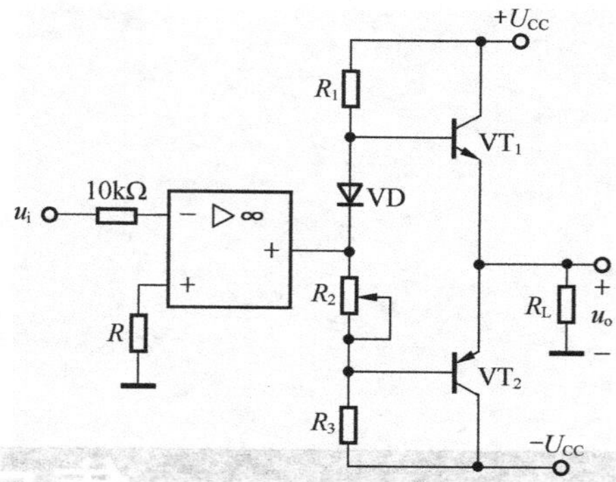

图 6.19　习题 10 图

（1）要稳定电路的输出电压，应引入何种形式的反馈？请在图中标明相应的反馈之路。

（2）为使电路的闭环增益为 80，试确定反馈电阻 R_F 的阻值。

（3）设 VT_1、VT_2 饱和压降 $U_{CES}\approx 2V$，试计算运放最大输出幅值为多大时，R_L 上有最大不失真的输出幅度 U_{om}？U_{om} 约为多少？

（4）设 $U_{CES}\approx 2V$，求负载 R_L 上最大不失真的输出功率 P_{omax} 为多大？

11．运放驱动的 OCL 互补功放电路如图 6.20 所示。已知 U_{CC}=18V，R_L=16Ω，R_1=10kΩ，R_f=150kΩ，运放最大输出电流为±25mA，VT_1、VT_2 管饱和压降 $U_{CES}\approx 2V$。

（1）VT_1、VT_2 管的 β 满足什么条件时，负载 R_L 上有最大的输出电流？

（2）为使负载 R_L 上有最大不失真的输出电压，输入信号的幅度 U_{im} 应为多大？

（3）试计算运放输出幅度足够大时，负载 R_L 上最大不失真输出功率 P_{omax} 为多少？

（4）试计算电路的效率。

（5）若在该电路输出 u_o 端出现交越失真，电路应怎样调整才能消除？

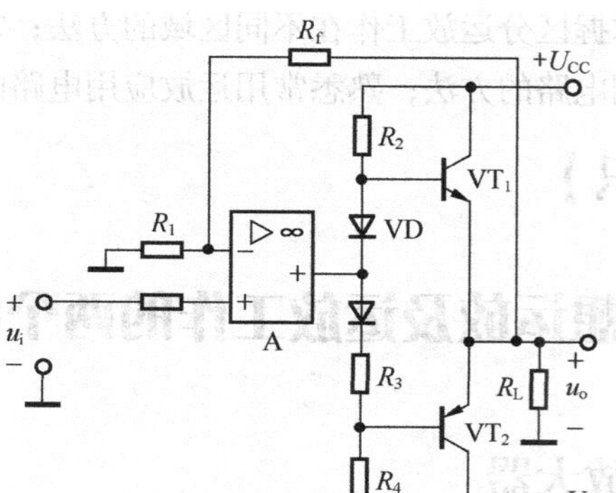

图 6.20　习题 11 图

模块七

集成运算放大器的应用

学习导读

半导体集成运算放大器最早应用于信号的运算，它可完成信号的加、减、微分、积分、对数、指数以及乘、除等基本运算，故得名运算放大器。至今，信号的运算仍是集成运放一个重要而基本的应用。在不同的应用电路中，运放可工作在两个不同的区域：线性区和非线性区。工作在线性区时，有“虚短”和“虚断”两个特点；而工作在非线性区时，只有“虚断”这一特点，但此时运放输出只有高、低电平两种状态。这些特点是分析和设计应用电路的基本出发点。本模块从运放工作区的不同将应用电路分为两大类：线性应用电路和非线性应用电路。线性应用电路主要介绍运算电路：比例、求和、积分和微分电路及有源滤波电路；非线性应用电路主要介绍电压比较器。

学习目标

学完本模块，要求掌握区分运放工作在不同区域的方法；掌握利用运放工作在不同区域的特点分析运放应用电路的方法；熟悉常用运放应用电路的结构特点。

【相关理论知识】

知识点一　理想运放及运放工作的两个区域

（一）理想运算放大器

理想运放可以理解为实际运放的理想化模型。具体来说，就是将集成运放的各项技术指标理想化，得到一个理想的运算放大器。

① 开环差模电压放大倍数 $A_{od}=\infty$。

② 差模输入电阻 $r_{id}=\infty$。

③ 输出电阻 r_{od}=0。

④ 输入失调电压 U_{IO}=0，输入失调电流 I_{IO}=0；输入失调电压的温漂 dU_{IO}/dT=0，输入失调电流的温漂 dI_{IO}/dT=0。

⑤ 共模抑制比 K_{CMR}=∞。

⑥ 输入偏置电流 I_{IB}=0。

⑦ −3dB 带宽 f_h=∞。

⑧ 无干扰、噪声。

实际的集成运放由于受集成电路制造工艺水平的限制，各项技术指标不可能达到理想化条件，所以，将实际集成运放作为理想运放分析计算是有误差的，但误差通常不大，在一般工程计算中是允许的。将集成运放视为理想运放，将大大简化运放应用电路的分析。

（二）集成运放的两个工作区域

1. 线性工作区

在集成运放应用电路中，运放的工作状态有两种：工作在线性区或工作在非线性区。

图 7.1 所示为集成运放的电压传输特性。

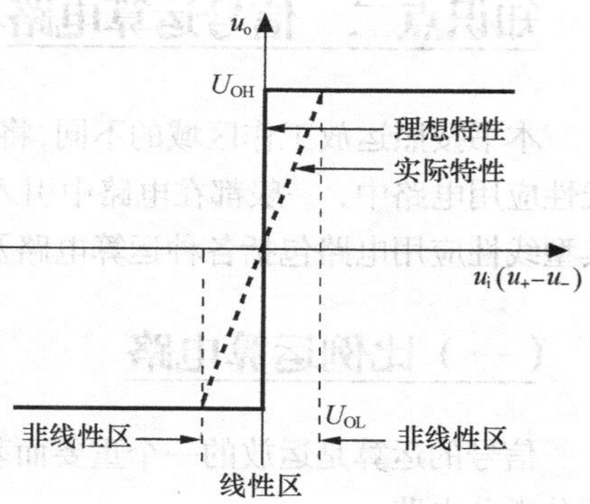

图 7.1　集成运放的电压传输特性

线性工作区是指运放的输出电压 u_o 与输入电压 u_i 成正比时对应的输入电压范围。在线性工作区，u_o 与 u_i 之间关系可表示为：

$$u_o=A_{od}u_i=A_{od}(u_+-u_-) \tag{7-1}$$

式中，A_{od} 为集成运放的开环差模电压放大倍数，u_+ 和 u_- 分别为同相输入端和反相输入端电压。由于集成运放的开环差模电压放大倍数 A_{od} 很大，而输出电压 u_o 为有限值，集成运放开环工作时线性区很小。以 F007 为例，其 $A_{od}\approx10^5$，最大不失真输出电压 $U_{om}\approx\pm10V$，则由式（7-1）可得其线性区为−0.1～+0.1mV。显然，这么小的线性范围是无法对实际输入信号进行放大的。为此，实际应用时，采用外加负反馈的方法以扩大线性范围。仍以上述 F007 为例，如外加负反馈，使闭环差模电压放大倍数降低到 100，则线性范围扩展为−100～+100mV。这样的线性范围一般可以满足实际输入信号的要求。

对于理想运放而言，A_{od}=∞，而 u_o 为有限值，故由式（7-1）可知，工作在线性区时，有 $u_+-u_-\approx0$，即：

$$u_+\approx u_- \tag{7-2}$$

这一特性称为理想运放输入端的“虚短”。“虚短”和“短路”是截然不同的两个概念，因实际运放 A_{od} 不可能为∞，所以“虚短”的两点之间，仍然有电压，只是电压十分微小；而“短路”的两点之间，电压为零。

由于理想运放的输入电阻 $r_{id}=r_{ic}$=∞，而运放两个输入端的电压 u_+-u_- 有限，所以运放两个输入端的电流：

$$i_+=i_-\approx0 \tag{7-3}$$

这一特性称为理想运放输入端的“虚断”。同样，“虚断”与“断路”不同，“虚断”是指运放两个输入端电流十分微小，而“断路”则表示某支路电流为零。

式（7-2）和式（7-3）是分析理想运放线性应用电路的重要依据。为书写方便，以后将式中的“≈”写为“=”。

2. 非线性工作区

集成运放的非线性工作区是指其输出电压 u_o 与输入电压 u_+-u_- 不成比例时的输入电压取值范围。在非线性工作区，运放的输入信号超出了线性放大的范围，输出电压不再随输入电压线性变化，而是达到饱和，输出电压为正向饱和压降 U_{OH}（正向最大输出电压）或负向饱和压降 U_{OL}（负向最大输出电压），如图 7.1 所示。

理想运放工作在非线性区时，由于 $r_{id}=r_{ic}=\infty$，而输入电压总是有限值，所以不论输入电压是差模信号还是共模信号，运放两个输入端的电流均为无穷小，即仍满足“虚断”条件：

$$i_+=i_-\approx 0 \tag{7-4}$$

为使运放工作在非线性区，一般使运放工作在开环状态，也可外加正反馈。

知识点二　信号运算电路

本书按照运放工作区域的不同，将运放应用电路分为线性应用电路和非线性应用电路两大类。线性应用电路中，一般都在电路中引入深度负反馈，使运放工作在线性区，以实现各种不同功能。典型线性应用电路包括各种运算电路及有源滤波电路。

（一）比例运算电路

信号的运算是运放的一个重要而基本的应用领域。这里主要介绍由运放构成的比例、求和及积分微分电路。

1. 反相比例运算电路

反相比例运算电路也称为反相放大器，电路组成如图 7.2 所示。输入电压 u_i 经电阻 R_1 加到集成运放的反相输入端，同相输入端经 R' 接地。在输出端和反相输入端之间有负反馈支路 R_f，该负反馈组态为电压并联负反馈，因此可以认为运放工作在线性区，分析输入输出之间关系时可以利用“虚短”、“虚断”特点。

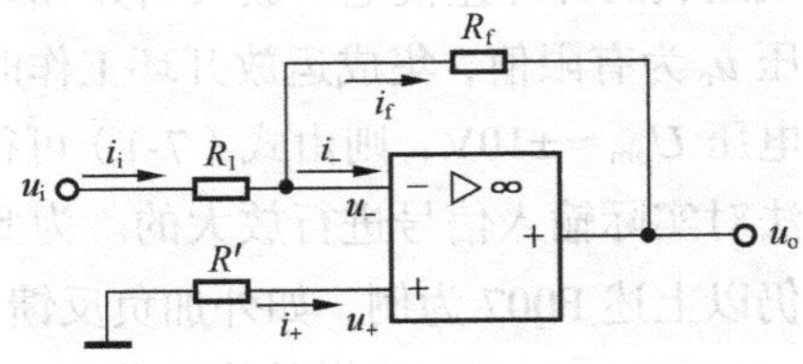

图 7.2　反相比例运算电路

由于“虚断”，$i_+=0$，故 R' 上没有压降，则 $u_+=0$。又因“虚短”，可知：

$$u_+=u_-=0 \tag{7-5}$$

式（7-5）说明在反相比例运算电路中，运放的两个输入端电位不仅相等，而且均为零，如同接地，这一特点称为“虚地”。

由于 $i_-=0$，可见：$i_i=i_f$。

即：
$$\frac{u_i-u_-}{R_1}=\frac{u_--u_o}{R_f}$$

将式（7-5）代入上式，整理可得反相比例运算电路的输出、输入电压之比（电压放大倍数）为：

$$A_{uf}=\frac{u_o}{u_i}=-\frac{R_f}{R_1} \tag{7-6}$$

可见，反相比例运算电路的输出电压与输入电压相位相反，而幅度成正比关系，比例系数取决于电阻 R_f 与 R_1 阻值之比。

为使运放输入级的差动放大电路参数保持一致，要求从运放两个输入端向外看的等效电阻相等，因此在同相输入端接入一个平衡电阻 R'，其阻值为 $R'=R_f//R_1$。

2. 同相比例运算电路

同相比例运算电路又称为同相放大器，其电路如图 7.3 所示。输入电压加在同相输入端，为保证运放工作在线性区，在输出端和反相输入端之间接反馈电阻 R_f 构成深度电压串联负反馈，R' 为平衡电阻，$R'=R_f//R_1$。

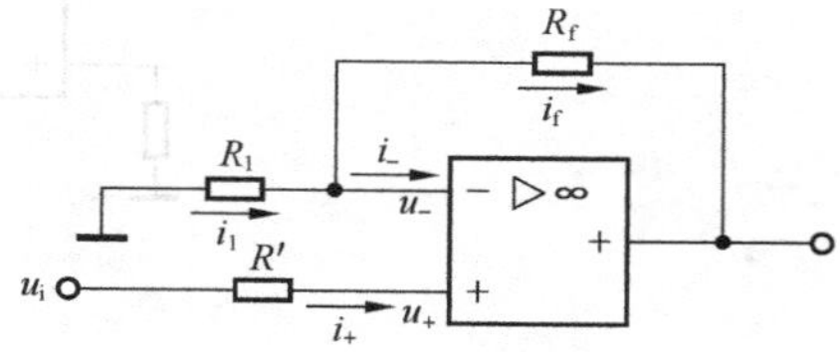

图 7.3 同相比例运算电路

根据“虚断”、“虚短”特点，有

$$i_+=i_-=0$$
$$u_+=u_-=u_i \tag{7-7}$$

则

$$i_1=i_f \quad 或 \quad \frac{u_-}{R_1}=\frac{u_o-u_-}{R_f} \tag{7-8}$$

将式（7-7）代入式（7-8）整理可得输出、输入电压之比，即电压放大倍数为：

$$A_{uf}=\frac{u_o}{u_i}=1+\frac{R_f}{R_1} \tag{7-9}$$

可见，同相比例运算电路输出、输入电压相位相同，幅度成正比例关系。比例系数取决于电阻 R_f 与 R_1 阻值之比。

同相比例运算电路中引入了电压串联负反馈，故可以进一步提高电路的输入电阻和输出电阻，该电路的 $R_i=\infty$，$R_o=0$。

图 7.3 中，若 $R_1=\infty$ 或 $R_f=0$，则 $u_o=u_i$，此时电路构成电压跟随器，如图 7.4 所示。

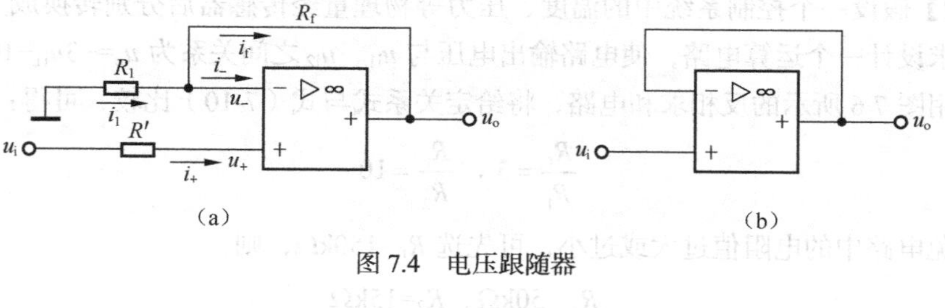

图 7.4 电压跟随器

【例 7-1】理想集成运放构成的电路如图 7.5 所示，写出 u_o～u_i 的关系式。

解：由电路可知，运放 A_1 构成的电路是一个反相比例运算电路，于是：

$$\frac{u_{o1}}{u_1}=-\frac{R_2}{R_1} \quad 或 \quad u_{o1}=-\frac{R_2}{R_1}u_1$$

运放 A_2 构成的电路是一个同相比例运算电路，因此有：

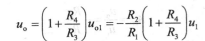

$$u_o = \left(1+\frac{R_4}{R_3}\right)u_{o1} = -\frac{R_2}{R_1}\left(1+\frac{R_4}{R_3}\right)u_1$$

可见，该电路是一种比例运算电路。

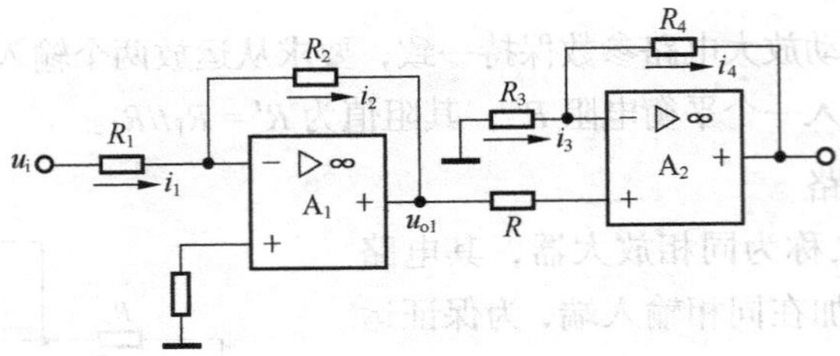

图 7.5　例 7-1 图

（二）求和运算电路

1. 反相求和运算电路

用集成运放实现求和运算，即电路的输出信号为多个模拟输入信号的和。求和运算电路在电子测量和控制系统中经常被采用。

求和运算电路有反相求和电路、同相求和电路和代数求和电路等几种。

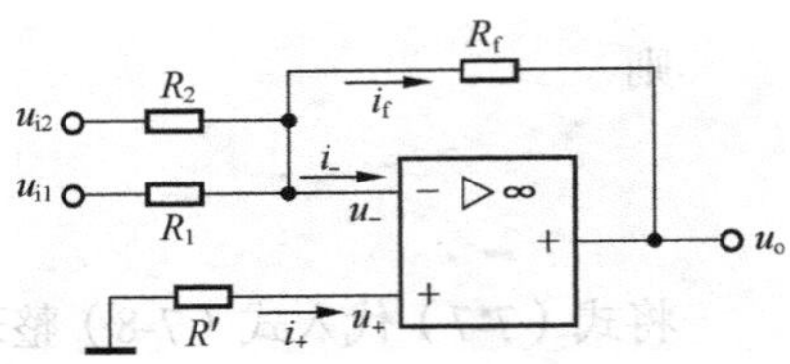

图 7.6　反相求和电路

反相求和电路如图 7.6 所示，图中有两个输入信号 u_{i1}、u_{i2}（实际应用中可以根据需要增减输入信号的数量），分别经电阻 R_1、R_2 加在反相输入端；为使运放工作在线性区，R_f 引入深度电压并联负反馈；R' 为平衡电阻，$R' = R_f // R_1 // R_2$。

对电路的反相输入端，根据"虚短"、"虚断"可得输出电压与输入电压关系：

$$u_o = -\left(\frac{R_f}{R_1}u_{i1} + \frac{R_f}{R_2}u_{i2}\right) \tag{7-10}$$

可见，电路输出电压 u_o 为输入电压 u_{i1}、u_{i2} 相加所得结果，即电路可以实现求和运算。

【例 7-2】 假设一个控制系统中的温度、压力等物理量经传感器后分别转换成为模拟电压量 u_{i1}、u_{i2}，要求设计一个运算电路，使电路输出电压与 u_{i1}、u_{i2} 之间关系为 $u_o = -3u_{i1} - 10u_{i2}$。

解： 采用图 7.6 所示的反相求和电路，将给定关系式与式（7-10）比较，可得：

$$\frac{R_f}{R_1} = 3\,,\quad \frac{R_f}{R_2} = 10$$

为了避免电路中的电阻值过大或过小，可先选 R_f=150kΩ，则：

$$R_1 = 50\text{k}\Omega,\ R_2 = 15\text{k}\Omega$$

$$R' = R_f // R_1 // R_2 = 10.7\text{k}\Omega$$

为保证精度，以上电阻应选用精密电阻。

2. 同相求和运算电路

为实现同相求和，可以将各输入电压加在运放的同相输入端，为使运放工作在线性状态，电阻支路 R_f 引入深度电压串联负反馈，如图 7.7 所示。

由“虚断”、“虚短”可得输出电压为：

$$u_o=\left(1+\frac{R_f}{R_1}\right)u_N=\left(1+\frac{R_f}{R_1}\right)u_P=\left(1+\frac{R_f}{R_1}\right)\left(\frac{R_+}{R_1'}u_{i1}+\frac{R_+}{R_2'}u_{i2}+\frac{R_+}{R_3'}u_{i3}\right) \tag{7-11}$$

式中：$R_+=R_1'//R_2'//R_3'//R'$。

可见，该电路能够实现同相求和运算。由于该电路估算和调试过程比较麻烦，实际工作中不如反相求和电路应用广泛。

（三）积分微分电路

1. 积分电路

积分电路可以完成对输入信号的积分运算，即输出电压与输入电压的积分成正比。这里介绍常用的反相积分电路，如图 7.8 所示。电容 C 引入电压并联负反馈，运放工作在线性区。

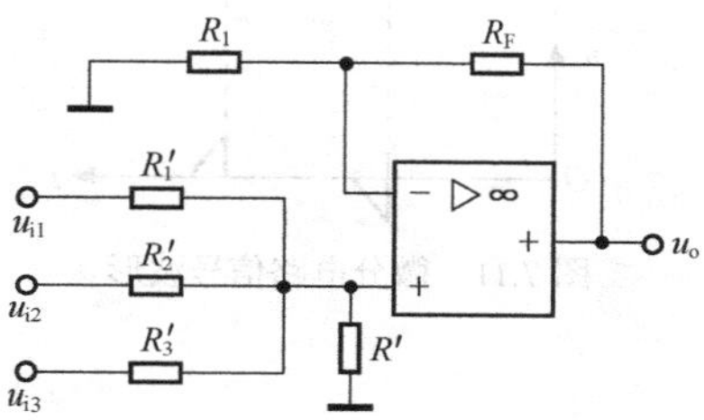

图 7.7 同相求和电路

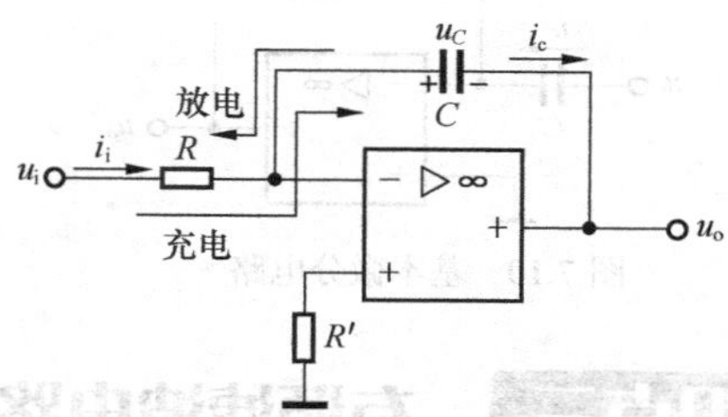

图 7.8 反相积分电路基本形式

根据“虚短”、“虚断”以及电容电流电压关系：

$$u_C=\frac{1}{C}\int i_C \cdot \mathrm{d}t \tag{7-12}$$

或

$$u_C(t_0)=\frac{1}{C}\int_{-\infty}^{t_0} i_C \cdot \mathrm{d}t=\frac{1}{C}\int_0^{t_0} i_C \cdot \mathrm{d}t+u_C(0)$$

式中：$u_C(0)$ 是电容两端电压 0 时刻初始值。

图 7.8 所示电路输出、输入电压关系为：

$$u_o=-\frac{1}{RC}\int u_i \mathrm{d}t \tag{7-13}$$

显然输出电压与输入电压间为积分运算关系。

积分电路可以用于波形变换，若输入为方波信号，则由式（7-13）分析可得输出信号为三角波，如图 7.9 所示。

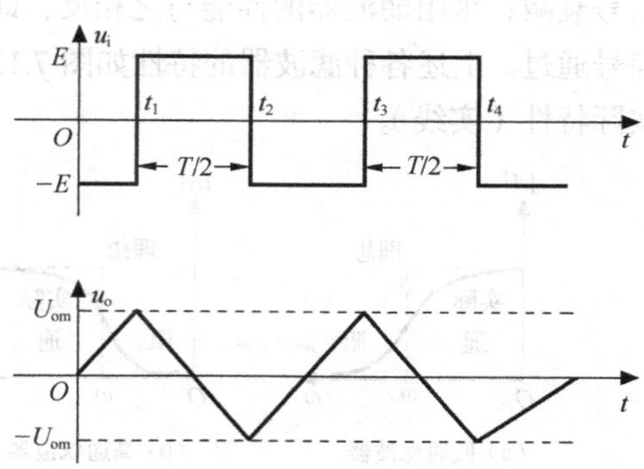

图 7.9 基本积分电路的积分波形

【例 7-3】理想运放构成的积分运算电路如图 7.8 所示，当 R=10kΩ，C=0.1μF，u_i=2V，电容上初始电压为 0V，经 t=2ms 后，电路输出电压 u_o 为多少伏？

解：由式（7-13），当 u_i=常数时，有

$$u_o(t_0)=-\frac{1}{RC}\int_0^{t_0} u_i \cdot \mathrm{d}t+u_o(0)=-\frac{u_i}{RC}t_0$$

将参数代入可得，当 t_0=2ms 时电路的输出电压为：

$$u_o = -\frac{2}{10\times10^3\times0.1\times10^{-6}}\times2\times10^{-3}\,\text{V} = -4\text{V}$$

2. 微分电路

微分是积分的逆运算，微分电路的输出电压是输入电压的微分，其电路如图 7.10 所示。图 7.10 中 R 引入电压并联负反馈使运放工作在线性区。利用“虚短”、“虚断”可知，运放两输入端为“虚地”，所以

$$u_o = -i_F R = -i_C R = -RC\frac{du_i}{dt} \tag{7-14}$$

可见输出电压与输入电压的微分成正比。

图 7.11 所示为微分电路的信号波形。

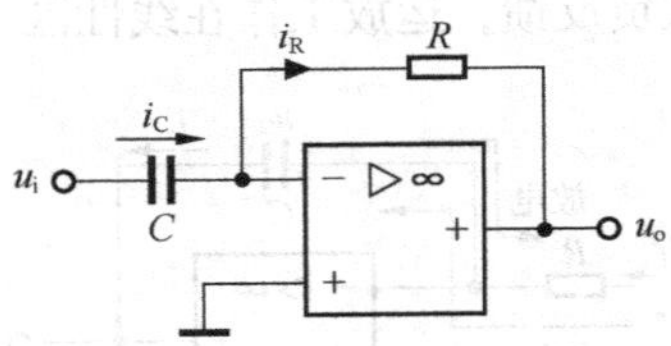

图 7.10　基本微分电路

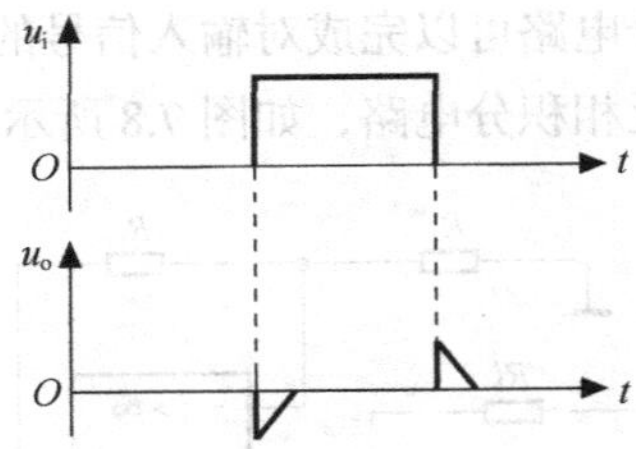

图 7.11　微分电路信号波形

知识点三　有源滤波电路

滤波电路是通信、测量、控制系统及信号处理等领域常用的一种信号处理电路，其作用实质上是“选频”，使所需的特定频段的信号能够顺利通过，而使其他频段的信号急剧衰减（即被滤掉）。

滤波电路种类繁多，分类方法各异，按照所用器件不同，可分为无源滤波电路、有源滤波电路及晶体滤波电路等。无源滤波电路是指由 R、L、C 等无源器件所构成的滤波器；有源滤波电路是指由放大电路和 RC 网络构成的滤波电路。

按照工作频率的不同，滤波电路可分为低通滤波（Low Pass Filter，LPF）、高通滤波（High Pass Filter，HPF）、带通滤波（Band Pass Filter，BPF）、带阻滤波（Band Elimination Filter，BEF）等。低通滤波电路允许低频信号通过，将高频信号衰减；高通滤波电路的性能与之相反，即允许高频信号通过，而将低频信号衰减；带通滤波器允许某一频带范围内的信号通过，而将此频带之外的信号衰减；带阻滤波器的性能与之相反，即阻止某一频带范围内信号通过，而允许此频带之外的信号通过。上述各种滤波器的特性如图 7.12 所示，图中同时给出了滤波器的理想特性（虚线）和实际特性（实线）。

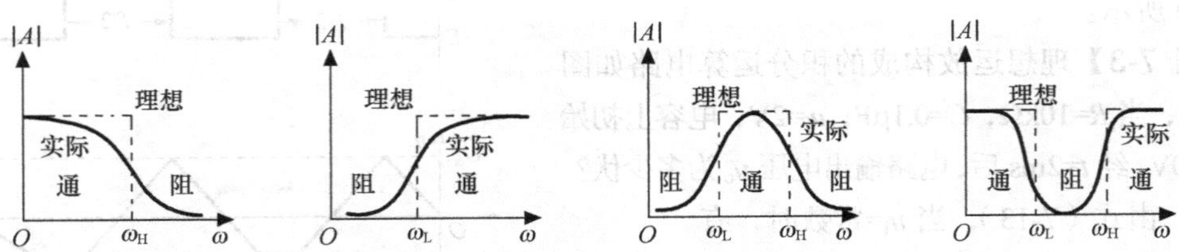

图 7.12　滤波器的理想特性和实际滤波器特性

本节介绍由集成运放作为放大器件（有源器件）和 RC 网络组成的有源滤波电路。对滤波器性能指标的定量分析，需要计算其传递函数，通过对传递函数的幅频特性的分析而得出滤波器的性能指标。按照传递函数分母中频率的最高指数可将滤波器分为一阶、二阶和高阶滤波器。

（一）低通滤波电路

一阶有源低通滤波电路如图 7.13 所示，它由集成运放和一阶 RC 无源低通滤波电路组成，R_f 引入负反馈使运放工作在线性区。

根据“虚短”、“虚断”，并由电路结构可得其传递函数为：

$$\dot{A}_u=\left(1+\frac{R_f}{R_1}\right)\frac{1}{1+j\omega RC}=\frac{A_{up}}{1+j\dfrac{f}{f_0}} \tag{7-15}$$

式中，A_{up} 为通带电压放大倍数，f_0 为截止角频率。这里：

$$A_{up}=1+\frac{R_f}{R_1} \tag{7-16}$$

$$f_0=\frac{1}{2\pi RC} \tag{7-17}$$

由式（7-15）可以画出该滤波电路的幅频特性，如图 7.14 所示。低通滤波电路的通带电压放大倍数 A_{up} 是当工作频率趋于零时，输出电压与其输入电压之比。截止频率 f_0 为电压放大倍数（传递函数的幅值）下降到最大值 A_{up} 的 $1/\sqrt{2}$（或 0.707）时对应的角频率。

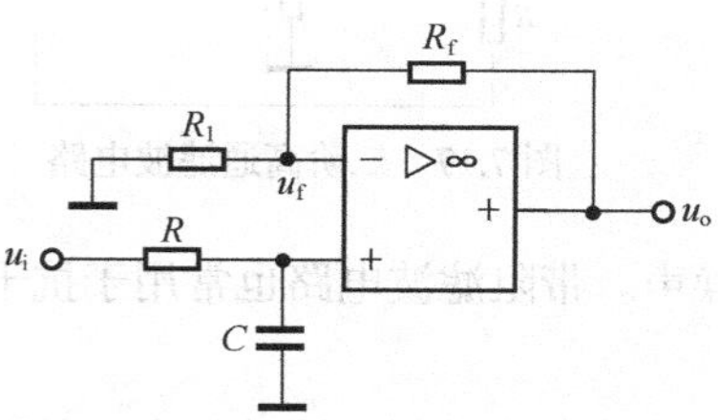

图 7.13　一阶有源低通滤波电路

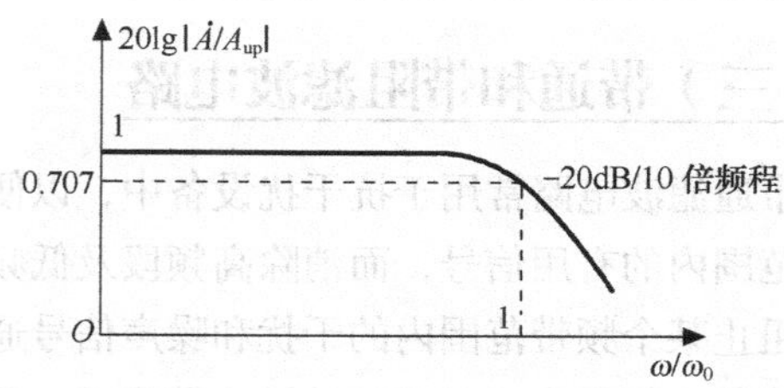

图 7.14　一阶有源低通滤波电路的幅频特性

一阶有源低通滤波电路结构简单，但由图 7.14 可以看出，其滤波特性与理想特性相差较大。为使低通滤波器的滤波特性更接近于理想特性，常采用二阶低通滤波器。

常用的二阶低通滤波器是在一阶低通滤波器基础上改进的，如图 7.15 所示，将 RC 无源滤波网络由一节改为两节，同时将第一级 RC 电路的电容不直接接地而接在运放输出端，引入正反馈以改善截止频率附近的幅频特性。

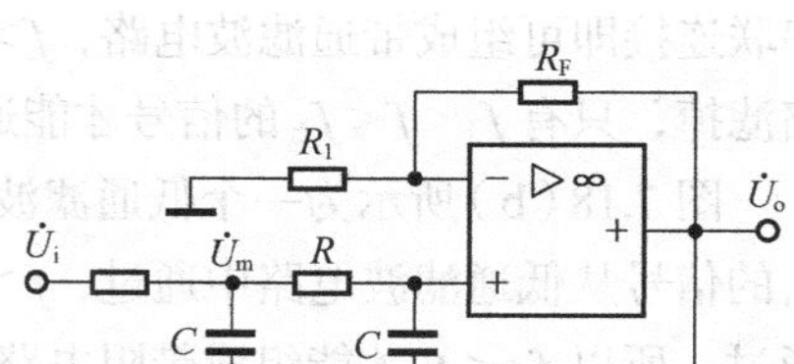

图 7.15　二阶低通滤波电路

（二）高通滤波电路

高通滤波电路和低通滤波电路存在对偶关系，将低通滤波电路中起滤波作用的电阻和电容的位置交换，即可组成相应的高通滤波电路。图 7.16（a）所示即为一阶高通滤波电路。

可以导出该滤波电路的传递函数为：

$$\dot{A}_{\mathrm{u}}=\frac{\dot{U}_{\mathrm{o}}}{\dot{U}_{\mathrm{i}}}=\frac{A_{\mathrm{up}}}{1-\mathrm{j}\dfrac{f_0}{f}} \tag{7-18}$$

式中，$A_{\mathrm{up}}=1+\dfrac{R_{\mathrm{f}}}{R_1}$，$f_0=\dfrac{1}{2\pi RC}$

其对数幅频特性如图 7.16（b）所示。

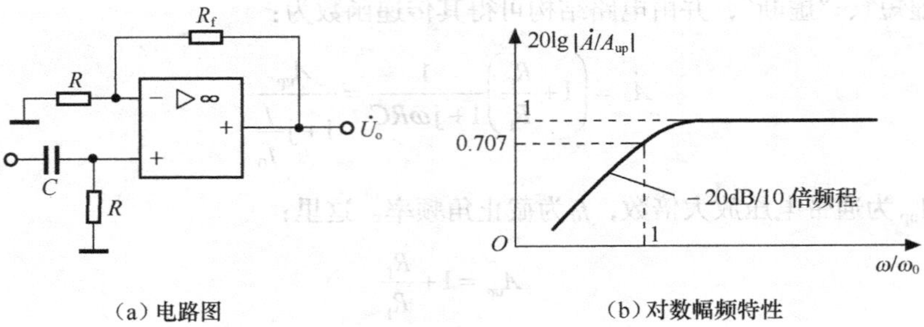

（a）电路图　　（b）对数幅频特性

图 7.16　一阶高通滤波电路

与低通滤波电路类似，一阶电路在低频处衰减较慢，为使其幅频特性更接近于理想特性，可再增加一级 RC 组成二阶滤波电路如图 7.17 所示。

欲得到更加理想的滤波特性，可将多个一阶或二阶滤波电路串接起来组成高阶高通滤波器。

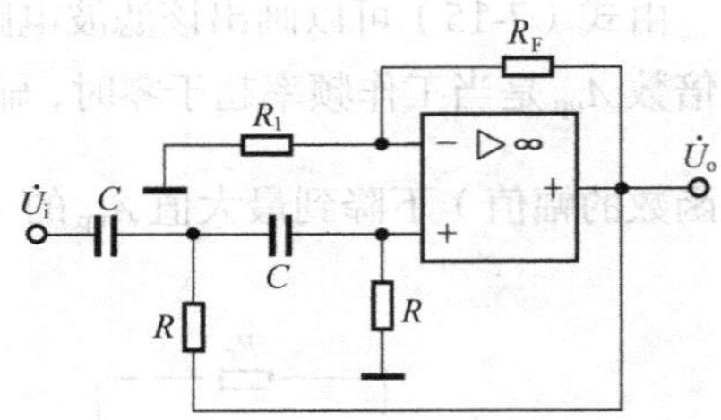

图 7.17　二阶高通滤波电路

（三）带通和带阻滤波电路

带通滤波电路常用于抗干扰设备中，以便接收某一频带范围内的有用信号，而消除高频段及低频段的干扰和噪声。带阻滤波电路也常用于抗干扰设备中阻止某个频带范围内的干扰和噪声信号通过。

将截止频率为 f_{h} 的低通滤波电路和截止频率为 f_{l} 的高通滤波电路进行不同的组合，就可以得到带通滤波电路和带阻滤波电路。如图 7.18（a）所示，将一个低通滤波电路和一个高通滤波电路串联连接即可组成带通滤波电路，$f>f_{\mathrm{h}}$ 的信号被低通滤波电路滤掉，$f<f_1$ 的信号被高通滤波电路滤掉，只有 $f_1<f<f_{\mathrm{h}}$ 的信号才能通过，显然，$f_{\mathrm{h}}>f_1$ 才能组成带通电路。

图 7.18（b）所示为一个低通滤波电路和一个高通滤波电路并联连接组成的带阻滤波电路，$f<f_{\mathrm{h}}$ 的信号从低通滤波电路中通过，$f>f_1$ 的信号从高通滤波电路通过，只有 $f_{\mathrm{h}}<f<f_1$ 的信号无法通过，所以 $f_{\mathrm{h}}<f_1$ 才能组成带阻电路。

带通滤波和带阻滤波的典型电路如图 7.19 所示。

*（四）集成开关电容滤波

前面介绍的 RC 有源滤波电路，由于要求有较大的电阻、电容和精确的 RC 时间常数，以致有时难以集成。随着 MOS 工艺的迅速发展，由 MOS 开关电容和运放组成的开关电容滤波器已于 1975 年实现了单片集成化。

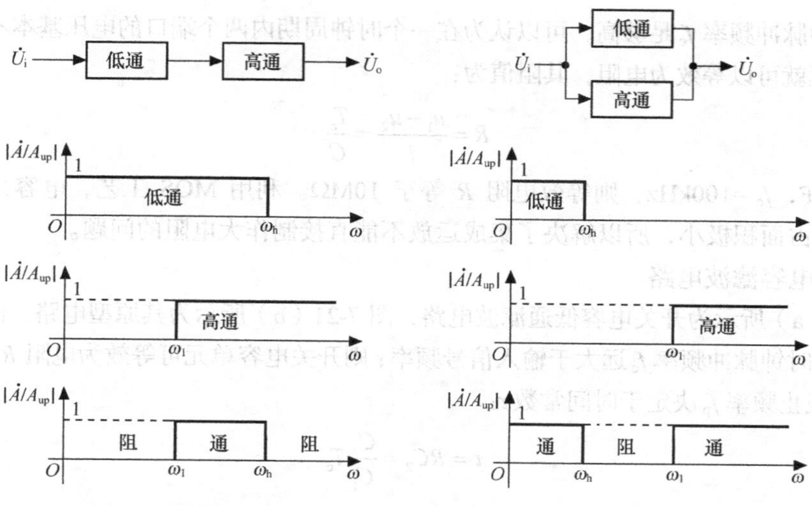

（a）带通滤波　　　　（b）带阻滤波

图 7.18　带通滤波和带阻滤波电路的组成原理

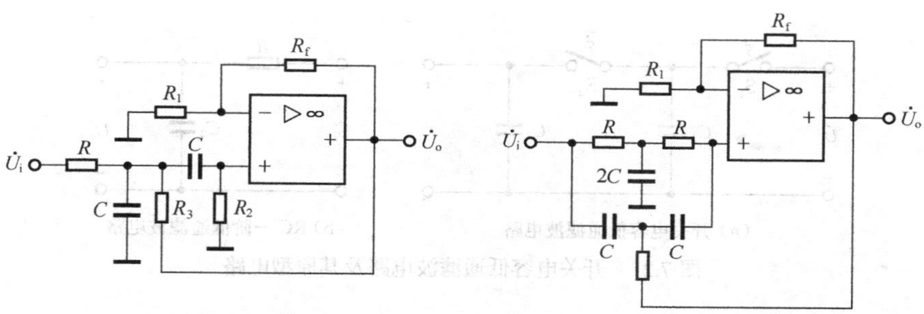

（a）带通滤波电路　　　　（b）带阻滤波电路

图 7.19　带通滤波和带阻滤波的典型电路

开关电容滤波器是一种较新的滤波电路，其特点是精度和稳定度均较高，且工艺简单、尺寸小、功耗低、价格低廉，易于制成大规模集成电路，因而受到各方面的重视，经过几十年的发展，开关电容滤波器的性能已达到相当高的水平，大有取代一般有源滤波的趋势。

1. 基本开关电容单元

开关电容滤波电路的基本原理是电路两节点间接有带高速开关的电容，其效果相当于该两节点间连接一个电阻。

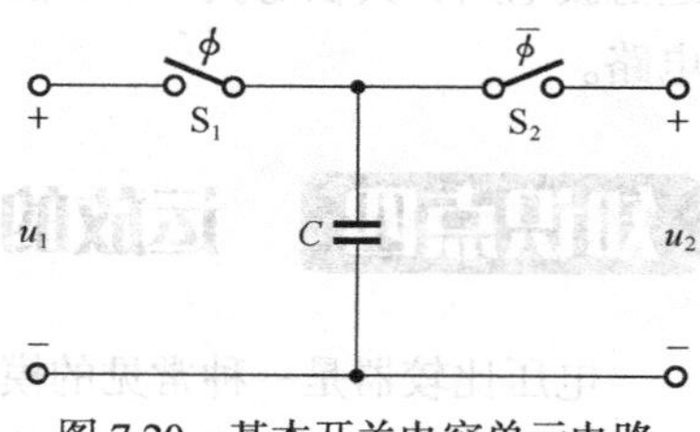

图 7.20　基本开关电容单元电路

图 7.20 所示为基本开关电容单元电路，两相时钟脉冲ϕ和$\bar{\phi}$互补，即ϕ为高电平时，$\bar{\phi}$为低电平，ϕ为低电平时，$\bar{\phi}$为高电平，它们分别控制电子开关 S_1 和 S_2，因此两个开关不可能同时闭合或断开。当 S_1 闭合时，S_2 必然断开，u_1 对 C 充电，充电电荷 $Q_1=Cu_1$；而 S_1 断开时，S_2 必然闭合，C 放电，放电电荷 $Q_2=Cu_2$。设开关的周期为：T_c，节点从左到右传输的总电荷为：

$$\Delta Q = C\Delta u = C(u_1 - u_2)$$

等效电流：

$$i = \frac{\Delta Q}{T_c} = \frac{C}{T_c}(u_2 - u_1)$$

如果时钟脉冲频率f_c足够高，可以认为在一个时钟周期内两个端口的电压基本不变，则基本开关电容单元就可以等效为电阻，其阻值为：

$$R=\frac{u_1-u_2}{i}=\frac{T_c}{C}$$

若 C=1pF，f_c =100kHz，则等效电阻 R 等于 10MΩ。利用 MOS 工艺，电容只需硅片面积 0.01mm^2，所占面积极小，所以解决了集成运放不能直接制作大电阻的问题。

2. 开关电容滤波电路

图 7-21（a）所示为开关电容低通滤波电路，图 7-21（b）所示为其原型电路。假设电路能够正常工作，即时钟脉冲频率f_c远大于输入信号频率，则开关电容单元可等效为电阻 R，且 $R=T_c/C_1$。电路的通带截止频率f_p决定于时间常数τ：

$$\tau=RC_2=\frac{C_2}{C_1}T_c$$

$$f_p=\frac{1}{2\pi\tau}=\frac{C_1}{C_2}\cdot f_c$$

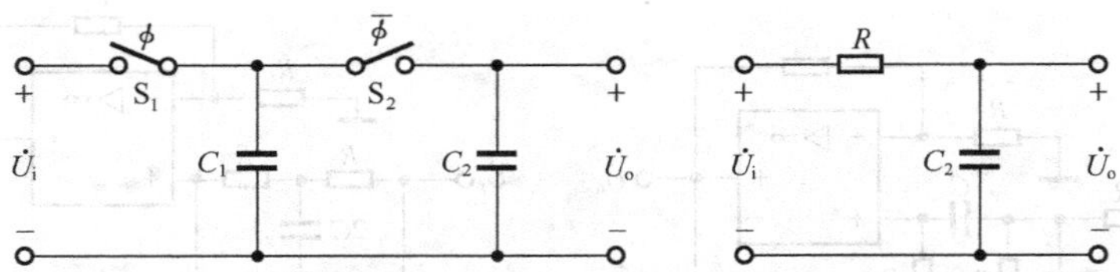

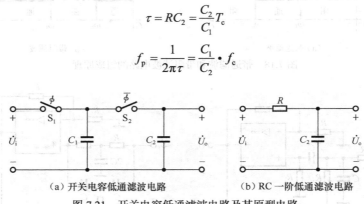

（a）开关电容低通滤波电路　　（b）RC 一阶低通滤波电路

图 7.21　开关电容低通滤波电路及其原型电路

f_c 是时钟脉冲频率，其值相当稳定，而且 C_1/C_2 是两个电容的电容量之比，在集成电路制作时易于做到准确和稳定，所以开关电容电路容易实现稳定准确的时间常数，从而使滤波器的截止频率稳定。图 7.22 所示是一种实际的开关电容低通滤波电路，其在滤波环节后加一同相比例运算电路。

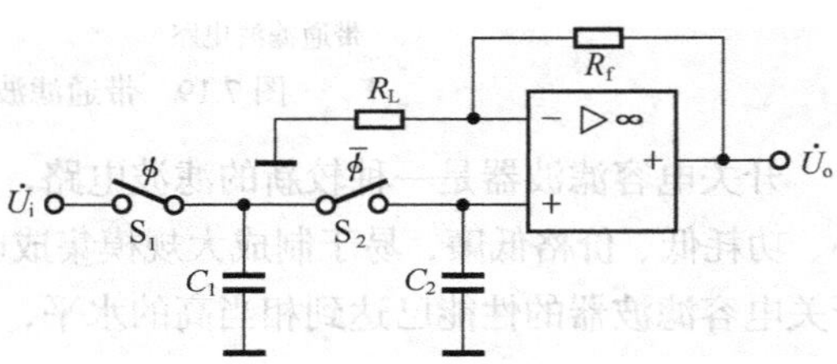

图 7.22　一种实际的开关电容低通滤波电路

知识点四　运放的非线性应用电路——电压比较器

电压比较器是一种常见的模拟信号处理电路，它将一个模拟输入电压与一个参考电压进行比较，并将比较的结果输出。比较器的输入信号是连续变化的模拟量，而输出只需两种状态：高电平和低电平，为数字量，因此比较器可作为模拟电路和数字电路的“接口”。在自动控制及自动测量系统中，比较器可用于越限报警、模/数转换及各种非正弦波的产生和变换。

由于比较器的输出只有高、低电平两种状态，故其中的运放常工作在非线性区。从电路结构来看，运放常处于开环状态或加入正反馈。

根据比较器的传输特性不同，可将其分为单限比较器、滞回比较器及双限比较器等，下面分别进行介绍。

（一）单限比较器

单限比较器是指只有一个门限电压的比较器。当输入电压等于门限电压时，输出端的状态发生跳变。图 7.23（a）所示为一种形式的单限比较器。图 7.23（a）中，输入信号 u_i 接运放的同相输入端，作为基准的参考电压 U_R 接在反相输入端，运放工作在开环状态。根据理想运放工作在非线性区的特点，当 $u_i>U_R$ 时，$u_o=U_{OH}$；当 $u_i<U_R$ 时，$u_o=U_{OL}$。由此便可画出该比较器的传输特性，如图 7.23（b）所示。

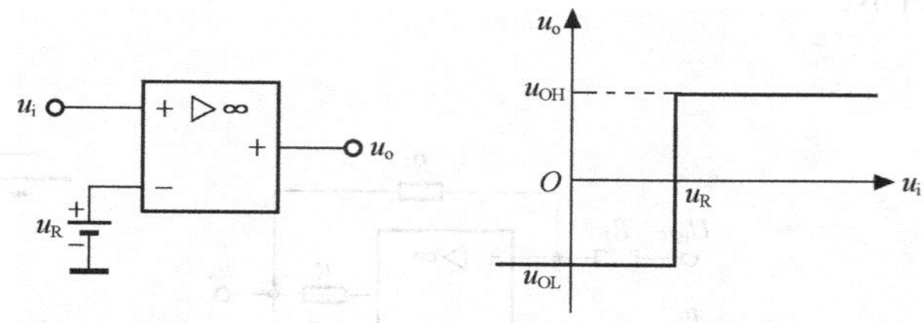

（a）电路　　（b）传输特性

图 7.23　单限比较器电路和其传输特性

由传输特性可见，当输入电压由低逐渐升高经过 U_R 时，输出电压由低电平跳变到高电平；相反，当输入电压由高逐渐降低经过 U_R 时，输出电压由高电平跳变到低电平。比较器输出电压由一种状态跳变为另一种状态时，所对应的输入电压通常称为比较器的阈值电压或门限电压，用 U_{TH} 表示。可见，这种单限比较器的阈值电压 $U_{TH}=U_R$。

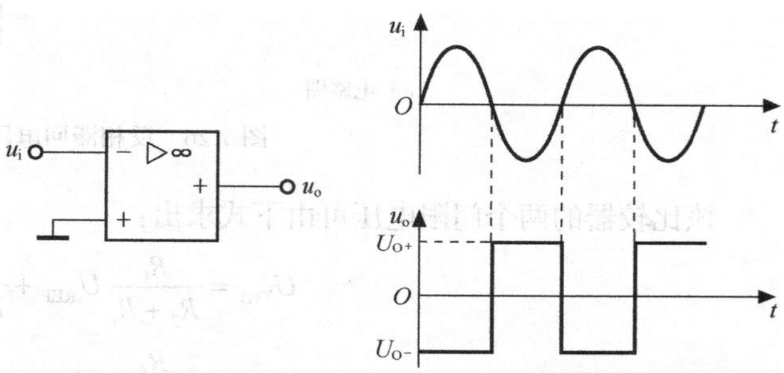

（a）电路　　（b）输入、输出波形

图 7.24　简单过零比较器电路和输入、输出波形

若 $U_R=0$，即运放反相输入端接地，则阈值电压 $U_{TH}=0$。这种单限比较器也称为过零比较器。利用过零比较器可以将正弦波变为方波，输入、输出波形如图 7.24 所示。

（二）滞回比较器（迟滞比较器）

单限比较器电路简单，灵敏度高，但其抗干扰能力差。如果输入电压受到干扰或噪声的影响，在门限电平上下波动，则输出电压将在高、低两个电平之间反复跳变，如图 7.25 所示。若用此输出电压控制电动机等设备，将出现误操作。为解决这一问题，常常采用滞回电压比较器。

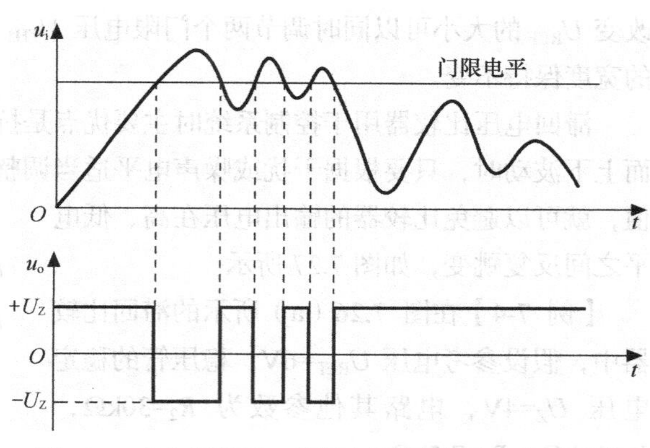

图 7.25　存在干扰时，单限比较器的输出、输入波形

滞回电压比较器通过引入上、下两个门限电压，以获得正确、稳定的输出电压。下面以反相输入的滞回电压比较器为例，介绍其工作原理。

如图 7.26（a）所示电路，输入信号 u_i 接在运放的反相输入端，而同相输入端接参考电压 U_{REF}，电路还通过引入正反馈电阻 R_f 加速集成运放的状态转换速度。另外，在输出回路中，接有起限幅作用的电阻和稳压管，将输出电压的幅度限制在 $\pm U_Z$。

根据运放工作在非线性区的特点，当反相输入端与同相输入端电位相等时，即 $u_+=u_-$时，输出端的状态发生跳变。其中：$u_-=u_i$；u_+则由参考电压 U_{REF} 及 u_o 共同决定，u_o 有两种可能的状态，$+U_Z$ 或$-U_Z$。由此可见，使输出电压由$+U_Z$ 跳变为$-U_Z$，以及由$-U_Z$ 跳变为$+U_Z$ 所需的输入电压值是不同的。也就是说，这种电压比较器有两个门限电压，故传输特性呈滞回形状，如图 7.26（b）所示。

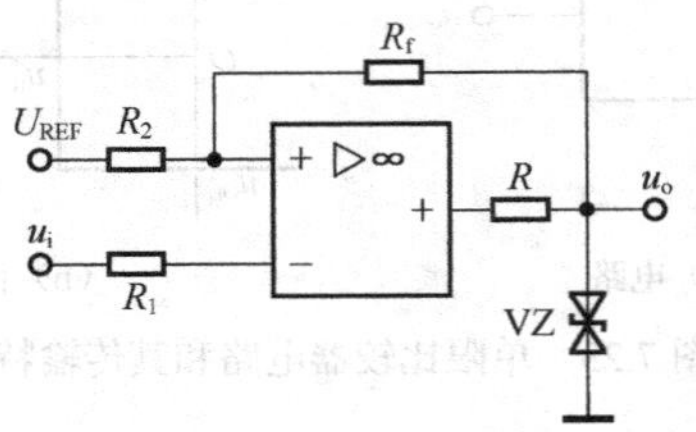

（a）电路图

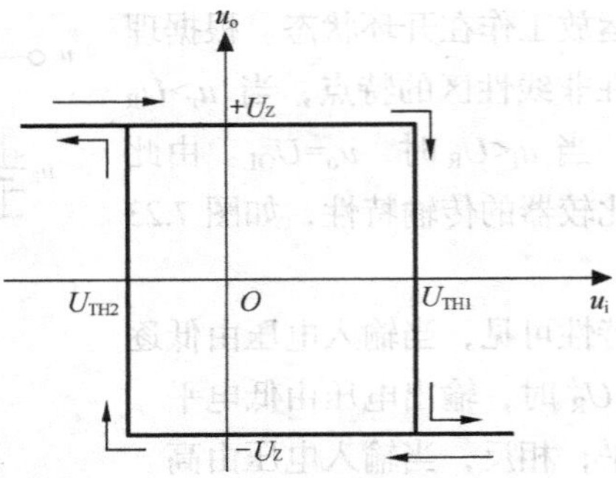

（b）传输特性

图 7.26　反相滞回电压比较器

该比较器的两个门限电压可由下式求出：

$$U_{TH1}=\frac{R_f}{R_2+R_f}U_{REF}+\frac{R_2}{R_2+R_f}U_Z \tag{7-19}$$

$$U_{TH2}=\frac{R_f}{R_2+R_f}U_{REF}-\frac{R_2}{R_2+R_f}U_Z \tag{7-20}$$

上述两个门限电压之差称为门限宽度或回差，用符号ΔU_{TH} 表示，由式（7-19）、式（7-20）可得：

$$\Delta U_{TH}=U_{TH1}-U_{TH2}=\frac{2R_2}{R_2+R_f}U_Z \tag{7-21}$$

可见，门限宽度取决于稳压管的稳定电压 U_Z 以及电阻 R_2 和 R_f 的值，而与参考电压 U_{REF} 无关。改变 U_{REF} 的大小可以同时调节两个门限电压 U_{TH1} 和 U_{TH2} 的大小，但二者之差不变，即滞回曲线的宽度保持不变。

滞回电压比较器用于控制系统时主要优点是抗干扰能力强。当输入信号受干扰或噪声的影响而上下波动时，只要根据干扰或噪声电平适当调整滞回电压比较器两个门限电平 U_{TH1} 和 U_{TH2} 的值，就可以避免比较器的输出电压在高、低电平之间反复跳变，如图 7.27 所示。

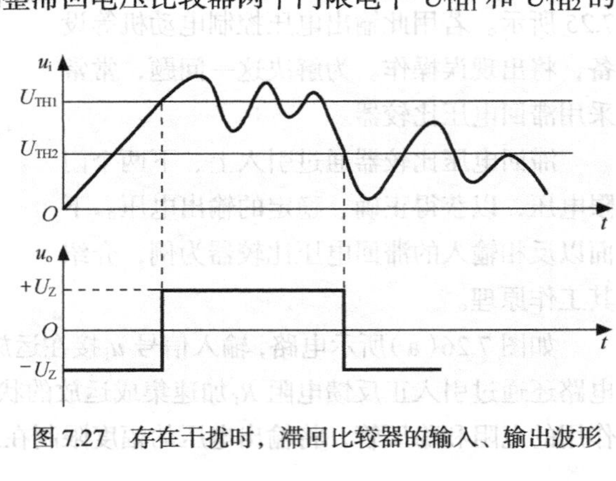

图 7.27　存在干扰时，滞回比较器的输入、输出波形

【例 7-4】在图 7.26（a）所示的滞回比较器中，假设参考电压 U_{REF}=6V，稳压管的稳定电压 U_Z=4V，电路其他参数为 R_2=30kΩ，R_f=10kΩ，R_1=7.5kΩ。

（1）试估算两个门限电压 U_{TH1} 和 U_{TH2} 以及门限宽度ΔU_{TH}。

（2）设电路其他参数不变，参考电压 U_{REF}

由 6V 增大至 18V，估算 U_{TH1}、U_{TH2} 及ΔU_{TH}的值，分析传输特性如何变化。

（3）设电路其他参数不变，U_Z 增大，定性分析两个门限电平及门限宽度将如何变化。

解：（1）由式（7-19）、式（7-20）和式（7-21）可得：

$$U_{TH1}=\frac{R_f}{R_2+R_f}U_{REF}+\frac{R_2}{R_2+R_f}U_Z=\left(\frac{10}{30+10}\times 6+\frac{30}{30+10}\times 4\right)V=4.5V$$

$$U_{TH2}=\frac{R_f}{R_2+R_f}U_{REF}-\frac{R_2}{R_2+R_f}U_Z=\left(\frac{10}{30+10}\times 6-\frac{30}{30+10}\times 4\right)V=-1.5V$$

$$\Delta U_{TH}=U_{TH1}-U_{TH2}=\left[4.5-(-1.5)\right]V=6V$$

（2）当 U_{REF}=18V 时，

$$U_{TH1}=\left(\frac{10}{30+10}\times 18+\frac{30}{30+10}\times 4\right)V=7.5V$$

$$U_{TH2}=\left(\frac{10}{30+10}\times 18-\frac{30}{30+10}\times 4\right)V=1.5V$$

$$\Delta U_{TH}=(7.5-1.5)V=6V$$

可见当 U_{REF} 增大时，U_{TH1} 和 U_{TH2} 同时增大，但门限宽度ΔU_{TH}不变。此时传输特性将向右平行移动，全部位于纵坐标右侧。

（3）由式（7-19）、式（7-20）和式（7-21）可知，当 U_Z 增大时，U_{TH1} 将增大，U_{TH2} 将减小，故ΔU_{TH}将增大，即传输特性将向两侧伸展，门限宽度变宽。

【能力培养】

（一）精密整流电路

将交流电转换为直流电，称为整流。精密整流电路是将微弱的交流电压转换为直流电压。当输入电压为正弦波时，半波整流电路的输出电压波形如图 7.28 中 u_{o1} 所示，u_{o2} 为全波整流电路的输出电压波形。

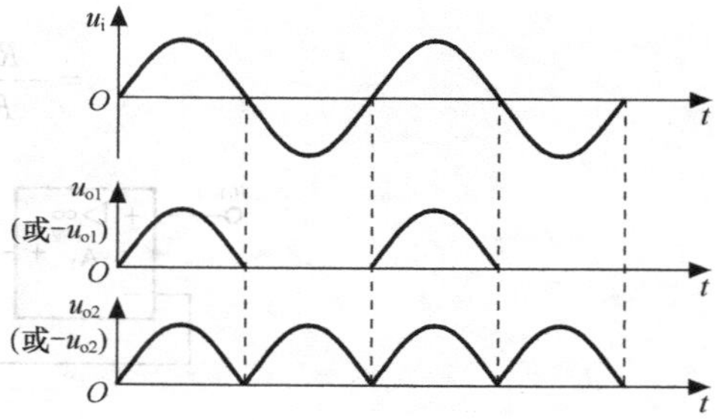

图 7.28　整流电路波形

全波精密整流电路如图 7.29（a）所示。图 7.29（a）中由运放 A_2 组成的反相求和运算电路可知，输出电压：

$$u_o=-u_{o1}-u_i$$

当 $u_i>0$ 时，$u_{o1}=-2u_i$，$u_o=2u_i-u_i=u_i$；当 $u_i<0$ 时，$u_{o1}=0$，$u_o=-u_i$；所以

$$u_o=|u_i| \tag{7-22}$$

故全波精密整流电路也称为绝对值电路。当输入电压为正弦波和三角波时，电路输出波形分别如图 7.29（b）和图 7.29（c）所示。

（二）仪用放大器

精密放大器即集成仪表用放大器（简称仪用放大器），要求其具备足够大的增益、高输入电阻

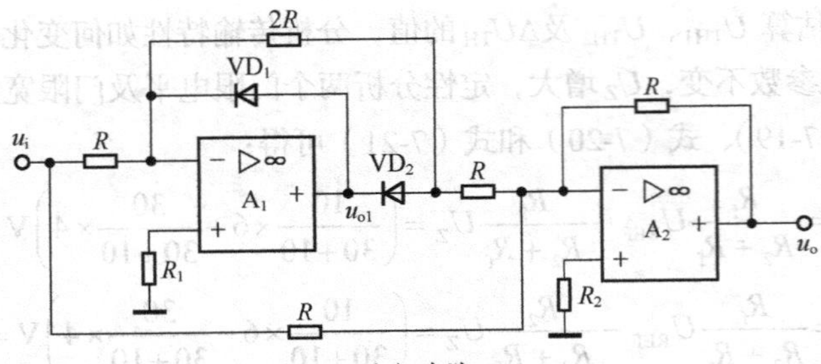

（a）电路

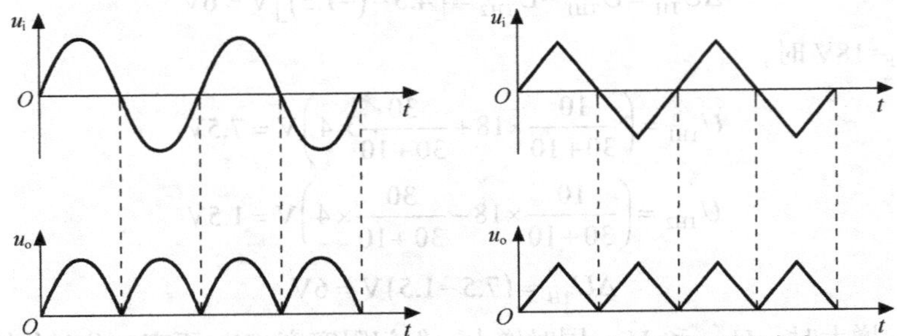

（b）输入电压为正弦波　　（c）输入电压为三角波

图 7.29　全波精密整流电路及波形

以及高共模抑制比。仪用放大器的具体电路多种多样，但很多电路都是在图 7.30 所示电路的基础上演变而来的。根据运放线性运算电路的特点和分析方法，可以得出：

$$\begin{aligned} u_o &= -\frac{R_f}{R}\left(1+\frac{2R_1}{R_2}\right)(u_{i1}-u_{i2}) \\ &= -\frac{R_f}{R}\left(1+\frac{2R_1}{R_2}\right)u_{id} \end{aligned} \quad (7\text{-}23)$$

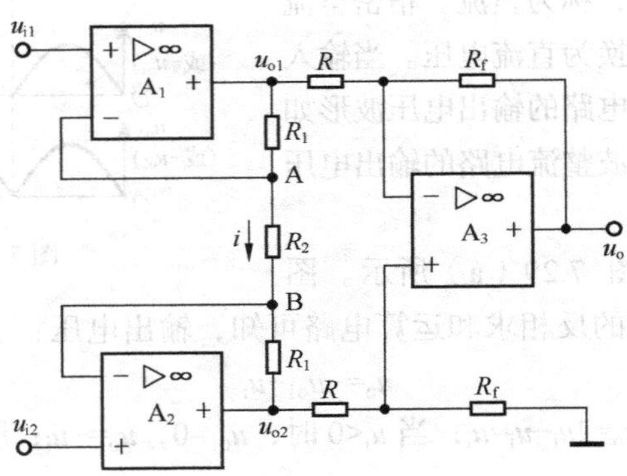

图 7.30　三运放构成的精密放大器

当 $u_{i1}=u_{i2}=u_{iC}$ 时，分析可得 $u_o=0$。可见，电路放大差模信号，抑制共模信号。当输入信号中含有共模噪声时，也将被抑制。

【模块总结】

1. 本模块主要介绍利用集成运放对信号进行运算及处理的电路。常用的电路有线性电路与非线性电路。

2. 在线性电路中常见的有比例、加减、积分微分等运算电路。分析问题的关键是正确应用“虚短”、“虚断”概念。

3. 在非线性应用电路中，电压比较器为开环应用和正反馈应用，不能用“虚短”概念分析电路。

4. 有源滤波电路是一种重要的信号处理电路，它可以增强有用频段的信号，衰减无用频段信号，抑制干扰和噪声信号，达到选频及提高信噪比的目的。实际使用时，应根据具体情况选择低通、高通、带通或带阻滤波器，并确定滤波器的电路形式。

习题及思考题

1．填空题

（1）理想运放的 A_{ud}=__________；r_{id}=__________；r_{od}=__________；K_{CMR}=________。

（2）在运放线性应用电路中，通常引入________反馈；在运放构成的比较器中通常引入________反馈。

（3）为了避免 50Hz 电网电压的干扰进入放大器，应选用________滤波电路。

（4）为了获得输入电压中的低频信号，应选用________滤波电路。

2．选择题

（1）欲实现 A_u=−100 的放大电路，应选用________。

① 反相比例运算电路　　② 同相比例运算电路

③ 低通滤波电路　　④ 单限比较器

（2）欲将正弦波电压转换成方波电压，应选用________。

① 反相比例运算电路　　② 同相比例运算电路

③ 低通滤波电路　　④ 单限比较器

3. 比例运算电路如图 7.31 所示，图中 R_1=10kΩ，R_f=30kΩ，试估算它的电压放大倍数和输入电阻，并估算 R' 应取多大？

4. 同相比例电路如图 7.32 所示，图中 R_1=3kΩ，若希望它的电压放大倍数等于 7，试估算电阻 R_f 和 R' 应取多大？

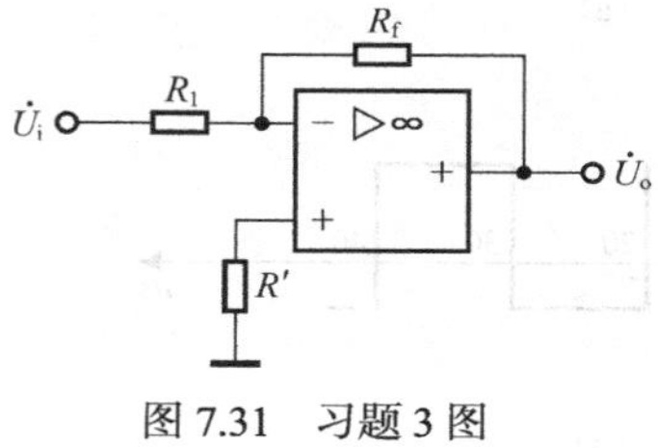

图 7.31　习题 3 图

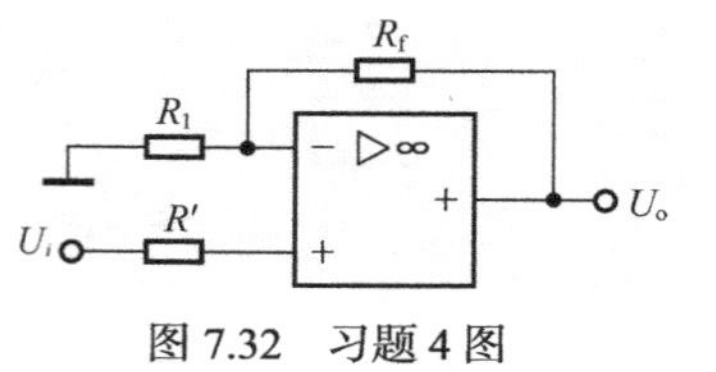

图 7.32　习题 4 图

5．在图 7.8 所示的基本积分电路中，设 $u_i=2\sin\omega t$（V），$R=R'=10\text{k}\Omega$，$C=1\mu\text{F}$，试求 u_o 的表达式，并计算当 f=10Hz、100Hz、1000Hz 和 10000Hz 时 u_o 的幅度（有效值）和相位。

6. 设图 7.8 中输入信号 u_i 波形如图 7.33 所示，试画出相应的 u_o 波形图。设 t=0 时 u_o=0，$R=R'=10\text{k}\Omega$，$C=1\mu\text{F}$。

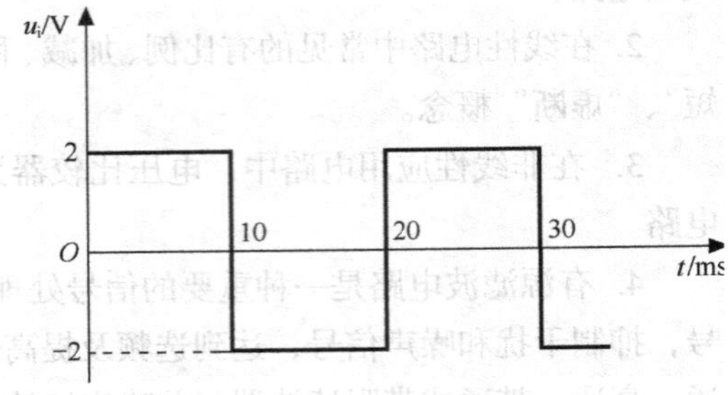

图 7.33　习题 6 图

7. 简述低通滤波器、高通滤波器、带通滤波器以及带阻滤波器的功能，并画出它们的理想幅频特性。

8. 试判断图 7.34 中各电路是什么类型的滤波器（低通、高通、带通或带阻滤波器，有源还是无源）。

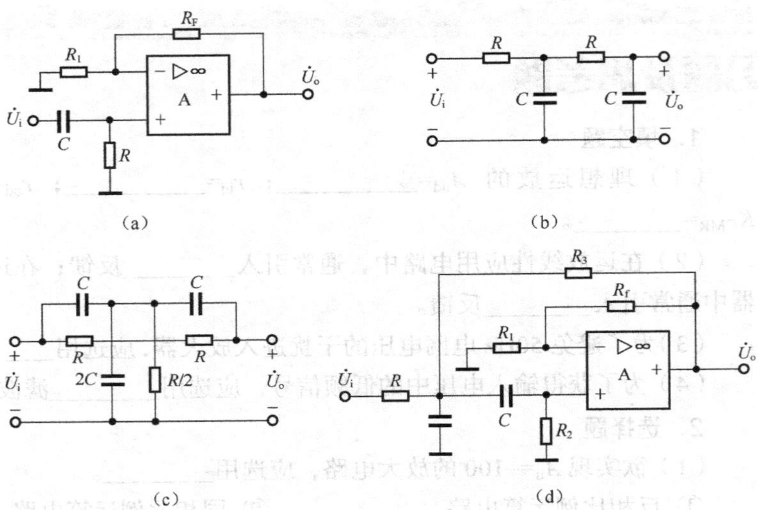

图 7.34　习题 8 图

9. 图 7.35 为一个波形转换电路，输入信号 u_i 为矩形波。设集成运放为理想运放，在 t=0 时，电容器两端的初始电压为零。试进行下列计算，并画出 u_{o1}、u_o 的波形。

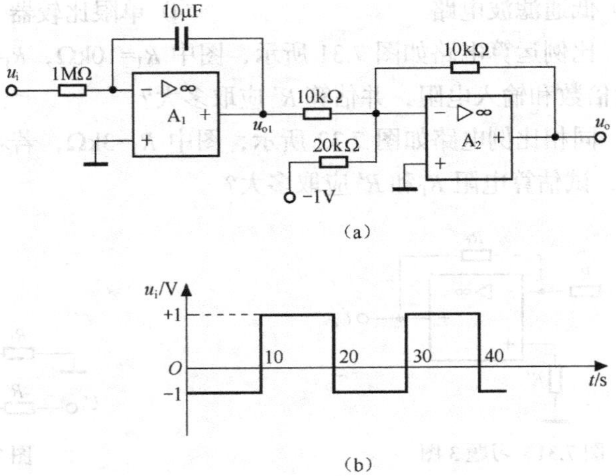

图 7.35　习题 9 图

（1）t=0 时，u_{o1} 是多少？　u_o 是多少？

（2）t=10s 时，u_{o1} 是多少？　u_o 是多少？

（3）t=20s 时，u_{o1} 是多少？　u_o 是多少？

（4）将 u_{o1} 和 u_o 的波形画在下面，时间要对应并要求标出幅值。

10. 已知图 7.36（a）中的运放为理想的。

（1）写出 u_o 的表达式。

（2）u_{i1} 和 u_{i2} 的波形如图 7.36（b）所示，画出 u_o 的波形，并在图中标出 t=1s 和 t=2s 时的 u_o 值。设 t=0 时电容上电压为零。

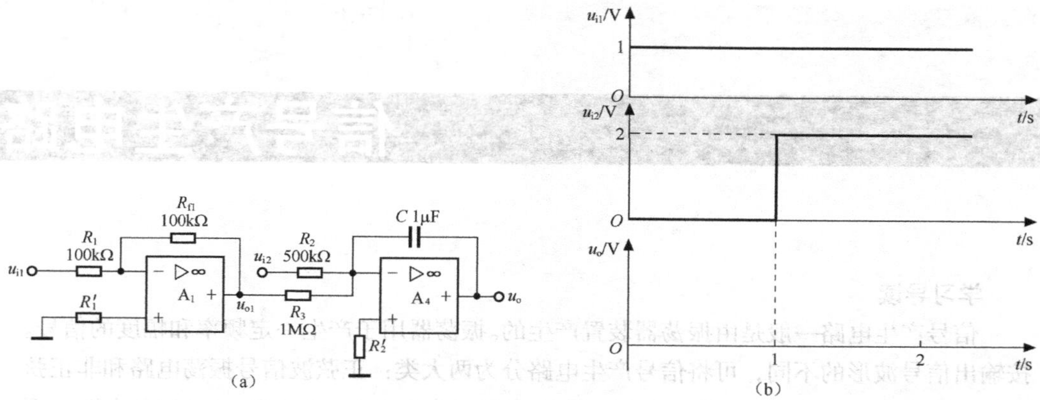

图 7.36　习题 10 图

11. 电路如图 7.37 所示，图中运放均为理想运放。

（1）分析电路由哪些基本电路组成？

（2）设 $u_{i1}=u_{i2}=0$ 时，电容上的电压 $U_C=0$，u_o=+12V，求当 u_{i1}=−10V，u_{i2}=0 时，经过多长时间 u_o 由+12V 变为−12V？

（3）变为−12V 后，u_{i2} 由 0 改为+15V，求再经过多少时间 u_o 由−12V 变为+12V？

（4）画出 u_{o1} 和 u_o 的波形。

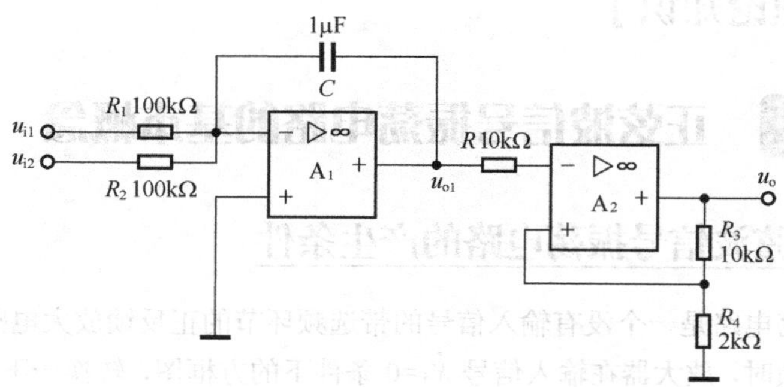

图 7.37　习题 11 图

模块八
信号产生电路

学习导读

信号产生电路一般是由振荡器装置产生的。振荡器用于产生一定频率和幅度的信号。按输出信号波形的不同，可将信号产生电路分为两大类：正弦波信号振荡电路和非正弦波信号振荡电路。正弦波振荡电路按电路形式又可分为RC振荡电路、LC振荡电路和石英晶体振荡电路等。非正弦波振荡电路按信号形式又可分为方波、三角波和锯齿波振荡电路等。在电子技术中，信号产生电路有着广泛的应用，如在自动控制系统中作时间基准信号源；在测量中作标准信号源；在通信、广播、电视设备中作载波信号源等。

学习目标

掌握RC和LC正弦波振荡电路的产生条件、组成和典型应用电路；了解石英晶体振荡电路；熟悉方波和锯齿波典型应用电路，函数产生器8038的功能及应用。

【相关理论知识】

知识点一 正弦波信号振荡电路的基本概念

（一）正弦波信号振荡电路的产生条件

正弦波振荡电路是一个没有输入信号的带选频环节的正反馈放大电路。图8.1（a）表示接成正反馈时，放大器在输入信号 $\dot{X}_i=0$ 条件下的方框图，转换一下，得图8.1（b）。如在放大器的输入端（1端）外接一定频率、一定幅度的正弦波信号 $\dot{X}_a$，经过基本放大器 $\dot{A}$ 和反馈网络 $\dot{F}$ 所构成的环路传输后，在反馈网络的输出端（2端），得到反馈信号 $\dot{X}_f$。如果 $\dot{X}_f$ 与 $\dot{X}_a$ 在波形、幅频、相位上都完全一致，那么就可以除去外接信号 $\dot{X}_a$，将1端和2端连接在一起（见图8.1（b）中虚线）形成闭环系统，其输出端就能继续维持与开环一样的输出信号。这就构成了正弦波自激振荡电路。

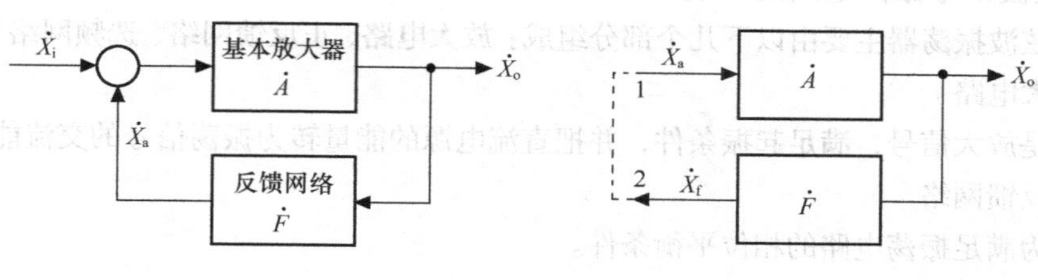

图 8.1　正弦波信号振荡电路方框

当反馈信号 $\dot{X}_f$ 等于放大器的输入信号 $\dot{X}_i$ 时，振荡电路的输出电压不再发生变化，电路达到平衡状态，因此将 $\dot{X}_f=\dot{X}_i$ 称为振荡的平衡条件。需要强调的是，这里 $\dot{X}_f$ 和 $\dot{X}_i$ 都是复数，所以两者相等是指大小相等而且相位也相同。

根据图 8.1 可知：
$$\dot{A}=\frac{\dot{X}_o}{\dot{X}_a} \qquad \dot{F}=\frac{\dot{X}_f}{\dot{X}_o} \tag{8-1}$$

由此可得振荡的平衡条件为：
$$\dot{A}\dot{F}=\left|\dot{A}\dot{F}\right|\angle\varphi_a+\varphi_f=1 \tag{8-2}$$

其中，$\dot{A}$ 为放大器放大系数的相量，$\dot{X}_o$ 为输出正弦信号，$\dot{X}_i$ 为输入信号，$\dot{X}_a$ 为输入正弦信号，$\dot{F}$ 为反馈网络反馈系数的相量。

式（8-2）说明，放大器与反馈网络组成的闭合环路中，环路总的传输系数应等于 1，使反馈电压与输入电压大小相等，即正弦波信号振荡振幅平衡条件为：
$$\left|\dot{A}\dot{F}\right|=AF=1 \tag{8-3}$$

正弦波信号振荡相位平衡条件为：
$$\varphi_a+\varphi_f=2n\pi\ （n=0,1,2\cdots） \tag{8-4}$$

作为一个稳态振荡电路，相位平衡条件和振幅平衡条件必须同时得到满足。

（二）正弦波振荡的起振条件

当正弦波信号振荡电路进入稳态振荡后，式（8-3）是维持振荡的平衡条件。为使振荡电路在接通直流电源后能够自动起振，则在相位上要求反馈电压与输入电压同相，在幅度上要求 $X_f>X_i$，因此振荡的起振条件也包括相位条件和振幅条件两个方面，即正弦波信号振荡振幅起振条件为：
$$\left|\dot{A}\dot{F}\right|>1 \tag{8-5}$$

正弦波信号振荡相位起振条件仍为式（8-4）。也就是说，要使正弦波信号振荡电路能够起振，在开始振荡时必须满足 $\left|\dot{A}\dot{F}\right|>1$。起振后，振荡幅度迅速增大；使放大器工作到非线性区，以至放大倍数 $\dot{A}$ 下降，直到 $\left|\dot{A}\dot{F}\right|=1$，振荡幅度不再增大，振荡进入稳定状态。

1. 正弦波信号振荡电路的组成

一个正弦波振荡器主要由以下几个部分组成：放大电路、正反馈网络、选频网络和稳幅环节。

（1）放大电路

其作用是放大信号，满足起振条件，并把直流电源的能量转为振荡信号的交流能量。

（2）正反馈网络

其作用为满足振荡电路的相位平衡条件。

（3）选频网络

在一个正弦波振荡电路中，只有一个频率能满足相位平衡条件，这个频率f_0就是振荡电路的振荡频率。f_0由相位平衡条件决定。选频网络的作用就是选出振荡频率f_0，从而使振荡电路获得单一频率的正弦波信号输出。选频网络可设置在放大电路中，也可以设置在反馈网络中。

（4）稳幅环节

该环节用于稳定振荡电路信号的输出幅度，改善波形，减小失真。

2. 正弦波信号振荡电路的分类

根据选频网络构成元件的不同，可把正弦信号振荡电路分为如下几类。

选频网络若由 RC 元件组成，则称 RC 振荡电路；选频网络若由 LC 元件组成，称 LC 振荡电路；选频网络若由石英晶体构成，则称为石英晶体振荡器。一般 RC 振荡器用来产生低频信号；LC 振荡器用来产生高频信号；而石英晶体振荡器的选频特性好，频率稳定度高。

知识点二 RC 桥式正弦波振荡电路

采用 RC 选频网络构成的 RC 振荡电路，一般用于产生 1Hz～1MHz 的低频信号。由 RC 选频网络构成的常用正弦波振荡电路有多种形式，如桥式振荡电路、移相式振荡电路、双 T 网络式振荡电路等。桥式振荡电路因具有振荡频率稳定、输出波形失真小等优点而被广泛应用，本节将重点介绍桥式振荡电路。

（一）RC 串并联选频网络

由相同的 RC 元件组成的串并联选频网络如图 8.2 所示，Z_1为 RC 串联电路，Z_2为 RC 并联电路。由图 8.2 可得 RC 串并联选频网络的电压传输系数$\dot{F}_u$为：

$$\dot{F}_u=\frac{\dot{U}_2}{\dot{U}_1}=\frac{R//\dfrac{1}{j\omega C}}{R+\dfrac{1}{j\omega C}+R//\dfrac{1}{j\omega C}}=\frac{1}{3+j\left(\omega RC-\dfrac{1}{\omega RC}\right)}=\frac{1}{3+j\left(\dfrac{\omega}{\omega_0}-\dfrac{\omega_0}{\omega}\right)} \tag{8-6}$$

式中：

$$\omega_0=\frac{1}{RC} \tag{8-7}$$

根据式（8-6）可得到 RC 串并联选频网络幅频特性和相频特性分别为：

$$\left|\dot{F}_u\right|=\frac{1}{\sqrt{3^2+\left(\dfrac{\omega}{\omega_0}-\dfrac{\omega_0}{\omega}\right)^2}}\qquad \varphi_f=-\arctan\frac{\dfrac{\omega}{\omega_0}-\dfrac{\omega_0}{\omega}}{3} \tag{8-8}$$

其幅频特性和相频特性曲线如图 8.3 所示。由图 8.3 可见，当 $\omega=\omega_0$ 时，$|\dot{F}_u|$ 达到最大值并等于 1/3，相位移 φ_f 为 0，输出电压与输入电压同相，所以 RC 串并联网络具有选频作用。

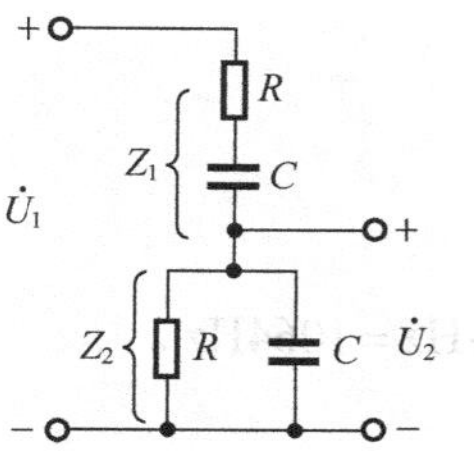

图 8.2　RC 串并联选频网络

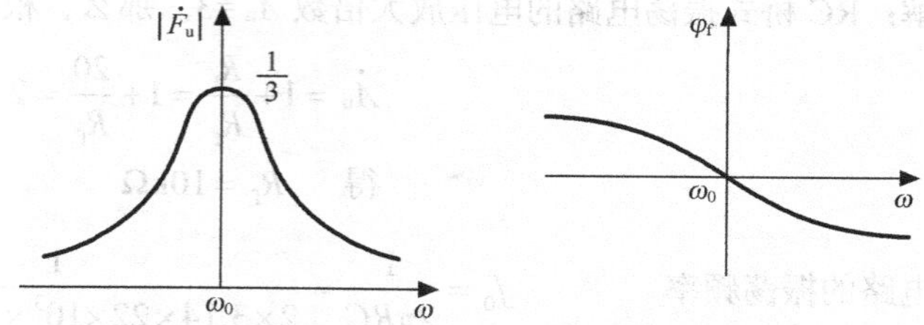

(a) 幅频特性　　(b) 相频特性

图 8.3　RC 串并联选频网络幅频特性和相频特性

（二）RC 桥式振荡电路的组成

将 RC 串并联选频网络和放大器结合起来即可构成 RC 振荡电路，放大器件可采用集成运算放大器，也可采用分离元件构成。图 8.4（a）所示为由集成运算放大器构成的 RC 桥式振荡电路，图中 RC 串并联选频网络接在运算放大器的输出端和同相输入端之间，构成正反馈；R_f 和 R_1 接在运算放大器的输出端和反相输入端之间，构成负反馈。正反馈电路与负反馈电路构成一文氏电桥电路，如图 8.4（b）所示，运算放大器的输入端和输出端分别跨接在电桥的对角线上，形成四臂电桥。所以，把这种振荡电路称为 RC 桥式振荡电路。

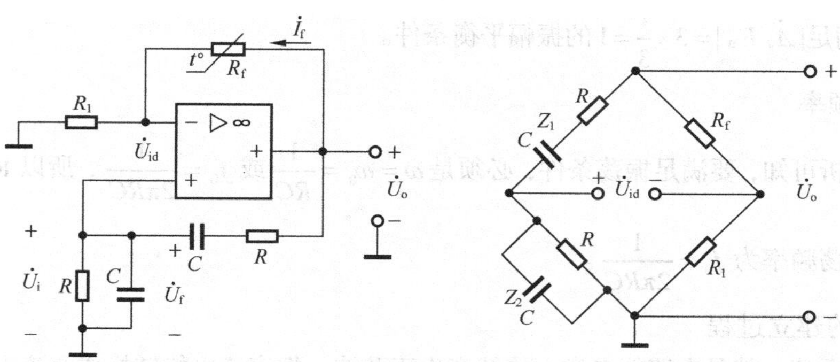

（a）RC 桥式振荡电路　　（b）文氏电桥等效电路

图 8.4　RC 桥式振荡电路图

由式（8-8）选频网络幅频特性和相频特性以及图 8.3 可知，振荡电路满足自激振荡的振幅和相位起振条件为：

$$|\dot{A}_u|=1+(R_f/R_1)>3,\ \text{也即}R_f>2R_1 \tag{8-9}$$

振荡频率为：

$$f_0=\frac{1}{2\pi RC} \tag{8-10}$$

采用双联可调电位器或双联可调电容器即可方便地调节振荡频率。在常用的 RC 振荡电路中，一般采用切换高稳定度的电容来进行频段的转换（频率粗调），再采用双联可变电位器进行频率的细调。

【例8-1】如图8.4（a）所示，已知$C=6800\text{pF}$，$R=22\text{k}\Omega$，$R_1=20\text{k}\Omega$，要使电路产生正弦波振荡，R_f应为多少？电路振荡频率是多少？

解：RC桥式振荡电路的电压放大倍数$\dot{A}_u=3$。那么，根据题意，有

$$\dot{A}_u=1+\frac{R_1}{R_f}=1+\frac{20}{R_f}=2$$

得 $R_f=10\text{k}\Omega$

电路的振荡频率 $f_0=\dfrac{1}{2\pi RC}=\dfrac{1}{2\times 3.14\times 22\times 10^3\times 6800\times 10^{-12}}\text{Hz}=1064\text{Hz}$。

（三）RC桥式振荡电路的振荡特性

1. 相位平衡条件

由以上分析可知，当$\omega=\omega_0=\dfrac{1}{RC}$或$f_0=\dfrac{1}{2\pi RC}$时，反馈网络的相移$\varphi_f$为0。输出电压加至运放的同相输入端，运放的相移$\varphi_a=0$。所以$\varphi_a+\varphi_f=0$，它满足相位平衡条件。对于偏离$\omega_0$的其他信号，因$\varphi_f(\omega)\neq 0$，不满足相位平衡条件。

2. 振幅平衡条件

在$\omega=\omega_0=\dfrac{1}{RC}$或$f_0=\dfrac{1}{2\pi RC}$时，由以上分析可知，$|\dot{F}_u|=\dfrac{1}{3}$。那么只要运放电压放大倍数$\dot{A}_u=3$，就能满足$|\dot{A}_u\dot{F}_u|=3\times\dfrac{1}{3}=1$的振幅平衡条件。

3. 振荡频率

由以上分析可知，要满足振荡条件，必须是$\omega=\omega_0=\dfrac{1}{RC}$或$f_0=\dfrac{1}{2\pi RC}$，所以RC桥式正弦波振荡电路的振荡频率为$f_0=\dfrac{1}{2\pi RC}$。

4. 振荡的建立过程

所谓建立振荡，就是电路能自激，连续产生正弦波，把直流电能转换成交流电能。对于RC桥式振荡电路来说，直流电源就是能源。当RC振荡器接通电源后，由于电路中存在噪声，其频谱分布很广，其中也包含着$\omega=\omega_0=\dfrac{1}{RC}$或$f_0=\dfrac{1}{2\pi RC}$这个频率成分。这种频率的信号开始时非常微弱，然而经过放大，通过正反馈选频网络，再加到运放的同相输入端，又一次放大、选频，这样地循环往复，使$\omega=\omega_0$的信号幅度越来越大。而其他频率成分的信号被选频网络衰减掉，最后又受到电路非线性元件的限幅作用，使正弦波的幅度自动稳定下来。开始时$\dot{A}_u$大于3，达到稳定振荡时$\dot{A}_u=3$。这就是起振过程。

5. 稳幅过程

在RC桥式正弦波振荡电路中R_f采用负温度系数热敏电阻，起振时，由于$U_o=0$，流过R_f的电流$I_f=0$，热敏电阻R_f处于冷态，且阻值比较大，放大器的负反馈较弱，$\dot{A}_u$很高，振荡很快建立。

随着振荡幅度的增大，流过R_f的电流I_f也增大，使R_f的温度升高，其阻值减小，负反馈加深，$\dot{A}_u$自动下降，在运算放大器还未进入非线性工作区时，振荡电路即达到平衡条件，U_o停止增长，因此这时振荡波形为一失真很小的正弦波。

6. RC桥式正弦波振荡电路中振荡频率的调节

由$f_0=\dfrac{1}{2\pi RC}$可知，调节R值和C值就可改变振荡电路输出信号的频率。通常用同轴电位器来调节串并联网络中的两个电阻器R_P的阻值，实现频率的连续调节，一般是频率微调。用同轴波段开关来改变两个电容器C的容量，实现频率的步进调节（粗凋）。

由以上分析可见，负反馈支路中采用热敏电阻后不但使RC桥式振荡电路的起振容易，振幅波形改善，同时还具有很好的稳幅特性，所以，实用RC桥式振荡电路中热敏电阻的选择是很重要的。RC桥式正弦波振荡电路输出电压稳定，波形失真小，频率调节方便。因此，在低频标准信号发生器中都有由它构成的振荡电路。

知识点三 LC正弦波振荡电路

正弦振荡电路选频网络由LC谐振元件组成，称LC正弦波振荡电路。LC振荡电路产生频率高于1MHz的高频正弦信号。根据反馈形式的不同，LC正弦波振荡电路可分为互感耦合式（变压器反馈式）、电感三点式、电容三点式等几种电路形式。

（一）LC并联谐振回路

在选频放大器中，经常用到图8.5所示的LC并联谐振回路。图8.5中的r表示回路的等效损耗（以电感线圈的导线电阻为主，其阻值很小）。LC并联谐振回路的等效阻抗Z为：

$$Z=\frac{(r+\mathrm{j}\omega L)\cdot\dfrac{1}{\mathrm{j}\omega C}}{(r+\mathrm{j}\omega L)+\dfrac{1}{\mathrm{j}\omega C}} \tag{8-11}$$

可见Z的大小不仅与r、L、C有关，而且是ω的函数。

当$\omega\to 0$时，虽然容抗$\dfrac{1}{\omega C}$很大，但感抗ωL很小，它们又是并联的，所以阻抗很小且呈感性，随着ω的逐渐增大，Z也随之增大。

当$\omega\to\infty$时，虽然感抗ωL很大，但容抗$\dfrac{1}{\omega C}$很小，所以阻抗Z仍很小且呈容性。随着ω逐渐减小，Z也随之增大。

从上面的定性分析可知，对于L和C值确定的LC并联谐振回路，在ω从$0\to\infty$的变化过程中，其等效阻抗Z随之变化，变化过程是由小变大再变小，特性是由感性变到容性。对应于某一个角频率ω_0，Z等于最大值且是纯阻性。

根据式（8-11），可作出图8.6所示的Z与ω之间的关系曲线，称为LC并联谐振回路的谐振曲线。图8.6中的ω_0称为回路的谐振角频率。

经分析可知：
$$\omega_0=\frac{1}{\sqrt{LC}}\text{或}f_0=\frac{1}{2\pi\sqrt{LC}} \tag{8-12}$$

称 f_0 为LC并联谐振回路的谐振频率。

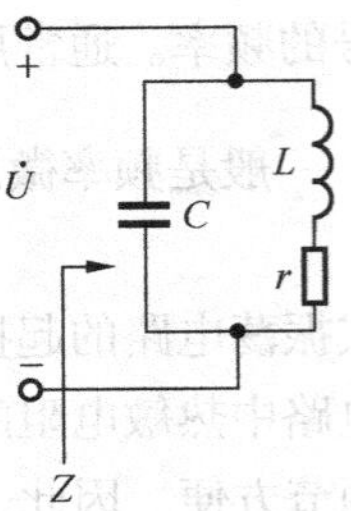

图 8.5 LC并联谐振回路

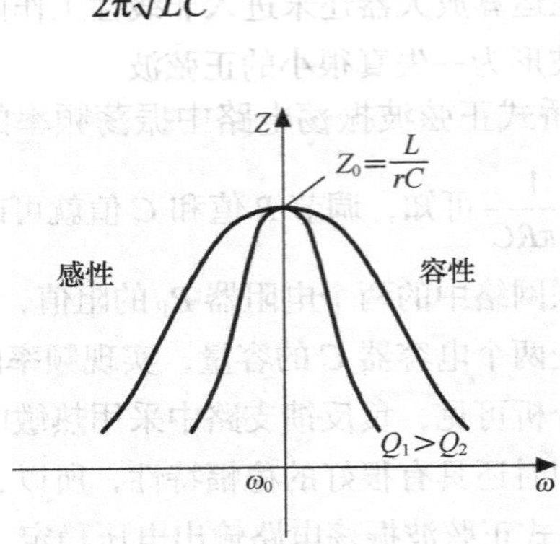

图 8.6 LC并联谐振回路的谐振曲线

图 8.6 中 Z_0 是LC并联谐振回路等效阻抗的最大值且呈纯阻性，经分析可知：

$$Z_0=\frac{L}{rC}=Q\omega_0L=\frac{Q}{\omega_0C}$$
$$Q=\frac{1}{r}\sqrt{\frac{L}{C}}=\frac{\omega_0L}{r}=\frac{1}{\omega_0Cr} \tag{8-13}$$

称 Q 为LC并联谐振回路的品质因数，它是评价回路损耗大小的重要指标。Q 值越大表示品质因数越高，回路的损耗越小。

从图 8.6 所示的谐振曲线可知，当 $\omega=\omega_0$ 时，Z 是最大值且呈纯阻性。Z 随着 ω 偏离 ω_0 值而迅速衰减，偏离 ω_0 值越大，衰减越多。而且衰减的速度与回路的品质因数 Q 值有关，Q 值越大，曲线越尖锐，说明衰减速度越快，回路的选频特性越好。

（二）互感耦合式（变压器反馈式）LC正弦波振荡电路

变压器反馈式LC振荡电路原理图如图 8.7 所示。图 8.7 中 L、L_f 组成变压器，其中 L 为一次线圈电感，L_f 为反馈线圈电感，用来构成正反馈。L、C 组成并联谐振回路，作为放大器的负载，构成选频放大器。R_{b1}、R_{b2} 和 R_e 为放大器的直流偏置电阻，C_b 为耦合电容，C_e 为发射极旁路电容，对振荡频率而言，C_b、C_e 的容抗很小可看成短路。

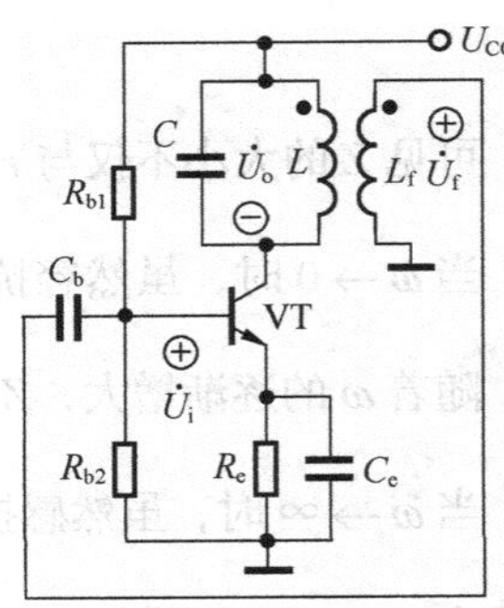

图8.7 变压器反馈式LC振荡电路

当 U_i 的频率与 L、C 谐振回路谐振频率相同时，LC回路的等效阻抗为一纯电阻，且为最大，这时，U_o 与 U_i 反相。如果变压器同名端如图 8.7 所示，则 U_f 与 U_o 反相，所以，U_f 与 U_i 同相，满足了振荡的相位条件。由于LC回路的选频作用，电路中只有等于谐振频率的信号得到足够的放大，只要 L 与 L_f 有足够的耦合度，就能满足振荡的幅度条件而产生正弦波振荡。

其振荡频率决定于LC并联谐振回路的谐振频率，即

$$f_0=\frac{1}{2\pi\sqrt{LC}} \tag{8-14}$$

（三）三点式LC正弦波振荡电路

三点式振荡电路是另一种常用的LC振荡电路，其特点是电路中LC并联谐振回路的3个端子分别与放大器的3个端子相连，故而称为三点式振荡电路。三点式振荡电路又分为电感三点式LC振荡电路和电容三点式LC振荡电路两种。

三点式振荡电路的连接规律如下：对于振荡器的交流通路，与三极管的发射极或者运放的同相输入端相连的LC回路元件，其电抗性质相同（同是电感或同为电容）；与三极管的基极和集电极或者运放的反相输入端和输出端相连的元件，其电抗性质必相反（一个为电感，另一个为电容）。可以证明，这样连接的三点式振荡电路一定满足振荡器的相位平衡条件。

1. 电感三点式LC振荡电路

电感三点式LC振荡电路原理电路如图8.8所示，图中三极管VT构成共发射极放大电路，电感L_1、L_2和电容C构成正反馈选频网络。谐振回路的3个端点1、2、3，分别与三极管的3个电极相接，反馈信号$\dot{U}_f$取自电感线圈L_2两端电压，故称为电感三点式LC振荡电路，也称为电感反馈式振荡电路。

由图8.8可见，当回路谐振时，相对于参考点地电位，输出电压$\dot{U}_o$与输入电压$\dot{U}_i$反相，而$\dot{U}_f$与$\dot{U}_o$反相，所以$\dot{U}_f$与$\dot{U}_i$同相，电路在回路谐振频率上构成正反馈，从而满足了振荡的相位平衡条件。由此可得到振荡频率为：

$$f_0=\frac{1}{2\pi\sqrt{LC}}=\frac{1}{2\pi\sqrt{(L_1+L_2+2M)C}} \tag{8-15}$$

式中，M为两部分线圈之间的互感系数。

电感三点式LC振荡电路的优点是容易起振，这是因为L_1与L_2之间耦合很紧，正反馈较强的缘故。此外，改变振荡回路的电容，就可很方便地调节振荡信号频率。但由于反馈信号取自电感L_2两端，而L_2对高次谐波呈现高阻抗，故不能抑制高次谐波的反馈，因此振荡电路输出信号中的高次谐波成分较多，信号波形较差。

2. 电容三点式LC振荡电路

电容三点式LC振荡电路原理如图8.9所示。由图可见，其电路构成与电感三点式振荡电路基本相同，不过正反馈选频网络由电容C_1、C_2和电感L构成，反馈信号$\dot{U}_f$取自电容C_2两端，故称为电容三点式振荡电路，也称为电容反馈式振荡电路。由图8.9不难判断，在回路谐振频率上，反馈信号$\dot{U}_f$与输入电压$\dot{U}_i$同相，满足振荡的相位平衡条件。电路的振荡频率近似等于谐振回路的谐振频率，即

$$f_0=\frac{1}{2\pi\sqrt{LC}}=\frac{1}{2\pi\sqrt{L\dfrac{C_1C_2}{C_1+C_2}}} \tag{8-16}$$

电容三点式振荡电路的反馈信号取自电容C_2两端，因为C_2对高次谐波呈现较小的容抗，反馈信号中高次谐波的分量小，故振荡电路的输出信号波形较好。但当通过改变C_1或C_2来调节振荡频率时，同时会改变正反馈量的大小，因而会使输出信号幅度发生变化，甚至可能会使振荡电路停振。所以调节这种振荡电路的振荡频率很不方便。

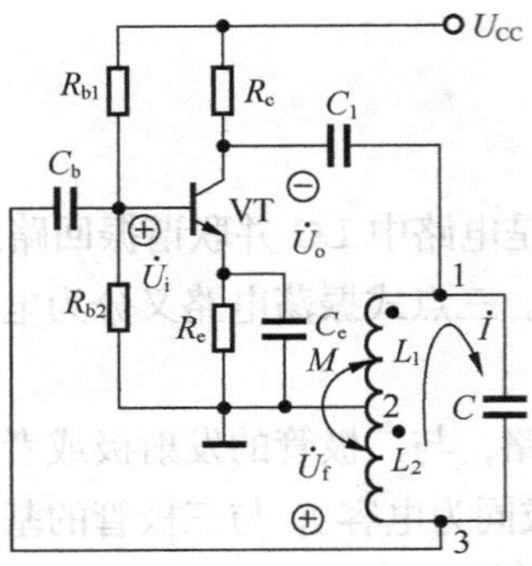

图 8.8　电感三点式 LC 振荡电路

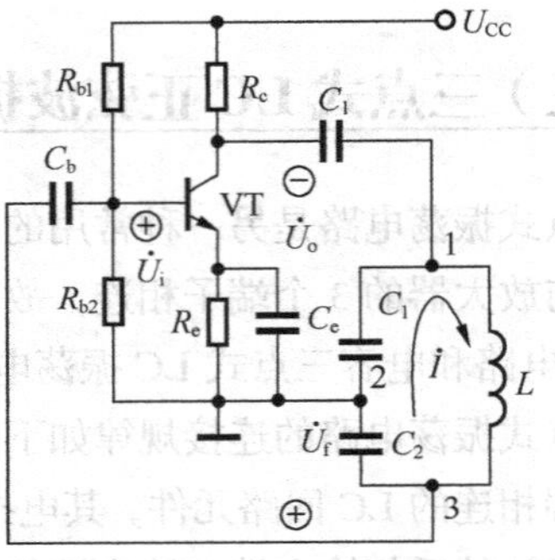

图 8.9　电容三点式 LC 振荡电路

图 8.10 所示为改进型电容三点式振荡电路。它与图 8.9 相比较，仅在电感支路中串入一个容量很小的微调电容 C_3，当 $C_3 << C_1$且$C_3 << C_2$ 时，$C \approx C_3$ 所以，这种电路的振荡频率为：

$$f_0 = \frac{1}{2\pi\sqrt{LC}} \approx \frac{1}{2\pi\sqrt{LC_3}} \tag{8-17}$$

这说明，在改进型电容三点式振荡电路中，当 C_3 比 C_1、C_2 小得多时，振荡频率仅由 C_3 和 L 来决定，与 C_1、C_2 基本无关，C_1、C_2 仅构成正反馈，它们的容量相对来说可以取得较大，从而减小与之相并联的晶体管输入电容、输出电容的影响，提高了频率的稳定度。

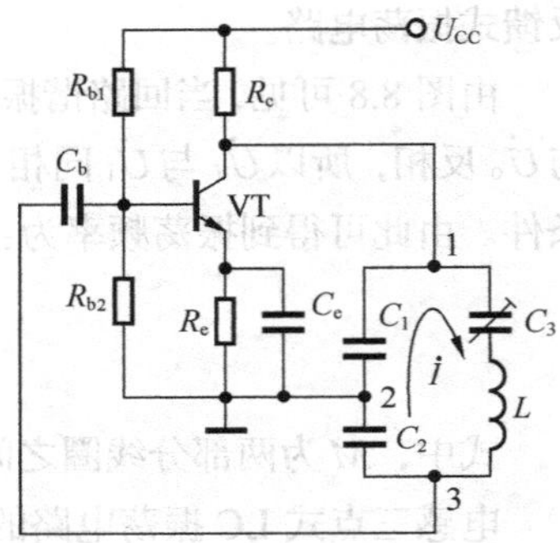

图 8.10　改进型电容三点式振荡电路

分析 3 种 LC 正弦波振荡电路能否正常工作的步骤可归纳如下。

① 检查电路是否具备正弦波振荡器的基本组成部分，即基本放大器和反馈网络，并且有选频环节。

② 检查放大器的偏置电路，看静态工作点是否能确保放大器正常工作。

③ 分析振荡器是否满足振幅平衡条件和相位平衡条件（主要看是否满足相位平衡条件：用瞬时极性法判别是否存在正反馈）。

3 种 LC 正弦波振荡电路的一些特性如表 8.1 所示。

表 8.1　　3 种 LC 正弦波振荡电路的比较

名　称	变压器反馈式	电感三点式	电容三点式
振荡频率	$f_0 = \frac{1}{2\pi\sqrt{LC}}$	$f_0 = \frac{1}{2\pi\sqrt{(L_1+L_2+2M)C}}$	$f_0 = \frac{1}{2\pi\sqrt{L\frac{C_1C_2}{C_1+C_2}}}$
振荡波形	一般	较差	较好
频率稳定性	一般	一般	较高
使用频率范围	几千赫兹到几十兆赫兹	几千赫兹到几十兆赫兹	100MHz 以上
频率的调节	方便，调节范围大	方便，调节范围大	不方便，调节范围小

【例 8-2】试分析如图 8.11 所示电路能否产生振荡？若能产生，其振荡频率是多少？

解：在图 8.11（a）所示的电路中，LC 串联网络接在运算放大器的输出端与同相输入端之间，引入反馈。当 f 等于 LC 串联网络的谐振频率时，其阻抗最小，且呈纯电阻特性，电路将引入较深的正反馈。调节 R_3，当正反馈作用强于 R_3 引入的负反馈作用时，电路将产生正弦振荡。振荡频率为：

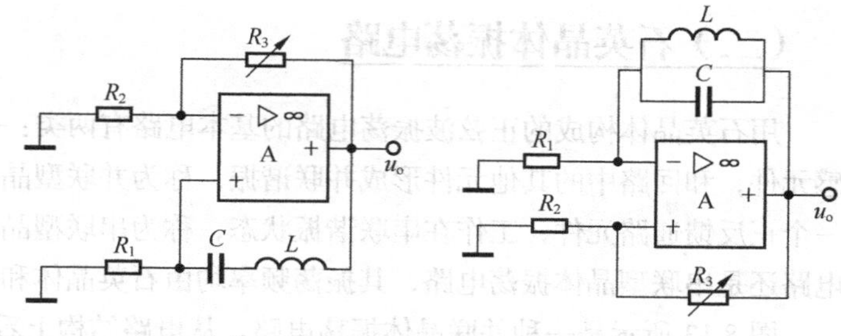

（a）　　（b）

图 8.11　例 8-2 图

$$f_0=\frac{1}{2\pi\sqrt{LC}}$$

图 8.11（b）所示电路中，LC 并联网络引入负反馈，但是还有电阻 R_3 接在运算放大器输出端与同相输入端之间，引入正反馈。对于频率等于 LC 并联谐振频率的信号，该网络发生并联谐振，阻抗最大，负反馈作用被削弱，若其作用比 R_3 引入的正反馈弱，电路就可以产生正弦振荡。其振荡频率为：

$$f_0=\frac{1}{2\pi\sqrt{LC}}$$

知识点四　石英晶体振荡电路

（一）石英晶体的基本特性和等效电路

天然的石英是六菱形晶体，其化学成分是二氧化硅（SiO_2）。石英晶体具有非常稳定的物理和化学性能。从一块石英晶体上按一定的方位角切割，得到的薄片称“晶片”。晶片通常是矩形，也有正方形。在晶片两个对应的表面用真空喷涂或其他方法涂敷上一层银膜，在两层银膜上分别引出两个电极，再用金属壳或玻璃壳封装起来，就构成了一个石英晶体谐振器。它是晶体振荡器的核心元件。

晶体谐振器的代表符号如图 8.12（a）所示，它可用一个 LC 串并联电路来等效，如图 8.12（b）所示。其中，C_0 是晶片两表面涂敷银膜形成的电容，L 和 C 分别模拟晶片的质量（代表惯性）和弹性，晶片振动时因摩擦而造成的损耗用电阻 R 来代表。石英晶片具有很高的质量与弹性比值（等于 L/C），因而它的品质因数 Q 值很高，可达 10^4～5×10^5 量级。例如，一个 4MHz 的晶体谐振器，其典型参数为 $C_0=5\text{pF}$，L=100mH，C= 0.015pF，R=100Ω，$Q=25000$。

从图 8.12（b）所示的等效电路可得到它的电抗与频率之间的关系曲线，称晶体谐振器的电抗—频率特性曲线，如图 8.12（c）所示。

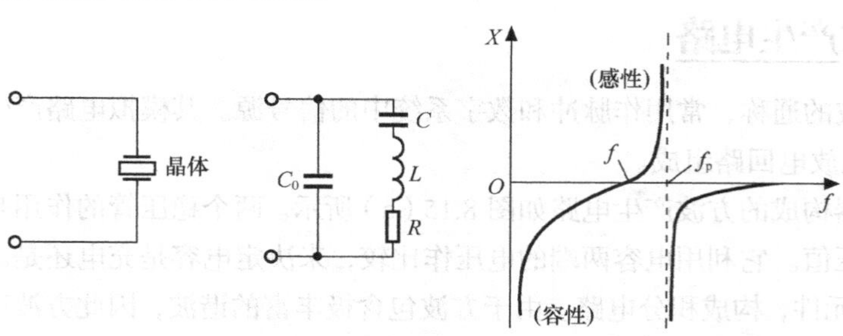

（a）图形符号　　（b）等效电路　　（c）电抗—频率特性曲线

图 8.12　晶体谐振器的等效电路

（二）石英晶体振荡电路

用石英晶体构成的正弦波振荡电路的基本电路有两类：一类是石英晶体作为一个高 Q 值的电感元件，和回路中的其他元件形成并联谐振，称为并联型晶体振荡电路；另一类是石英晶体作为一个正反馈通路元件，工作在串联谐振状态，称为串联型晶体振荡电路。不论是并联型晶体振荡电路还是串联型晶体振荡电路，其振荡频率均由石英晶体和与石英晶体串联的电容 C 决定。

图 8.13 所示是一种并联晶体振荡电路。从电路结构上看，属于电容三点式 LC 振荡电路，其振荡频率由 C_1、C_2、C_L 及晶体的等效电感 L 决定。但因选择参数时，C_1、C_2 的电容量比 C_L 大得多，故振荡频率主要取决于负载电容 C_L 和晶体的谐振频率。

图 8.14 所示为串联晶体振荡电路，电感 L 和电容 C_1、C_2、C_3、C_4 组成 LC 振荡电路，再由 C_1、C_2 分压并经晶体选频后送入集成运放的同相输入端，形成正反馈。由于 C_1、C_2 的值远大于 C_3、C_4，故 f_0 主要由 L、C_3、C_4 决定：

$$f_0 = \frac{1}{2\pi\sqrt{L(C_3 + C_4)}}$$

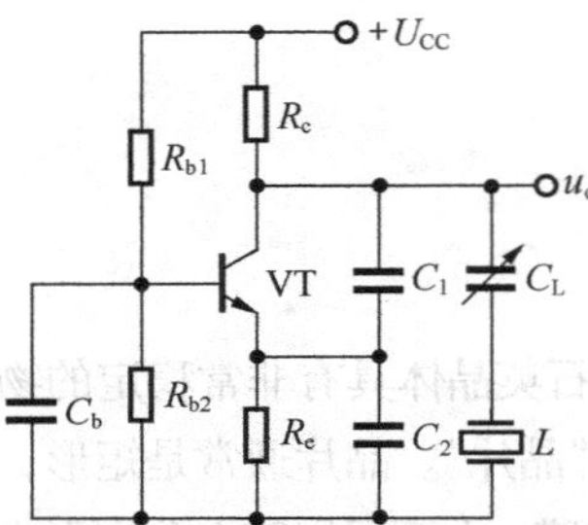

图 8.13　并联晶体振荡电路

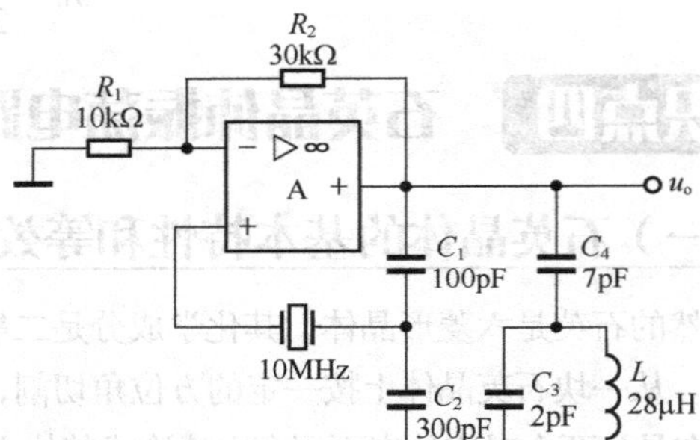

图 8.14　串联晶体振荡电路

知识点五　非正弦波信号振荡电路

在自动化、电子、通信等领域中，经常需要进行性能测试和信息的传送等，这些都离不开一些非正弦信号。常见的非正弦信号产生电路有方波、三角波、锯齿波产生电路等。本节将重点介绍方波产生电路和锯齿波产生电路的基本工作原理。

（一）方波产生电路

方波是矩形波的通称，常用作脉冲和数字系统中的信号源。其模拟电路产生结构中由一个滞回比较器和 RC 充放电回路组成。

用迟滞比较器构成的方波产生电路如图 8.15（a）所示。两个稳压管的作用是将输出电压钳位在某个特定的电压值。它利用电容两端的电压作比较，来决定电容是充电还是放电。图 8.15（a）中 R 和 C 为定时元件，构成积分电路。由于方波包含极丰富的谐波，因此方波产生电路又称为多谐振荡器。

由于图 8.15（a）中参考电压为 0，所以，迟滞比较器的两个门限电压分别为：

$$U_{T+}=\frac{R_2}{R_1+R_2}U_{OH}=\frac{R_2}{R_1+R_2}U_Z$$

$$U_{T-}=\frac{R_2}{R_1+R_2}U_{OL}=\frac{R_2}{R_1+R_2}(-U_Z)$$

当电路的振荡达到稳定后，电容 C 就交替充电和放电。当 $u_o=U_{OH}=U_Z$ 时，电容 C 充电，电流流向如图 8.15（a）所示，电容两端电压 u_C 不断上升，而此时同相端电压为上门限电压 U_{T+}，当 $u_C>U_{T+}$ 时，输出电压变为低电平 $u_o=U_{OL}=-U_Z$，使同相端电压变为下门限电压 U_{T-}，随后电容 C 开始放电，电流流向如图 8.15（b）所示，电容上的电压不断降低，当 u_c 降低到 $u_C<U_{T-}$ 时，u_o 又变为高电平 U_{OH}，电容又开始充电，重复上述过程，由此可得一方波电压输出，如图 8.15（c）所示，图中也画出了电容两端电压波形。可以证明，振荡周期和频率分别为：

$$T=2RC\ln\left(1+\frac{2R_2}{R_1}\right)$$

$$f=\frac{1}{T} \tag{8-18}$$

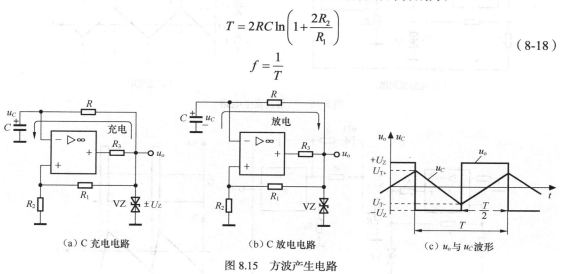

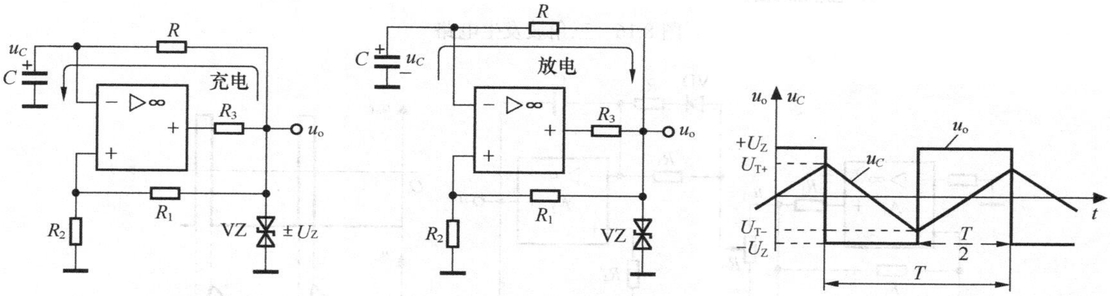

（a）C 充电电路　（b）C 放电电路　（c）u_o 与 u_C 波形

图 8.15　方波产生电路

图 8.15 所示的电路用来产生固定低频频率的方波信号，是一种较好的振荡电路，但是输出方波的前后沿陡度取决于集成运放的转换速率，所以当振荡频率较高时，为了获得前后沿较陡的方波，必须选用转换速率较大的集成运放。

另外，还可利用压控方波产生电路来获取方波。通常将输出信号频率与输入控制电压成正比的波形产生电路称为压控振荡器，它的应用也十分广泛。若用直流电压作为控制电压，压控振荡器可制成频率调节十分方便的信号源；若用正弦波电压作为控制电压，压控振荡器就成了调频波振荡器；当振荡受锯齿波电压控制时，它就成了扫频振荡器。

（二）锯齿波产生电路

我们知道，积分电路可将方波变换为线性度很高的三角波，如图 8.16 所示。它是由迟滞比较器 A_1 和反向积分器 A_2 构成的。比较器的输入信号就是积分器的输出电压 u_o，而比较器的输出信号加到积分器的输入端。比较器产生方波，积分器产生三角波。

但这样得到的三角波幅值随方波输入信号的频率变化。为了克服这一缺点，可将积分电路的输出送给迟滞比较器的输入，再将它输出的方波送给积分电路的输入，这样就可得到质量较高的三角波。锯齿波与三角波的区别是三角波的上升和下降的斜率（指绝对值）相等，而锯齿波的上升和下降的斜率不相等（通常相差很多）。锯齿波常用在示波器的扫描电路或数字电压表中。从上面的讨论可以看到，如果有意识地使 C 的充电和放电时间常数造成显著的差别，则在电容两端的电压波形就是锯齿波。图 8.17 所示是利用一个迟滞比较器和一个反相积分器组成的频率可调节的锯齿波发生电路，其工作原理如下。

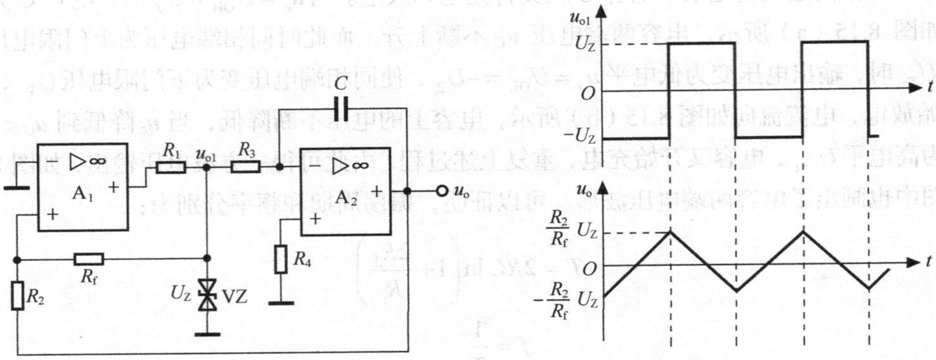

（a）电路原理图　　（b）波形图

图 8.16　三角波发生电路

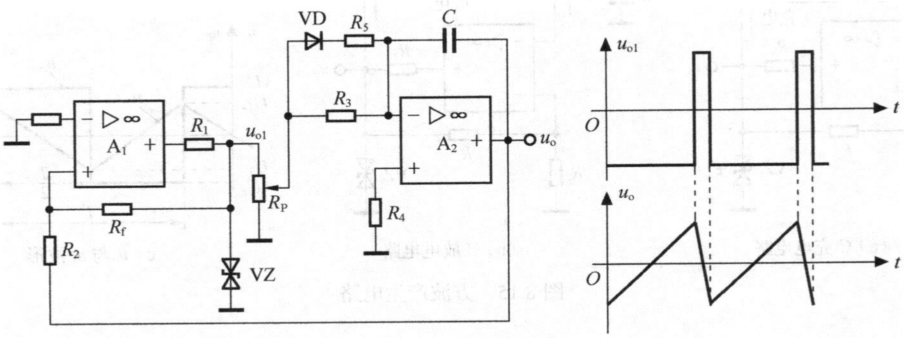

（a）电路原理图　　（b）波形图

图 8.17　频率和幅度均可调节的锯齿波发生电路

当比较器的输出 u_{o1} 为 $-U_Z$ 时，二极管 VD 截止，积分器的积分时间常数为 R_3C，电容被充电，u_o 线性上升，形成锯齿波的正程；当 u_{o1} 为 $+U_Z$ 时，二极管导通，积分器的积分时间常数为（$R_5//R_3$）C，因为 $R_5 << R_3$，故电容迅速放电，使 u_o 急剧下降，形成短暂的锯齿波回程。由此可见，锯齿波波形如图 8.17（b）所示。

【能力培养】

*（一）集成函数产生器 8038 的功能及应用

8038 集成函数发生器是一种多用途的波形发生器，可以用来产生正弦波、方波、三角波和锯齿波，其振荡频率可通过外加的直流电压进行调节，所以是压控集成信号产生器。

8038 为塑封双列直插式集成电路，其管脚功能如图 8.18 所示。在图 8.18 中，8 脚为频率调节（简称调频）偏置电压输入端。振荡频率与调频电压的高低成正比，其线性度为 0.5%，调频电压的值为管脚 6 与管脚 8 之间的电压，它的值应不超过 $U_{CC}/3$。

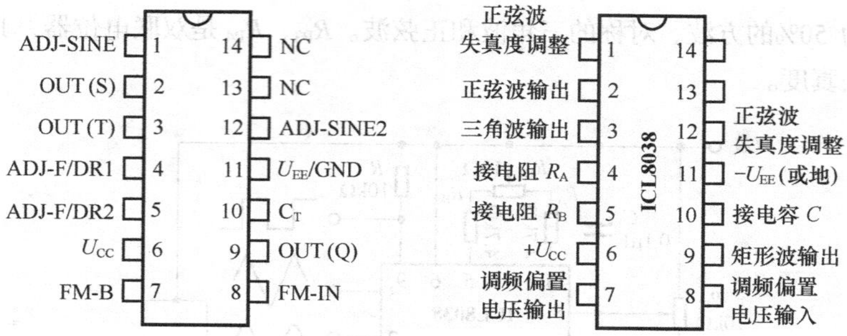

图 8.18 8038 管脚中英文排列对照

其内部电路结构如图 8.19 所示。由图 8.19 可见，外接电容 C 的充、放电电流由两个电流源控制，所以电容 C 两端电压 u_C 的变化与时间呈线性关系，从而可以获得理想的三角波输出。另外 8038 电路中含有正弦波变换器，故可以直接将三角波变成正弦波输出。

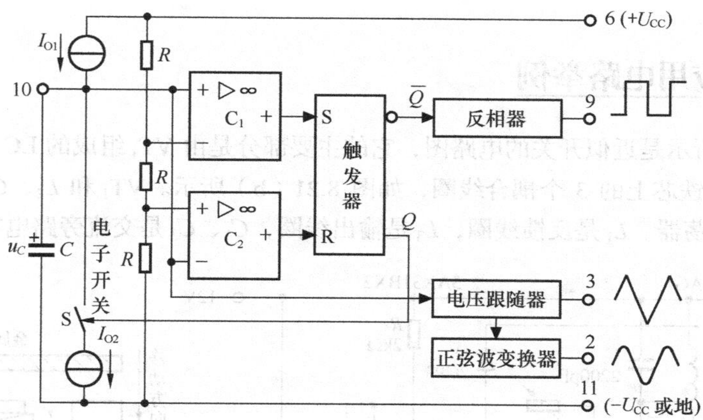

图 8.19 8038 内部电路结构

由图 8.19 可见，电压比较器 C_1 和 C_2 的门限电压分别为电源电压 U_{CC} 的 2/3 和 1/3。电流源 I_{O1} 与 I_{O2} 的大小可通过外接电阻调节，但 I_{O2} 必须大于 I_{O1}。当触发器输出 Q 为低电平时，它控制开关 S 使电流源 I_{O2} 断开，电流源 I_{O1} 给电容 C 充电，C 两端电压 u_C 随时间线性上升。当 u_C 达到电源电压的 2/3 时，电压比较器 C_1 输出电压发生跳变，由低电平变为高电平，使触发器输出 Q 由低电平变为高电平，控制开关 S 接通电流源 I_{O2}。由于 $I_{O2}>I_{O1}$，所以电容 C 放电，u_C 随时间线性下降，当 u_C 下降到电源电压的 1/3 时，电压比较器 C_2 的输出电压发生跳变，由低电平变为高电平，使触发器输出 Q 由高电平变为低电平，电流源 I_{O2} 又被切断，I_{O1} 再给 C 充电，u_C 又随时间线性上升，如此周而复始，产生振荡。

在 $I_{O2}=2I_{O1}$ 的条件下，触发器的输出为方波，经反相器由管脚 9 输出；电容 C 两端的电压 u_C 上升与下降时间相等，为三角波，经电压跟随器后由管脚 3 输出。同时通过三角波变正弦波电路得到正弦波，从管脚 2 输出。

当 $I_{O1}<I_{O2}<2I_{O1}$，时，u_C 的上升与下降时间不相等，管脚 3 输出锯齿波。

利用 8038 构成的函数发生器的实例如图 8.20 所示。其振荡频率取决于电位器 R_{P1} 滑动触点的位置、C 的容量及 R_A、R_B 的阻值。调节 R_{P1}，即可改变输出信号的频率。图 8.20 中 C_1 为高频旁路电容，用以消除 8 脚的寄生交流电压，R_{P2} 为方波占空比和正弦波失真度调节电位器，当 R_A=R_B

时产生占空比为50%的方波、对称的三角波和正弦波。R_{P3}、R_{P4}是双联电位器，其作用是进一步调节正弦波的失真度。

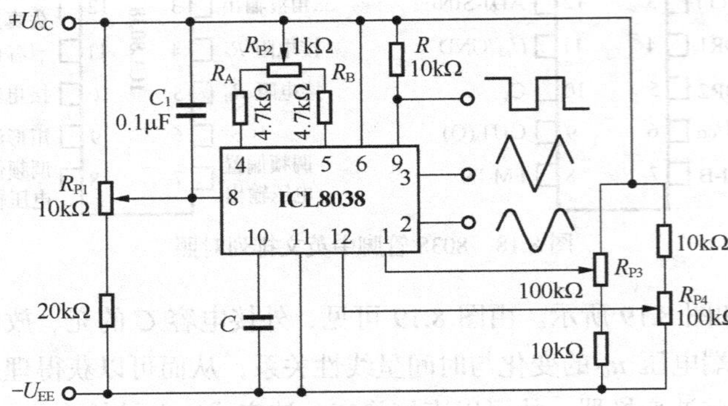

图8.20 频率可调、失真小的函数发生器

*（二）应用电路举例

图8.21（a）所示是近似开关的电路图，它的主要部分是由VT_1组成的LC振荡器，其中L_1、L_2、L_3是绕在同一铁芯上的3个耦合线圈，如图8.21（b）所示。VT_1和L_2、C_2谐振回路组成变压器反馈式LC振荡器。L_1是反馈线圈，L_3是输出线圈，C_1、C_3是交流旁路电容。

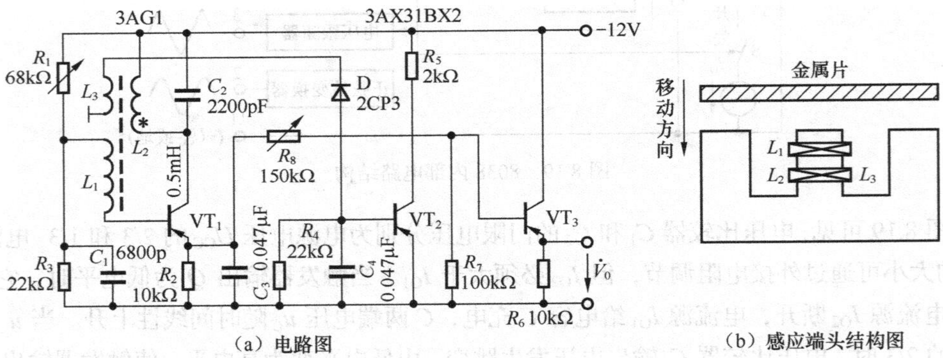

图8.21 接近开关

当无金属片接近感应端头时，VT_1处于自激振荡状态，L_3有交流电压输出，并经二极管VD整流后，在R_4两端得到一个直流电压，其极性是上负下正。该电压加在VT_2的输入端，使VT_2工作在饱和区，其集电极电压接近于零。VT_3截止，射极跟随器无输出电压。

当有金属片接近感应端头时，金属片中感应产生涡流，削弱了L_1与L_2之间的耦合，使得反馈量不足以维持其振荡，以致振荡器停振。于是L_3无交流电压输出，VT_2截止，其集电极电压接近−12V。电源通过R_5、R_7向VT_3提供足够的基流而使VT_3导通，其射极输出电压接近−12V，即可带动继电器或控制电路动作。VT_3采用射极输出，是为了提高开关带负载的能力。

R_8为正反馈电阻。当电路停振时，R_8将VT_2集电极电压反馈一部分到VT_1的射极，使它的电位更负，确保振荡器迅速而可靠地停振。当电路振荡时，VT_2集电极电压接近于零，则无反馈电压，使振荡器迅速恢复振荡。请自行计算该振荡器的振荡频率。

【模块总结】

1. 信号产生电路通常称为振荡器，用于产生一定频率和幅度的正弦波和非正弦波信号，因此，它有正弦波和非正弦波振荡电路两类。正弦波振荡电路又有 RC、LC、石英晶体振荡电路等，非正弦波振荡电路又有方波、三角波、锯齿波产生电路等。

2. 反馈型正弦波振荡电路是利用选频网络，通过正反馈产生自激振荡的。它的振荡振幅平衡条件为 $|\dot{A}\dot{F}|=1$ ，利用振幅平衡条件可确定振荡幅度。其相位平衡条件为 $\varphi_a+\varphi_f=2n\pi\ (n=0,1,2\cdots)$ 。利用相位平衡条件可确定振荡频率。振荡的相位起振条件为 $\varphi_a+\varphi_f=2n\pi\ (n=0,1,2\cdots)$ ，振幅起振条件为 $|\dot{A}\dot{F}|>1$ 。

振荡电路起振时，电路处于小信号工作状态，而振荡处于平衡状态时，电路处于大信号工作状态。为了满足振荡的起振条件并实现稳幅、改善输出波形，要求振荡电路的环路增益应随振荡输出幅度而变，当输出幅度增大时，环路增益应减小，反之，增益应增大。

3. RC 正弦波振荡电路适用于低频振荡，一般在 1MHz 以下，常采用 RC 桥式振荡电路，当 RC 串并联选频网络中 $R_1=R_2=R$、$C_1=C_2=C$ 时，其振荡频率 $f_0=1/2\pi RC$ ，为了满足振荡条件，要求 RC 桥式振荡电路中的放大电路应满足条件：①同相放大，$A_u>3$；②高输入阻抗、低输出阻抗；③为了起振容易、改善输出波形及稳幅，放大电路需采用非线性元件构成负反馈电路，使放大电路的增益自动随输出电压的增大（或减小）而下降（或增大）。

4. LC 振荡电路的选频网络由 LC 回路构成，它可以产生较高频率的正弦波振荡信号。它有变压器耦合、电感三点式和电容三点式等电路，其振荡频率近似等于 LC 谐振回路的谐振频率。石英晶体振荡电路是采用石英晶体谐振器代替 LC 谐振回路构成的，其振荡频率的准确性和稳定性非常高。石英晶体振荡电路有并联型和串联型两种。

5. 非正弦波产生电路中没有选频网络，它通常由比较器、积分电路和反馈电路等组成，其状态的翻转依靠电路中定时电容能量的变化，改变定时电容的充、放电电流的大小，就可以调节振荡周期。利用电压控制的电流源提供定时电容的充、放电电流，可以得到理想的振荡波形，同时振荡频率的调节也很方便，故集成压控振荡器的使用越来越广泛。

习题及思考题

1．填空题

（1）按输出信号波形的不同，可将信号产生电路分为两大类：________和________。

（2）正弦波振荡电路按电路形式可分为________、________和________等；非正弦波振荡电路按信号形式可分为________、________和________等。

（3）在电子技术中，信号产生电路在自动控制系统中作________；在测量中作________；在通信、广播、电视设备中作________等。

（4）正弦波振荡电路是一个________正反馈放大电路。

（5）正弦波信号振荡的平衡条件为________。其中，$\dot{A}$为________；$\dot{F}$为________。该条件说明，放大器与反馈网络组成的闭合环路中，环路总的传输系数应等于______，使反馈电压与输入电压大小相等，即其振幅满足__________，其相位满足_________。放大器和反馈网络的总相移必须等于________的整数倍，使反馈电压与输入电压相位相同，以保证正反馈。

（6）正弦波信号振荡振幅起振条件为________，相位起振条件为________。

（7）一个正弦波振荡器应由________和________两大部分组成，它必须包含以下 4 个环节：________、________、________和________。

（8）选频网络由LC元件组成，称LC正弦波振荡电路；选频网络由RC元件组成，则称RC正弦波振荡电路。一般用RC振荡器产生__________信号，用LC振荡器产生________信号。

（9）RC桥式正弦波振荡电路的振荡频率为________。根据反馈形式的不同，LC正弦波振荡电路可分为________、________、________等几种电路形式。

（10）8038 为塑封双列直插式集成电路，振荡频率与调频电压的高低成________，其线性度为_________，调频电压的值为管脚_________与管脚_________之间的电压，它的值应不超过________。

2．选择题

（1）为了满足振荡的相位平衡条件，反馈信号与输入信号的相位差应为________。

① 90°　　② 180°　　③ 360°

（2）以三节移项电路作为正反馈的 RC 振荡电路，其放大器输出信号与输入信号相位差________。

① 90°　　② 180°　　③ 360°

（3）已知某LC振荡电路的振荡频率在50～10MHz之间，通过电容C来调节，因此可知电容量的最大值与最小值之比等于________。

① 2.5×10^{-5}　　② 2×10^{2}　　③ 4×10^{4}

（4）在文氏电桥RC振荡电路中，设深度反馈电路中的电阻$R_{e1}=1\text{k}\Omega$，为了满足起振条件，反馈电阻R_f的值不能不少于________。

① 1kΩ　　② 2kΩ　　③ 3kΩ

3．讨论题

（1）信号产生电路的作用是什么？对信号产生电路有哪些主要要求？

（2）正弦波振荡电路由哪几部分组成？产生正弦波振荡的条件是什么？

（3）试总结三点式LC振荡电路的结构特点。

4．在图8.22所示的电路中，已知$U_{REF}=0$、$U_Z=\pm6\text{V}$，$u_i=10\sin t(\text{mV})$，试画出输出电压u_o波形。

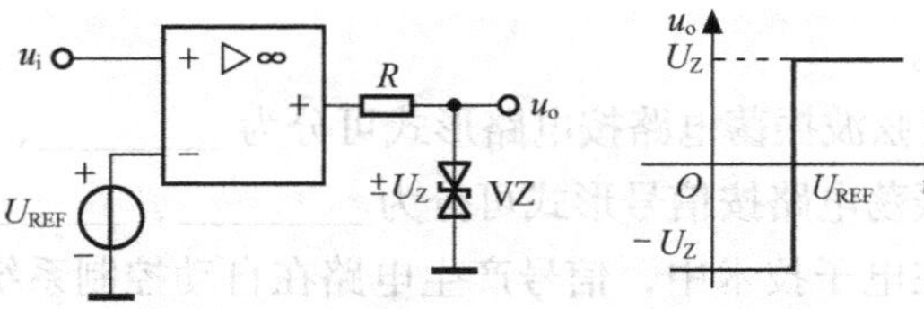

图8.22　习题4图

5. 振荡电路如图 8.23 所示，它是什么类型振荡电路，有何优点？计算它的振荡频率。

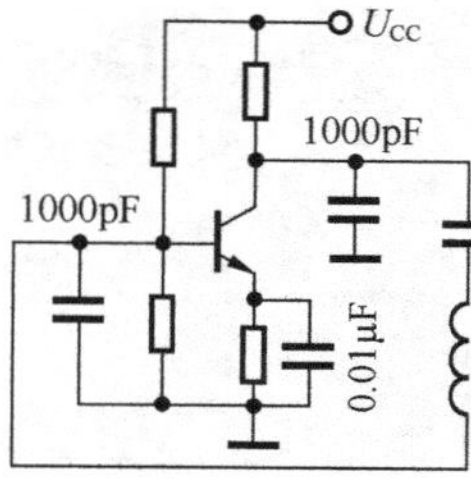

图 8.23　习题 5 图

6. 根据振荡的相位条件，判断图 8.24 所示电路能否产生振荡？在能振荡的电路中，求出振荡频率的大小。

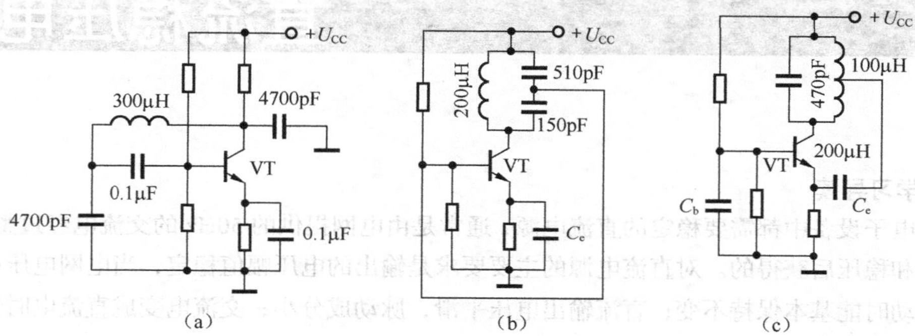

图 8.24　习题 6 图

7. 方波产生电路如图 8.25 所示，图中二极管 VD_1、VD_2 特性相同，电位器 R_P 用来调节输出方波的占空比，试分析它的工作原理并定性画出当 $R = R''$、$R > R''$、$R < R''$ 时的振荡波形 u_o 及 u_C。

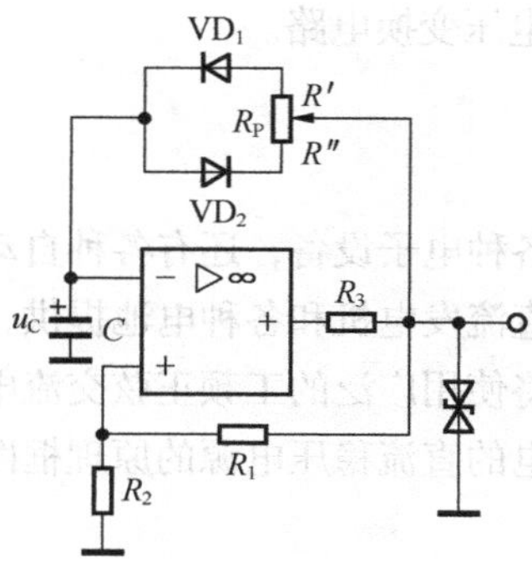

图 8.25　习题 7 图

模块九

直流稳压电源

学习导读

电子设备中都需要稳定的直流电源，通常是由电网提供的 50Hz 的交流电经过整流、滤波和稳压后获得的。对直流电源的主要要求是输出的电压幅值稳定，当电网电压或负载波动时能基本保持不变；直流输出电压平滑，脉动成分小；交流电变成直流电时转换效率高。

学习目标

掌握整流滤波电路的构成、工作原理，稳压电路主要技术指标；掌握串联反馈稳压电路的组成、工作原理及其应用；熟悉常用的三端集成稳压器应用电路；了解开关电源电路和直流—直流（DC-DC）电压变换电路。

【相关理论知识】

前面分析的各种放大器及各种电子设备，还有各种自动控制装置，都需要稳定的直流电源供电。直流电源可以由直流发电机和各种电池提供，但比较经济实用的办法是利用具有单向导电性的电子器件将使用广泛的工频正弦交流电转换成直流电。如图 9.1 所示是把正弦交流电转换成直流电的直流稳压电源的原理框图，它一般由 4 个部分组成，各部分功能如下。

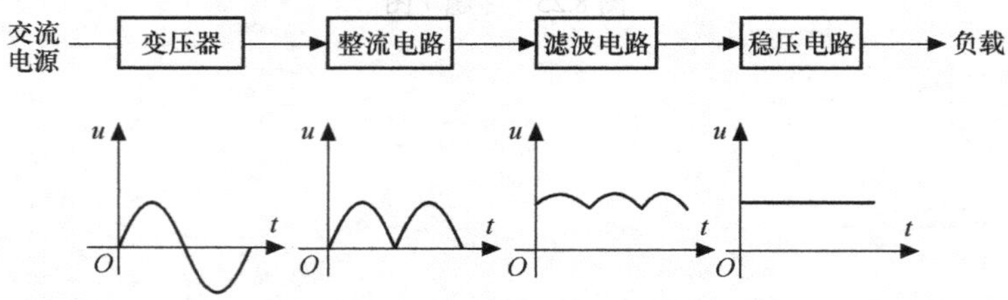

图 9.1　直流稳压电源的组成原理框图

变压器：将正弦工频交流电源电压变换为符合用电设备所需要的正弦工频交流电压。

整流电路：利用具有单向导电性能的整流元件，将正负交替变化的正弦交流电压变换成单方向的脉动直流电压。

滤波电路：尽可能地将单向脉动直流电压中的脉动部分（交流分量）减小，使输出电压成为比较平滑的直流电压。

稳压电路：采用某些措施，使输出的直流电压在电源发生波动或负载变化时保持稳定。

变压器部分相关内容在电路基础中已经介绍，本模块将先从小功率单相整流滤波电路开始讨论，然后再分析直流稳压电源的其他电路。

知识点一　小功率单相整流电路

小功率直流电源因功率比较小，通常采用单相交流供电，因此，本节只讨论单相整流电路。利用二极管的单向导电作用，可将交流电变为直流电，常用的二极管整流电路有单相半波整流电路和单相桥式整流电路等。

（一）单相半波整流电路

单相半波整流电路如图 9.2 所示，图中 T 为电源变压器，用来将市电 220V 交流电压变换为整流电路所要求的交流低电压，同时保证直流电源与市电电源有良好的隔离。设 VD 为整流二极管，令它为理想二极管，R_L 为要求直流供电的负载等效电阻。

设变压器二次电压为 $u_2=\sqrt{2}U_2\sin\omega t$。当 u_2 为正半周（$0\leqslant\omega t\leqslant\pi$）时，由图 9.3（a）可见，二极管 VD 因正偏而导通，流过二极管的电流 i_D 同时流过负载电阻 R_L，即 $i_o=i_D$，负载电阻上的电压 $u_o\approx u_2$；当 u_2 为负半周（$\pi\leqslant\omega t\leqslant 2\pi$）时，二极管因反偏而截止，$i_o\approx 0$，因此，输出电压 $u_o\approx 0$，此时 u_2 全部加在二极管两端，即二极管承受反向电压 $u_D\approx u_2$。

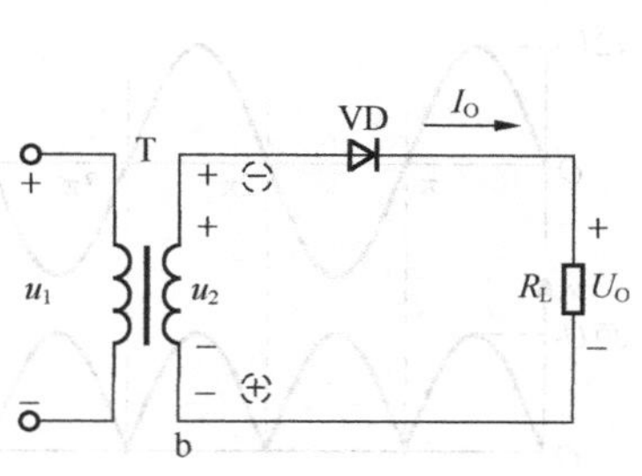

图 9.2　单相半波整流电路

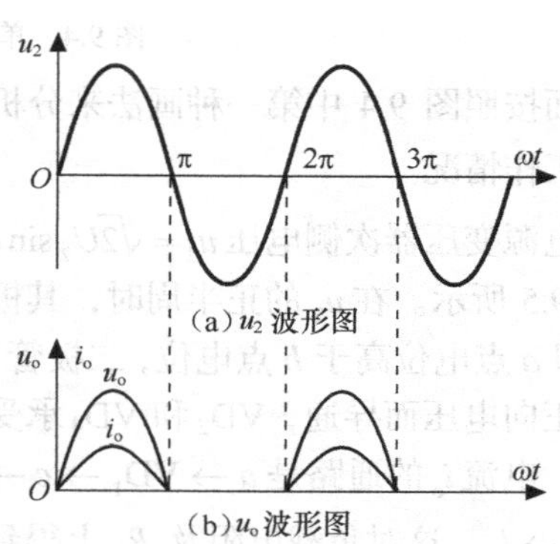

图 9.3　单相半波整流电路波形图

u_2、u_o、i_o 波形示于图 9.3（b）中，由图可见，负载上得到单方向的脉动电压。由于电路只在 u_2 的正半周有输出，所以称为单相半波整流电路。单相半波整流电路输出电压的平均值 U_O 为：

$$U_O=\frac{1}{2\pi}\int_0^{2\pi}u_o\mathrm{d}(\omega t)=\frac{1}{2\pi}\int_0^{2\pi}\sqrt{2}U_2\sin(\omega t)\mathrm{d}(\omega t)=\frac{\sqrt{2}}{\pi}U_2=0.45U_2 \qquad (9\text{-}1)$$

流过二极管的平均电流 I_D 为：

$$I_D = I_O = \frac{U_O}{R_L} = 0.45\frac{U_2}{R_L} \tag{9-2}$$

二极管承受的反向峰值电压 U_{RM} 为：

$$U_{RM} = \sqrt{2}U_2 \tag{9-3}$$

单相半波整流电路使用元件少，电路结构简单，只利用了电源电压的半个周期，整流输出电压的脉动较大，变压器存在单向磁化等问题，但整流效率低。因此，它只适用于要求不高的场合。

（二）单相桥式整流电路

为了克服单相半波整流的缺点，常采用单相桥式整流电路，它由 4 个二极管接成电桥形式构成。图 9.4 所示为桥式整流电路的几种画法。

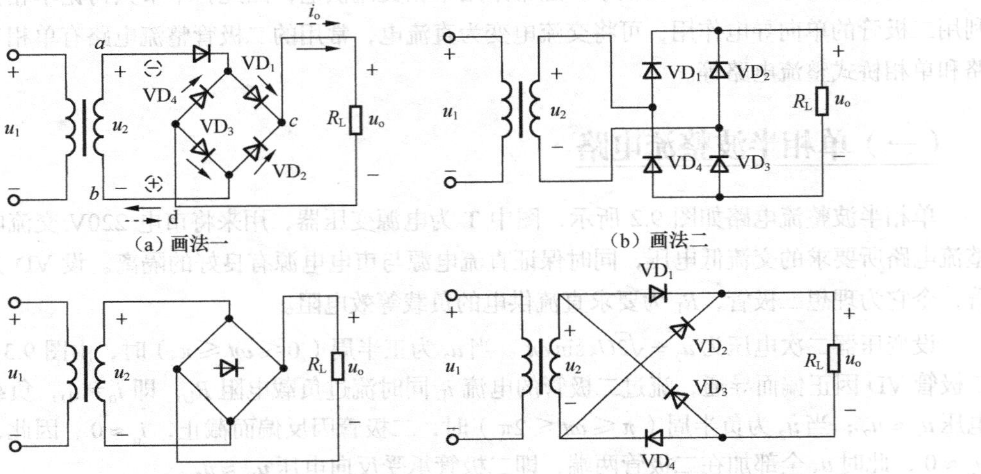

（a）画法一　（b）画法二　（c）画法三　（d）画法四

图 9.4　单相桥式整流电路的几种画法

下面按照图 9.4 中第一种画法来分析桥式整流电路的工作情况。

设电源变压器次侧电压 $u_2 = \sqrt{2}U_2 \sin\omega t(\text{V})$，波形如图 9.5 所示。在 u_2 的正半周时，其极性为上正下负，即 a 点电位高于 b 点电位，二极管 VD_1、VD_3 因承受正向电压而导通，VD_2 和 VD_4 承受反向电压而截止，电流 i_o 的通路是 $a \to VD_1 \to c \to R_L \to d \to VD_3 \to b$，这时负载电阻及 R_L 上得到一个半波电压，如图 9.5 中的 0～π 段所示。

在电压 u_2 的负半周时，其极性为上负下正，即 b 点电位高于 a 点电位，因此 VD_1、VD_3 截止，VD_2 和 VD_4 导通，电流 i_o 的通路是 $b \to VD_2 \to c \to R_L \to d \to VD_4 \to a$，因为电流均是从 c 经 R_L 到 d，所以在负载电阻上得到一个与 0～π 段相同的半波

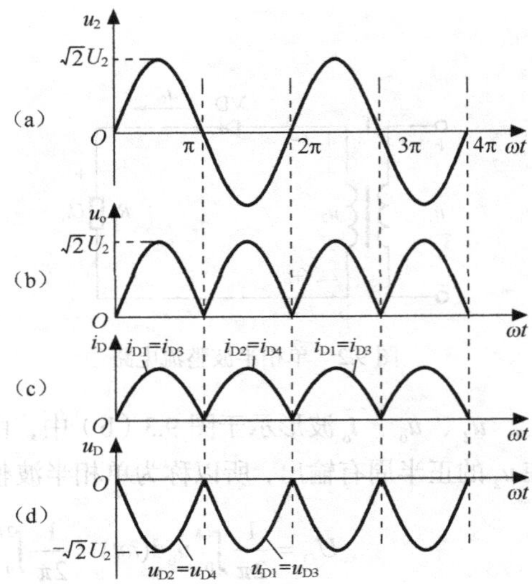

图 9.5　桥式整流电路电压、电流波形

电压，如图 9.5 中的π～2π段所示。

因此，当变压器次侧电压 u_2 变化一个周期时，在负载电阻 R_L 上的电压 u_o 和电流 i_o 是单向全波脉动电压和电流。由图 9.5 与图 9.3 比较可见，单相桥式整流电路的整流输出电压的平均值 U_O 比半波时增加了一倍，即：

$$U_O = 2\frac{\sqrt{2}U_2}{\pi} = 0.9U_2 \quad (9\text{-}4)$$

流过负载电阻的电流 i_o 的平均值 I_O 为：

$$I_O = \frac{U_O}{R_L} = 0.9\frac{U_2}{R_L} \quad (9\text{-}5)$$

在单相桥式整流电路中，每只二极管串联导通半个周期，在一个周期内负载电阻均有电流流过，且方向相同，而每只二极管流过的电流平均值 I_D 是负载电流 I_O 的一半，即：

$$I_D = \frac{1}{2}I_O = 0.45\frac{U_2}{R_L} \quad (9\text{-}6)$$

在变压器二次侧电压 u_2 的正半周时，VD_1、VD_3 导通后相当于短路，VD_2、VD_4 的阴极接于 a 点，而阳极接于 b 点，所以 VD_2、VD_4 所承受的最高反向电压就是 u_2 的幅值 $\sqrt{2}U_2$。同理，在 u_2 的负半周 VD_1、VD_3 所承受的最高反向电压也是 $\sqrt{2}U_2$。

所以单相桥式整流电路二极管在截止时承受的最高反向电压 U_{RM} 为：

$$U_{RM} = \sqrt{2}U_2 \quad (9\text{-}7)$$

由以上分析可知，单相桥式整流电路与单相半波整流电路相比较，其输出电压提高，脉动成分减少。还有其他整流电路，这里不再一一介绍。

（三）常用整流组合元件

将单相桥式整流电路的 4 只二极管制作在一起，封成一个器件称为整流桥。常用的整流组合元件有半桥堆和全桥堆。半桥堆的内部是由两个二极管组成，而全桥堆的内部是由 4 个二极管组成。半桥堆内部的两个二极管连接方式如图 9.6（a）所示，全桥堆内部的 4 个二极管连接方式如图 9.7（a）所示。全桥堆电路符号如图 9.7（b）所示。半桥堆和全桥的外形如图 9.6（c）和图 9.7（c）所示。图中标有符号～的管脚使用时接变压器二次侧绕组或交流电源，标有符号正号的管脚是整流后输出电压的正极，标有符号负号的管脚是整流后输出电压的负极，全桥堆的这两个脚接负载或滤波稳压电路的输入端。半桥堆有一对交流输入引脚，但只有一个直流电压输出引脚，它必须与具有中心抽头的变压器配合使用，两个交流输入引脚接变压器两个二次侧绕组的非中心抽头端，直流引脚和变压器中心抽头组成输出端，用于接负载或滤波稳压电路输入端，如图 9.6（b）所示。

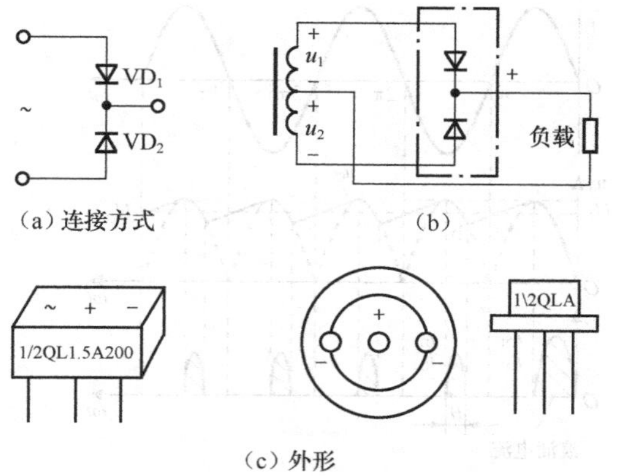

图 9.6　半桥堆连接方式及外形

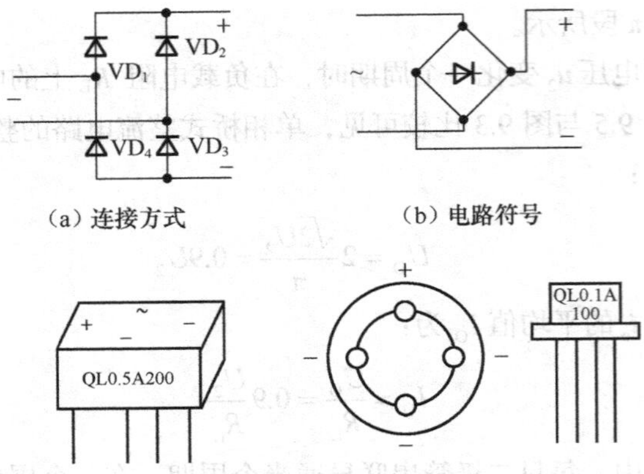

（a）连接方式　　（b）电路符号

（c）外形

图 9.7　全桥堆连接方式、电路符号及外形

全桥的型号用 QL（额定正向整流电流）A（最高反向峰值电压）表示，如 QL3A100。半桥的型号用 1/2QL（额定正向整流电流）A（最高反向峰值电压）表示，如 1/2QLl.5A200。

知识点二　滤波电路

整流电路将交流电变为脉动直流电，但其中含有大量的直流和交流成分（称为纹波电压）。这样的直流电压作为电镀、蓄电池充电的电源还是允许的，但作为大多数电子设备的电源，将会产生不良影响，甚至不能正常工作。在整流电路之后，需要加接滤波电路，尽量减小输出电压中交流分量，使之接近于理想的直流电压。本节介绍采用储能元件滤波减小交流分量的电路。

（一）电容滤波电路

电容滤波电路如图 9.8 所示。由于电容器的容量较大，所以一般采用电解质电容器。电解质电容器具有极性，使用时其正极要接电路中高电位端，负极要接低电位端，若极性接反，电容器的容量将降低，甚至造成电容器爆裂损坏。选择电容器时既要考虑它的容量又要考虑耐压，特别要注意，耐压低于实际使用电压将会造成电容器损坏。将合适电容器与负载电阻 R_L 并联，负载电阻上就能得到较为平直的输出电压。

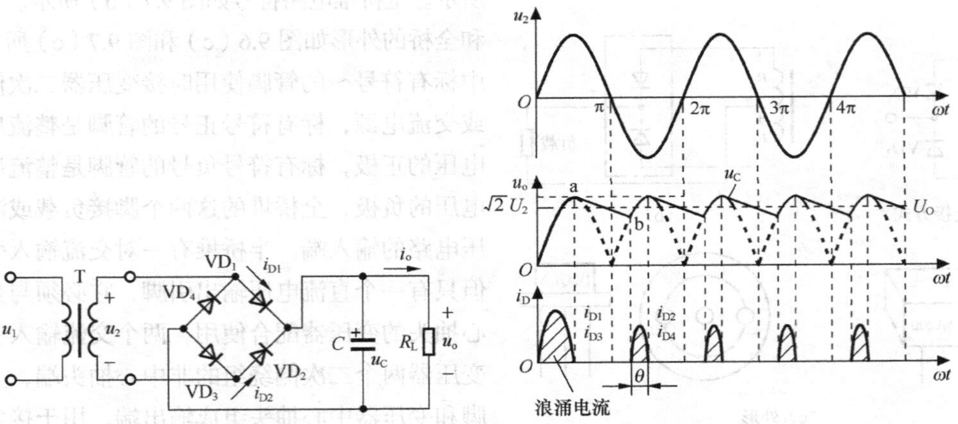

（a）电路　　（b）电压、电流波形

图 9.8　桥式整流电容滤波电路

下面讨论电容滤波电路的工作原理。

图 9.8（a）所示是在桥式整流电路输出端与负载电阻 R_L 并联一个较大电容 C，构成电容滤波电路。设电容两端初始电压为零，并假定在 t=0 时接通电路，u_2 为正半周，当 u_2 由零上升时，VD_1、VD_3 导通，C 被充电，同时电流经 VD_1、VD_3 向负载电阻供电。如果忽略二极管正向电压降和变压器内阻，电容充电时间常数近似为零，因此 $u_o = u_C \approx u_2$，在 u_2 达到最大值时，u_o 也达到最大值，如图 9.8（b）中 a 点所示，然后 u_2 下降，此时 $u_C > u_2$，VD_1、VD_3 截止，电容 C 向负载电阻 R_L 放电，由于放电时间常数 $\tau = R_L C$ 一般较大，电容电压 u_C 按指数规律缓慢下降。当 $u_o(u_C)$ 下降到图 9.8（b）中 b 点后，$|u_2| > u_C$，VD_1、VD_4 导通，电容 C 再次被充电，输出电压增大，以后重复上述充、放电过程，便可得到图 9.8（b）所示输出电压波形，它近似为一锯齿波直流电压。

由图 9.8（b）可见，整流电路接入滤波电容后，不仅使输出电压变得平滑、纹波显著减小，同时输出电压的平均值也增大了。输出电压平均值 U_O 的大小与滤波电容 C 及负载电阻 R_L 的大小有关，C 的容量一定时，R_L 越大，C 的放电时间常数 τ 就越大，其放电速度越慢，输出电压就越平滑，U_O 就越大。当 R_L 开路时，$U_O \approx \sqrt{2}U_2$。为了获得良好的滤波效果，一般取：

$$R_L C \geqslant (3\sim5)\frac{T}{2} \tag{9-8}$$

式中，T 为输入交流电压的周期。此时输出电压的平均值近似为：

$$U_O \approx 1.2U_2 \tag{9-9}$$

在整流电路采用电容滤波后，只有当 $|u_2| > u_C$ 时二极管才导通，故二极管的导通时间缩短，一个周期的导通角 $\theta < \pi$，如图 9.8（b）所示。由于电容 C 充电的瞬时电流很大，形成了浪涌电流，容易损坏二极管，故在选择二极管时，必须留有足够电流裕量。一般可按（2～3）I_O 来选择二极管。

【例 9-1】一单相桥式整流电容滤波电路如图 9.9 所示，设负载电阻 R_L=1.2kΩ，要求输出直流电压 U_O=30V。试选择整流二极管和滤波电容。已知交流电源频率 50 Hz。

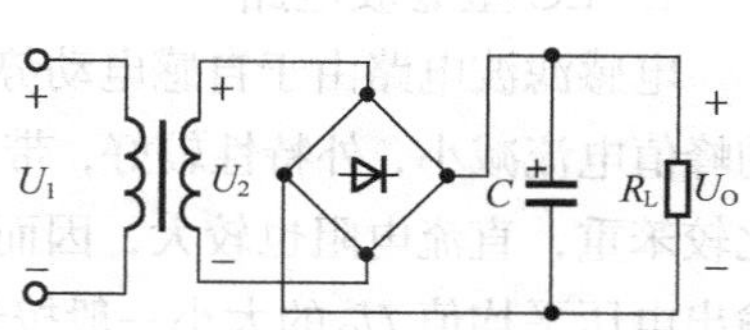

图 9.9　单相桥式整流电容滤波电路

解：（1）选择整流二极管

流过二极管的电流平均值为：

$$I_D = \frac{I_O}{2} = \frac{U_O}{2R_L} = \frac{30}{2\times1.2}\text{mA} = 12.5\text{mA}$$

变压器二次侧电压的有效值为：

$$U_2 = \frac{U_O}{1.2} = \frac{30}{1.2}\text{V} = 25\text{V}$$

二极管所承受的最高反向电压为：

$$U_{RM} = \sqrt{2}U_2 = \sqrt{2}\times25\text{V} = 35\text{V}$$

查手册，可选用二极管 2CP11，最大整流电流 100 mA，最大反向工作电压 50 V。

（2）选择滤波电容

由式（9-8），取 $R_L C = \frac{5T}{2}$，其中 $T = 0.02$s，故滤波电容的容量为：

$$C \geqslant 5\frac{T}{2\times R_L} = \frac{5\times0.02}{2\times1200}\text{F} = 42\mu\text{F}$$

可选取容量为 47 μF，耐压为 50 V 的电解电容器。

电容滤波电路简单，输出电压平均值 U_O 较高，脉动较小，但是二极管中有较大的冲击电流。因此，电容滤波电路一般适用于输出电压较高，负载电流较小并且变化也较小的场合。

（二）电感滤波电路

图 9.10 所示为电感滤波电路，它主要适用于负载功率较大即负载电流很大的情况。它是在整流电路的输出端和负载电阻 R_L 之间串联一个电感量较大的铁芯线圈 L。电感中流过的电流发生变化时，线圈中要产生自感电动势阻碍电流的变化。当电流增加时，自感电动势的方向与电流方向相反，自感电动势阻碍电流的增加，同时将能量存储起来，使电流增加缓慢；反之，当电流减小时，自感电动势的方向与电流的方向相同，自感电动势阻止电流的减小，同时将能量释放出来，使电流减小缓慢，因而使负载电流和负载电压脉动大为减小。

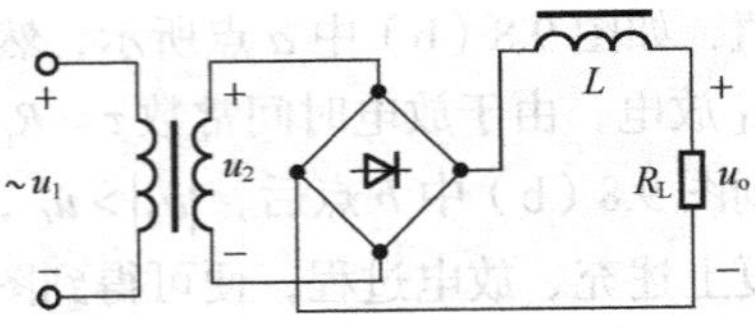

图 9.10　电感滤波电路

电感线圈能滤波还可以这样理解：因为电感线圈对直流分量阻抗为零；对交流分量具有阻抗，且谐波频率越高，阻抗越大，所以它可以滤除整流电压中的交流分量。ωL 比 R_L 大得越多，则滤波效果越好。

（三）其他形式滤波电路——LC 型滤波电路和π型滤波电路

1. LC 型滤波电路

电感滤波电路由于自感电动势的作用使二极管的导通角比电容滤波电路时增大，流过二极管的峰值电流减小，外特性较好，带负载能力较强，但是电感量较大的线圈，因匝数较多，体积大，比较笨重，直流电阻也较大，因而其上有一定的直流压降，造成输出电压的下降。电感滤波电路输出电压平均值 U_O 的大小一般按经验公式计算：

$$U_O = 0.9U_2 \tag{9-10}$$

如果要求输出电流较大，输出电压脉动很小时，可在电感滤波电路之后再加电容 C，组成 LC 滤波电路，如图 9.11 所示。电感滤波之后，利用电容再一次滤掉交流分量，这样，便可得到更为平直的直流输出电压。

2. π型滤波电路

为了进一步减小负载电压中的纹波可采用图 9.12 所示的π型 LC 滤波电路。由于电容 C_1、C_2 对交流的容抗很小，而电感 L 对交流的阻抗很大，因此，负载 R_L 上的纹波电压很小。若负载电流较小时，也可用电阻代替电感组成π型 RC 滤波电路。由于电阻要消耗功率，所以，此时电源的损耗功率较大，电源效率降低。

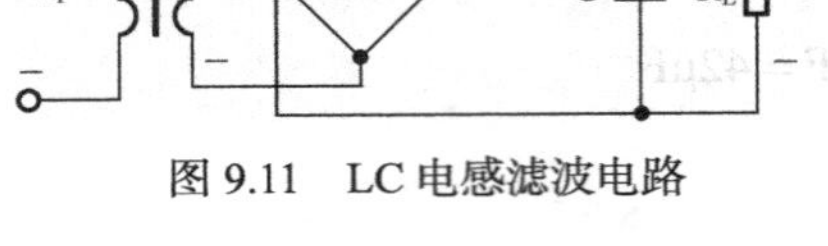

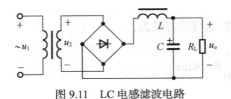

图 9.11　LC 电感滤波电路

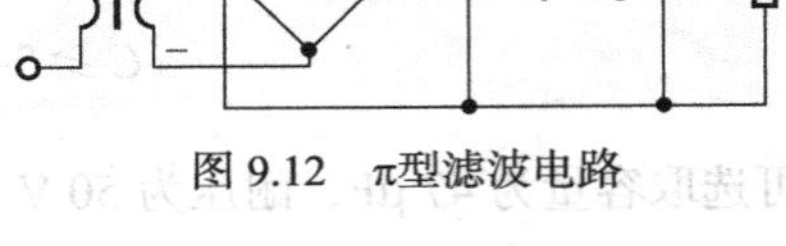

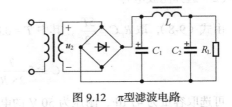

图 9.12　π型滤波电路

知识点三　串联反馈稳压电路

在前几节中主要讨论了如何通过整流电路把交流电变成单方向的脉动电压，以及如何利用储能元件组成各种滤波电路以减少脉动成分。但是，整流滤波电路的输出电压和理想的直流电源还有相当的距离，主要存在两方面的问题：第一，当负载电流变化时，由于整流滤波电路存在内阻，因此输出电压将要随之发生变化；第二，当电网电压波动时，整流电路的输出直接与变压器二次侧电压有关，因此也要相应地变化。为了能够提供更加稳定的直流电源，需要在整流滤波后面加上稳压电路。

（一）稳压电路主要技术指标

通常用以下几个主要指标来衡量稳压电路的质量。

1. 内阻 r_0

稳压电路的内阻定义为经过整流滤波后输入到稳压电路的直流电压不变时，稳压电路的输出电压变化量与输出电流变化量之比。

2. 稳压系数

稳压系数的定义是当负载不变时，稳压电路输出电压的相对变化量与输入电压的相对变化量之比。

3. 温度系数

温度系数指电网电压和负载都不变时，由于温度变化而引起的输出电压漂移。

另外，还有电压调整率、电流调整率、最大纹波电压和噪声电压等。通常，我们主要讨论内阻和稳压系数这两个主要指标。常用的稳压电路有硅稳压管稳压电路和串联反馈式直流稳压电路等。下面将重点讨论串联反馈式稳压电路。

（二）串联反馈式稳压电路

如果在输入直流电压和负载之间，串联入一个三极管，当输入电压或负载变化而引起输出电压变化时，将输出电压的变化反馈给该三极管，称这一电路为串联反馈式稳压电路。这里的三极管被称为调整管。串联型稳压电路组成框图如图 9.13（a）所示，它由调整管、取样电路、基准电压和比较放大电路等部分组成。图 9.13（b）所示为串联反馈式稳压电路的原理电路图。

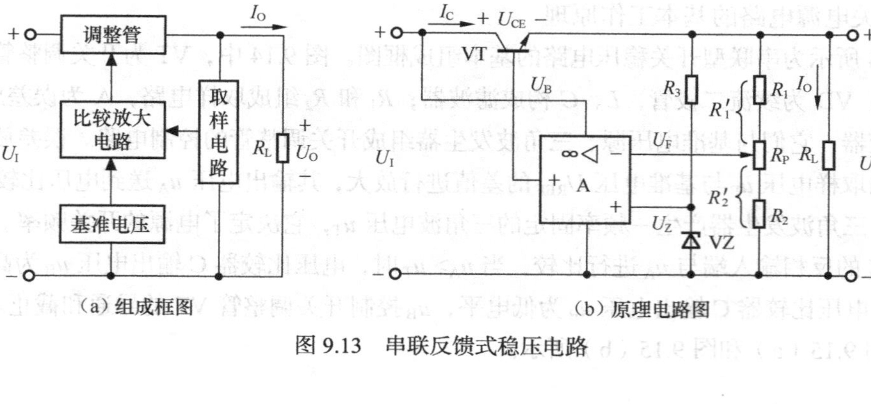

图 9.13　串联反馈式稳压电路

图 9.13 中，VT 为调整管，它工作在线性放大区，故又称为线性稳压电路。R_3 和稳压管 VZ 组成基准电压源，为集成运放 A 的同相输入端提供基准电压，R_1、R_2 和 R_P 组成取样电路，它将稳压电路的输出电压分压后送到集成运放 A 的反相输入端，集成运放 A 构成比较放大电路，用来对取样电压与基准电压的差值进行放大。当输入电压 U_I 增大（或负载电流 I_O 减小）引起输出电压 U_O 增加时，取样电压 U_F 随之增大，U_Z 与 U_F 的差值减小，经 A 放大后使调整管的基极电压 U_B 减小，集电极 I_C 减小，管压降 U_{CE} 增大，输出电压 U_O 减小，从而使得稳压电路的输出电压上升趋势受到抑制，稳定了输出电压。同理，当输入电压 U_I 减小或负载电流 I_O 增大引起 U_O 减小时，电路将产生与上述相反的稳压过程，亦将维持输出电压基本不变。

由图 9.13（b）可得：

$$U_F = \frac{R_2'}{R_1 + R_2 + R_P} U_O \tag{9-11}$$

由于 $U_F \approx U_Z$，所以稳压电路输出电压 U_O 等于：

$$U_O = \frac{R_1 + R_2 + R_P}{R_2'} U_Z \tag{9-12}$$

由此可见，串联反馈式稳压电路通过调节电位器 R_P 的动端，即可调节输出电压 U_O 的大小。由于运算放大器调节方便，电压放大倍数很高，输出阻抗较低，因而可以获得及其优良的稳压特性。其应用十分广泛。

*知识点四　其他电源电路

（一）开关电源电路

前述线性集成稳压器有很多优点，使用也很广泛。但由于调整管必须工作在线性放大区，管压降比较大，同时要通过全部负载电流，所以管耗大，电源效率低（一般为 40%～60%）。特别在输入电压升高、负载电流很大时，管耗会更大，不但电源效率很低，同时调整管的工作可靠性降低。而开关稳压电源的调整管工作在开关状态，依靠调节调整管导通时间来实现稳压，管耗很小，故使稳压电源的效率明显提高，可达 80%～90%。而且这一效率几乎不受输入电压大小的影响，即开关稳压电源有很宽的稳压范围。正由于开关稳压电源优点显著，故发展非常迅速，使用也越来越广泛。

1. 开关电源电路的基本工作原理

图 9.14 所示为串联型开关稳压电路的基本组成框图。图 9.14 中，VT 为开关调整管，它与负载 R_L 串联；VD 为续流二极管，L、C 构成滤波器；R_1 和 R_2 组成取样电路，A 为误差放大器，C 为电压比较器，它们与基准电压源、三角波发生器组成开关调整管的控制电路。误差放大器对来自输出端的取样电压 u_F 与基准电压 U_{REF} 的差值进行放大，其输出电压 u_A 送到电压比较器 C 的同相输入端。三角波发生器产生一频率固定的三角波电压 u_T，它决定了电源的开关频率。u_T 送至电压比较器 C 的反相输入端与 u_A 进行比较，当 $u_A > u_T$ 时，电压比较器 C 输出电压 u_B 为高电平，当 $u_A < u_T$ 时，电压比较器 C 输出电压 u_B 为低电平，u_B 控制开关调整管 VT 的导通和截止。u_A、u_T、u_B 波形如图 9.15（a）和图 9.15（b）所示。

电压比较器 C 输出电压 u_B 为高电平时，调整管 VT 饱和导通，若忽略饱和压降，则 $u_E \approx U_1$，二极管 VD 承受反向电压而截止，u_E 通过电感 L 向 R_L 提供负载电流。由于电感自感电动势的作用，电感中的电流随时间线性增长，L 同时存储能量，当 $i_L > I_O$ 后继续上升，C 开始被充电，u_o 略有增大。电压比较器 C 输出电压 u_B 为低电平时，调整管截止，$u_E \approx 0$。因电感 L 产生相反的自感电动势，使二极管 VD 导通，于是电感中存储的能量通过 VD 向负载释放，使负载 R_L 中继续有电流通过，所以将 VD 称为续流二极管，这时 i_L 随时间线性下降，当 $i_L < I_O$ 后，C 开始放电，u_o 略有下降。u_E、i_L、u_o 波形如图 9.15（c）～图 9.15（e）所示，图中，I_O、U_O 为稳压电路输出电流、电压的平均值。由此可见，虽然调整管工作在开关状态，但由于二极管 VD 的续流作用和 L、C 的滤波作用，仍可获得平稳的直流电压输出。

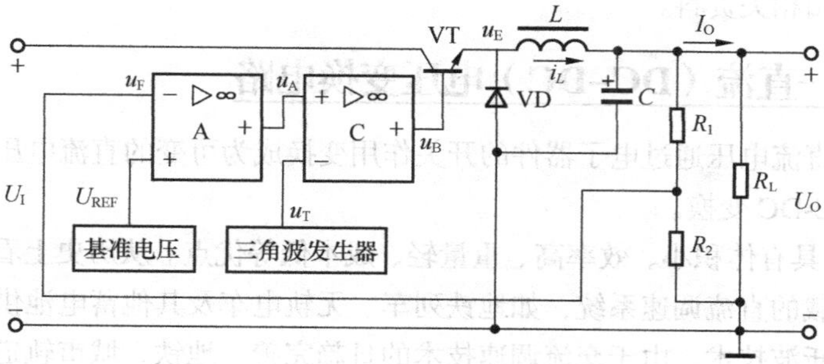

图 9.14　串联型开关稳压电路组成框图

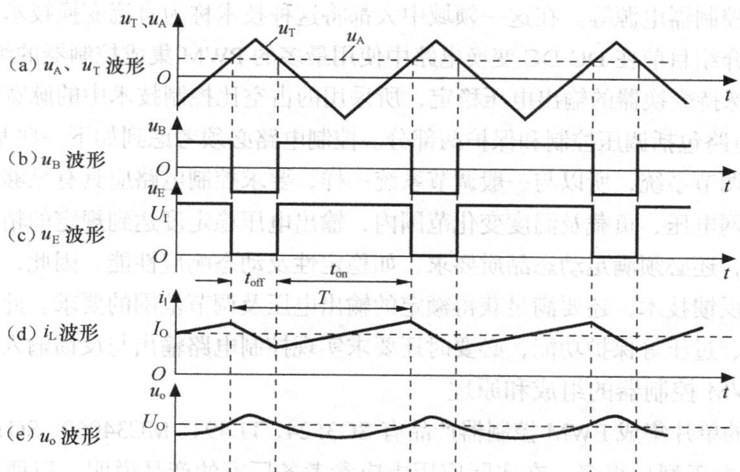

图 9.15　开关稳压电源的电压、电流波形

2. 采用集成开关稳压器电源电路

集成开关稳压器有 CW1524/2524/3524、CW4960/4962 和 CW2575/2576 等系列，这里，我们简要介绍 CW2575/2576 集成稳压器的结构特点。

CW2575/2576 集成稳压器是串联开关稳压器，输出电压为固定 3.3V、5V、12V、15V 和可调 5 种，由型号的后缀两位数字标称，CW2575 的额定输出电流为 1A，CW2576 的额定输出电流达 3A。两种系列芯片内部结构相同，除含有开关调整管的控制电路外，还含有调整管、启动电路、输入欠压锁定控制和保护电路等，固定输出稳压器还含有取样电路。

CW2575/2576 集成稳压器的特点是外部元件少，使用方便；振荡器的频率固定在 52kHz，因而滤波电容不大，滤波电路体积小，一般不需要散热器。

CW2575/2576 单列直插式塑料封装的外形及管脚排列如图 9.16 所示，两种系列芯片的管脚含义相同。其中，5 脚在稳压器正常工作时应接地，它可由 TTL 高电平关闭而处于低功耗备用状态：4 脚一般与应用电路的输出相连，在可调输出时与取样电路相连，此引脚提供的参考电压 U_{REF} 为 1.23V。芯片工作时要求输出电压值不得超过输入电压。其应用请参阅相关资料。

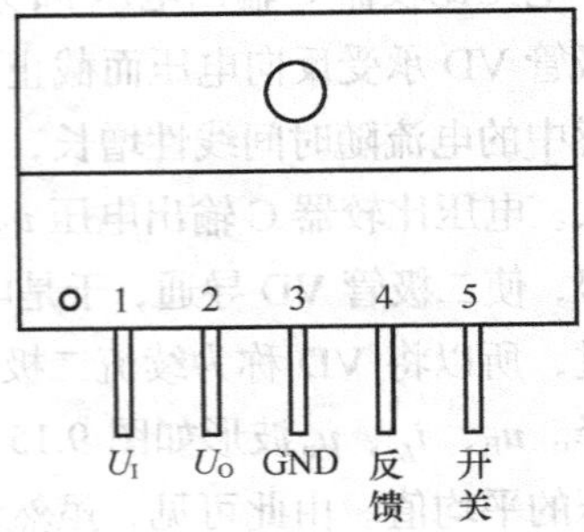

图 9.16　CW2575/2576 外形及管脚图

（二）直流—直流（DC-DC）电压变换电路

将一个恒定的直流电压通过电子器件的开关作用变换成为可变的直流电压的过程，称为直流—直流变换，即 DC-DC 变换。

DC-DC 变换器具有体积小、效率高、重量轻、成本低等优点。从历史上看，这种技术广泛应用于以电动机为负载的直流调速系统，如地铁列车、无轨电车及其他蓄电池供电的电动车辆等，传统上又称为直流斩波技术。由于交流调速技术的日趋完善，地铁、城市轨道车辆的调速都大量采用交流调速方式，故 DC-DC 变换技术应用的更多领域是开关电源，如通信电源、笔记本电脑、移动电话、远程控制器电源等。在这一领域中大都将这种技术称为直流变换技术，而不称斩波技术。本节将简要介绍目前在 DC-DC 变换电路中使用最多的 PWM 集成控制器的组成和原理。

PWM 是为保持变换器的输出电压稳定，所采用的占空比控制技术中的脉宽调制技术。一般讲，PWM 控制电路包括调压控制和保护两部分。控制电路必须考虑到如下一些基本要求及功能：变换器是一闭环调节系统，所以与一般调节系统一样，要求控制电路应具有足够的回路增益，能在允许的输入电网电压、负载及温度变化范围内，输出电压稳定度达到规定的精度要求，即静态精度指标。同时，还必须满足动态品质要求，如稳定性及动态响应性能。因此，需加适当的校正网络或采用多重反馈技术，还要满足获得额定的输出电压及调节范围的要求。此外，还应具有软启动功能及过流、过压等保护功能，必要时还要求实现控制电路输出与反馈输入之间的隔离。

1. 集成 PWM 控制器的组成和原理

目前，常见的单片集成 PWM 控制器产品有 SG3524、TL494、MC34060、SG1525/SG1529 等，功能大同小异。由于型号很多，在实际应用中应参考各厂家的产品说明，以便选择适合的集成 PWM 控制器。下面介绍集成 PWM 控制器的 PWM 信号产生电路组成及原理。图 9.17 所示为 PWM 信号产生电路框图及其波形，它的工作原理如下：对被控制电压 U_O 进行检测，将所得的反馈电压 $U_f = KU_O$ 加至运放的同相输入端，一个固定的参考电压 U_r 加至运放的反相输入端，将放大后输出直流误差电压 U_e 加至比较器的反相输入端，由一固定频率振荡产生锯齿波信号 U_{sa} 加至比较器的同相输入端。比较器输出一方波信号，此方波信号的占空比随着误差电压 U_e 变化，如图 9.17（b）中虚线所示，即实现了脉宽调制。对于单管变换器，比较器输出的 PWM 信号就可作为控制功率晶体管的通断信号。对于推挽或桥式等功率变换电路，则应将 PWM 信号分为两组信号，即分相。分相电路由触发器及两个与门组成，触发器的时钟信号对应于锯齿波的下降沿。A 端和 B 端便输出两组相差 180° 的 PWM 信号。

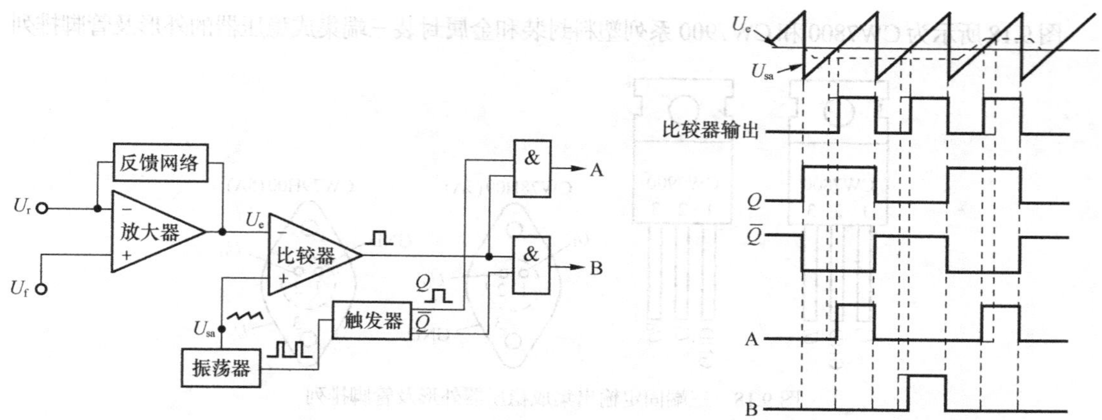

（a）PWM 信号产生电路　　（b）相应的波形

图 9.17　PWM 信号产生电路及波形

2. SG1525/SG1527 系列集成 PWM 控制器

SG1525/SG1527 系列集成 PWM 控制器是美国硅通用公司第二代产品，我国的集成电路制造厂家已生产出此种系列的 PWM 控制器。SG1525 在 SG1524 基础上，增加了振荡器外同步、死区调节、PWM 锁存器以及输出级的最佳设计等，是一种性能优良、功能完善及通用性强的集成 PWM 控制器。

SG1525 与 SG1524 的电路结构相同，仅输出级不同。SG1525 输出正脉冲，适用于驱动 NPN 功率管或 N 沟道功率 MOSFET 管。SG1527 输出负脉冲，适用于驱动 PNP 功率管或 P 沟道功率 MOSFET 管。SG2525 和 SG3525 也属这个系列，内部结构及功能相同，仅工作电压及工作温度有些差异。其功能叙述这里不再解释，有兴趣读者可参考相应书籍。

【能力培养】

（一）三端集成稳压器及其应用

随着集成电路的发展，出现了集成稳压电源，或称集成稳压器。集成稳压器是指将功率调整管、取样电阻以及基准稳压源、误差放大器、启动和保护电路等全部集成在一块芯片上，形成的一种串联型集成稳压电路。它具有体积小、可靠性高、使用灵活、价格低廉等优点，因此得到广泛的应用。

目前常见的集成稳压器引出脚为多端（引出脚多于 3 脚）和三端两种外部结构形式。本节主要介绍广泛使用的三端集成稳压器。由于三端式稳压器只有 3 个引出端子，具有应用时外接元件少、使用方便、性能稳定、价格低廉等优点，因而得到广泛应用。三端式稳压器有两种，一种输出电压是固定的，称为固定输出三端稳压器；另一种输出电压是可调的，称为可调输出三端稳压器。它们的基本组成及工作原理都相同，均采用串联型稳压电路。

固定输出三端集成稳压器通用产品有 CW7800 系列（正电源）和 CW7900 系列（负电源）。输出电压由具体型号中的后两个数字代表，有 5V、6V、9V、12V、15V、18V、24V 等挡次。其额定输出电流以 78 或（79）后面所加字母来区分。L 表示 0.1A，M 表示 0.5A，无字母表示 1.5A。例如，CW7805 表示输出电压为+5V，额定输出电流为 1.5A。

图9.18所示为CW7800和CW7900系列塑料封装和金属封装三端集成稳压器的外形及管脚排列。

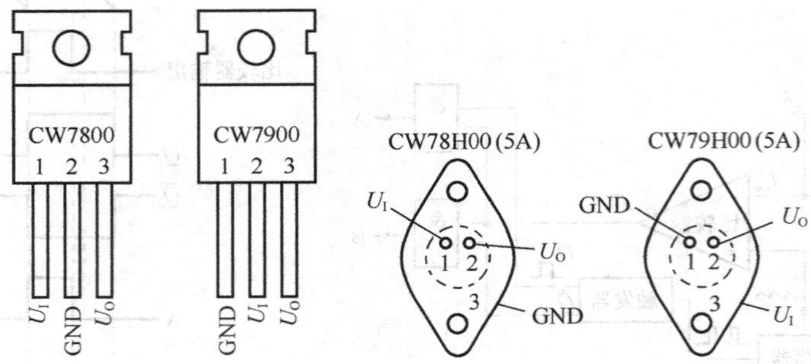

图9.18　三端固定输出集成稳压器外形及管脚排列

1. 基本应用电路

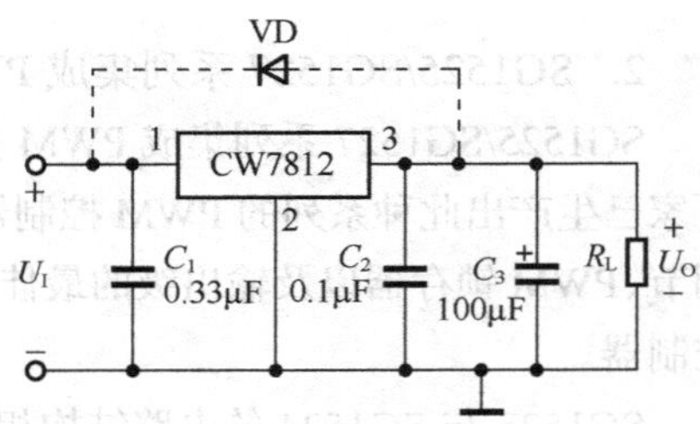

图9.19　7800系列基本应用电路

图9.19所示为7800系列集成稳压器的基本应用电路。由于输出电压决定于集成稳压器，所以图9.19输出电压为12V，最大输出电流为1.5A。为使电路正常工作，要求输入电压 U_I 比输出电压 U_O 至少大2.5～3V。输入端电容 C_1 用以抵消输入端较长接线的电感效应，以防止自激振荡，还可抑制电源的高频脉冲干扰。输出端电容 C_2、C_3 一般取0.1～1μF，用以改善负载的瞬态响应，消除电路的高频噪声，同时也具有消振作用。VD是保护二极管，用来防止在输入端短路时输出电容 C_3 所存储电荷通过稳压器放电而损坏器件。CW7900系列的接线与CW7800系列基本相同。

2. 提高输出电压的电路

实际需要的直流稳压电源，如果超过集成稳压器的输出电压数值时，可外接一些元件提高输出电压，图9.20所示电路能使输出电压高于固定电压，图中的 U_{XX} 为CW78系列稳压器的固定输出电压数值，显然

$$U_O = U_{XX} + U_Z \tag{9-13}$$

也可采用图9.21所示的电路提高输出电压。图9.21中 R_1、R_2 为外接电阻，R_1 两端的电压为三端集成稳压器的额定输出电压 U_{XX}，R_1 上流过的电流为 $I_{R1}= U_{XX}/R_1$，三端集成稳压器的静态电流为 I_Q，则

$$I_{R_2} = I_{R_1} + I_Q \tag{9-14}$$

稳压电路输出电压为：

$$U_O = U_{XX} + I_{R_2}R_2 = I_{R_1}R_1 + I_{R_1}R_2 + I_Q R_2 = \left(1+\frac{R_2}{R_1}\right)U_{XX} + I_Q R_2 \tag{9-15}$$

若忽略 I_Q 的影响，则

$$U_O \approx \left(1+\frac{R_2}{R_1}\right)U_{XX} \tag{9-16}$$

由此可见，提高 R_1 和 R_2 的比值，可提高 U_O 的值。这种接法的缺点是当输入电压变化时，I_Q 也变化，将降低稳压器的精度。

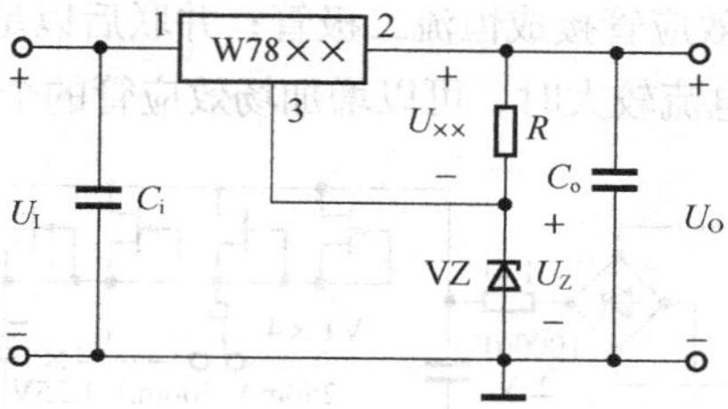

图 9.20 提高输出电压电路一

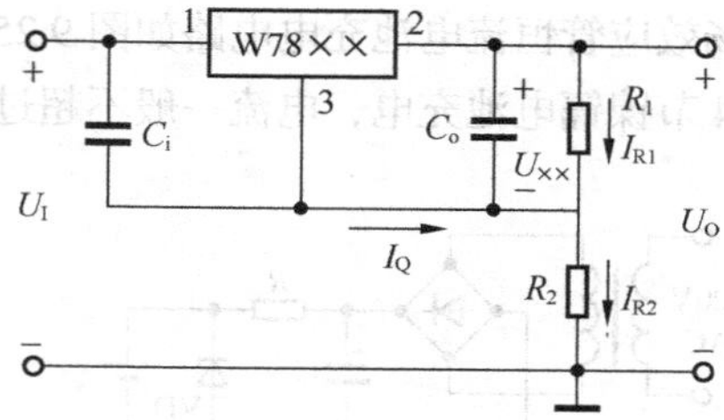

图 9.21　提高输出电压电路二

3. 输出正、负电压的电路

图 9.22 所示为采用 CW7815 和 CW7915 三端稳压器各一块组成的具有同时输出+15～−15V 电压的稳压电路。

4. 恒流源电路

集成稳压器输出端串入阻值合适的电阻，就可构成输出恒定电流的电源，如图 9.23 所示。稳压器向负载 R_L 输出的电流为：

$$I_O = \frac{U_{23}}{R} + I_Q \tag{9-17}$$

式中，I_Q 为稳压器静态工作电流，由于它受 U_I 及温度变化的影响，所以只有当 $U_{23}/R >> I_Q$ 时，输出电流 I_O 才比较稳定。由图 9.23 可知，$U_{23}/R = 5V/10\Omega = 0.5A$，显然比 I_Q 大得多，故 $I_O \approx 0.5A$，受 I_Q 的影响很小。

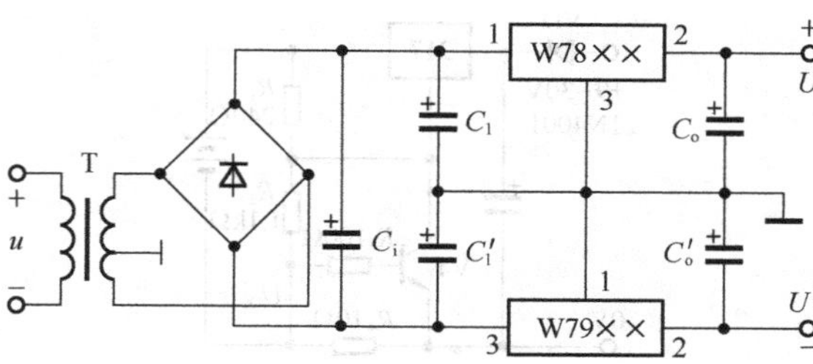

图 9.22　输出正、负电压的电路

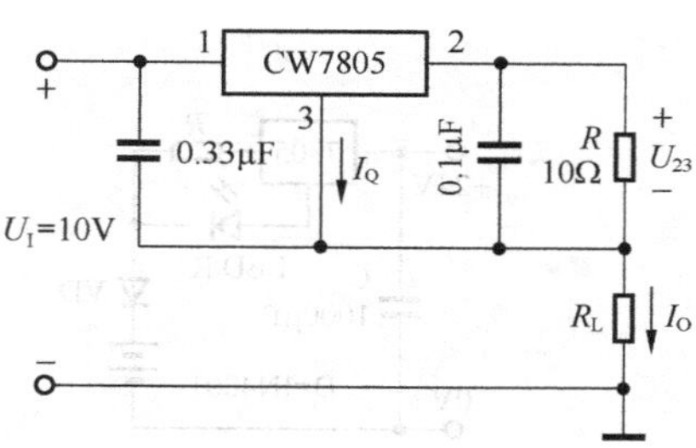

图 9.23　恒流源电路

另外，集成稳压器还有三端可调输出集成稳压器。三端可调输出集成稳压器是在三端固定输出集成稳压器的基础上发展起来的，集成片的输入电流几乎全部流到输出端，流到公共端的电流非常小，因此可以用少量的外部元件方便地组成精密可调的稳压电路，应用更为灵活。典型产品 CW117/CW217/CW317 系列为正电压输出，负电源系列有 CW137/CW237/CW337 等。同一系列的内部电路和工作原理基本相同，只是工作温度不同，如 CW117/CW217/CW317 的工作温度分别为 −55～150℃、−25～150℃、0～125℃。根据输出电流的大小，每个系列又分为 L 型系列（I_O≤0.1A）、M 型系列（I_O≤0.5A）。如果不标 M 或 L 的，则表示该器件 I_O≤1.5A。这里不作过多介绍。

*（二）实际应用电路举例

1. 电阻限流电池充电电路

电阻限流电池充电电路如图 9.24 所示。稳压管保证电池两端电压不超过最大规定电压，电阻

R 限制充电电流。此电路电流一般小于200mA。

2. 场效应管恒流电池充电电路

场效应管恒流电池充电电路如图9.25所示。4只场效应管接成恒流二极管；并联后以足够电流给4节镍镉电池充电，电流一般不超过50mA。需要电流较大时，可以增加场效应管的个数。

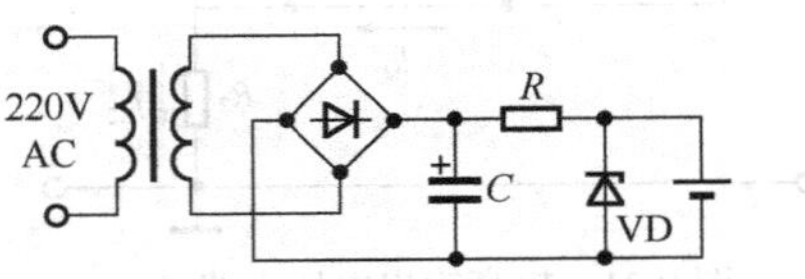

图9.24 电阻限流电池充电电路

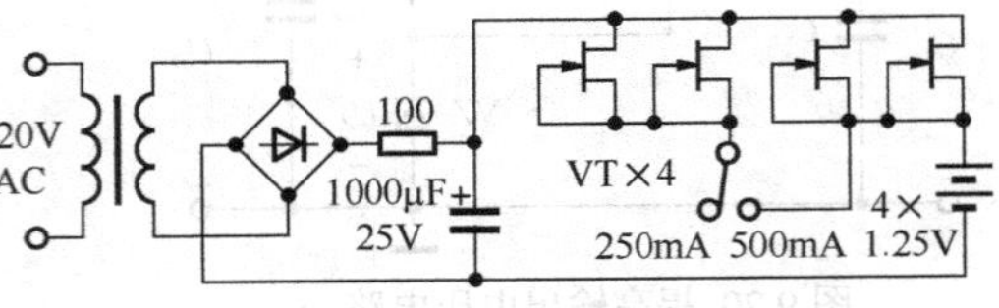

图9.25 场效应管恒流电池充电电路

3. 具有反接保护的电池充电电路

具有反接保护的电池充电电路如图9.26所示。电池放置正确并且电池电压大于0.6V时，恒流充电电流约50mA；如果电池接反，则晶体管 VT_2 截止，保护了电池。

4. 稳压集成块恒流源电池充电电路

稳压集成块恒流源电池充电电路如图9.27所示。输入电压24V时，充电电池可为1～10节。

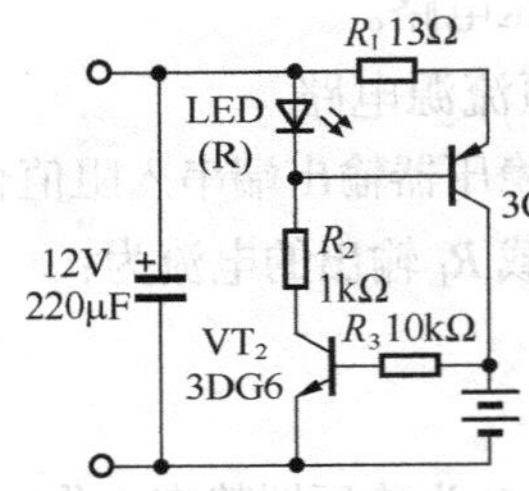

图9.26 具有反接保护的电池充电电路

5. 简单的限流限压电池充电电路

简单的限流限压电池充电电路如图9.28所示。利用三端可调稳压器317，可以组成限流限压充电电路。其最大输出电流约等于 $0.6V/R_4$。

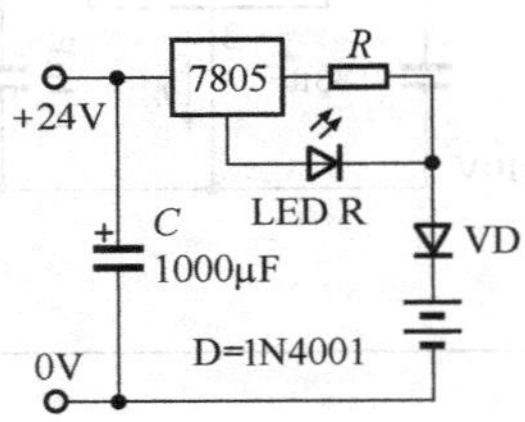

图9.27 稳压集成块恒流源电池充电电路

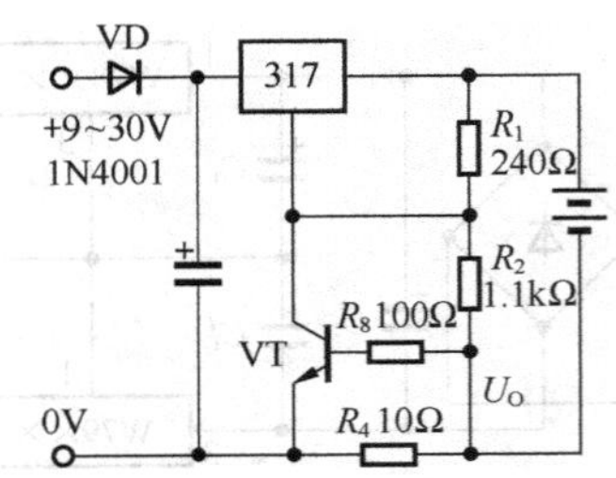

图9.28 简单的限流限压电池充电电路

【模块总结】

1. 直流稳压电源是电子设备中的重要组成部分，用来将交流电网电压变为稳定的直流电压。一般小功率直流电源由电源变压器、整流滤波电路和稳压电路等部分组成。

2. 整流电路的作用是利用二极管的单向导电性，将交流电压变成单方向的脉动直流电压，目前广泛采用整流桥构成桥式整流电路。为了消除脉动电压的纹波电压需采用滤波电路，单相小功率电源常采用电容滤波。

3. 稳压电路用来在交流电源电压波动或负载变化时，稳定直流输出电压。目前广泛采用集成稳压器，在小功率供电系统中多采用线性集成稳压器，而中、大功率稳压电源一般采用开关稳压器。

4. 线性集成稳压器中调整管与负载相串联，且工作在线性放大状态，它由调整管、基准电压、取样电路、比较放大电路以及保护电路等组成。开关稳压器中调整管工作在开关状态，其效率比线性稳压器高得多，而且这一效率几乎不受输入电压大小的影响，即开关稳压电源有很宽的稳压范围。

习题及思考题

1. 填空题

（1）直流稳压电源一般由 4 部分组成：______、______、______和______。

（2）整流电路是利用具有单向导电性能的整流元件如______或______，将正负交替变化的正弦交流电压变换成______。

（3）滤波电路作用是尽可能地将单向脉动直流电压中的脉动部分（交流分量）______，使输出电压成为______。

（4）单相半波整流电路输出电压的平均值 U_O 为______。

（5）电容滤波电路一般适用于______场合。

（6）串联型稳压电路由______、______、______、和______等部分组成。

2. 在图 9.2 所示的半波整流电路中，已知 R_L=100Ω，$u_2=10\sin\omega t$（V），试求输出电压的平均值 U_O、流过二极管的平均电流 I_D 及二极管承受的反向峰值电压 U_{RM} 的大小。

3. 桥式整流电容滤波电路如图 9.8（a）所示，在电路中出现下列故障，会出现什么现象？（1）R_L 短路；（2）VD_1 击穿短路；（3）VD_1 极性接反；（4）4 只二极管极性都接反。

4. 串联型稳压电路由哪几部分组成？请画出一简单串联型稳压电路。

5. 图 9.13（b）所示电路中，已知 $R_1' = 3k\Omega$，$R_2' = 2k\Omega$，U_Z=6V，试问输出电压 u_o 等于多大？对输入电压 u_i 的大小有何要求？

6. 图 9.29 所示为变压器二次线圈有中心抽头的单相整流滤波电路，二次电压有效值为 U_2。

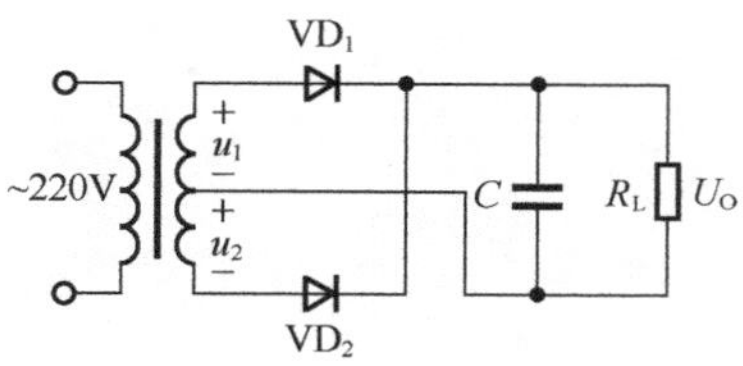

图 9.29　习题 6 图

（1）标出负载电阻 R_L 上电压 u_o 和滤波电容 C 的极性。

（2）分别画出无滤波电容和有滤波电容两种情况下输出电压 u_o 的波形。说明输出电压平均值 U_O 与变压器二次电压有效值 U_2 的数值关系。

（3）无滤波电容的情况下，二极管上所承受的最高反向电压 U_{RM} 为多少？

（4）如果二极管 VD_2 脱焊、极性接反、短路，电路会出现什么问题？

（5）如果变压器二次线圈中心抽头脱焊，这时会有输出电压吗？

（6）在无滤波电容的情况下，如果 VD_1、VD_2 的极性都接反，u_o 会有什么变化？

7. 电路如图 9.30 所示，试说明各元器件的作用，并指出电路在正常工作时的输出电压值。

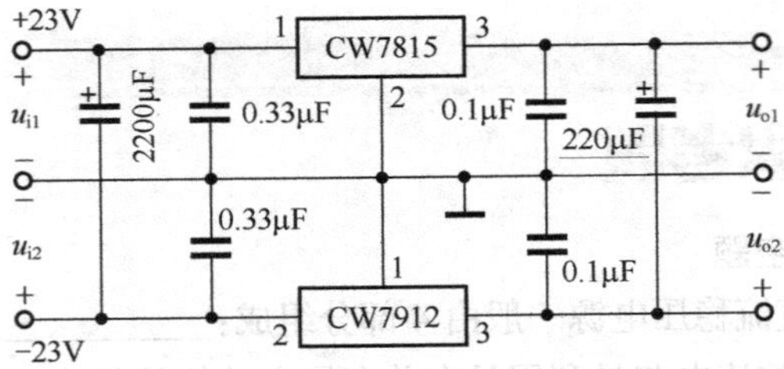

图 9.30　习题 7 图

8. 直流稳压电路如图 9.31 所示，试求输出电压 u_o 的大小。

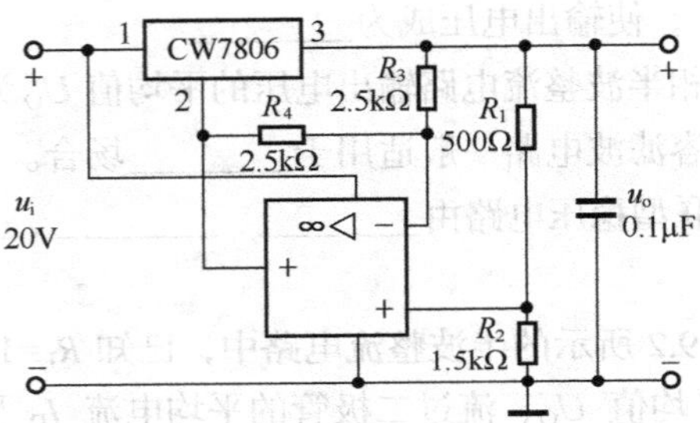

图 9.31　习题 8 图

*模块十

EDA仿真分析模拟电路

学习导读

NI Multisim 10 是美国国家仪器公司（National Instruments，NI）最新推出的 Multisim 最新版本。该版本用软件的方法虚拟电子与电工元器件，其元器件库提供数千种电路元器件供实验选用，同时也可以新建或扩充已有的元器件库。NI Multisim 10 具有较为详细的电路分析功能，可以完成电路的瞬态分析和稳态分析、时域和频域分析、器件的线性和非线性分析、电路的噪声分析和失真分析、离散傅里叶分析、电路零极点分析、交直流灵敏度分析等电路分析方法，以帮助设计人员分析电路的性能。

学习目标

了解 Multisim 10 的基本界面，掌握利用 Multisim 10 完成单管及多级放大电路、负反馈放大电路、集成运放应用电路的仿真设计操作过程。

【相关理论知识】

知识点一 EDA仿真软件Multisim简介

（一）Multisim 10 的基本界面

1. Multisim 10 的主窗口

选择“开始”→“程序”→“National Instruments”→“Circuit Design Suite 10.0”→“multisim”命令，启动 Multisim 10，可以看到如图 10.1 所示的 Multisim 的主窗口。

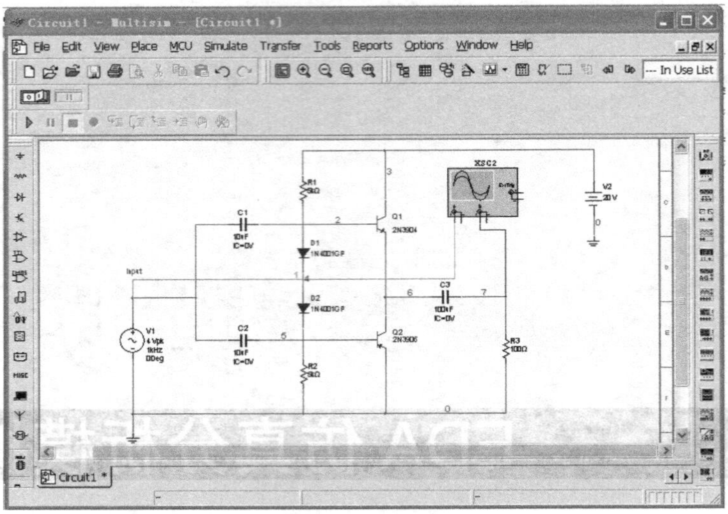

图 10.1　Multisim 的主窗口

从图 10.1 可以看出，Multisim 的主窗口如同一个实际的电子实验台。屏幕中央区域最大的窗口就是电路工作区，在电路工作区上可将各种电子元器件和测试仪器仪表连接成实验电路。电路工作窗口上方是菜单栏、工具栏。从菜单栏可以选择电路连接、实验所需的各种命令。工具栏包含了常用的操作命令按钮。通过鼠标操作即可方便地使用各种命令和实验设备。电路工作窗口两边是元器件栏和仪器仪表栏。元器件栏存放着各种电子元器件，仪器仪表栏存放着各种测试仪器仪表，用鼠标操作可以很方便地从元器件和仪器库中提取实验所需的各种元器件及仪器、仪表到电路工作窗口并连接成实验电路。单击电路工作窗口上方的“启动/停止”开关或“暂停/恢复”按钮可以方便地控制实验的进程。

2. Multisim 10 主菜单

Multisim 10 有 12 个主菜单，如图 10.2 所示，菜单中提供了本软件几乎所有的功能命令。

图 10.2　主菜单

【File】（文件）菜单提供 19 个文件操作命令，如打开、保存和打印等。

【Edit】（编辑）菜单在电路绘制过程中，提供对电路和元器件进行剪切、粘贴、旋转等操作命令，共 21 个命令。

【View】（窗口显示）菜单提供 19 个用于控制仿真界面上显示的内容的操作命令。

【Place】（放置）菜单提供在电路工作窗口内放置元件、连接点、总线和文字等 17 个命令。

【MCU】（微控制器）菜单提供在电路工作窗口内 MCU 的调试操作命令。

【Simulate】（仿真）菜单提供 18 个电路仿真设置与操作命令。

【Transfer】（文件输出）菜单提供 8 个传输命令。

【Tools】（工具）菜单提供 17 个元器件和电路编辑或管理命令。

【Reports】（报告）菜单提供材料清单等 6 个报告命令。

【Option】（选项）菜单提供 5 个电路界面和电路某些功能的设定命令。

【Windows】（窗口）菜单提供 9 个窗口操作命令。

【Help】（帮助）菜单为用户提供在线技术帮助和使用指导。

3. Multisim 10 的常用工具栏

Multisim 10 的常用工具栏如图 10.3 所示，工具栏各图标名称及功能说明如下。

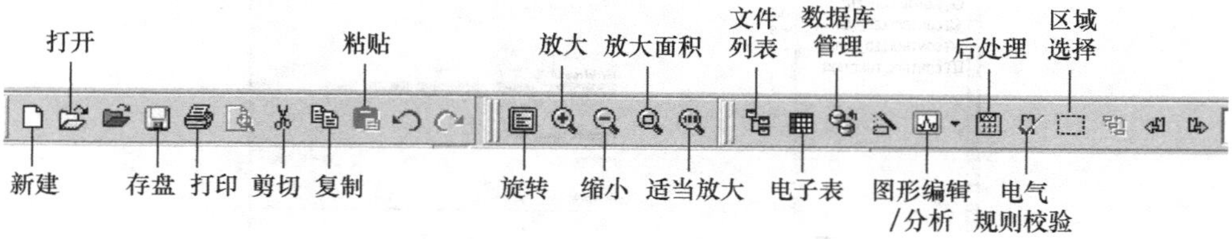

图 10.3　Multisim 10 的常用工具栏

新建：清除电路工作区，准备生成新电路　打开：打开电路文件

存盘：保存电路文件　打印：打印电路文件

剪切：剪切至剪贴板　复制：复制至剪贴板

粘贴：从剪贴板粘贴　旋转：旋转元器件

全屏：电路工作区全屏　放大：将电路图放大一定比例

缩小：将电路图缩小一定比例　放大面积：放大电路工作区面积

适当放大：放大到适合的页面　文件列表：显示电路文件列表

电子表：显示电子数据表　数据库管理：元器件数据库管理

图形编辑/分析：图形编辑器和电路分析方法选择

后处理：对仿真结果进一步操作　电气规则校验：校验电气规则

区域选择：选择电路工作区区域

4. Multisim 10 的元器件库

Multisim 10 提供了丰富的元器件库，元器件库栏图标和名称如图 10.4 所示。

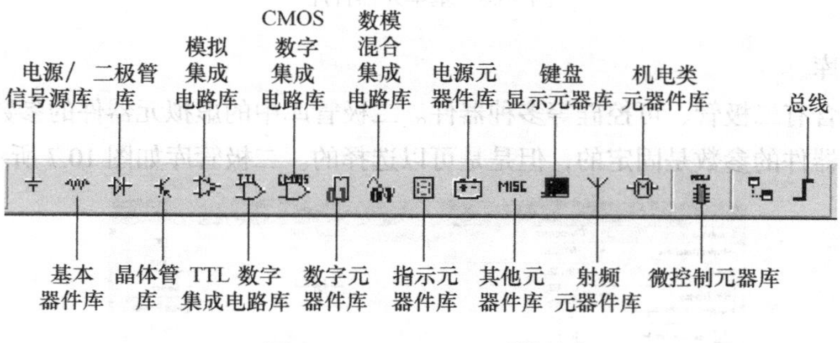

图 10.4　Multisim 10 元器件库

单击元器件库栏的某一个图标即可打开该元器件库。元器件库中的各个图标所表示的元器件含义如下所示。读者还可使用在线帮助功能查阅有关的内容。

（1）电源/信号源库

电源/信号源库包含有接地端、直流电压源（电池）、正弦交流电压源、方波（时钟）电压源、压控方波电压源等多种电源与信号源。电源/信号源库如图 10.5 所示。

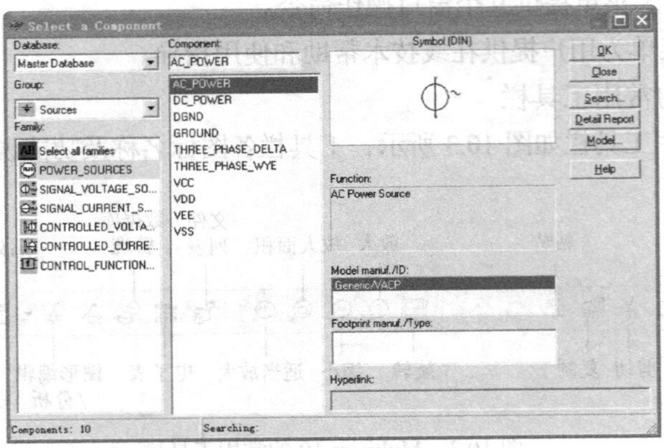

图 10.5　电源/信号源库

（2）基本器件库

基本器件库包含有电阻、电容等多种元件。基本元器件库中的虚拟元器件的参数是可以任意设置的，非虚拟元器件的参数是固定的，但是，是可以选择的。基本元器件库如图 10.6 所示。

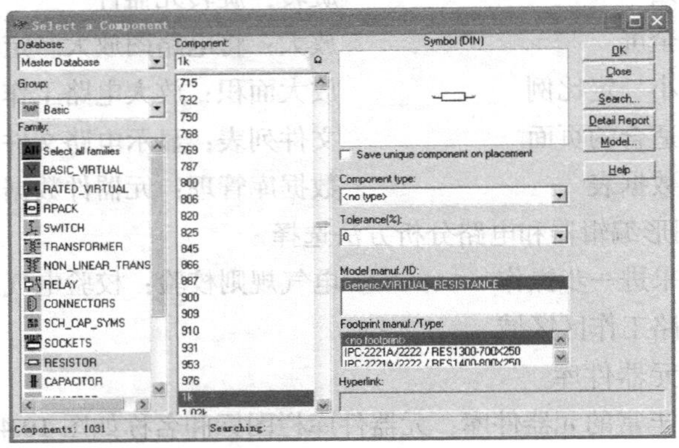

图 10.6　基本元器件库

（3）二极管库

二极管库包含有二极管、可控硅等多种器件。二极管库中的虚拟元器件的参数是可以任意设置的，非虚拟元器件的参数是固定的，但是是可以选择的。二极管库如图 10.7 所示。

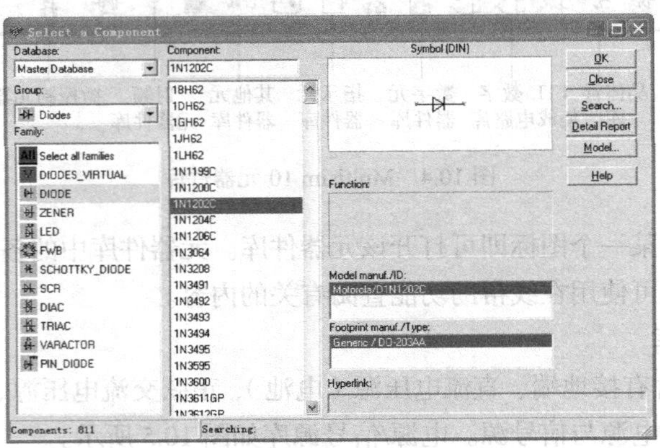

图 10.7　二极管库

（4）晶体管库

晶体管库包含有晶体管、FET 等多种元器件。晶体管库中的虚拟元器件的参数是可以任意设置的，非虚拟元器件的参数是固定的，但是是可以选择的。晶体管库如图 10.8 所示。

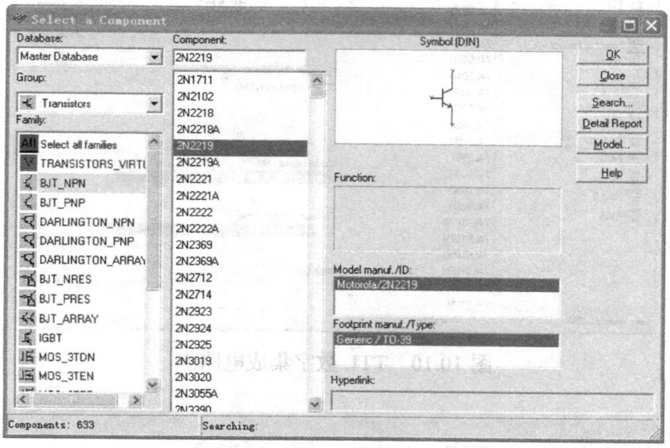

图 10.8　晶体管库

（5）模拟集成电路库

模拟集成电路库包含有多种运算放大器。模拟集成电路库中的虚拟元器件的参数是可以任意设置的，非虚拟元器件的参数是固定的，但是是可以选择的。模拟集成电路库如图 10.9 所示。

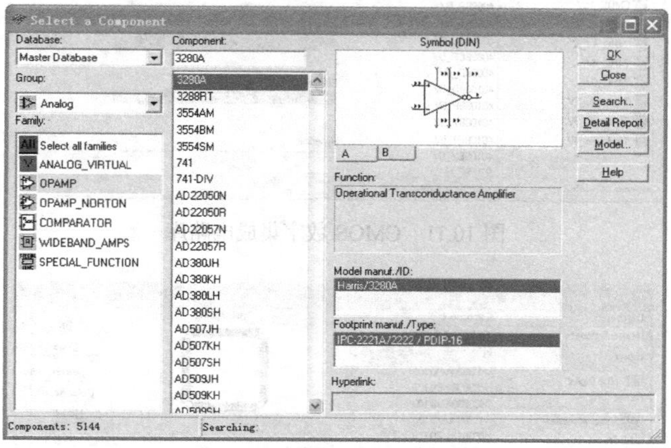

图 10.9　模拟集成电路库

（6）TTL 数字集成电路库

TTL 数字集成电路库包含有 74×× 系列和 74LS×× 系列等 74 系列数字电路器件。TTL 数字集成电路库如图 10.10 所示。

（7）CMOS 数字集成电路库

CMOS 数字集成电路库包含有 40×× 系列和 74HC×× 系列等多种 CMOS 数字集成电路系列元器件。CMOS 数字集成电路库如图 10.11 所示。

（8）数字元器件库

数字元器件库包含有 DSP、FPGA、CPLD、VHDL 等多种元器件。数字元器件库如图 10.12 所示。

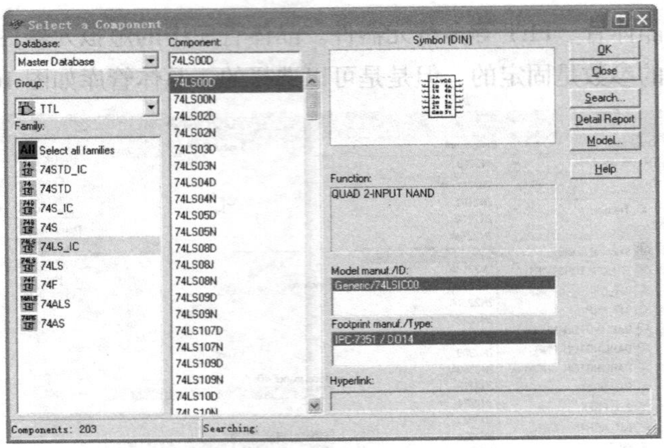

图 10.10　TTL 数字集成电路库

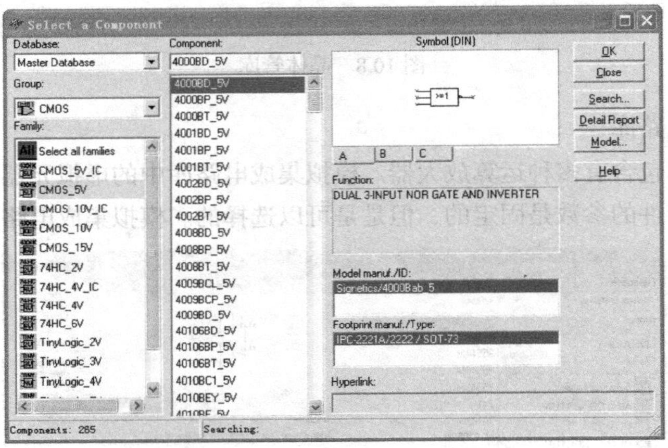

图 10.11　CMOS 数字集成电路库

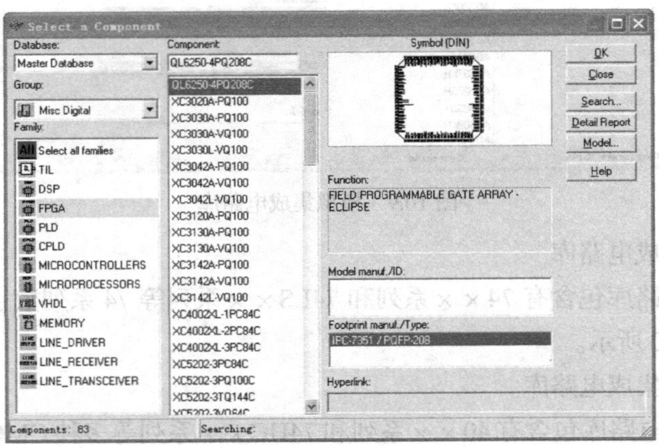

图 10.12　数字元器件库

（9）数模混合集成电路库

数模混合集成电路库包含有 ADC/DAC、555 定时器等多种数模混合集成电路元器件。数模混合集成电路库如图 10.13 所示。

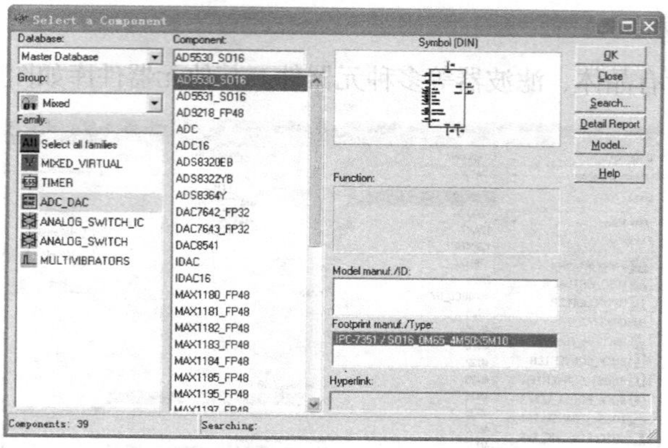

图 10.13　数模混合集成电路库

（10）指示元器件库

指示元器件库包含有电压表、电流表、七段数码管等多种元器件。指示元器件库如图 10.14 所示。

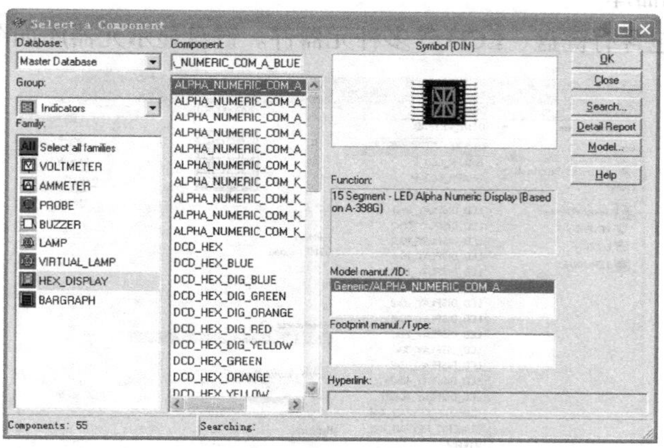

图 10.14　指示元器件库

（11）电源元器件库

电源元器件库包含有三端稳压器、PWM 控制器等多种电源元器件。电源元器件库如图 10.15 所示。

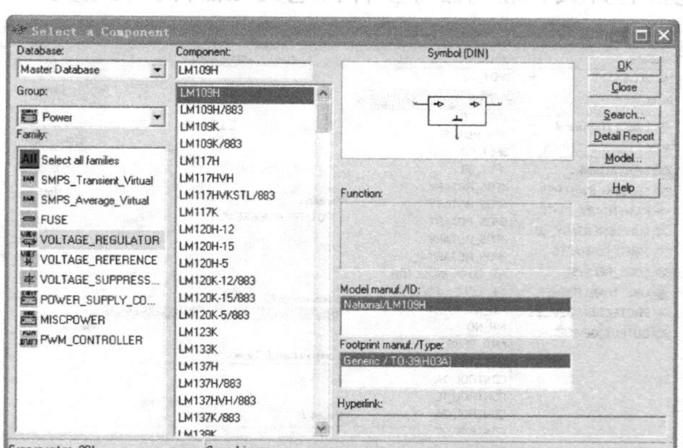

图 10.15　电源元器件库

（12）其他元器件库

其他元器件库包含有晶体、滤波器等多种元器件。其他元器件库如图 10.16 所示。

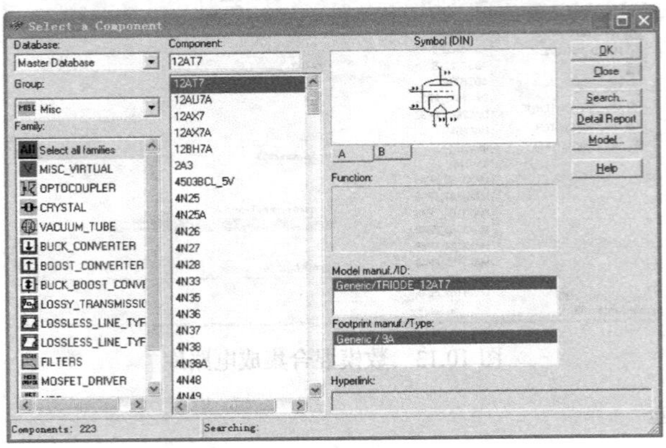

图 10.16　其他元器件库

（13）键盘显示元器库

键盘显示元器库包含有键盘、LCD 等多种元器件。键盘显示元器库如图 10.17 所示。

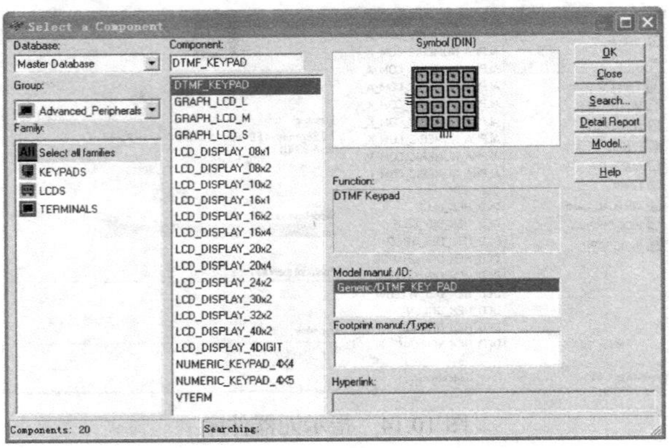

图 10.17　键盘显示元器库

（14）机电类元器件库

机电类元器件库包含有开关、继电器等多种机电类元器件。机电类元器件库如图 10.18 所示。

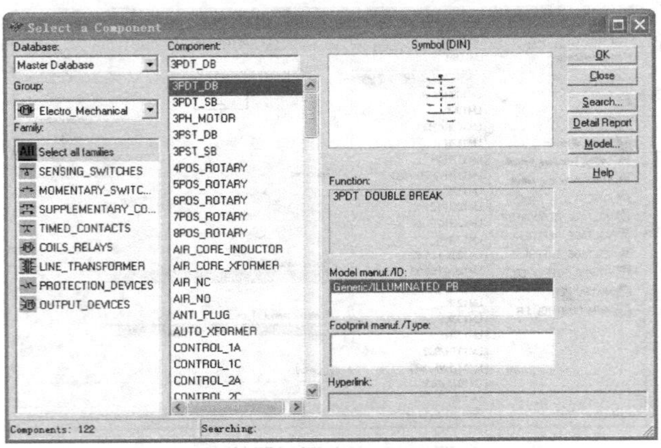

图 10.18　机电类元器件库

（15）微控制元器库

微控制元器件库包含有 8051、PIC 等多种微控制器。微控制元器件库如图 10.19 所示。

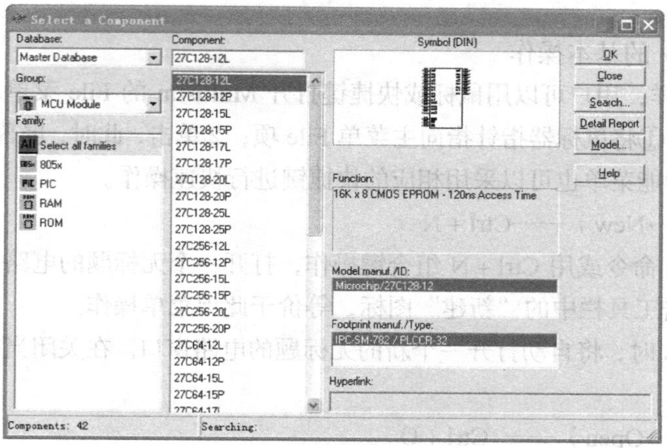

图 10.19　微控制元器库

（16）射频元器件库

射频元器件库包含有射频晶体管、射频 FET、微带线等多种射频元器件。射频元器件库如图 10.20 所示。

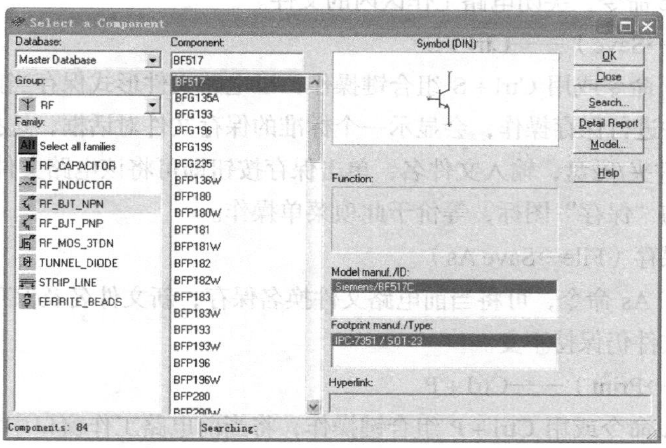

图 10.20　射频元器件库

5. Multisim 10 的仪器仪表库

仪器仪表库的图标如图 10.21 所示。

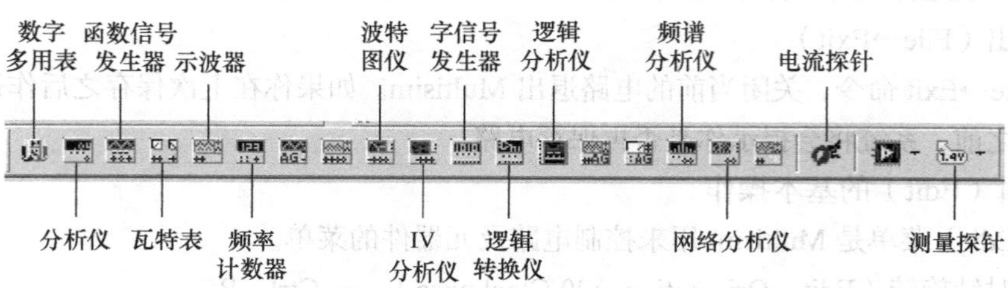

图 10.21　仪器仪表库

（二）Multisim 10 的基本操作

1. 文件（File）的基本操作

与 Windows 一样，用户可以用鼠标或快捷键打开 Multisim 的 File 菜单。使用鼠标可按以下步骤打开 File 菜单：①将鼠标器指针指向主菜单 File 项；②单击，此时，屏幕上出现 File 子菜单。Multisim 的大部分功能菜单也可以采用相应的快捷键进行快速操作。

（1）新建（File→New）——Ctrl + N

选择 File→New 命令或用 Ctrl + N 组合键操作，打开一个无标题的电路窗口，可用它来创建一个新的电路。单击工具栏中的“新建”图标，等价于此项菜单操作。

当启动 Multisim 时，将自动打开一个新的无标题的电路窗口。在关闭当前电路窗口前将提示是否保存它。

（2）打开（File→Open）—— Ctrl + O

选择 File→Open 命令或用 Ctrl + O 组合键操作，打开一个标准的文件对话框，选择需要的存放文件的驱动器/文件目录或磁盘/文件夹，从中选择电路文件名并单击，则该电路便显示在电路工作窗口中。单击工具栏中的“打开”图标，等价于此项菜单操作。

（3）关闭（File→Close）

选择 File→Close 命令，关闭电路工作区内的文件。

（4）保存（File→Save）——Ctrl + S

选择 File→Save 命令或用 Ctrl + S 组合键操作，以电路文件形式保存当前电路工作窗口中的电路。对新电路文件进行保存操作，会显示一个标准的保存文件对话框，选择保存当前电路文件的目录/驱动器或文件夹/磁盘，输入文件名，单击保存按钮即可将该电路文件保存。

单击工具栏中的“保存”图标，等价于此项菜单操作。

（5）文件换名保存（File→Save As）

选择 File→Save As 命令，可将当前电路文件换名保存，新文件名及保存目录/驱动器均可选择。原存放的电路文件仍保持不变。

（6）打印（File→Print）——Ctrl + P

选择 File→Print 命令或用 Ctrl + P 组合键操作，将当前电路工作窗口中的电路及测试仪器进行打印操作。必要时，在进行打印操作之前应完成打印设置工作。

（7）打印设置（File→Print Options→Print Circuit Setup）

选择 File→Print Options→ Print Circuit Setup 命令，显示一个标准的打印设置对话框，从中选择各打印的参数进行设置。打印设置内容主要有打印机选择、纸张选择、打印效果选择等。

（8）退出（File→Exit）

选择 File→Exit 命令，关闭当前的电路退出 Multisim。如果你在上次保存之后作过电路修改，在关闭窗口之前，系统将会提示你是否再保存电路。

2. 编辑（Edit）的基本操作

编辑（Edit）菜单是 Multisim 用来控制电路及元器件的菜单。

（1）顺时针旋转（Edit→Orientation→90 Clockwise）——Ctrl + R

选择 Edit→Orientation→ 90 Clockwise 命令或用 Ctrl + R 组合键操作，将所选择的元器件顺时

针旋转 90°。与元器件相关的文本，例如，标号、数值和模型信息可能重置，但不会旋转。

（2）逆时针旋转（Edit→Orientation→ 90 CounterCW）——Shift + Ctrl + R

选择 Edit→Orientation→ 90 CounterCW 命令或用 Shift + Ctrl + R 组合键操作，将所选择的元器件逆时针旋转 90°。与元器件相关的文本，例如标号、数值和模型信息可能重置，但不会旋转。

（3）水平反转（Edit→Orientation→ Flip Horizontal）

选择 Edit→Orientation→ Flip Horizontal 命令，将所选元器件以纵轴为轴翻转 180°。与元器件相关的文本，例如标号、数值和模型信息可能重置、翻转。

（4）垂直反转（Edit→Orientation →Flip Vertical）

选择 Edit→Orientation→ Flip Vertical 命令，将所选元器件以横轴为轴翻转 180°。与元器件相关的文本，例如标号、数值和模型信息可能重置、翻转。

（5）元器件属性（Edit→Properties）——Ctrl + M

选中元器件，然后选择 Edit→Properties 命令或用 Ctrl + M 组合键操作，弹出该元器件的特性对话框。双击所选元器件也可以。其对话框中的选项与所选的元器件类型有关。使用该对话框，可对元器件的标签、编号、数值、模型参数等进行设置与修改。

3. 创建子电路

子电路是由用户自己定义的一个电路（相当于一个电路模块），可存放在自定义元器件库中供电路设计时反复调用。利用子电路可使大型的、复杂系统的设计模块化、层次化，从而提高设计效率与设计文档的简洁性、可读性，实现设计的重用，缩短产品的开发周期。

Place 操作中的子电路（New Subcircuit）菜单选项，可以用来生成一个子电路。子电路的创建步骤如下。

① 首先在电路工作区连接好一个电路。

② 用拖框操作（按住鼠标左键，拖动鼠标）将电路选中，这时框内元器件全部选中。选择 Place →New Subcircuit 命令，即出现子电路对话框，如图 10.22 所示。

输入电路名称如 BX（最多为 8 个字符，包括字母与数字）后，单击“OK”按钮，生成一个子电路图标，如图 10.23 所示。

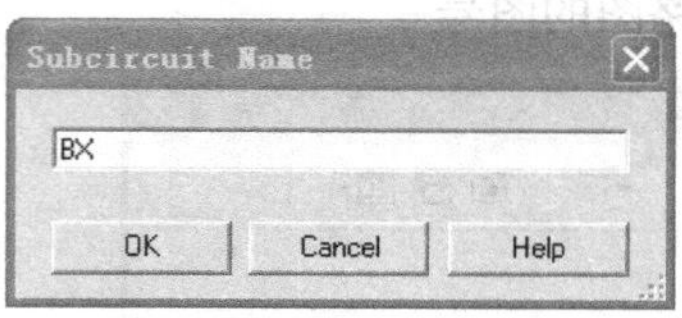

图 10.22　子电路对话框

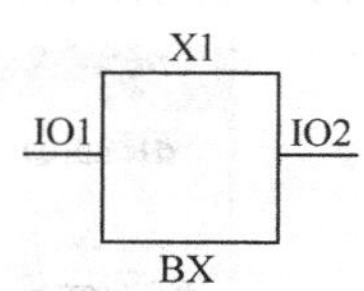

图 10.23　子电路图标

③ 选择 File→Save 命令或用 Ctrl + S 组合键操作，可以保存生成的子电路。选择 File→Save As 命令，可将当前子电路文件换名保存。

4. 在电路工作区内输入文字（Place→Text）

为加强对电路图的理解，在电路图中的某些部分添加适当的文字注释有时是必要的。在 Multisim 的电路工作区内可以输入中英文文字，其基本步骤如下。

① 启动 Text 命令（Place→Text）。启动 Place 菜单中的 Text 命令（Place→Text），然后单击需要放置文字的位置，可以在该处放置一个文字块（注意：如果电路窗口背景为白色，则文字输入框的黑边框是不可见的）。

② 输入文字。在文字输入框中输入所需要的文字，文字输入框随文字的多少会自动缩放。文字输入完毕后，单击文字输入框以外的地方，文字输入框会自动消失。

③ 改变文字的颜色。如果需要改变文字的颜色，可以用鼠标指向该文字块，右击，弹出快捷菜单，选取 Pen Color 命令，在“颜色”对话框中选择文字颜色。

④ 移动文字。如果需要移动文字，用鼠标指针指向文字，按住鼠标左键，移动到目的地后放开左键即可完成文字移动。

⑤ 删除文字。如果需要删除文字，则先选取该文字块，右击打开快捷菜单，选取 Delete 命令即可删除文字。

5. 输入注释（Place→Comment）

利用注释描述框输入文本可以对电路的功能、使用说明等进行详尽的描述，并且在需要查看时打开，不需要时关闭，不占用电路窗口空间。注释描述框的操作很简单，写入时，启动 Place 菜单中的 Comment 命令（Place→Comment），打开如图 10.24 所示的对话框，在其中输入需要说明的文字，可以保存和打印所输入的文本。

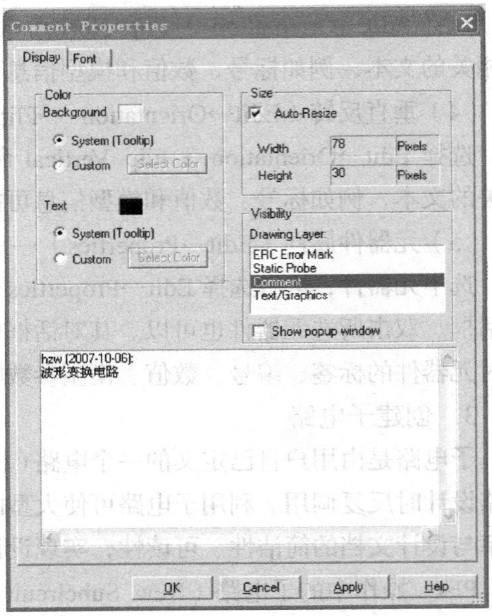

图 10.24　注释描述对话框

6. 编辑图纸标题栏（Place→Title Block）

选择 Place 菜单中的 Title Block 命令（Place→Title Block），则打开一个标题栏文件选择对话框，如图 10.25 所示，在标题栏文件中包括 10 个可选择的标题栏文件。

若选择 default.tb7，则会打开如图 10.26 所示的标题栏，在该图中：Title 是当前电路图的图名，程序会自动将文件名称设定为图名；Desc.是当前电路图的功能描述，可以用来说明该电路图；Designed by 是当前电路图的设计者姓名；Checked by 是当前电路图的检查者姓名；Approved by 是当前电路图的核准者姓名；Document No 是当前电路图的图号。

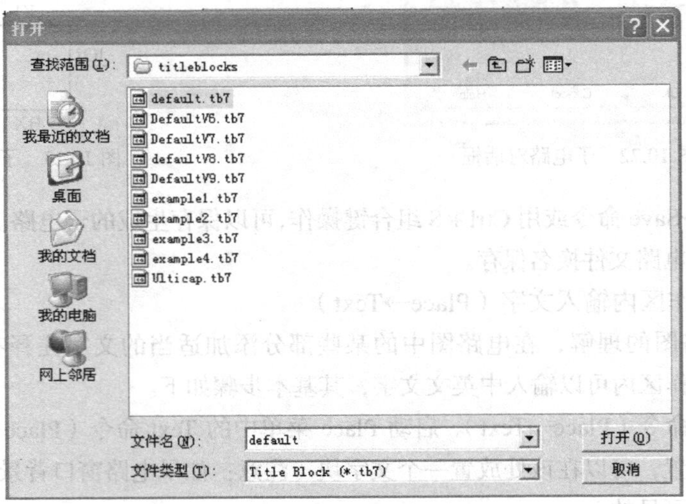

图 10.25　标题栏文件选择对话框

Electronics Workbench 801-111 Peter Street Toronto, ON M5V 2H1 (416) 977-5550	NATIONAL INSTRUMENTS ELECTRONICS WORKBENCH GROUP	
Title: Circuit3	Desc.: Circuit3	
Designed by:	Document No: 0001	Revision: 1.0
Checked by:	Date: 2007-10-06	Size: A
Approved by:	Sheet 1 of 1	

图 10.26 标题栏文件选择对话框

知识点二 电路的创建

（一）元器件的基本操作

1. 元器件的选用

选用元器件时，首先在元器件库栏中单击包含该元器件的图标，打开该元器件库。然后从选中的元器件库对话框中单击该元器件，然后单击“OK”按钮，用鼠标拖曳该元器件到电路工作区的适当地方即可。

2. 选中元器件

在连接电路时，要对元器件进行移动、旋转、删除、设置参数等操作，这就需要先选中该元器件。要选中某个元器件可单击该元器件，被选中的元器件四周出现 4 个黑色小方块（电路工作区为白底），便于识别。对选中的元器件可以进行移动、旋转、删除、设置参数等操作。用鼠标拖曳形成一个矩形区域，可以同时选中在该矩形区域内包围的一组元器件。

要取消某一个元器件的选中状态，只需单击电路工作区的空白部分即可。

3. 元器件的移动

单击该元器件（鼠标左键不松手），拖曳该元器件即可移动该元器件。

要移动一组元器件，必须先用前述的矩形区域方法选中这些元器件，然后用鼠标左键拖曳其中的任意一个元器件，则所有选中的部分就会一起移动。元器件被移动后，与其相连接的导线就会自动重新排列。

选中元器件后，也可使用箭头键使之进行微小地移动。

4. 元器件的旋转与反转

对元器件进行旋转或反转操作，需要先选中该元器件，然后右击或者选择菜单 Edit，选择菜单栏中的 Flip Horizontal（将所选择的元器件左右旋转）、Flip Vertical（将所选择的元器件上下旋转）、90 Clockwise（将所选择的元器件顺时针旋转 90°）、90 CounterCW（将所选择的元器件逆时针旋转 90°）等命令，也可使用 Ctrl 键实现旋转操作。Ctrl 键的定义标在菜单命令的旁边。

5. 元器件的复制、删除

对选中的元器件，进行元器件的复制、移动、删除等操作，可以右击或者使用菜单 Edit→Cut（剪切）、Edit→Copy（复制）和 Edit→Paste（粘贴）、Edit→Delete（删除）等菜单命令实现元器件的复制、移动、删除等操作。

6. 元器件标签、编号、数值、模型参数的设置

在选中元器件后，双击该元器件，或者选择菜单命令 Edit→Properties（元器件特性）会弹出相关的对话框，可供输入数据。

元器件特性对话框具有多种选项可供设置，包括 Label（标识）、Display（显示）、Value（数值）、Fault（故障设置）、Pins（引脚端）、Variant（变量）等内容。

（二）导线的操作

1. 导线的连接

在两个元器件之间，首先将鼠标指向一个元器件的端点使其出现一个小圆点，按下鼠标左键并拖曳出一根导线，拉住导线并指向另一个元器件的端点使其出现小圆点，释放鼠标左键，则导线连接完成。

连接完成后，导线将自动选择合适的走向，不会与其他元器件或仪器发生交叉。

2. 连线的删除与改动

将鼠标指向元器件与导线的连接点使出现一个圆点，按下鼠标左键拖曳该圆点使导线离开元器件端点，释放鼠标左键，导线自动消失，完成连线的删除，也可以将拖曳移开的导线连至另一个接点，实现连线的改动。

3. 改变导线的颜色

在复杂的电路中，可以将导线设置为不同的颜色。要改变导线的颜色，可用鼠标指向该导线，右击弹出快捷菜单，选择 Change Color 选项，出现颜色选择框，然后选择合适的颜色即可。

4. 在导线中插入元器件

将元器件直接拖曳放置在导线上，然后释放即可插入元器件在电路中。

5. 从电路删除元器件

选中该元器件，按下 Edit→Delete 即可，或者右击，在弹出的快捷菜单中选择 Delete 命令。

6.“连接点”的使用

“连接点”是一个小圆点，单击 Place Junction 可以放置节点。一个“连接点”最多可以连接来自 4 个方向的导线。可以直接将“连接点”插入连线中。

7. 节点编号

在连接电路时，Multisim 会自动为每个节点分配一个编号。是否显示节点编号可由 Options→Sheet Properties 对话框的 Circuit 选项设置。选择 RefDes 选项，可以选择是否显示连接线的节点编号。

（三）输入/输出端

选择 Place 菜单中的 Connectors 选项（Place→Connectors）即可取出所需要的一个输入/输出端。在电路控制区中，输入/输出端可以看成是只有一个引脚的元器件，所有操作方法与元器件的相同。不同的是输入/输出端只有一个连接点。

知识点三 仪器仪表的使用

Multisim 的仪器库存放有数字多用表、函数信号发生器、示波器、波特图仪、字信号发生

器、逻辑分析仪、逻辑转换仪、瓦特表、失真度分析仪、网络分析仪和频谱分析仪共11种仪器仪表。

（一）仪器的选用与连接

1. 仪器选用

从仪器库中选中所选用仪器的图标，用鼠标将它“拖放”到电路工作区即可，类似元器件拖放。

2. 仪器连接

将仪器图标上的连接端（接线柱）与相应电路的连接点相连，连线过程类似元器件的连线。

（二）仪器参数的设置

1. 设置仪器仪表参数

双击仪器图标即可打开仪器面板。用鼠标可以操作仪器面板上相应按钮及参数设置对话窗口的设置数据。

2. 改变仪器仪表参数

在测量或观察过程中，可以根据测量或观察结果来改变仪器仪表参数的设置，如示波器、逻辑分析仪等。

（三）各种仪器仪表

1. 数字多用表（Multimeter）

数字多用表是一种可以用来测量交直流电压、交直流电流、电阻及电路中两点之间的分贝损耗，自动调整量程的数字显示的多用表。

双击数字多用表图标，可以放大得数字多用表面板，如图10.27所示。单击数字多用表面板上的设置（Settings）按钮，弹出参数设置对话框。在此窗口中可以设置数字多用表的电流表内阻、电压表内阻、欧姆表电流及测量范围等参数。参数设置对话框如图10.28所示。

图10.27　数字多用表面板

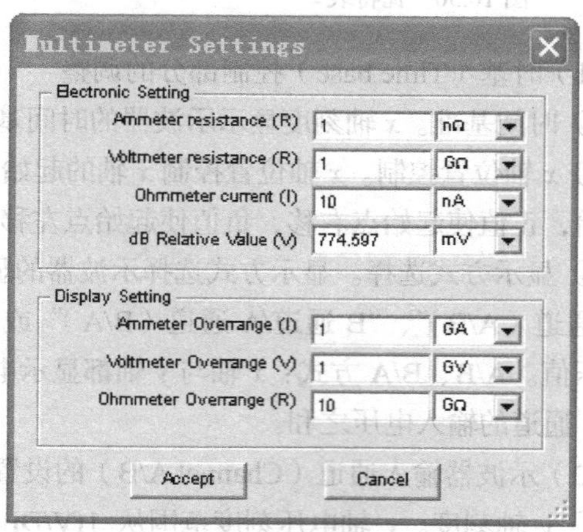

图10.28　数字多用表参数设置对话框

2. 函数信号发生器（Function Generator）

函数信号发生器是可提供正弦波、三角波、方波 3 种不同波形信号的电压信号源。双击函数信号发生器图标，可以放大得函数信号发生器的面板。函数信号发生器的面板如图 10.29 所示。

函数信号发生器其输出波形、工作频率、占空比、幅度和直流偏置，可用鼠标来选择波形、选择按钮和在各窗口设置相应的参数来实现。频率设置范围为 1Hz～999THz；占空比调整值可从 1%～99%；幅度设置范围为 1μV～999kV；偏移设置范围为–999～999kV。

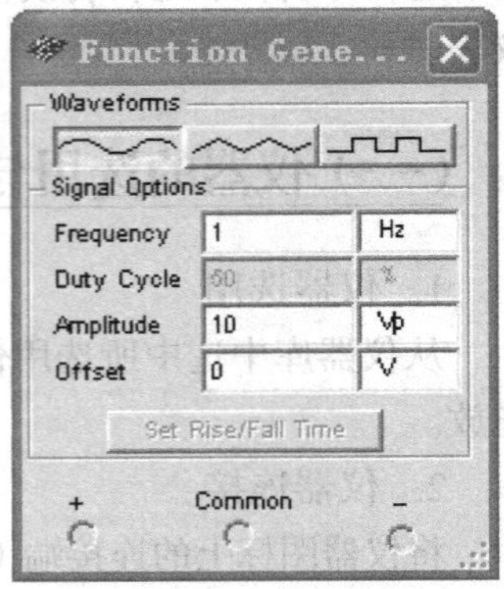

图 10.29 函数信号发生器

3. 瓦特表（Wattmeter）

瓦特表用来测量电路的功率，交流或者直流均可测量。双击瓦特表的图标可以放大瓦特表的面板。电压输入端与测量电路并联连接，电流输入端与测量电路串联连接。瓦特表的面板如图 10.30 所示。

4. 示波器（Oscilloscope）

示波器是用来显示电信号波形的形状、大小、频率等参数的仪器。双击示波器图标，放大的示波器面板如图 10.31 所示。示波器面板各按键的作用、调整及参数的设置与实际的示波器类似。

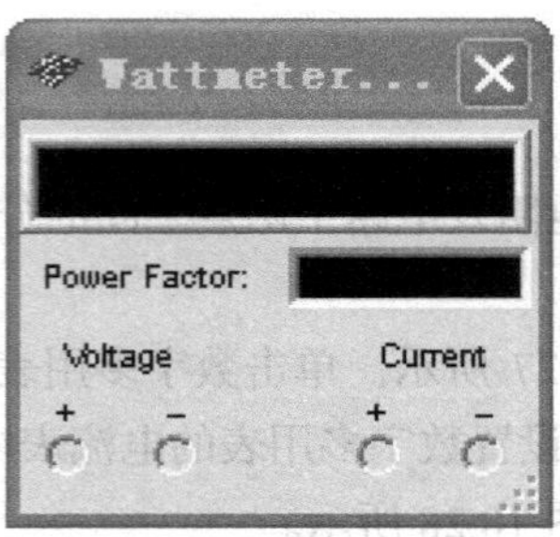

图 10.30 瓦特表

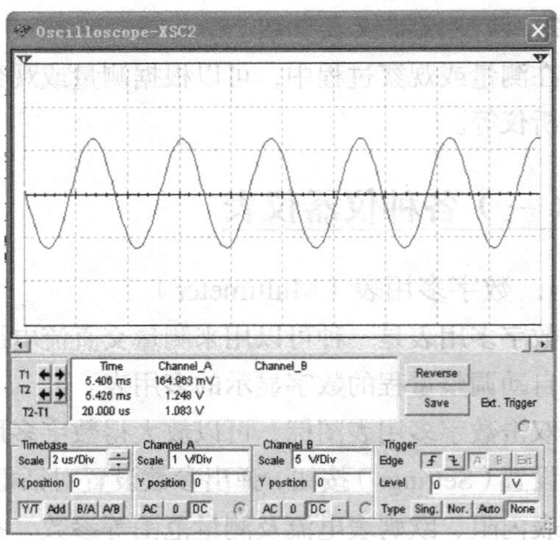

图 10.31 示波器

（1）时基（Time base）控制部分的调整

① 时间基准。*x* 轴刻度显示示波器的时间基准，其基准为 0.1fs/Div～1000Ts/Div 可供选择。

② *x* 轴位置控制。*x* 轴位置控制 *x* 轴的起始点。当 *x* 的位置调到 0 时，信号从显示器的左边缘开始，正值使起始点右移，负值使起始点左移。*x* 位置的调节范围从–5.00～+5.00。

③ 显示方式选择。显示方式选择示波器的显示，可以从“幅度/时间（Y/T）”切换到“A 通道/B 通道（A/B）”、“B 通道/A 通道（B/A）”或“Add”方式。Y/T 方式：*x* 轴显示时间，*y* 轴显示电压值。A/B、B/A 方式：*x* 轴与 *y* 轴都显示电压值。Add 方式：*x* 轴显示时间，*y* 轴显示 A 通道、B 通道的输入电压之和。

（2）示波器输入通道（Channel A/B）的设置

① *y* 轴刻度。*y* 轴电压刻度范围从 1fV/Div～1000TV/Div，可以根据输入信号大小来选择 *y* 轴刻度值的大小，使信号波形在示波器显示屏上显示出合适的幅度。

② y 轴位置（y position）。y 轴位置控制 y 轴的起始点。当 y 的位置调到 0 时，y 轴的起始点与 x 轴重合，如果将 y 轴位置增加到 1.00，y 轴原点位置从 x 轴向上移一大格，若将 y 轴位置减小到–1.00，y 轴原点位置从 x 轴向下移一大格。y 轴位置的调节范围从–3.00～+3.00。改变 A、B 通道的 y 轴位置有助于比较或分辨两通道的波形。

③ y 轴输入方式。y 轴输入方式即信号输入的耦合方式。当用 AC 耦合时，示波器显示信号的交流分量。当用 DC 耦合时，显示的是信号的 AC 和 DC 分量之和。当用 0 耦合时，在 y 轴设置的原点位置显示一条水平直线。

（3）触发方式（Trigger）调整

① 触发信号选择。触发信号选择一般选择自动触发（Auto）。选择“A”或“B”，则用相应通道的信号作为触发信号。选择“EXT”，则由外触发输入信号触发。选择“Sing”为单脉冲触发。选择“Nor”为一般脉冲触发。

② 触发沿（Edge）选择。触发沿（Edge）可选择上升沿或下降沿触发。

③ 触发电平（Level）选择。触发电平（Level）选择触发电平范围。

（4）示波器显示波形读数

要显示波形读数的精确值时，可用鼠标将垂直光标拖到需要读取数据的位置。显示屏幕下方的方框内，显示光标与波形垂直相交点处的时间和电压值，以及两光标位置之间的时间、电压的差值。单击“Reverse”按钮可改变示波器屏幕的背景颜色。单击“Save”按钮可按 ASCII 码格式存储波形读数。

5. 波特图仪（Bode Plotter）

波特图仪可以用来测量和显示电路的幅频特性与相频特性，类似于扫频仪。双击波特图仪图标，放大的波特图仪的面板图如图 10.32 所示。可选择幅频特性（Magnitude）或者相频特性（Phase）。

波特图仪有 In 和 Out 两对端口，其中 In 端口的+和–分别接电路输入端的正端和负端；Out 端口的+和–分别接电路输出端的正端和负端。使用波特图仪时，必须在电路的输入端接入 AC（交流）信号源。

（1）坐标设置

在垂直（Vertical）坐标或水平（Horizontal）坐标控制面板图框内，按下“Log”按钮，则坐标以对数（底数为 10）的形式显示；按下“Lin”按钮，则坐标以线性的结果显示。

水平（Horizontal）坐标标度（1mHz～1000THz）：水平坐标轴系总是显示频率值。它的标度由水平轴的初始值（I，Initial）或终值（F，Final）决定。

在信号频率范围很宽的电路中，分析电路频率响应时，通常选用对数坐标（以对数为坐标所绘出的频率特性曲线称为波特图）。

垂直（Vertical）坐标：当测量电压增益时，垂直轴显示输出电压与输入电压之比，若使用对数基准，则单位是分贝；如果使用线性基准，显示的是比值。当测量相位时，垂直轴总是以度为单位显示相位角。

（2）坐标数值的读出

要得到特性曲线上任意点的频率、增益或相位差，可用鼠标拖动读数指针（位于波特图仪中的垂直光标），或者用读数指针移动按钮来移动读数指针（垂直光标）到需要测量的点，读数指针（垂直光标）与曲线的交点处的频率和增益或相位角的数值显示在读数框中。

（3）分辨率设置

Set 用来设置扫描的分辨率，单击 Set，出现分辨率设置对话框，数值越大分辨率越高。

6. 字信号发生器（Word Generator）

字信号发生器是能产生 16 路（位）同步逻辑信号的一个多路逻辑信号源，用于对数字逻辑电路进行测试。

双击字信号发生器图标，放大的字信号发生器图标如图 10.33 所示。

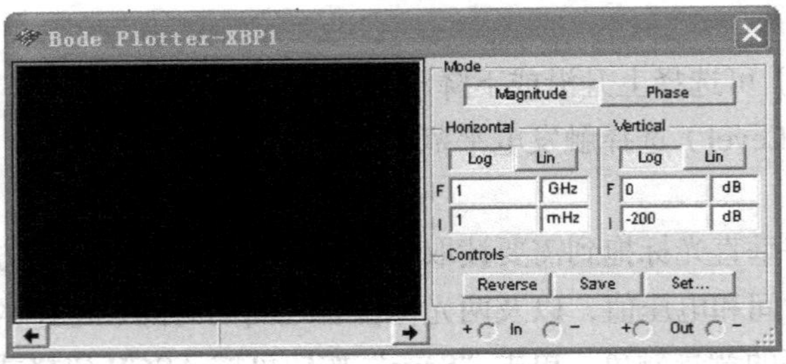

图 10.32　波特图仪

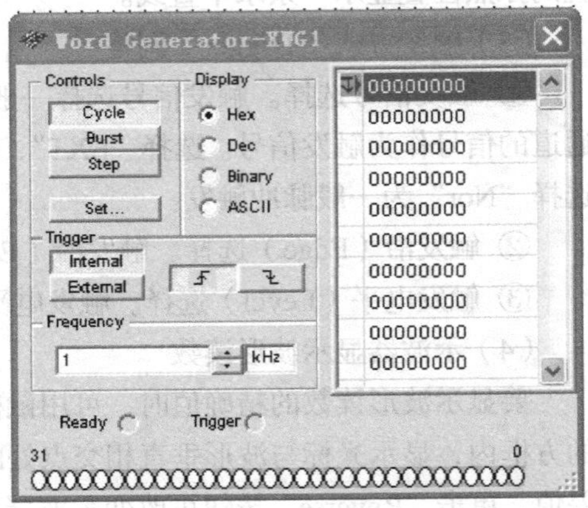

图 10.33　字信号发生器

（1）字信号的输入

在字信号编辑区，32bit 的字信号以 8 位十六进制数编辑和存放，可以存放 1024 条字信号，地址编号为 0000～03FF。

字信号输入操作：将光标指针移至字信号编辑区的某一位，单击后，由键盘输入如二进制数码的字信号，光标自左至右、自上至下移位，可连续地输入字信号。

在字信号显示（Display）编辑区可以编辑或显示字信号格式有关的信息。字信号发生器被激活后，字信号按照一定的规律逐行从底部的输出端送出，同时在面板的底部对应于各输出端的小圆圈内，实时显示输出字信号各个位（bit）的值。

（2）字信号的输出方式

字信号的输出方式分为 Step（单步）、Burst（单帧）、Cycle（循环）3 种方式。单击一次 Step 按钮，字信号输出一条。这种方式可用于对电路进行单步调试。

单击 Burst 按钮，则从首地址开始至本地址连续逐条地输出字信号。

单击 Cycle 按钮，则循环不断地进行 Burst 方式的输出。

Burst 和 Cycle 情况下的输出节奏由输出频率的设置决定。

Burst 输出方式时，当运行至该地址时输出暂停，再单击 Pause 则恢复输出。

（3）字信号的触发方式

字信号的触发分为 Internal（内部）和 External（外部）两种触发方式。当选择 Internal（内部）触发方式时，字信号的输出直接由输出方式按钮（Step、Burst、Cycle）启动。当选择 External（外部）触发方式时，则需接入外触发脉冲，并定义“上升沿触发”或“下降沿触发”。然后单击输出方式按钮，待触发脉冲到来时才启动输出。此外在数据准备好后，输出端还可以得到与输出字信号同步的时钟脉冲输出。

（4）字信号的存盘、重用、清除等操作

单击 Set 按钮，弹出 Pre-setting patterns 对话框，在对话框中，Clear buffer（清字信号编辑区）、Open（打开字信号文件）、Save（保存字信号文件）3 个选项用于对编辑区的字信号进行相应的操作。字信号存盘文件的后缀为“. DP”。对话框中的 UP Counter（按递增编码）、Down Counter（按递减编码）、Shift right（按右移编码）、Shift left（按左移编码）4 个选项用于生成一定规律排列的字信号。例如选择 UP Counter（按递增编码），则按 0000～03FF 排列；如果选择 Shift right（按右移编码），则按 8000、4000、2000 等逐步右移一位的规律排列，其余类推。

7. 逻辑分析仪（Logic Analyzer）

逻辑分析仪用于对数字逻辑信号的高速采集和时序分析，可以同步记录和显示 16 路数字信号。逻辑分析仪的面板图如图 10.34 所示。

（1）数字逻辑信号与波形的显示、读数

面板左边的 16 个小圆圈对应 16 个输入端，各路输入逻辑信号的当前值在小圆圈内显示，从上到下排列依次为最低位至最高位。16 路输入的逻辑信号的波形以方波形式显示在逻辑信号波形显示区。通过设置输入导线的颜色可修改相应波形的显示颜色。波形显示的时间轴刻度可通过面板下边的 Clocks per division 设置。读取波形的数据可以通过拖放读数指针完成。在面板下部的两个方框内显示指针所处位置的时间读数和逻辑读数（4 位十六进制数）。

（2）触发方式设置

单击 Trigger 区的 Set 按钮，可以弹出触发方式对话框。触发方式有多种选择。对话框中可以输入 A、B、C 共 3 个触发字。逻辑分析仪在读到一个指定字或几个字的组合后触发。触发字的输入可单击标为 A、B 或 C 的编辑框，然后输入二进制的字（0 或 1）或者 x，x 代表该位为“任意”（0、1 均可）。单击对话框中 Trigger combinations 方框右边的按钮，弹出由 A、B、C 组合的 8 组触发字，选择 8 种组合之一，并单击 Accept（确认）后，在 Trigger combinations 方框中就被设置为该种组合触发字。

3 个触发字的默认设置均为××××××××××××××××，表示只要第一个输入逻辑信号到达，无论是什么逻辑值，逻辑分析仪均被触发开始波形的采集，否则必须满足触发字条件才被触发。此外，Trigger qualifier（触发限定字）对触发有控制作用。若该位设为“x”，触发控制不起作用，触发完全由触发字决定；若该位设置为“1”（或“0”），则仅当触发控制输入信号为“1”（或“0”）时，触发字才起作用；否则即使触发字组合条件满足也不能引起触发。

（3）采样时钟设置

单击对话框面板下部 Clock 区的 Set 按钮，弹出时钟控制对话框。在对话框中，波形采集的控制时钟可以选择内时钟或者外时钟；上升沿有效或者下降沿有效。如果选择内时钟，内时钟频率可以设置。此外对 Clock qualifier（时钟限定）的设置决定时钟控制输入对时钟的控制方式。若该位设置为“1”，表示时钟控制输入为“1”时开放时钟，逻辑分析仪可以进行波形采集；若该位设置为“0”，表示时钟控制输入为“0”时开放时钟；若该位设置为“x”，表示时钟总是开放，不受时钟控制输入的限制。

8. 逻辑转换仪（Logic Converter）

逻辑转换仪是 multisim 特有的仪器，能够完成真值表、逻辑表达式和逻辑电路三者之间的相互转换，实际中不存在与此对应的设备。逻辑转换仪面板如图 10.35 所示。

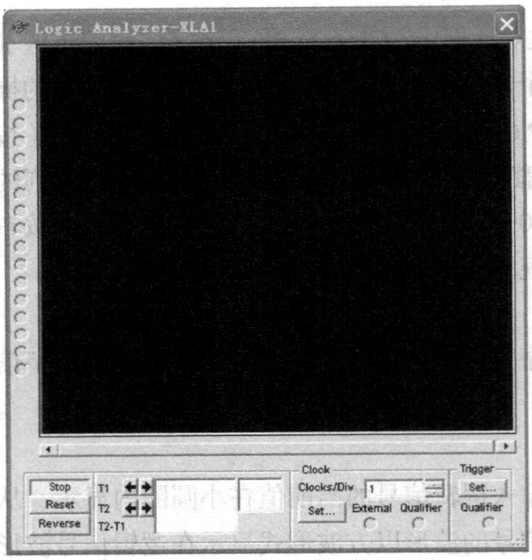

图10.34 逻辑分析仪

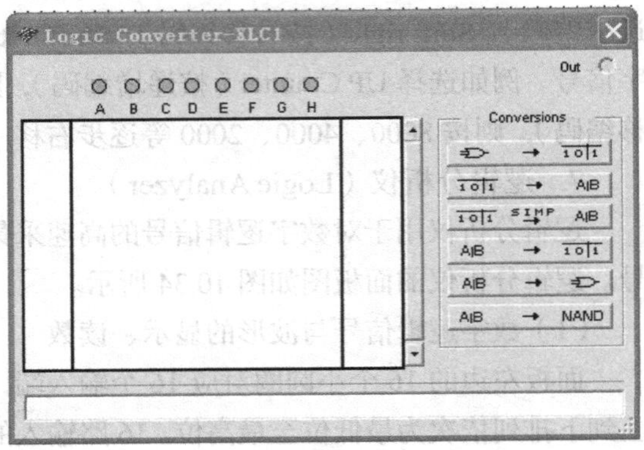

图10.35 逻辑转换仪

（1）逻辑电路→真值表

逻辑转换仪可以导出多路（最多8路）输入一路输出的逻辑电路的真值表。首先画出逻辑电路，并将其输入端接至逻辑转换仪的输入端，输出端连至逻辑转换仪的输出端。按下“电路—真值表”按钮，在逻辑转换仪的显示窗口，即真值表区出现该电路的真值表。

（2）真值表→逻辑表达式

真值表的建立：一种方法是根据输入端数，单击逻辑转换仪面板顶部代表输入端的小圆圈，选定输入信号（由 A 至 H），此时其值表区自动出现输入信号的所有组合，而输出列的初始值全部为零，可根据所需要的逻辑关系修改真值表的输出值而建立真值表；另一种方法是由电路图通过逻辑转换仪转换过来的真值表。

对已在真值表区建立的真值表，单击“真值表→逻辑表达式”按钮，在面板的底部逻辑表达式栏出现相应的逻辑表达式。如果要简化该表达式或直接由真值表得到简化的逻辑表达式，单击“真值表→简化表达式”按钮后，在逻辑表达式栏中出现相应的该真值表的简化逻辑表达式。在逻辑表达式中的“’”表示逻辑变量的“非”。

（3）表达式→真值表、逻辑电路或逻辑与非门电路

可以直接在逻辑表达式栏中输入逻辑表达式，“与—或”式及“或—与”式均可，然后按下“表达式→真值表”按钮得到相应的真值表；按下“表达式→电路”按钮得相应的逻辑电路；按下“表达式→与非门电路”按钮得到由与非门构成的逻辑电路。

9. 失真分析仪（Distortion Analyzer）

失真分析仪是一种用来测量电路信号失真的仪器，multisim 提供的失真分析仪频率范围为 20Hz～20kHz，失真分析仪面板如图 10.36 所示。

在 Control Mode（控制模式）区域中，THD 设置分析总谐波失真，SINAD 设置分析信噪比，Settings 设置分析参数。

10. 频谱分析仪（Spectrum Analyzer）

频谱分析仪用来分析信号的频域特性，Multisim 提供的频谱分析仪频率范围上限为 4GHz。频谱分析仪面板如图 10.37 所示。

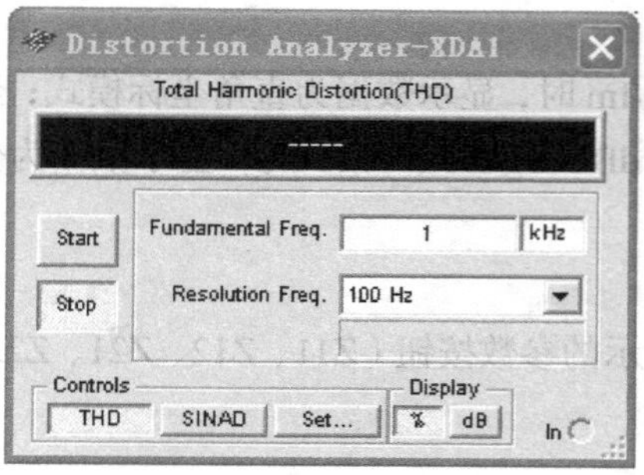

图 10.36　失真分析仪

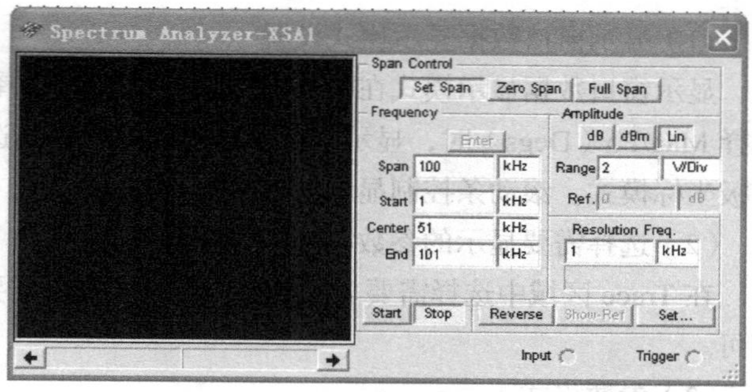

图 10.37　频谱分析仪

图 10.37 所示的频谱分析仪面板分 5 个区。

在 Span Control 区中：当选择 Set Span 时，频率范围由 Frequency 区域设定；当选择 Zero Span 时，频率范围仅由 Frequency 区域的 Center 栏设定的中心频率确定；当选择 Full Span 时，频率范围设定为 0～4GHz。

在 Frequency 区中：Span 设定频率范围，start 设定起始频率，Center 设定中心频率，End 设定终止频率。

在 Amplitude 区中：当选择 dB 时，纵坐标刻度单位为 dB；当选择 dBm 时，纵坐标刻度单位为 dBm；当选择 Lin 时，纵坐标刻度单位为线性。

在 Resolution Frequency 区中可以设定频率分辨率，即能够分辨的最小谱线间隔。

在 Controls 区中：当选择 Start 时，启动分析；当选择 Stop 时，停止分析；当选择 trigger Set 时，选择触发源是 Internal（内部触发）还是 External（外部触发），选择触发模式是 Continue（连续触发）还是 Single（单次触发）。

频谱图显示在频谱分析仪面板左侧的窗口中，利用游标可以读取其每点的数据并显示在面板右侧下部的数字显示区域中。

11．网络分析仪（Network Analyzer）

网络分析仪是一种用来分析双端口网络的仪器，它可以测量衰减器、放大器、混频器、功率分配器等电子电路及元件的特性。Multisim 提供的网络分析仪可以测量电路的 S 参数并计算出 H、Y、Z 参数。网络分析仪面板如图 10.38 所示。

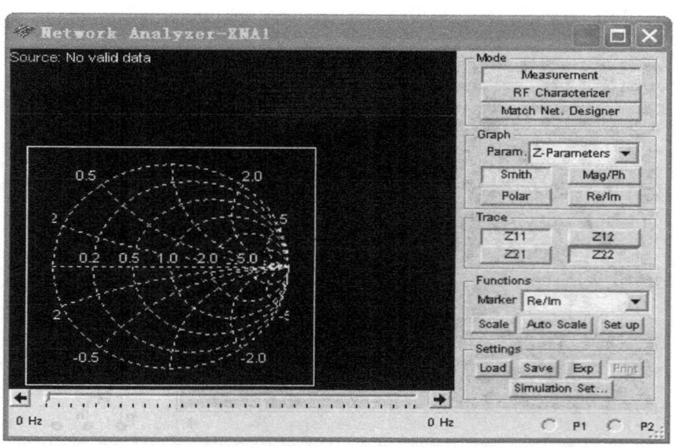

图 10.38　网络分析仪

（1）显示窗口数据显示模式设置

显示窗口数据显示模式在 Marker 区中设置。当选择 Re/Im 时，显示数据为直角坐标模式；当选择 Mag/Ph（Degs）时，显示数据为极坐标模式；当选择 dB Mag/Ph（Deg）时，显示数据为分贝极坐标模式。滚动条控制显示窗口游标所指的位置。

（2）选择需要显示的参数

在 Trace 区域中选择需要显示的参数，只要按下需要显示的参数按钮（Z11、Z12、Z21、Z22）即可。

（3）参数格式

参数格式在 Graph 区中设置。Param.选项中可以选择所要分析的参数，其中包括 S-Parameters（S 参数）、H-Parameters（H 参数）、Y-Parameters（Y 参数）、Z-Parameters（Z 参数）和 Stability factor（稳定因素）5 种。

（4）显示模式

显示模式可以通过选择 Smith（史密斯格式）、Mag/Ph（增益/相位的频率响应图即波特图）、Polar（极化图）、Re/Im（实部/虚部）完成。以上 4 种显示模式的刻度参数可以通过 Scale 设置；程序自动调整刻度参数由 Auto Scale 设置；显示窗口的显示参数，如线宽、颜色等由 Set up 设置。

（5）数据管理

Settings 区域提供数据管理功能。单击 Load 按钮读取专用格式数据文件；单击 Save 按钮存储专用格式数据文件；单击 Exp 按钮输出数据至文本文件；单击 Print 按钮打印数据。

（6）分析模式设置

分析模式在 Mode 区中设置。当选择 Measurement 时为测量模式；当选择 Match Net. Designer 时为电路设计模式，可以显示电路的稳定度、阻抗匹配、增益等数据；当选择 RF Characterizer 时为射频特性分析模式。Set up 设定上面 3 种分析模式的参数，在不同的分析模式下，将会有不同的参数设定。

12. IV（电流/电压）分析仪

IV（电流/电压）分析仪用来分析二极管、PNP 和 NPN 晶体管、PMOS 和 CMOS FET 的 IV 特性。注意：IV 分析仪只能够测量未连接到电路中的元器件。IV（电流/电压）分析仪的面板如图 10.39 所示。

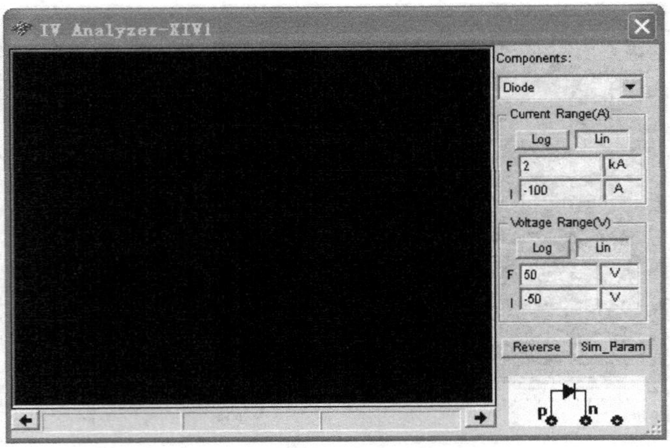

图 10.39　IV（电流/电压）分析仪

13. 测量探针和电流探针

Multisim 提供测量探针和电流探针。在电路仿真时，将测量探针和电流探针连接到电路中的测量点，测量探针即可测量出该点的电压和频率值，电流探针即可测量出该点的电流值。

14. 电压表

电压表存放在指示元器件库中，在使用中数量没有限制。单击旋转按钮可以改变其引出线的方向。电压表用来测量电路中两点间的电压。测量时，将电压表与被测电路的两点并联。电压表交、直流工作模式及其他参数设置，可双击电压表图标，弹出电压表参数对话框。电压表预置的内阻很高，在 1MΩ以上。然而，在低电阻电路中使用极高内阻的电压表，仿真时可能会产生错误。电压表特性对话框具有多种选项可供设置，包括 Label（标识）、Models（模型）、Value（数值）、Fault（故障设置）、Display（显示）内容的设置，设置方法与元器件中标签、编号、数值、模型参数的设置方法相同。

15. 电流表

电流表存放在指示元器件库中，在使用中数量没有限制。单击旋转按钮可以改变其引出线的方向。电流表用来测量电路回路中的电流。测量时将它串联在被测电路回路中。双击电流表图标，弹出电流表参数对话框。电流表特性对话框具有多种选项可供设置，包括 Label（标识）、Models（模型）、Value（数值）、Fault（故障设置）、Display（显示）内容的设置，设置方法与元器件中标签、编号、数值、模型参数的设置方法相同。

【能力培养】

（一）单管及多级放大电路的仿真设计

1. 基本知识

（1）静态工作点

任何组态（共射、共基、共集）放大电路的主要任务都是不失真地放大信号，而完成这一任务的首要条件，就是合理地选择静态工作点。为了保证输出的最大动态范围而又不失真，往往把静态工作点设置在交流负载线的中点。静态工作点设置得偏高或偏低，在输入信号比较大时会造成输出信号的饱和失真或截止失真。

（2）动态参数

动态参数是衡量放大电路品质优劣的标准，并决定其适用范围。

输入电阻：输入电阻决定放大电路从信号源吸取信号幅值的大小，一般用串联电阻法测量。

输出电阻：放大电路输出电阻大小决定它带负载能力，一般用带载空载法测量输出电阻。

2. 搭建电路

（1）单管低频共射极放大电路的仿真设计与分析

① 仿真电路及电路参数设置。按照图 10.40 所示搭建单管共射极放大电路仿真原理图。对电路中电阻、电容、三极管参数的设置参照图 10.40，直流电源选择 12V。

调出双踪示波器与函数信号发生器。

示波器参数设置：Time Base：500μs/div

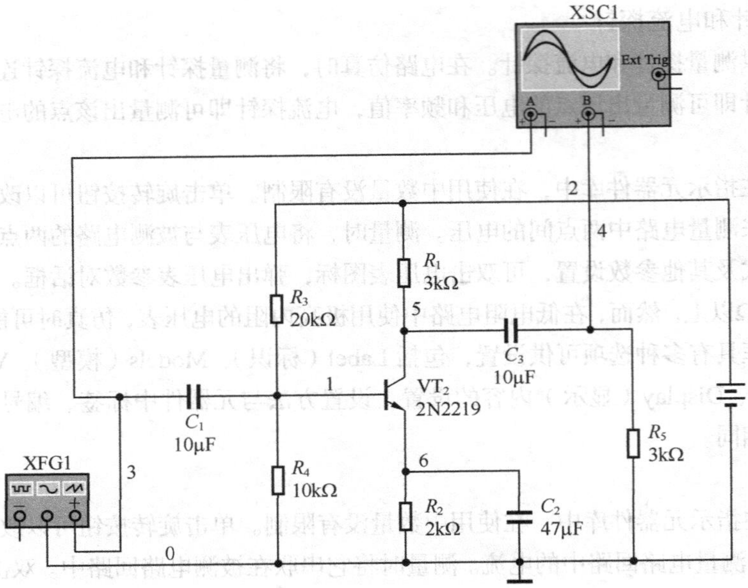

图 10.40　单管共射极放大电路仿真原理图

```
Channel  A: 5mV/div   输入信号
Channel  B: 200mV/div 输出信号
```

函数信号发生器参数设置：Frequency：1kHz；Amplitude：5mv

② 直流静态工作点仿真。选择分析菜单中的直流工作点分析选项（Simulate/Analyses/DC Operating Point Analysis），电路静态分析结果如图 10.41 所示，U_C=7.1V，U_B=3.914V，U_E=3.274V，分析结果表明晶体管工作在放大状态。

③ 电路的动态参数仿真分析。用仪器库的函数发生器为电路提供正弦输入信号 u_i（幅值为 5mV，频率为 1kHz），用示波器观察输入、输出波形如图 10.42 所示。图 10.42 中幅度小的为输入电压，幅度大的为输出电压。由波形图可观察到电路的输入、输出电压信号呈反相位关系。由两个测试指针（T1、T2）处分别读出输入、输出的峰值电压，U_i=4.883mV，U_o=419.73mV，可以估算出电压放大倍数。另一种直接测量电压放大倍数的简便方法是用仪器库中的数字多用表直接测得输出电压的有效值后，再转换为峰值与输入电压峰值相比求得电压放大倍数。

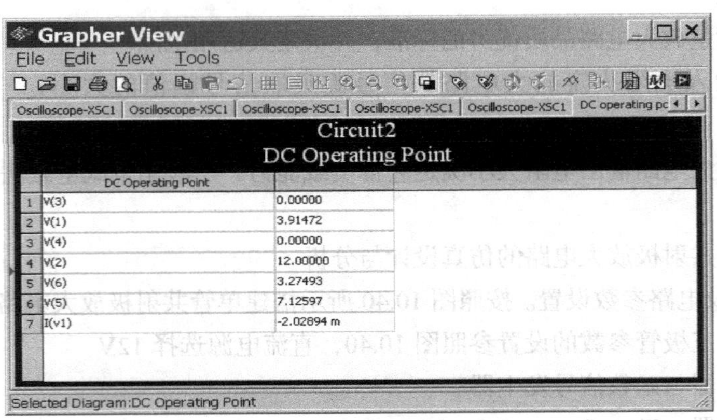

图 10.41　静态分析结果

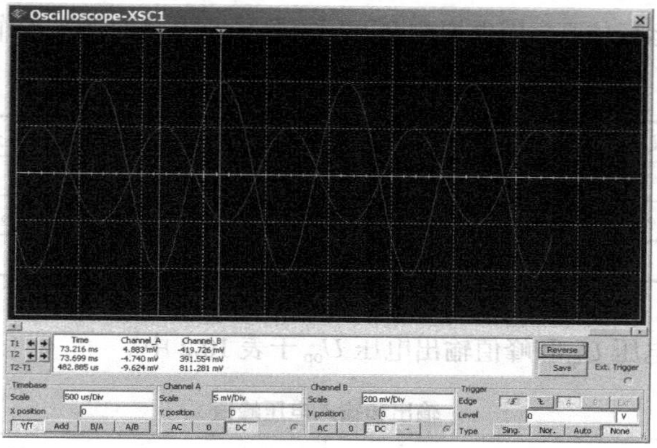

图 10.42　输入、输出波形

④ 参数扫描分析。在图 10.40 所示的放大电路中，可通过调整上偏置电阻的阻值大小来改变静态电流 I_C 的大小，保持输入信号不变，改变阻值，可以观察到输出电压波形的失真情况。选择分析菜单中的参数扫描选项（Analysis/Parameter Sweep Analysis），在参数扫描设置对话框中将扫描元件设为 R_3，参数为电阻，扫描起始值为 1kΩ，终值为 100kΩ，扫描方式为线性，步长增量为 20kΩ，扫描用于暂态分析，可得到扫描分析结果。

⑤ 仿真数据分析。

a. 由静态工作点相应计算公式求出理论计算值并与测量值进行比较。

b. 利用放大器电压放大倍数理论计算公式 $A_u = -\frac{\dot{U}_o}{\dot{U}_i} = -\frac{\beta R'_L}{r_{be}}$ 求得电压放大倍数，再与上两种测试方法测得结果加以比较。

（2）RC 耦合两级放大电路的仿真设计与分析

① 按图 10.43 所示搭建 RC 耦合两级放大电路仿真原理图。

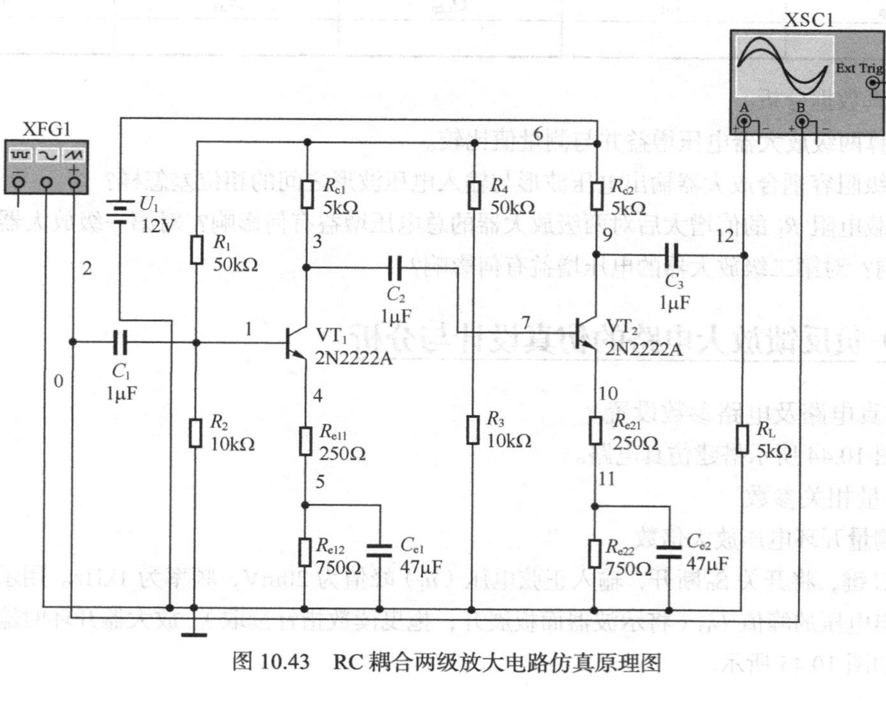

图 10.43　RC 耦合两级放大电路仿真原理图

② 单击仿真开关运行仿真，用虚拟数字万用表测量此电路的静态工作点，记录在表 10.1 中。

表 10.1　　静态工作点测量

U_{b1}	U_{c1}	U_{e1}	U_{b2}	U_{c2}	U_{e2}
I_{b1}	I_{c1}	I_{e1}	I_{b2}	I_{c2}	I_{e2}

③ 记录峰值输入电压 U_{ip} 和峰值输出电压 U_{op} 于表 10.2 中。

表 10.2　　输出和输入电压峰值

U_{ip}	U_{op}

④ 记录集电极峰值电压 U_{c1p}，计算第一级和第二级放大器的电压增益，计算两级放大器的总电压增益 A_u，如表 10.3 所示。

表 10.3　　两级放大器的总电压增益 A_u

U_{c1p}	A_{u1}	U_{c2p}	A_{u2}	A_u

⑤ 将 R_L 改为 100kΩ，运行动态分析，记录峰值输入电压 U_{ip} 和峰值集电极电压 U_{c1p}。

将示波器探头移到电路输出端，运行仿真分析，记录输出峰值电压 U_o，计算两级放大器的总电压增益 A_u。计算第一级放大器的增益 A_{u1} 和第二级放大器的增益 A_{u2} 及总增益 A_u，如表 10.4 所示。

表 10.4　　R_L 增加电路增益计算

U_{c1p}	A_{u1}	U_{c2p}	A_{u2}	A_u

⑥ 仿真数据分析。

a. 计算两级放大器电压增益并与测量值比较。

b. 两级阻容耦合放大器输出电压波形与输入电压波形之间的相位差怎样？

c. 负载电阻 R_L 的值增大后对两级放大器的总电压增益有何影响？对第一级放大器的电压增益有何影响？对第二级放大器的电压增益有何影响？

（二）负反馈放大电路的仿真设计与分析

1. 仿真电路及电路参数设置

按照图 10.44 所示搭建仿真电路。

2. 测量相关参数

（1）测量开环电压放大倍数

敲击 C 键，将开关 S_0 断开，输入正弦电压（u_i）峰值为 20mV，频率为 1kHz。用示波器测量输入、输出电压的峰值 U_O（将示波器面板展开，拖曳读数指针读取）。放大器开环时输入、输出电压波形如图 10.45 所示。

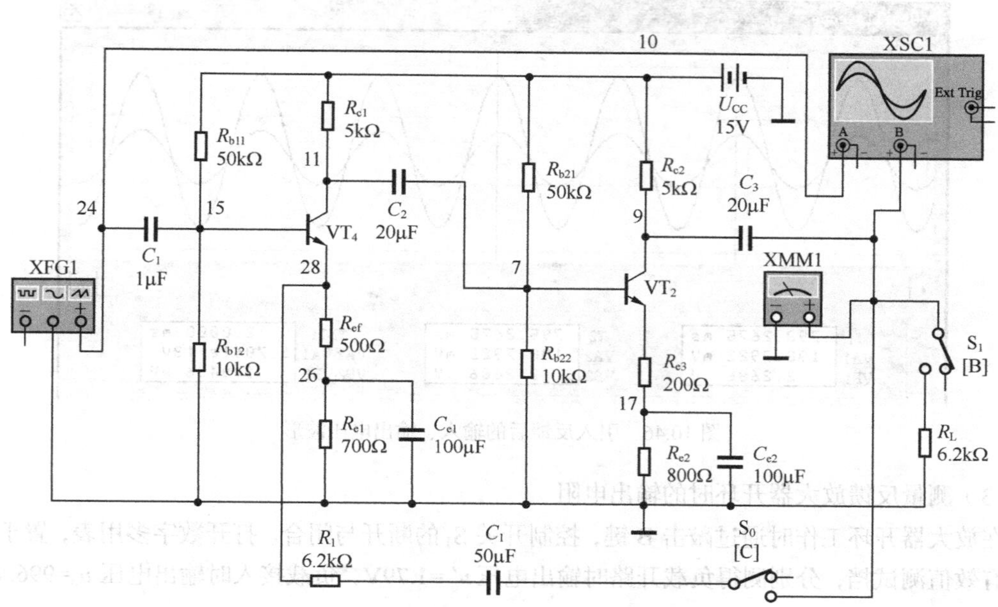

图 10.44 负反馈放大电路仿真原理图

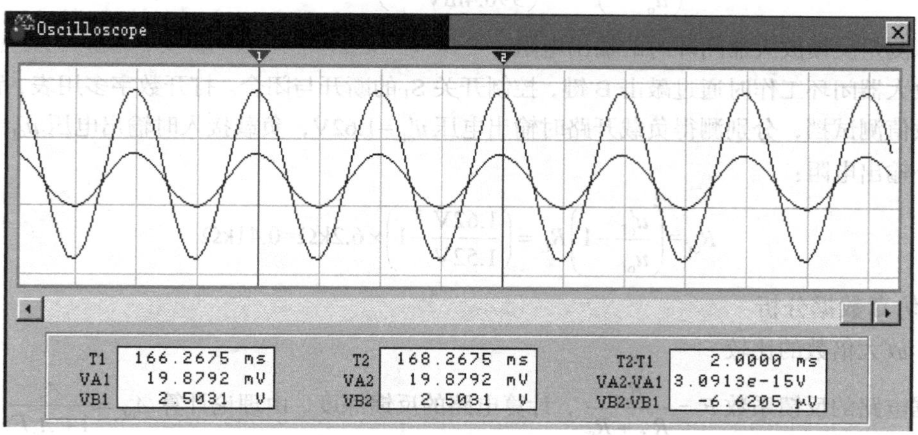

图 10.45 放大器开环时输入、输出电压波形

根据输出、输入波形峰值可求得开环电压放大倍数：

$$A_u = \frac{u_o}{u_i} = \frac{2.50\text{V}}{19.88\text{mV}} = 125.75$$

（2）测量闭环电压放大倍数

敲击 C 键，将开关 S_0 闭合，将输入电压幅值调整为 200mV，重复上述过程，测得引入反馈后的输入、输出电压波形如图 10.46 所示。

根据输出、输入波形峰值可求得闭环电压放大倍数：

$$A_{uf} = \frac{u_{of}}{u_i} = \frac{2.27\text{V}}{198.8\text{mV}} = 11.42$$

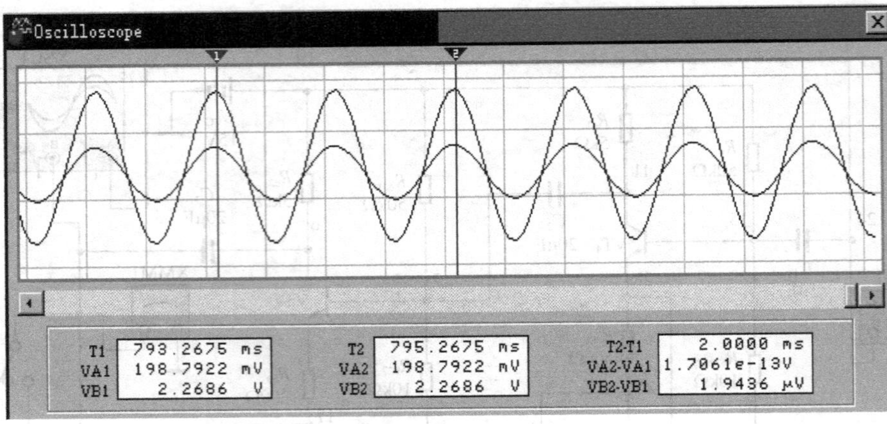

图 10.46　引入反馈后的输入、输出电压波形

（3）测量反馈放大器开环时的输出电阻

在放大器开环工作时通过敲击 B 键，控制开关 S_1 的断开与闭合。打开数字多用表，置于正弦电压有效值测试挡，分别测得负载开路时输出电压 u_o'=1.79V，负载接入时输出电压 u_o=996.4mV。

开环输出电阻：

$$R_o=\left(\frac{u_o'}{u_o}-1\right)R_L=\left(\frac{1.79\text{V}}{996.4\text{mV}}-1\right)\times 6.2\text{k}\Omega=4.94\text{k}\Omega$$

（4）测量反馈放大器闭环时的输出电阻

在放大器闭环工作时通过敲击 B 键，控制开关 S_1 的断开与闭合。打开数字多用表，置于正弦电压有效值测试挡，分别测得负载开路时输出电压 u_{of}'=1.62V，负载接入时输出电压 u_{of}=1.52V。

闭环输出电阻：

$$R_{of}=\left(\frac{u_{of}'}{u_{of}}-1\right)R_L=\left(\frac{1.62\text{V}}{1.52\text{V}}-1\right)\times 6.2\text{k}\Omega=0.41\text{k}\Omega$$

3. 仿真数据分析

（1）放大倍数的比较

根据电路的反馈系数 $F=\dfrac{R_{ef}}{R_{ef}+R_f}$，计算电路的反馈深度，由理论计算 $A_{uf}=\dfrac{A_u}{1+A_uF}$，与测量值进行比较。

（2）输出电阻的比较

开环时，理论值与测量值比较。

闭环时，理论计算 $R_{of}=\dfrac{R_o}{1+A_uF}$，与测量值比较，看是否满足仿真要求。

（三）集成运放应用电路的仿真设计与分析

1. 反相比例放大器

按照图 10.47 所示搭建反相比例放大器仿真电路。注意，本电路需选取集成运放“741”，具体操作步骤为在工具条中选择“Place Analog”，在弹出对话框“Family”栏中选取“OPAMP”，再在“Component”栏中选择“741”运放。

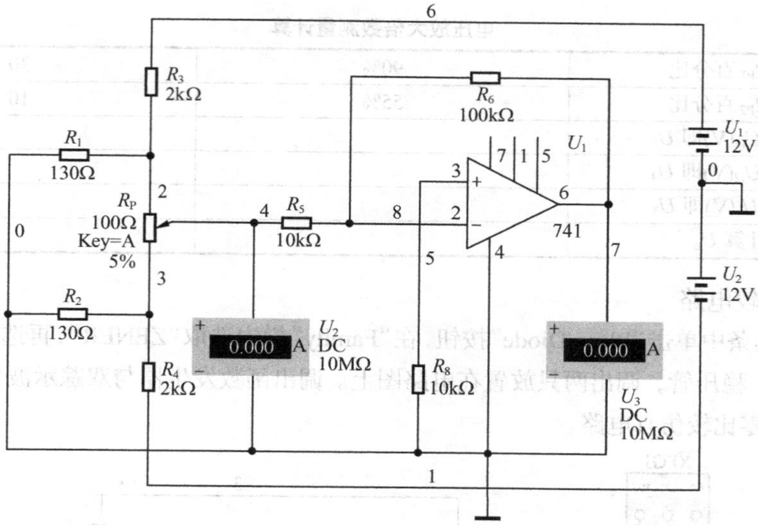

图 10.47 反相比例放大器仿真电路

执行仿真运行开关“RUN”，按住键盘的Shift键，连续按“A”键，使电位器R_P的百分比为5%，记下电压表U_2和U_3的数值，填入表10.5中，完成仿真实验记录，并与理论值比较。

表 10.5 电压测量

	电位器百分比	5%	25%	40%	65%	80%	95%
输入电压	U_I/V						
输出电压	理论估算值/V						
	试验测量值/V						

2. 反相求和放大电路

搭建如图10.48所示的反相求和放大电路仿真图。

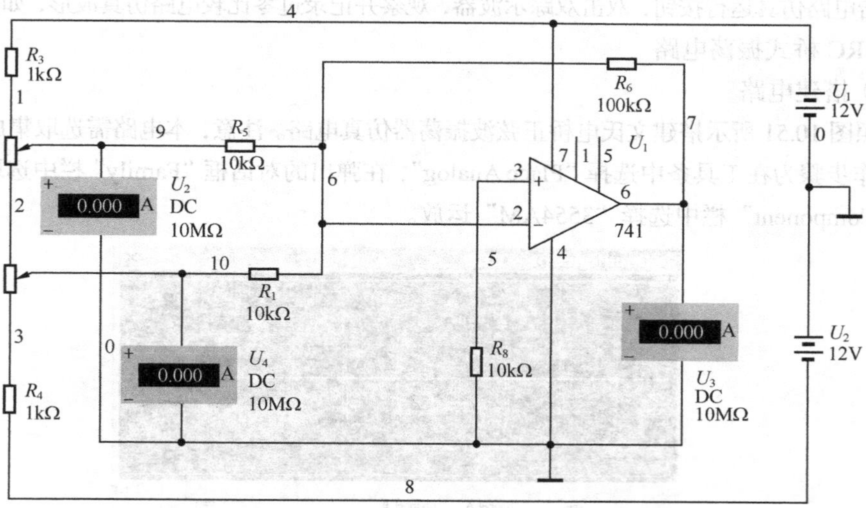

图 10.48 反相求和放大电路

运行仿真，连续按A键和B键，使两个电位器的百分比如表10.6所示，将电压数据填入表中，并计算电压放大倍数。

表 10.6　　电压放大倍数测量计算

电压器 R_{P1} 百分比	90%	30%
电压器 R_{P2} 百分比	55%	10%
输入电压 U_{i1}(V)即 U_2		
输入电压 U_{i2}(V)即 U_4		
输入电压 U_o(V)即 U_3		
理论计算 U_o		

3. 过零比较电路

在元件工具条中单击“Place Diode”按钮，在“Family”栏中选取“ZENER”，再选择“Component”栏下的“1Z6.2”稳压管，调出两只放置在电路图上。调出函数发生器与双踪示波器，连接组成图10.49所示的过零比较仿真电路。

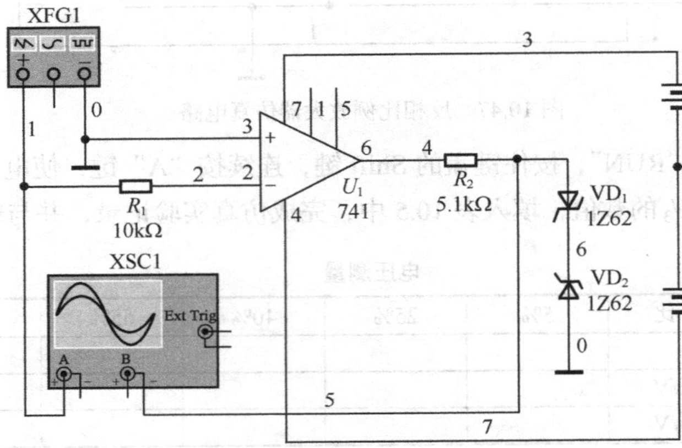

图 10.49　过零比较仿真电路

函数信号发生器设置：幅值为 $1U_p$；频率为 500Hz。

单击电路仿真运行按钮，双击双踪示波器，观察并记录过零比较电路仿真波形，如图 10.50 所示。

4. RC 桥式振荡电路

（1）搭建电路

按照图 10.51 所示搭建文氏电桥正弦波振荡器仿真电路。注意，本电路需选取集成运放“741”，具体操作步骤为在工具条中选择“Place Analog”，在弹出的对话框“Family”栏中选取“OPAMP”，再在“Component”栏中选择“3554AM”运放。

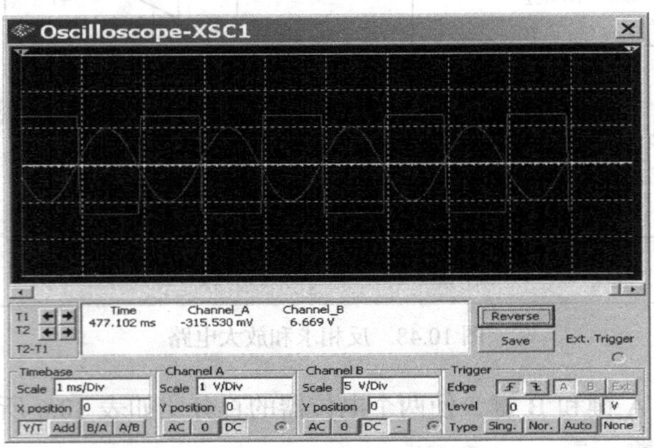

图 10.50　过零比较电路仿真波形

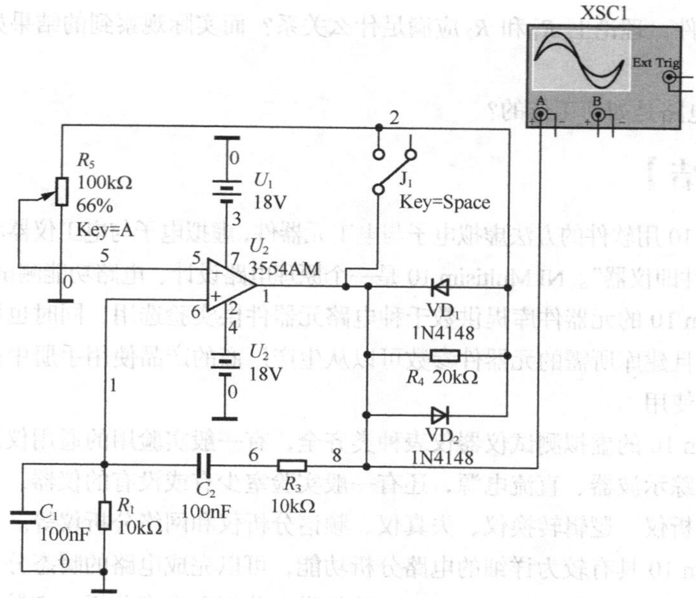

图 10.51　文氏电桥正弦波振荡器仿真电路原理图

（2）观察振荡器的起振过程

按开关 J_1 接通电路，然后打开电源，用示波器观察输出信号，并适当调节电位器 R_5，使示波器中有振荡波形出现。然后调小 R_5 到不能再小（如果再小，振荡器就出现停振现象）的位置。此时，振荡器正处于临界起振状态。

稳幅电路的作用：在上述的电位器开关 J_1 的调节过程中，很难获得一个不失真的正弦波，即振荡器不是波形失真（放大倍数过大），就是出现停振现象。为了使文氏桥式振荡器能够得到一个理想的波形，还需要采取稳幅措施。在电路中，断开开关 J_1，振荡器就有稳幅电路。此时，调节 R_5，就很容易获得一个不失真的正弦波。

正弦波振荡器仿真电路波形如图 10.52 所示。

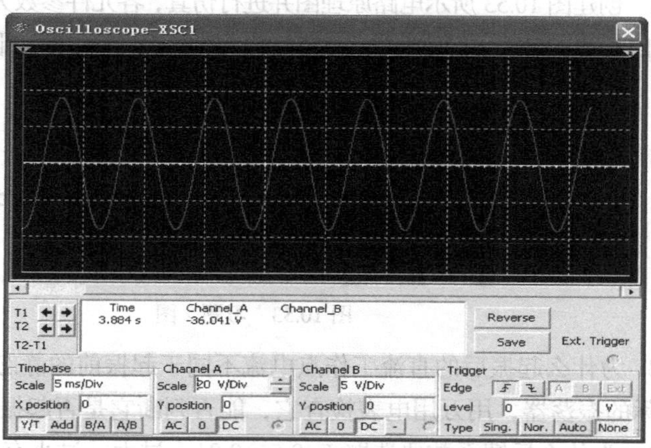

图 10.52　正弦波振荡器仿真电路波形

（3）仿真分析

① 测量振荡波形的幅度和频率并与理论值比较。

② 起振条件分析：如果将电位器上半部分称为 R_1，下半部分称为 R_2。为满足振荡器起振的

相位条件和振幅条件，理论上 R_1 和 R_2 应满足什么关系？而实际观察到的结果如何？是否与理论分析一致？

③ 试问稳幅电路是如何工作的？

【模块总结】

1. NI Multisim 10 用软件的方法虚拟电子与电工元器件，虚拟电子与电工仪器和仪表，实现了“软件即元器件”、“软件即仪器”。NI Multisim 10 是一个原理电路设计、电路功能测试的虚拟仿真软件。

2. NI Multisim 10 的元器件库提供数千种电路元器件供实验选用，同时也可以新建或扩充已有的元器件库，而且建库所需的元器件参数可以从生产厂商的产品使用手册中查到，因此也很方便地在工程设计中使用。

3. NI Multisim 10 的虚拟测试仪器仪表种类齐全，有一般实验用的通用仪器，如万用表、函数信号发生器、双踪示波器、直流电源，还有一般实验室少有或没有的仪器，如波特图仪、字信号发生器、逻辑分析仪、逻辑转换仪、失真仪、频谱分析仪和网络分析仪等。

4. NI Multisim 10 具有较为详细的电路分析功能，可以完成电路的瞬态分析和稳态分析、时域和频域分析、器件的线性和非线性分析、电路的噪声分析和失真分析、离散傅立叶分析、电路零极点分析、交直流灵敏度分析等电路分析方法，以帮助设计人员分析电路的性能。

习题及思考题

1. 搭建本模块中的能力培养部分的电路，按照要求观察信号，填写表中的数据并回答有关问题。

2. 创建图 10.53 所示电路原理图并进行仿真，各元件参数为 C=0.1 μF，R=100 Ω，R_1=20kΩ，R_f=40kΩ，运放型号为 3354BM。给出 u_{o1} 与 u_{o2} 的波形，试说明电路的作用。

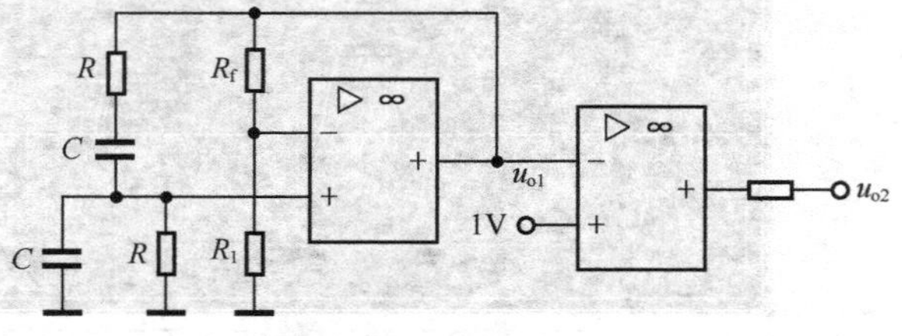

图 10.53　习题 2 图

3. 为什么起振后的直流工作点电流不同于起振前的静态工作点电流？对于一个实际的振荡器，用万用电表检查它，能否判断它是否起振？

4. 为什么反馈系数要选取 F=0.5～0.01，过大、过小有什么不好？

5. 对于 LC 电路，为什么当静态电流发生变化时，其振荡频率会发生变化？

实践训练与能力拓展篇

项目一 线性器件电阻、电容、电感的识别与检测

一、目的与要求

1. 熟悉线性电阻器、电容、电感的分类、用途和参数识别。
2. 掌握使用仪表测量线性电阻器、电容、电感检测的方法。

二、项目器材

1. 螺钉旋具、尖嘴钳、镊子、电烙铁、MF47 型万用表、电容表和电感表。

2. 各种不同类型的普通电阻、大功率电阻、可变电阻、敏感电阻若干及含有电阻元件的废旧电路板。

3. 各种不同类型的固定电容器、电解电容器、可变电容器及含有电阻元件的废旧电路板。

4. 单层电感器、多层电感器、可变电感、小型振荡线圈、小型固定电感器及含有电感器的废旧电路板。

三、基本知识

1. 电阻器的分类、特点及性能

（1）电阻器的分类

电阻器在电子设备中是必不可少的，电路中常用来进行电压、电流的控制和传送。电阻器通常按材料可分为碳质电阻、碳膜电阻、金属膜电阻、线绕电阻等；按结构主要可分为固定电阻和可变电阻。常见电阻器的外形如图 S1.1 所示。

（2）常用电阻器的特点及性能

① 线绕电阻器。线绕电阻由锰铜、康铜等在绝缘棒上绕制而成，其外形如图 S1.1（b）

所示。其稳定性高，噪声小，温度系数小，耐高温，精度很高，功率可到达 500W，但高频性能差，体积大，成本高，阻值范围为 0.1Ω～5MΩ，较多用于需要精密电阻的仪器仪表中。

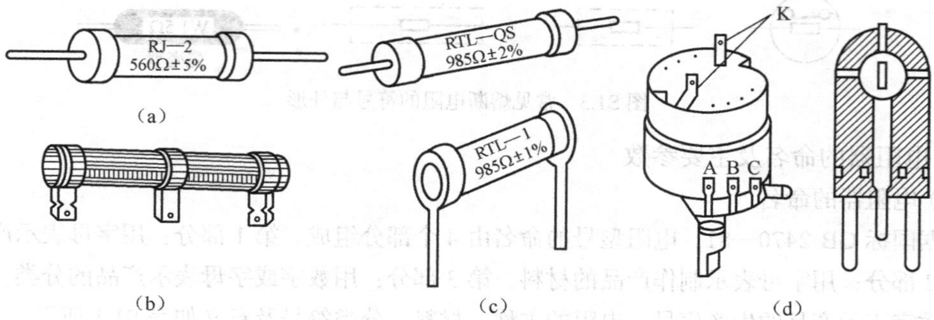

图 S1.1　常见电阻器外形

② 薄膜电阻器。薄膜电阻是蒸镀在绝缘材料表面制成的，图 S1.1（a）和图 S1.1（c）是薄膜电阻外形图。薄膜电阻有碳膜电阻（用“RT”标识）和金属膜电阻（用“RJ”标识）之分。碳膜电阻稳定性高，噪声小，阻值范围为 1Ω～10MΩ，涂层多为绿色；金属膜电阻体积小，稳定性高，噪声小，温度系数小，耐高温，精度高，阻值范围为 1Ω～620MΩ，涂层多为红色。

③ 电位器。电位器实际上是一种可变电阻器，可采用上述各种材料制成。电位器通常由两个固定输出端和一个滑动抽头组成。它按调节方式可分为旋转式、直滑式电位器。在旋转式电位器中，按照电位器的阻值与旋转角度的关系可分为直线式、指数式、对数式。图 S1.1（d）所示为旋转式电位器。

（3）特殊电阻器的特点及性能

① 热敏电阻器。热敏电阻的电阻值随着温度的变化而变化，一般用做温度补偿和限流保护等。它从特性上可分为正温度系数电阻和负温度系数电阻。目前用得较多的为负温度系数电阻器。

② 光敏电阻器。光敏电阻由半导体材料制成，利用半导体光导电特性，入射光线增强时，阻值明显减小；入射光线减弱时，阻值显著增大。其外形结构和电路符号如图 S1.2（a）所示。

③ 磁敏电阻器。磁敏电阻器是利用磁电效应能改变阻值原理制成，其阻值会随穿过它的磁通量密度的变化而变化。磁敏电阻器多为片形，外形尺寸较小，外形如图 S1.2（b）所示。

④ 湿敏电阻器。湿敏电阻器外形如图 S1.2（c）所示，其电阻值可随湿度增加而增加，当湿度从 50%上升到 90%，电阻值从 3kΩ 上升到 40kΩ。如在录像机的磁鼓旁设置一个湿敏电阻，可以防止湿度太高，磁鼓表面结露易损坏磁带及磁鼓。

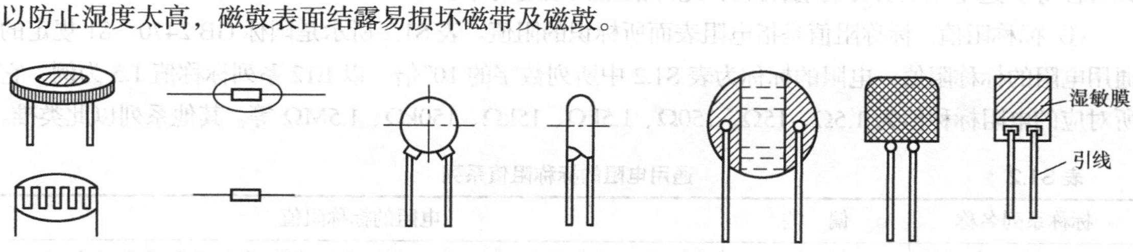

（a）光敏电阻　　（b）磁敏电阻　　（c）湿敏电阻

图 S1.2　特殊电阻外形图及符号

⑤ 熔断电阻器。熔断电阻器又名保险丝电阻器，是一种具有熔断丝（保险丝）及电阻器作用的双功能元件。符号与外形如图 S1.3 所示。熔断电阻器的额定功率一般有 0.25W、0.5W、1W、2W 和 3W 等规格，阻值为零点几欧姆，少数为几十欧姆至几千欧姆。

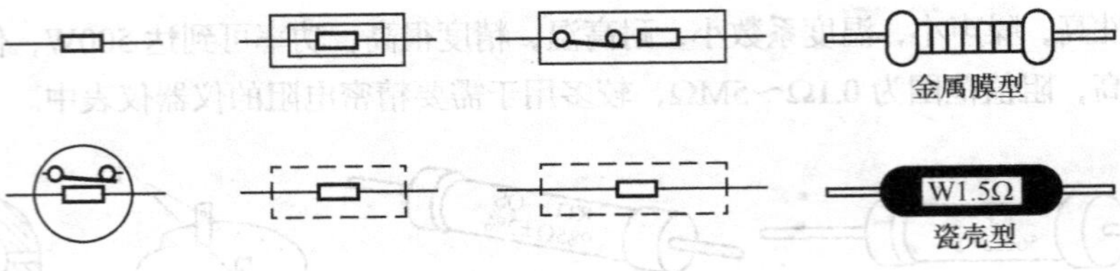

图 S1.3　常见熔断电阻的符号与外形

2. 电阻器的命名及主要参数

（1）电阻器的命名

根据国标 GB 2470—81，电阻型号的命名由 4 个部分组成。第 1 部分：用字母表示产品的主称。第 2 部分：用字母表示制作产品的材料。第 3 部分：用数字或字母表示产品的分类。第 4 部分：用数字表示产品的生产序号。电阻的主称、材料、分类符号及意义如表 S1.1 所示。

表 S1.1　电阻的主称、材料、分类符号及意义

第 1 部分　主称

符号	R	W	M
意义	电阻	电位器	敏感电阻

第 2 部分　材料

符号	T	H	S	N	J	Y	C	I	X
意义	碳膜	合成膜	有机实芯	无机实芯	金属膜	氧化膜	沉积膜	玻璃釉膜	线绕

第 3 部分　分类（电阻）

符号	1	2	3	4	5	7	8	9	G	T
意义	普通	普通	超高频	高阻	高温	精密	高压	特殊	高功率	可调

第 3 部分　分类（电位器）

符号	1	2	7	8	9	X	W	D
意义	普通	普通	精密	特殊函数	特殊	小型	微调	多圈

（2）电阻器的主要性能参数

电阻的主要参数有标称阻值、允许偏差、额定功率、温度系数、电压系数、噪声电动势和高频特性等。这里主要介绍标称阻值、允许偏差及额定功率。

① 标称阻值。标称阻值是指电阻表面所标识的阻值。表 S1.2 所示是国标 GB 2470—81 规定的通用电阻的标称阻值。电阻的标称为表 S1.2 中所列数字的 10^n 倍。以 E12 系列标称值 1.5 为例，它所对应的电阻标称值为 1.5Ω、15Ω、150Ω、1.5kΩ、15kΩ、150kΩ、1.5MΩ 等。其他系列以此类推。

表 S1.2　通用电阻的标称阻值系列

标称系列名称	偏　差	电阻的标称阻值
E24	Ⅰ级±5%	1.0、1.1、1.2、1.3、1.5、1.6、1.8、2.0、2.2、2.4、2.7、3.0、3.3、3.6、3.9、4.3、4.7、5.1、5.6、6.2、6.8、7.5、8.2、9.1
E12	Ⅱ级±10%	1.0、1.2、1.5、1.8、2.2、2.7、3.3、3.9、4.7、5.6、6.8、8.2
E6	Ⅲ级±20%	1.0、1.5、2.2、3.3、4.7、6.8

② 允许偏差。电阻阻值允许偏差分为 3 级：Ⅰ级精度允许±5%的偏差，Ⅱ级精度允许±10%的偏差，Ⅲ级精度允许±20%的偏差，用字母表示偏差时各符号的含义如表 S1.3 所示。

表 S1.3　　允许偏差（%）的文字符号表示

对称偏差												不对称偏差		
符号	H	U	W	B	C	D	F	G	J	K	M	R	S	Z
偏差	±0.02	±0.02	±0.05	±0.1	±0.2	±0.5	±1	±2	±5	±10	±20	+100 −20	+50 −20	+80 −20

③ 额定功率。电阻的额定功率是指在规定的气压和温度条件下电阻长期工作所允许承受的最大功率。额定功率的电位是瓦（W）。电阻按功率可分为 1/16W、1/8W、1/4W、1/2W、1W、2W、3W、5W、10W 和 20W 等，一般额定功率越大，电阻的体积也越大。

3．电阻参数的识别

电阻的主要参数一般标注在电阻表面或图纸上，常用的方法有以下几种。

（1）直标法

用阿拉伯字母和文字符号在电阻上直接标出其主要参数。如在某电阻上可读出 2.7kΩ±10%，其电阻值为 2.7kΩ，偏差为 10%。

（2）文字符号法

用阿拉伯字母和文字符号或两者有规律的组合，在电阻上标出主要参数，具体表现为用文字符号表示电阻的单位，阿拉伯字母表示电阻值，其整数部分写在阻值单位的前面，电阻的小数部分写在阻值单位的后面。如某电阻上标写 3R9，其阻值为 3.9Ω。

（3）色标法

色标法是用不同颜色的色环表示电阻主要参数的标志方法。这种方法在小型电阻用得比较多。色标法常用四环标法和五环标法两种，如图 S1.4 所示。各色环（颜色）表示的大小如表 S1.4 所示。例如，某电阻的色环为棕、红、黄、金，则其阻值为 12×10^4=120kΩ，允许误差为±5%。

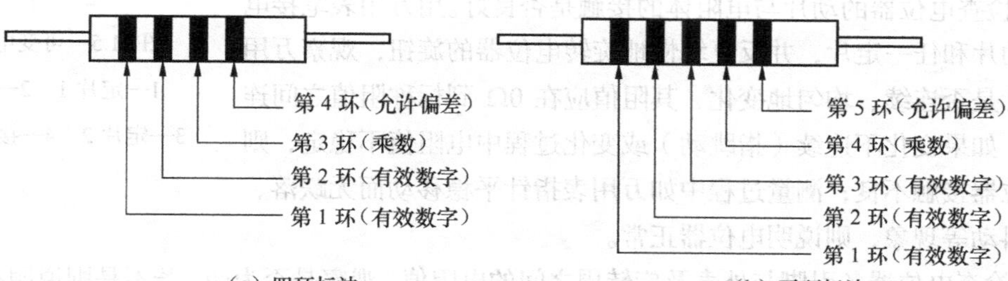

图 S1.4　电阻的色标法

表 S1.4　　色环符号（颜色）的规定

颜 色	银	金	黑	棕	红	橙	黄	绿	蓝	紫	灰	白	无
有效数字	—	—	0	1	2	3	4	5	6	7	8	9	—
乘数	10^{-2}	10^{-1}	10^0	10^1	10^2	10^3	10^4	10^5	10^6	10^7	10^8	10^9	—
允许偏差%	±10	±5	—	±1	±2	—	—	±0.5	±0.25	±0.1	—	+50 −20	±20

4．电阻的检测

电阻的检测主要是利用万用表的欧姆挡来测量电阻的阻值，将测量值与标称值对比，从而判断电阻是否能够正常工作，是否断路、短路及老化。检测方法如下。

（1）普通电阻的检测方法

① 外观检查。从外观看电阻本身有无破损、脱皮，电阻引脚有无脱落及松动现象，从外表排除电阻有无断路情况。

② 万用表测量。选择欧姆挡合适量程测量。测量中手指不要触碰被测固定电阻器的两根引出线，避免人体电阻对测量精度的影响。若基本等于标称值，电阻正常；若接近零，电阻短路；若测量值远小于标称值，电阻损坏；若远大于标称值，电阻断路。

③ 在路检测。若测量值远远大于标称值，判断电阻断路或严重老化，已损坏。若明显小于标称值，则应将电路断路，断路后判断方法如上。

（2）敏感电阻的检测方法

当敏感源发生变化时，用万用表欧姆挡检测敏感电阻的阻值，若敏感阻值也明显变化，敏感电阻良好，若变化很小或几乎不变，则敏感电阻出现故障。如检测热敏电阻器时，在常温下用万用表 R×1 挡来测量。在正常时其测量值应与其标称阻值相同或接近（误差在±2Ω），用升温的电烙铁靠近热敏电阻器，并测量其阻值，正常值应随温度上升而电阻增大。

（3）可变电阻的检测方法

① 外观检查。如图 S1.5 所示，首先要检查引出端子是否松动，转动旋柄时应感觉平滑，不应有过紧或过松现象；其次是开关是否灵活，开关通断时“咯哒”声是否清脆；此外，听一听电位器内部接触点和电阻体摩擦的声音，如有“沙沙”声，说明质量不好。

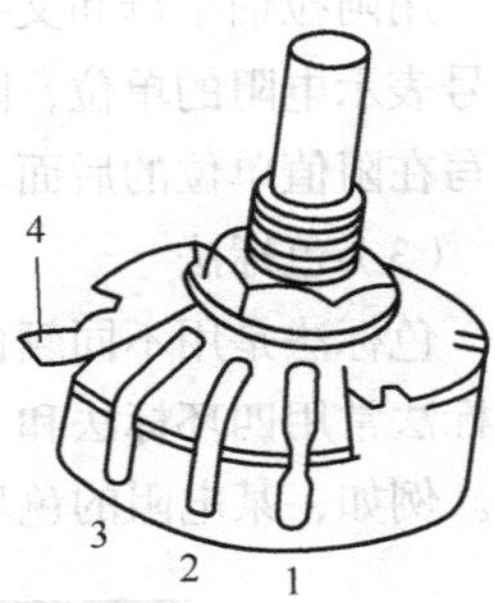

图 S1.5　可变电容器

1—定片 1　2—动片

3—定片 2　4—接地焊片

② 测量电位器阻值时，用万用表合适的电阻挡测量电位器两定片之间的阻值，其读数应为电位器的标称阻值；如万用表的指针不动或阻值相差很多，则表明该电位器已损坏。

③ 检查电位器的动片与电阻体的接触是否良好。用万用表笔接电位器的动片和任一定片，并反复缓慢地旋转电位器的旋钮，观察万用表的指针是否连续、均匀地变化，其阻值应在 0Ω 到标称阻值之间连续变化，如果变化不连续（指跳动）或变化过程中电阻值不稳定，则说明电位器接触不良；测量过程中如万用表指针平稳移动而无跌落、跳跃或抖动等现象，则说明电位器正常。

④ 检查电位器各引脚与外壳及旋转周之间的电阻值，观察是否为∞，若不是则说明有漏电现象；检查电位器的电源开关是否起作用，接触是否良好。

5. 电容器的分类、特点及性能

电容器是由两个金属电极中间夹绝缘层所构成的元件，这两个金属电极称为电容器的电极或极板。电容器是一种存储电能的元件，具有充放电特性和隔直流通交流的能力。电容器两个电极间的绝缘物质称为介质，主要有云母、陶瓷、空气、电解质及纸等。通常情况下，电容器都在其两个电极分别引出两个引脚，以便焊接。电容器的电路符号如图 S1.6 所示。

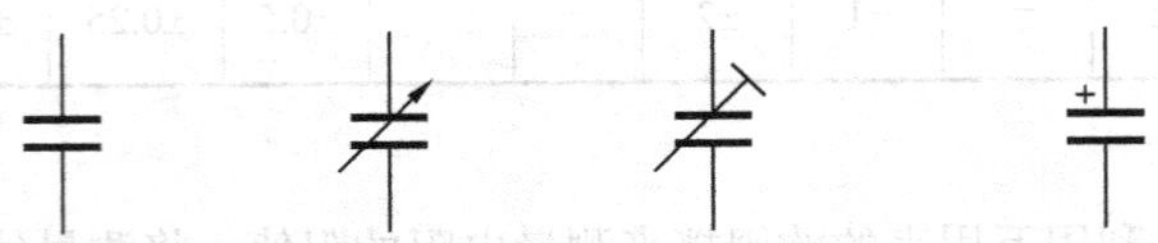

（a）普通电容　（b）可变电容　（c）微调电容　（d）有极性电容

图 S1.6　电容器的电路图形符号

（1）电容器的分类

电容器的分类方法很多。按电容量变化情况可分为固定电容器、可变电容器和微调电容器等；按电容介质分可分为云母电容器、陶瓷电容器、纸介电容器和电解电容器等；还可以按在电路中起的作用来分，如滤波电容器、旁路电容器、耦合电容器和振荡电容器等。图 S1.7 所示为各类常见电容器的外形。

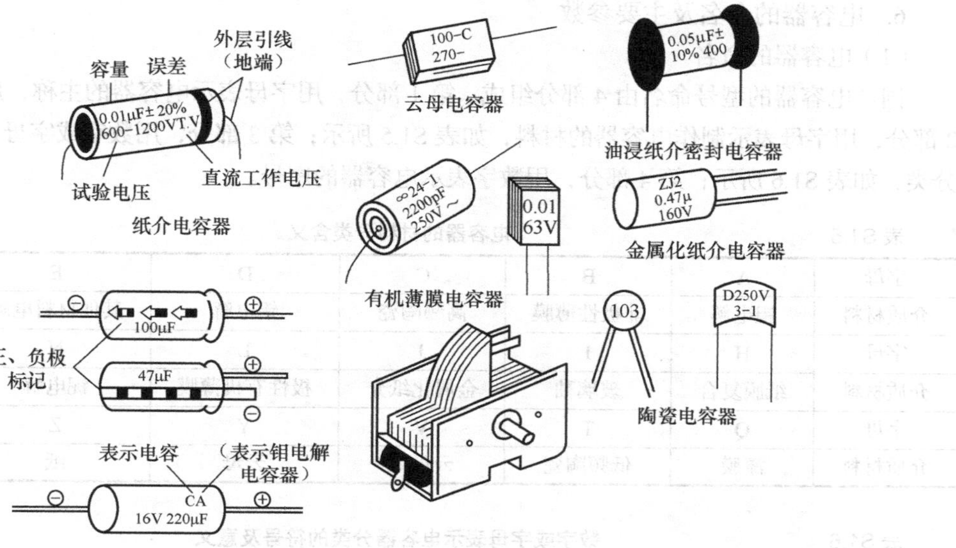

图 S1.7　常见电容器的外形

（2）固定电容器的特点及性能

① 电解电容器。电解电容器分为有极性和无极性两种。通常有极性的电解电容器在电源电路、中频、低频电路中起滤波、褪耦、信号耦合及时间常数设定、隔直等作用，一般不能用于交流电源电路。

② 瓷介电容器。瓷介电容器也称陶瓷电容器，它用陶瓷材料作为介质，在陶瓷的表面涂覆一层金属薄膜（通常用银），再经高温烧结后作为电极。瓷介电容器可用于各种频率的电路中，用于隔直、耦合、旁路和滤波。

③ 金属化纸介电容器。金属化纸介电容器采用真空蒸发技术在涂有漆膜的纸上再蒸镀一层金属膜作为电极，它与普通纸介电容器相比，具有体积小、容量大、击穿后自愈能力强等优点。

④ 有机薄膜介质电容器。有机薄膜介质电容器也称塑料薄膜电容器，它是用有机塑料薄膜作介质，用铝箔或金属化薄膜作电极，再按一定工艺及方法卷绕而制成的。使用较多的为聚苯乙烯电容器、涤纶电容器等多种。

纸介电容器和云母电容器目前已经很少使用。

（3）可变和微变电容器的特点及性能

可变电容器是一种电容量可以在一定范围内调节的电容器，通常在无线电接收电路中作调谐电容用。常见的有下面 3 种。

① 空气介质可变电容器。空气介质可变电容器的电极由两组金属片组成，其固定不变的一组为定片，能转动的一组为动片，动片与定片之间以空气作为介质。当动片全部旋进时，电容量为最大；而将动片全部旋出时，电容量为最小。该种电容器一般用于收音机、电子仪器、高频信号发生器、通信设备等电子设备。

② 固体介质可变电容器。固体介质可变电容器是在其动片与定片（动、定片均为不规则的半圆形金属片）之间加上云母片或塑料薄膜（聚苯乙烯等材料制成）作为介质，外壳为透明或半透明塑料。其优点是体积小、重量轻；缺点是杂声大、易磨损。

③ 微调电容器。微调电容器实际上也是一种可变电容器，只是容量变化范围比较小，一般只有几皮法至几十皮法，常在各种调谐及振荡电路中作为补偿电容器或校正电容器使用。

6. 电容器的命名及主要参数

（1）电容器的命名

国产电容器的型号命名由4部分组成：第1部分，用字母表示电容器的主称，用C表示；第2部分，用字母表示制作电容器的材料，如表S1.5所示；第3部分，用数字或字母表示电容器的分类，如表S1.6所示；第4部分，用数字表示电容器的序号。

表S1.5　电容器的材料分类含义

字母	A	B	C	D	E	G
介质材料	钽电解	非极性薄膜	高频陶瓷	铝电解	其他材料电解	合金
字母	H	I	J	L	N	O
介质材料	纸膜复合	玻璃釉	金属化纸介	极性有机薄膜	铌电解	玻璃膜
字母	Q	T	V	Y	Z	
介质材料	漆膜	低频陶瓷	云母纸	云母	纸	

表S1.6　数字或字母表示电容器分类的符号及意义

符号		1	2	3	4	5	6	7	8	9
意义	瓷介电容	圆片	管形	叠片	独石	穿芯	支柱	—	高压	—
	云母电容	非密封		密封		—	—	—	高压	—
	有机电容	非密封		密封		穿芯	—	—	高压	—
	电解电容	箔式		烧结粉液体	烧结粉固体	—	—	无极性	特殊	特殊

字母	G	J	T	W	L	M	X	Y
意义	高功率	金属化	铁片	微调	立式矩形	密封型	小型	高压

（2）电容器的主要参数

① 标称容量。电容器的标称容量是指电容器表面所标识的容量。电容量的基本单位是法拉，用F表示。比法拉小的常用的单位还有微法（μF）和皮法（pF）。

② 允许偏差。电容器的允许偏差以百分数表示，是电容器实际电容量与标称电容量之差除以标称电容量所得。允许偏差用字母表示偏差时各符号的含义如表S1.7所示。

表S1.7　表示允许偏差（%）的字母符号及含义

字母	B	C	D	E	F	G	Y
含义	±0.1%	±0.25%	±0.5%	±0.005%	±1%	±2%	±0.002%
字母	H	J	K	L	M	N	Z
含义	±100%	±5%	±10%	±0.01%	±20%	±30%	−20%～80%
字母	P	Q	S	T	W	X	不标注
含义	±0.02%	−10%～30%	−20%～50%	−10%～50%	±0.05%	±0.001%	−20%

③ 额定电压。额定电压也称电容器的耐压值，是指电容在规定的温度范围内，能够连续正常工作时所能承受的最高电压。该额定电压值通常标注在电容器外壳上。实际应用时，电容器的工作电压应低于电容器上标注的额定电压值。

④ 漏电流。电容器的材料不是绝对绝缘体，它在一定的工作温度及电压条件下，也会有电流通过，这个电流即为漏电流。一般来说，电解电容器的漏电流略大一些，而其他类型电容器的漏电流较小。

⑤ 绝缘电阻。绝缘电阻指电容器两极之间的电阻。它与漏电流成反比，绝缘电阻越大，表明电容器的漏电流越小，质量也越好。一般电容器的绝缘电阻在 108～1010Ω之间。

7. 电容器参数的识别

（1）直标法

直标法是将电容器的主要技术指标直接标注在电容器表面的一种方法，体积较大的电容器用此方法进行标识。例如，CT1-0.022μF-63V 表示圆片形低频瓷介电容器，标称容量 0.022μF，额定电压 63V。

（2）文字符号法

文字符号法是用阿拉伯字母和文字符号或两者有规律的组合标注在电容器表面来表示标称容量的方法。

电容器标注时应遵循下面规则：凡不带小数点的数值，若无标注单位，则单位为皮法；凡带小数点的数值，若无标注单位，则单位为微法；对于 3 位数字的电容量，前两位数字表示标称容量值，最后一个数字为倍率符号，单位为皮法，若第 3 位数字为 9，表示 10^{-1} 倍率；对于小型的固定电容器，体积较小，为便于标注，习惯上省略其单位，标注时单位符号的位置代表标称容量有效数字中小数点的位置；允许误差一般用字母表示，具体见表 S1.7。

例如，2200 表示 2200pF，0.56 表示 0.56μF，103 表示 10×10^3 pF=0.01μF，689 表示 68×10^{-1}pF=6.8pF，P33 表示 0.33pF，6P8 表示 6.8pF，2μ2 表示 2.2μF，33n 表示 33000pF=0.033μF，33μ表示 33μF。

8. 电容器的检测

（1）无极性固定电容器的检测

① 检测 10pF 以下的小容量电容器。因为这些电容器的容量太小，用万用表的 R×10kΩ挡只能检测它的漏电情况和有无短路。万用表指示为无穷大时才正常，如果指示值不是无穷大，则说明该电容器有漏电情况；如果指示值为零，则表示该电容器已经击穿短路。

② 检测 10pF～0.01μF 的电容器。将万用表置于 R×10kΩ挡，测一下电容器两引脚间的电阻值，如果没有漏电和短路情况，可以测一下它的充放电情况。由于电容量还比较小，直接用万用表 R×10kΩ挡不易看清万用表指针的摆动情况，可用图 S1.8 所示电路来测它的大概容量。图 S1.8 中 C 为待测电容器，VT_1 及 VT_2 为两只 NPN 型晶体管。由于复合晶体管的放大作用，使电容器充放电的电流变大。因此，可在测量时反复调换表笔，观察万用表指针的摆动幅度，摆动幅度越大，说明电容量越大。

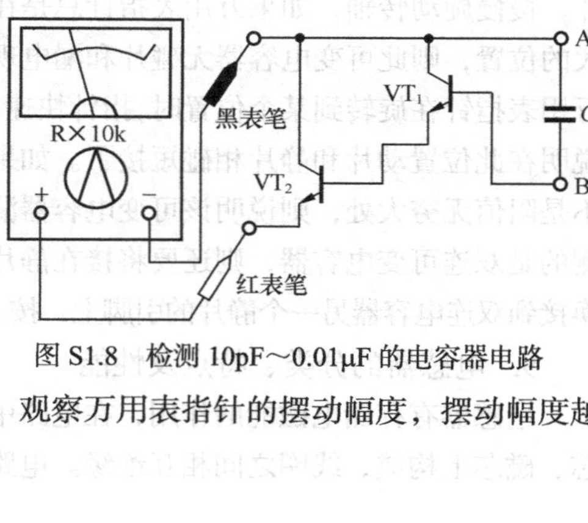

图 S1.8　检测 10pF～0.01μF 的电容器电路

③ 检测 0.01μF 以上的电容器。由于电容量较大，充放电的电流也较大，可用万用表欧姆挡直接观察充放电流的大小，从而估计它的质量和容量。将万用表置于 R×10kΩ挡，测电容器两引脚的阻值，如果电容器没有漏电和短路情况，可以反复调换表笔测电容器的阻值。若万用表指针向右摆到一定角度后停止，然后指针向左摆，并能回到无穷大可读点，说明该电容器充放电情况良好，并且没有漏电情况，根据摆动角度大小可估计该电容器容量的大小。

（2）有极性电解电容器的检测

① 选择万用表挡位。因为电解电容器的电容量比一般固定电容器的电容量大得多，电容器充电、放电的电流也大得多，所以对不同容量的电容器应选用不同的欧姆挡位。通常测容量为 1～47μF 的电解电容器可用万用表的 R×1kΩ挡，容量大于 47μF 的可用万用表的 R×100kΩ挡或 R×10kΩ挡。检测方法与检测一般固定电容器的方法相同。

② 检测漏电阻。将万用表的红表笔接电解电容器的负极，黑表笔接电容器的正极。此时，万用表指针向右偏转较大幅度，一段时间后，指针开始向左偏转，转到某一数值时，万用表指针基本不动，停在某一阻值上，这个阻值就是电解电容器的正向漏电阻。此值越大，漏电流就越小，电容器性能就越好。

再用万用表测电解电容器的反向漏电阻。将黑、红表笔对调，即黑表笔接电解电容器的负极，红表笔接电容器的正极。重复上面的检测工作，当万用表指针停止不动时，此时的阻值即为电容器的反向漏电阻，此值略小于正向漏电阻。检测中，若发现万用表指针静止不动或摆动角度很小，说明该电解电容器已经失效。如果万用表指针摆到万用表右面而不向回摆动，则说明该电解电容器已内部短路。

③ 判断极性。通常有极性的电容器外壳上的塑料套上都标有正负极，用“+”表示正极，用“−”表示负极。未剪脚的有极性电容器，长引脚为正极，短引脚为负极。

若电解电容器正负极标志已失掉，检测方法还可以用来鉴别负极。可先用万用表两表笔进行一次检测，同时观察并记住表针向右摆动的幅度；然后两表笔对调再进行检测。哪一次检测中，表针最后停留的摆幅较小，则该次万用表黑表笔接触的引脚为正极，另一脚为负极。

（3）可变电容器的检测

① 检测可变电容器的机械性能。由于可变电容器有旋轴带动电容器动片，有机械动作，检测时用手轻轻旋动转轴，感觉它的松紧情况，转动轴既不能过紧也不能过松，同时不能发出摩擦声。

② 检测可变电容器有无碰片短路现象。将万用表置于 R×10kΩ挡，检测方法如图 S1.9 所示。两表笔分别接可变电容器的动片（3 个引脚中间的一个）和静片，慢慢旋动转轴，如果万用表指针总是在阻值无穷大的位置，则此可变电容器无碰片和漏电现象。如果万用表指针在旋转到某个位置时，指针快速向右摆动，说明在此位置动片和静片相碰短接了。如果指针指在不是阻值无穷大处，则说明该可变电容器漏电。若检测的是双连可变电容器，则还要将接在静片上的表笔换接到双连电容器另一个静片的引脚上，按上述方法再测一下另一个可变电容器的短接、漏电情况。

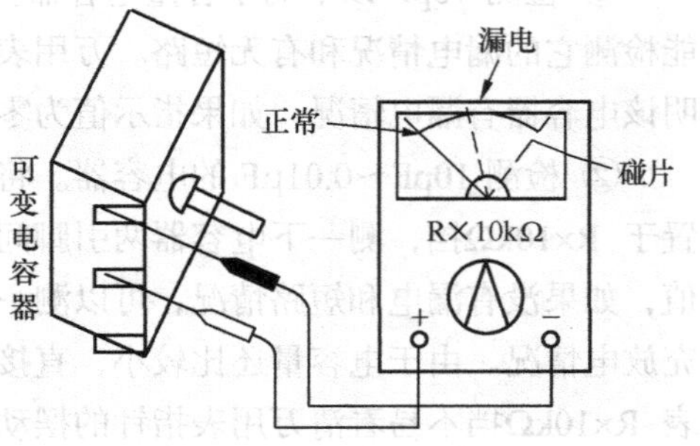

图 S1.9 检测可变电容器的碰片或漏电

9. 电感器的分类、特点及性能

电感器有存储电磁能的作用，在电路中表现为阻碍电流的变化。多用漆包线、纱包线绕在铁芯、磁芯上构成，线圈之间相互绝缘。电路中用 L 表示。图 S1.10 所示为几种电感器的符号。

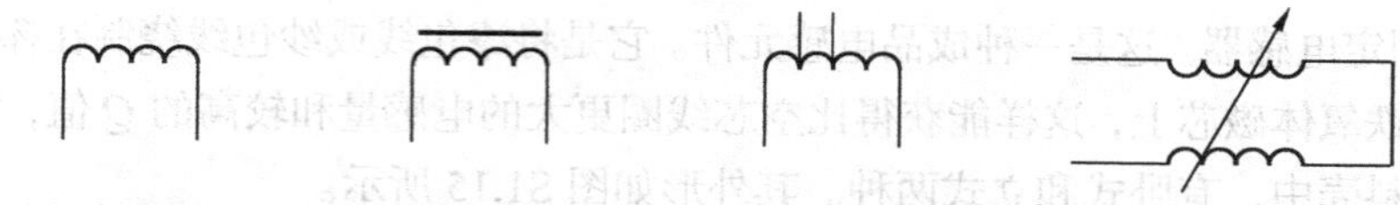

（a）电感线圈　（b）带磁芯电感器　（c）带抽头电感器　（d）可变电感器

图 S1.10　电感器的符号

（1）电感器的分类

电感器可按结构、工作频率、用途等进行分类。电感器按结构可分为绕线式和非绕线式；按工作频率可分为高/中/低频电感器；按用途则可分为振荡电感器、校正电感器、隔离电感器、补偿电感器、阻流电感器（阻流圈）、滤波电感器和显像管偏转电感器等。

（2）常用电感器的特点及性能

① 单层电感器。单层电感器可采用密绕和间绕，如图 S1.11 所示。单层电感器电感量较小，约几微亨至几十微亨，常用在高频电路中。间绕的匝间距离大，分布电容小，Q 值较高，其稳定性也较好；密绕的线圈分布电容较大，Q 值较低。

② 多层电感器。多层电感器如图 S1.12 所示。当电感值大于 300μH 时，要采用多层线圈绕制而成。多层线圈的匝与匝之间、层与层之间分布电容较大，另外，层与层之间的电压也相应增大，当线圈两端加有高电压时，易发生层间跳火，并使绝缘击穿。因而多层线圈常用分段绕制，以减少分布电容。采用蜂式绕制的线圈可以减少线圈的分布电容，对电感量较大的线圈，可以采用两个、3 个以及多个蜂房线包将它分段绕制。

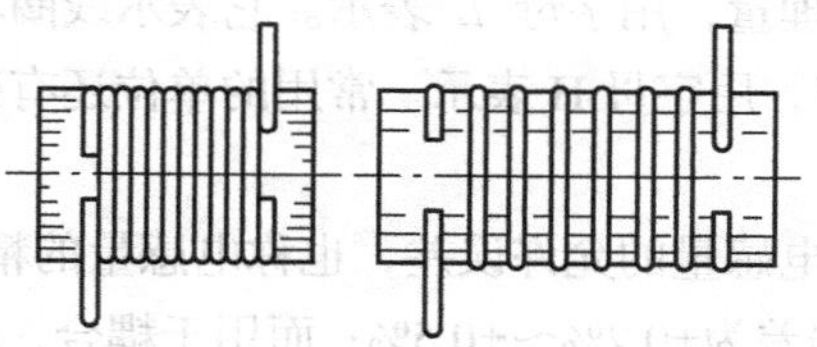

（a）单层密绕　（b）单层间绕

图 S1.11　单层电感器

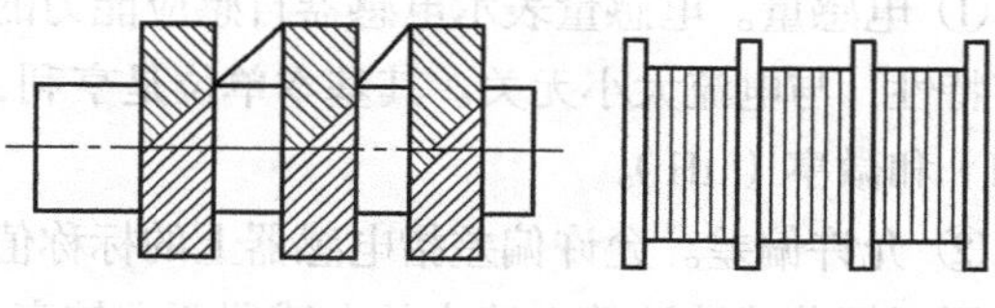

（a）多层蜂房式绕法　（b）多层平绕法

图 S1.12　多层电感器

③ 可变电感器。可变电感器在需对电感量进行调节的场合使用，用以改变谐振频率或电路耦合的松紧等。通常采用如图 S1.13 所示的 4 种调节方法：在线圈中插入磁芯或磁帽；在线圈中设置一个滑动的触点；将两个线圈串联，均匀地改变两线圈之间的相对位置，使互感量变化；将线圈引出数个抽头，加波段开关连接。

④ 小型振荡线圈。用在无线电接收机变频电路中，与可变电容器组成谐振电路。小型振荡线圈的结构如图 S1.14 所示。带螺纹的磁帽对于杂散电磁场有隔离作用，在磁帽顶端涂有红色漆，以区别于外形相同的中频变压器。

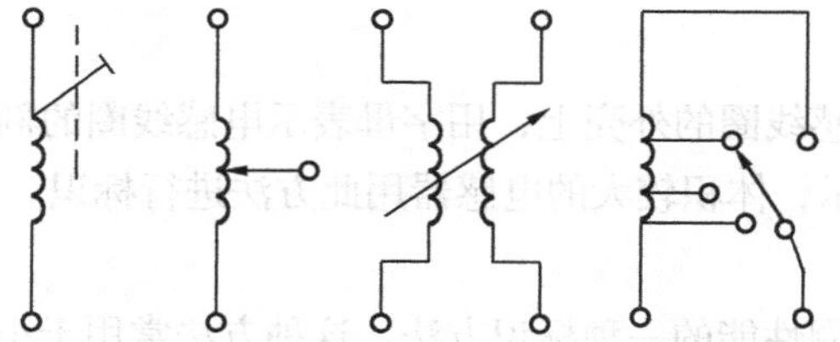

(a)　(b)　(c)　(d)

图 S1.13　可变电感器的电感量调节方法

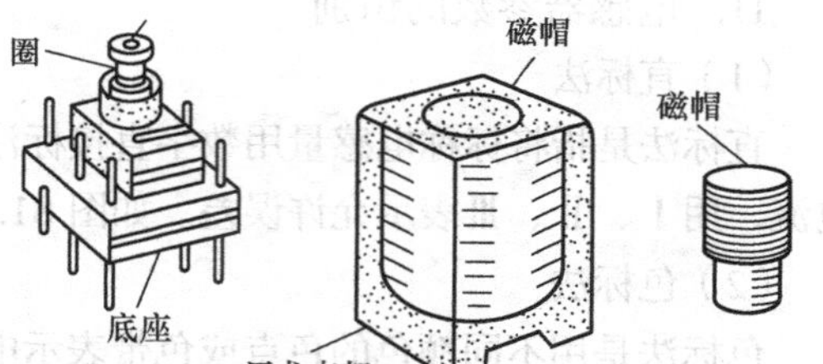

图 S1.14　小型振荡线圈的结构

⑤ 小型固定电感器。这是一种成品电感元件。它是将漆包线或纱包线绕制在棒形、工字形或王字形等软磁铁氧体磁芯上，这样能获得比空芯线圈更大的电感量和较高的 Q 值，它用环氧树脂封装或包在塑料壳中，有卧式和立式两种。其外形如图 S1.15 所示。

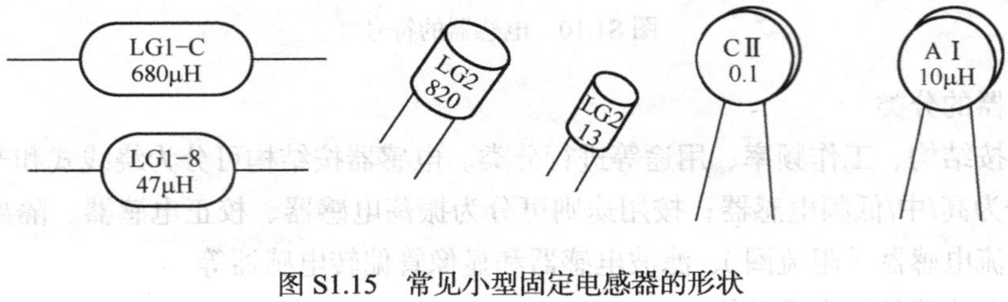

图 S1.15　常见小型固定电感器的形状

10. 电感器的命名及主要参数

（1）电感器的命名

国产电感器的型号命名由 4 个部分组成。第 1 部分，用字母表示产品的主称，如 L 为线圈、ZL 为高频或低频阻流圈；第 2 部分，用字母表示产品的特征，如 G 为高频；第 3 部分，用字母表示产品的型号，如 X 为小型；第 4 部分，用字母表示产品的区别代号。例如，LGX 型即为小型高频电感线圈。

（2）电感器的主要参数

电感器的主要参数有电感量、允许偏差、品质因数、分布电容、额定电流、稳定性等。

① 电感量。电感量表示电感器自感应能力的一个物理量，用字母 L 表示。它表示线圈本身固有特性，与电流大小无关。其基本单位是亨利，简称亨，用字母 H 表示。常用的单位还有毫亨（mH）和微亨（μH）。

② 允许偏差。允许偏差指电感器上的标称值与实际电感量的允许误差，也称电感量的精度。一般用于振荡或滤波等电路中的电感器要求较高，允许偏差为±0.2%～±0.5%；而用于耦合、高频扼流的电感器则要求偏低，允许偏差为±10%～±15%。

③ 品质因数。品质因数也称 Q 值，它是指在某一频率的交流电压作用下工作时，线圈所呈现感抗与线圈直流电阻的比值，即 $Q=\omega L/R$。其中：ω 为工作角频率；L 为线圈的电感量；R 为线圈的总损耗电阻线圈的总损耗电阻。电感器的 Q 值越高，损耗越小，效率越高。

④ 分布电容。线圈的匝与匝之间存在着电容，线圈与地之间和线圈与屏蔽盒之间，线圈的层与层之间也都存在着电容，这些电容统称为线圈的分布电容。电感器的分布电容越小，其稳定性越好。

⑤ 额定电流。额定电流是指线圈允许通过的电流大小。它对于高频扼流圈、大功率谐振线圈和电源滤波电路中的低频扼流圈而言是一个重要参数。若工作电流超过额定电流，电感器就会因发热而使性能参数发生改变，甚至还会因过流而烧毁。

11. 电感器参数的识别

（1）直标法

直标法是指将标称电感量用数字直接标注在电感线圈的外壳上，用字母表示电感线圈的额定电流，用Ⅰ、Ⅱ、Ⅲ表示允许误差。如图 S1.15 所示，体积较大的电感器用此方法进行标识。

（2）色标法

色标法是用不同颜色的色点或色带表示电感线圈性能的一种标识方法。这种方法常用于小型固定电感器，它与色环电阻的标识含义相同，只是基本单位为微亨（μH）。一般常采用四色标法，前两个色码为有效数字，第三个色码为倍率，第四个色码是允许偏差，如：棕、黑、金、金表示1μH（误差5%）的电感。

12. 电感器的检测

（1）电感器的一般质量鉴别

用万用表测量线圈电阻可大致判别其质量好坏，一般电感线圈的直流电阻很小（为零点几欧到几十欧），低频扼流圈线圈的直流电阻也只有几百至几千欧。当测得的线圈电阻为无穷大时，表明线圈内部或引出端已断路；当测得的线圈电阻远小于正常值或接近零时，表明线圈局部短路。

（2）电感量的测量

电感器的电感量通常是用电感电容表或具有电感测量功能的专用万用表来测量，普通万用表无法测出电感的电感量。其测量方法与万用表使用方法类同。

（3）电感器开路或短路的判断

用万用表的R×1挡测量电感器两端的正、反向电阻值。正常时应有一定的电阻值：电阻值与电感器绕组的匝数成正比，绕组的匝数多，电阻值也大；匝数小，电阻值也小。若测得电感的电阻值为 0，则说明该电感器内部已短路损坏。若测得电感器的电阻值无穷大，则说明该电感器内部已开路损坏。若手中有同型号的正常电感器，与正常电感器对比测量，则能判断出其阻值是否正常，是否有局部短路。

（4）电感线圈性能的测试

要准确检测电感线圈的电感量 L 和品质因数 Q，一般需要专门仪器。在实际工作中，多不进行这种检测，而是根据电路的具体要求结合具体的线圈，对性能进行推断和简易测试。对于 Q 值的推断和估算有以下几点。

① 线圈的电感量相同时，直流电阻越小，其 Q 值越高，即所用的直径大，Q 值越高。

② 若采用多股线绕制线圈时，导线的股数越多（一般不超过13股），其 Q 值越高。

③ 线圈骨架（或铁芯）所用材料的损耗越小，其 Q 值越高。

四、项目内容

（1）识别给出的各种电阻，对电阻进行分类。

（2）读出并记录所给电阻的标称阻值、允许误差及其他参数值。

（3）用万用表测量电阻的阻值，分析实际偏差是否在允许范围内。

（4）电容器的参数识别。

（5）用仪表测量无极性固定电容器、有极性电解电容器、可变电容器等。

（6）电感器的参数识别。

（7）用仪表测量单层电感器、可变电感器、小型振荡线圈等。

项目二

非线性器件二极管、三极管的识别与检测

一、目的与要求

1. 熟悉二极管、三极管的类别、特点及主要用途。
2. 学习用万用表判别二极管电极的方法。
3. 学习用万用表判别三极管的类型、引脚的方法，并进行简易的测试。
4. 熟悉常用二极管和三极管的参数及识别方法。
5. 会用万用表检测二极管、三极管的好坏。

二、项目器材

万用表，晶体管特性测试仪，不同类型、规格的二极管、晶体管若干。

三、基本知识

1. 使用万用表注意事项

用万用表可以对晶体二极管、三极管进行粗测。指针万用表电阻挡等效电路如图 S2.1 所示，其中，R_0为等效电阻，E_0为表内电池。当万用表处于 R×1Ω、R×100Ω、R×1kΩ挡时，一般，E_0=1.5V，而处于 R×10kΩ挡时，E_0=9V。

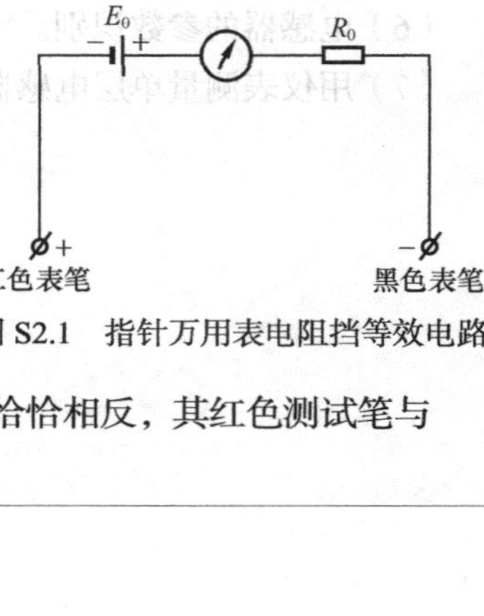

图 S2.1　指针万用表电阻挡等效电路

测试电阻时要注意：指针万用表的红色测试笔与表内电池负端（表笔插孔标“+”号）相连，而黑色测试笔则接在表内电池正端（表笔插孔标以“–”号）；数字万用表则恰恰相反，其红色测试笔与表内电池正极相连，黑色测试笔则与表内电池负极相连。

2. 二极管

二极管由一个 PN 结组成，具有单向导电性，其正向电阻小（一般为几百欧）而反向电阻大（一般为几十千欧至几百千欧）。二极管的主要参数有最大整流电流、反向电流、反向工作电压等（参见模块一知识点二内容），二极管可用于整流、检波、稳压、开关等电路中。

（1）二极管的外形与符号

二极管器件的型号命名方法参见附录 A.1。图 S2.2 为部分二极管的外形及符号。

（2）二极管管脚极性的判别

二极管的极性从外壳上可直接识别。其正负极都标注在外壳上，标注的形式有的是二极管符号，有的用色点或标志环来表示，有的借助二极管的外形特征来识别。二极管外壳上印有箭头的，箭头指向的一端为负极；二极管用色点来标志的，有色点的一端是正极；二极管用标志环来标志的，靠近标志环的一端是负极。

① 使用指针万用表判别二极管管脚的极性。若二极管性能良好，但看不出二极管的正负极性，可用指针万用表的欧姆挡测量其极性。但检测小功率二极管的正反向电阻时，不宜使用万用表欧姆挡的 R×1Ω 或 R×10kΩ，前者流过二极管的电流较大，可能烧坏管子；后者加在二极管两端的反向电压太高，易将管子击穿。一般使用 R×100Ω 或 R×1kΩ 挡测量二极管的极性。

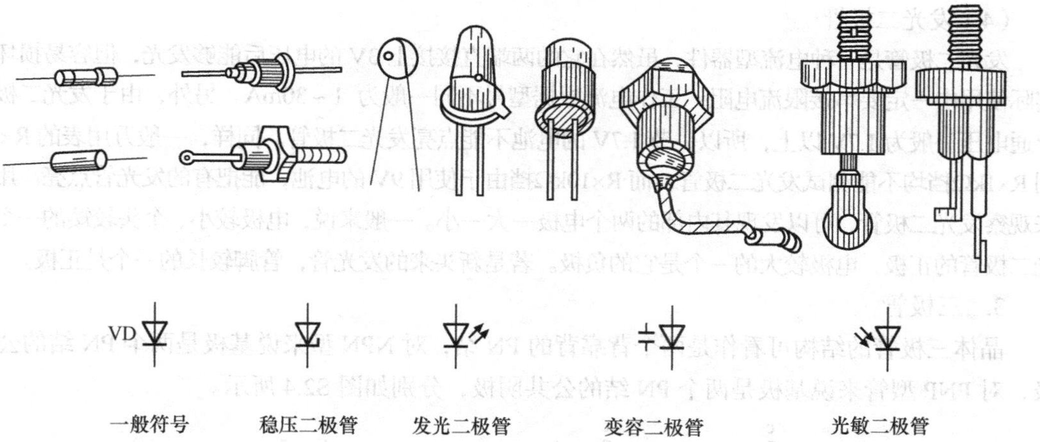

图 S2.2 部分二极管的外形及符号

将红、黑表笔分别接二极管的两个电极，若测得的电阻值很小（几千欧以下），则黑表笔所接电极为二极管正极，红表笔所接电极为二极管的负极；若测得的阻值很大（几百千欧以上），则黑表笔所接电极为二极管负极，红表笔所接电极为二极管的正极，如图 S2.3 所示。

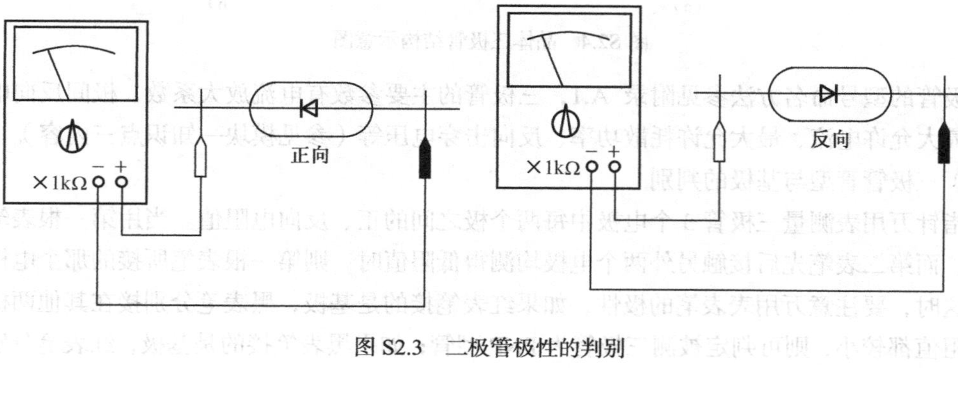

图 S2.3 二极管极性的判别

② 使用数字万用表判别二极管管脚的极性。将数字万用表拨至二极管挡，此时红表笔（插在"V·Ω"插孔）带正电，黑表笔（插在"COM"插孔）带负电。用两支表笔分别接触二极管两个电极，若显示值在 1V 以下，说明管子处于正向导通状态，红表笔接的是正极，黑表笔接的是负极；若显示溢出符号"1"，表明管子处于反向截止状态，黑表笔接的是正极，红表笔接的是负极。

（3）二极管好坏的判定

一个二极管的正、反向电阻差别越大，其性能就越好。如果双向电阻值都较小，说明二极管质量差，不能使用；如果双向阻值都为无穷大，则说明该二极管已经断路；如果双向阻值均为零，说明二极管已被击穿。

用指针万用表的欧姆挡（R×100Ω 或 R×1kΩ 挡）测量二极管的正、反向电阻。

① 若测得的反向电阻很大（几百千欧以上），正向电阻很小（几千欧以下），表明二极管性能良好。

② 若测得的反向电阻和正向电阻都很小，表明二极管短路，已损坏。

③ 若测得的反向电阻和正向电阻都很大，表明二极管断路，已损坏。

若用数字万用表检测二极管的好坏，则将数字万用表拨至二极管挡，用两支表笔分别接触二极管的两个电极，交换表笔测量，若两次均显示"000"，则说明管子击穿短路；若两次均显示溢出符号"1"，则表明管子内部已开路。

（4）发光二极管

发光二极管是一种电流型器件，虽然在它的两端直接接上 3V 的电压后能够发光，但容易损坏，在实际使用中一定要串接限流电阻，工作电流根据型号不同一般为 1～30mA。另外，由于发光二极管的导通电压一般为 1.7V 以上，所以一节 1.7V 的电池不能点亮发光二极管。同样，一般万用表的 R×1Ω挡到 R×1kΩ挡均不能测试发光二极管，而 R×10kΩ挡由于使用 9V 的电池，能把有的发光管点亮。用眼睛来观察发光二极管，可以发现其内部的两个电极一大一小。一般来说，电极较小、个头较矮的一个是发光二极管的正极，电极较大的一个是它的负极。若是新买来的发光管，管脚较长的一个是正极。

3. 三极管

晶体三极管的结构可看作是两个背靠背的 PN 结，对 NPN 型来说基极是两个 PN 结的公共阳极，对 PNP 型管来说基极是两个 PN 结的公共阴极，分别如图 S2.4 所示。

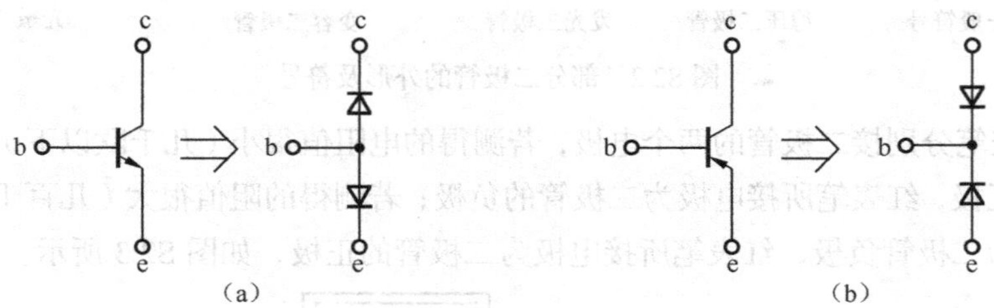

（a）　　　　（b）

图 S2.4　晶体三极管结构示意图

三极管的型号命名方法参见附录 A.1，三极管的主要参数有电流放大系数、极间反向电流、集电极最大允许电流、最大允许耗散功率、反向击穿电压等（参见模块一知识点三内容）。

（1）三极管管型与基极的判别

用指针万用表测量三极管 3 个电极中每两个极之间的正、反向电阻值。当用第一根表笔接某一电极，而第二表笔先后接触另外两个电极均测得低阻值时，则第一根表笔所接的那个电极即为基极。这时，要注意万用表表笔的极性，如果红表笔接的是基极，黑表笔分别接在其他两极时，测得的阻值都较小，则可判定被测三极管为 PNP 型管；如果黑表笔接的是基极，红表笔分别接触其他两极时，测得的阻值较小，则被测三极管为 NPN 型管。

（2）判定集电极 c 和发射极 e

以 NPN 型管为例，确定基极后，假设其余两只管脚中的某一只是集电极，将黑表笔接触到此管脚上，红表笔则接触到假设的发射极上，用手指捏紧假设的集电极和已测出的基极（但不要相碰），观看万用表的指针指示，并记录电阻值。然后作相反假设，进行同样的测试并记录电阻值。比较两次读数的大小，若前者阻值小，说明前者的假设是对的，那么黑表笔所接的管脚是集电极，剩下的另一支管脚就是发射极。

图 S2.5 所示为判别三极管 c、e 电极的原理图。若三极管为 PNP 型，所用方法相同，但要将万用表的红、黑表笔对调。

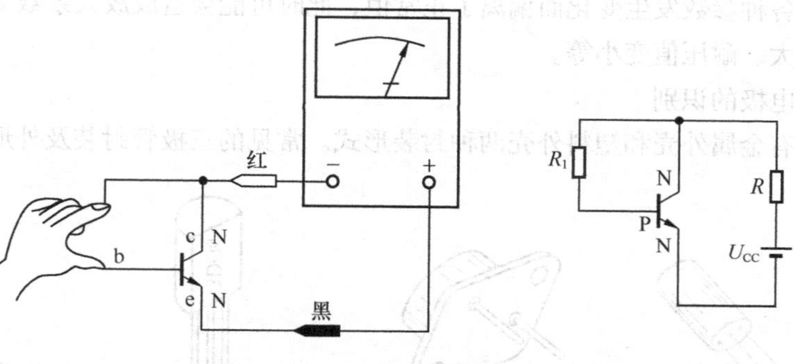

（a）判别示意图　　（b）等效电路

图 S2.5　判别三极管 c、e 电极的原理图

（3）三极管质量的检测

对中、小功率三极管的检测，可用万用表的 R×100Ω或 R×1kΩ挡测量。对于大功率三极管，可用万用表的 R×1Ω或 R×10Ω挡测量。

① 测量极间电阻。对中、小功率三极管，将万用表置于 R×100Ω或 R×1kΩ挡，按照红、黑表笔的 6 种不同接法进行测试。其中，发射结和集电结的正向电阻值比较低，其他 4 种接法测得的电阻值都很高，约为几百千欧至无穷大。但不管是低阻还是高阻，硅材料三极管的极间电阻要比锗材料三极管的极间电阻大得多。

② 三极管的穿透电流 I_{CEO} 大小的判断。穿透电流 I_{CEO} 的数值近似等于管子的电流放大系数 β 和集电结的反向电流 I_{CBO} 的乘积。I_{CBO} 随着环境温度的升高而增长很快，I_{CBO} 的增加必然造成 I_{CEO} 的增大。而 I_{CEO} 的增大将直接影响管子工作的稳定性，所以在使用中应尽量选用 I_{CEO} 小的管子。

通过用万用表电阻挡直接测量三极管 e-c 极之间的电阻方法，可间接估计 I_{CEO} 的大小。具体方法为：对中、小功率三极管，万用表电阻的量程一般选用 R×100Ω或 R×1kΩ挡，对于 PNP 管，黑表笔接 e 极，红表笔接 c 极；对于 NPN 型三极管，黑表笔接 c 极，红表笔接 e 极。要求测得的电阻越大越好。e-c 间的阻值越大，说明管子的 I_{CEO} 越小；反之，所测阻值越小，说明被测管的 I_{CEO} 越大。一般说来，中、小功率硅管、锗材料低频管，其阻值应分别在几百千欧、几十千欧及十几千欧以上，如果阻值很小或测试时万用表指针来回晃动，则表明 I_{CEO} 很大，管子的性能不稳定。

③ 电流放大系数 β 的估计。以 NPN 型管为例，用万用表 R×1kΩ挡，黑表笔接集电极，红表笔接发射极，看好表针读数，其值应该很大（数兆欧）。然后，用手或一只 100kΩ左右的电阻，接于三极管的集电极与基极之间（注意不要相碰），此时，万用表的指针指示值应明显减小。表针

摆动幅度越大，表明该管的电流放大能力越强，β值越大。若检测 PNP 管，要将万用表的两表笔对调。

用万用表的 h_{FE} 挡直接测量。指针和数字万用表都具有专门测量 h_{FE} 的功能，在确定好三极管的 3 个电极后，把被测三极管插入测试插座中，三极管的β值可从指针万用表的 h_{FE} 刻度线上直接读出或从数字万用表的显示屏上直接显示出来。

（4）三极管常见故障

三极管常见故障主要有极间短路、开路和管子变质。对于短路故障一般表现为 c-e 间和 b-e 间短路，无论哪两个电极间短路，通过万用表测量都会呈现出很小的电阻，甚至极间电阻为零。开路故障主要指 c-e 间、b-e 间和 b-c 间无导通电流，用万用表测量极间电阻阻值为无穷大。三极管的变质主要指各种参数发生变化而偏离了正常值，此时可能会造成放大系数变小、穿透电流变大、噪声系数变大、耐压值变小等。

（5）三极管电极的识别

一般三极管有金属外壳和塑料外壳两种封装形式。常见的三极管封装及外形如图 S2.6 所示。

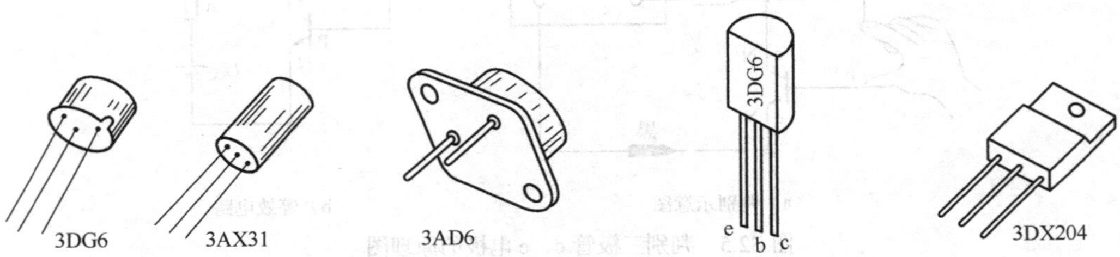

（a）金属圆柱封装　（b）金属菱形封装　（c）塑料半圆柱封装　（d）塑料矩形封装

图 S2.6　常见三极管的外形

常见三极管的管脚排列位置如图 S2.7 所示。金属圆柱封装的，如果管壳上带有定位销，那么将管底朝上，从定位销起，按顺时针方向，3 根电极依次为 e、b、c；如果管壳上无定位销，且 3 根电极在半圆内，将有 3 根电极的半圆置于上方，按顺时针方向，3 根电极依次为 e、b、c。金属菱形封装多为大、中功率的三极管，与金属外壳相连的电极为电极 c。塑料半圆柱形封装的，平面面对自己，3 根电极置于下方，从左到右，3 根电极依次为 e、b、c。塑料矩形封装的，将带有型号标记的一面正对自己，电极向下，从左至右 3 根电极依次为 e、b、c。

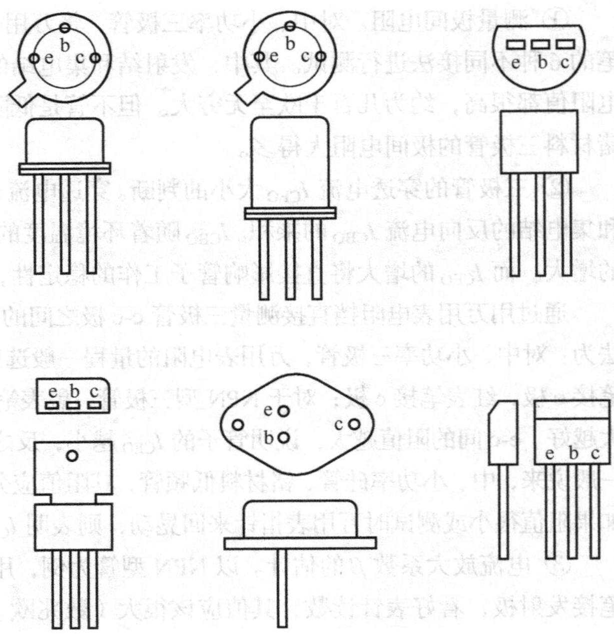

图 S2.7　常见三极管的管脚排列

需要特别注意的是，目前国内的晶体三极管有许多种类，管脚的排列也不尽相同，在使用中不确定管脚排列的三极管，必须进行测量确定各管脚正确的位置，或查找晶体管使用手册，明确三极管的特性及相应的技术参数和资料。

四、项目内容

（1）观看二极管、三极管样品各10～15只，熟悉各种二极管、三极管的外形（封装形式）、结构和标志。

（2）查阅半导体器件手册（参见附录A），列出所给晶体二极管、三极管的类别、型号及主要参数。

（3）用万用表判别所给二极管的电极及质量好坏，记录所用万用表的型号、挡位及测得的二极管正、反向电阻读数值。

（4）用万用表判别所给晶体三极管的管脚、类型，用万用表的 h_{FE} 挡测量比较不同晶体管的电流放大系数，并记录测试结果。

（5）用晶体管特性测试仪观察和测量二极管和三极管的特性。

项目三

集成电路的识别与检测

一、目的与要求

1. 熟悉集成电路的分类、用途和参数识别的方法。
2. 掌握利用万用表测量集成电路的检测方法。

二、项目器材

尖嘴钳、镊子、万用表、斜口钳、相关元器件手册、印制电路板、各种结构形式的集成电路若干。

三、基本知识

1. 外形特征

（1）外形

图 S3.1 所示为几种常用集成电路的外形示意图。其中，图 S3.1（a）所示是单列的集成电路，它的引脚只有一列。图 S3.1（b）所示是双列的集成电路，它的引脚分成两列。图 S3.1（c）所示是 4 列的集成电路，它的引脚分成 4 列。图 S3.1（d）所示是金属外壳的集成电路，它的引脚分布呈圆形状。

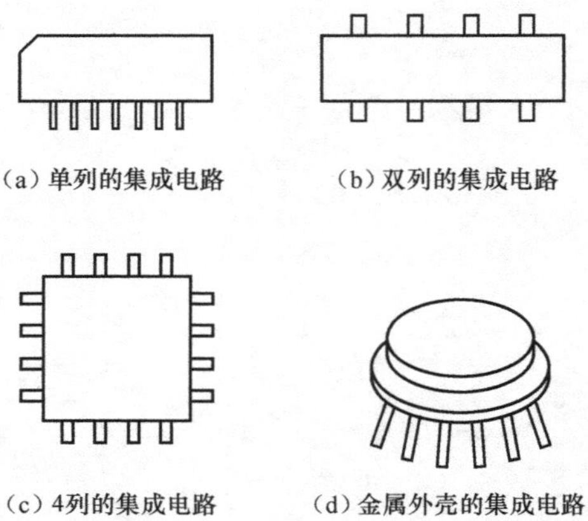

图 S3.1　常见集成电路外形

关于集成电路的外形特征主要说明几点：集成电路的引脚一般比较多（远多于 3 根引脚），引脚均布；集成电路一般是长方形的，有的带金属的散热片，有的则没有。

（2）电路符号

集成电路的电路符号不像其他元器件那样单一，图 S3.2 所示是集成电路的几种电路符号。电路符号所表达的含义很少，通常只能表达这种集成电路有几根引脚，至于各个引脚的作用、是什么作用的集成电路等，电路符号中均不能表示出来。集成电路通常用 IC 表示，IC 是英文 Integrated Circuit 的缩写。在国产电路图中，还有用 JC 表示的。最新的规定分为几种：用 A 表示集成电路放大器，用 D 表示集成电路数字电路等。

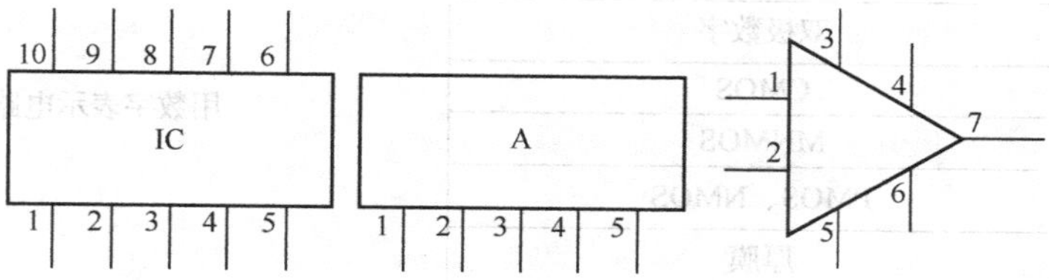

图 S3.2　集成电路符号

2. 技术参数

集成电路的参数分成两大类：一是主要技术参数；二是使用时的极限参数。

（1）主要技术参数

各种用途的集成电路，其技术参数的具体项目是不一样的，最基本的有以下几项（通常是在典型工作电压下测得）。

① 静态工作电流：它是指不给集成电路输入引脚加上输入信号的情况下，电源引脚回路中的电流大小，相当于三极管的集电极静态工作电流。

② 增益：它是指集成电路放大器的放大能力，通常标出开环、闭环增益，也分典型值、最小值、最大值 3 项指标。

③ 最大输出功率：它是指在信号失真度为一定值时（通常为 10%），集成电路输出引脚所输出的电信号功率，一般也给出典型值、最小值、最大值三项指标，这一参数主要针对功率放大器集成电路。

（2）极限参数

集成电路的极限参数主要有下列几项。

① 电源电压：它是指可以加在集成电路电源引脚与地端引脚之间电压的极限值，使用中不能超过此值。

② 功耗：它是指集成电路所能承受的最大耗散功率，主要用于功率放大器集成电路。

③ 工作环境温度：它是指集成电路在工作时的最低和最高环境温度。

④ 存储温度：它是指集成电路在存储时的最低和最高温度。

3. 集成电路型号含义

（1）进口集成电路型号

这里介绍几种常见的进口集成电路生产厂家的型号组成及命名方法，以供选配集成电路时作参考。

① 日本三洋半导体公司（SANYO）。三洋公司集成电路型号由两部分组成，如图 S3.3 所示。

LA	××××
第 1 部分字头符号	第 2 部分电路型号数

图 S3.3　三洋公司集成电路型号组成示意图

在集成电路型号中，第 1 部分的字头用来表示各种集成电路的类型，第2部分是产品的序号，无具体含义。表S3.1给出了这种集成电路型号中两部分字符的具体含义。

表S3.1　日本三洋半导体公司集成电路型号具体含义

第1部分		第2部分
字母	含义	
LA	单块双极线性	用数字表示电路型号
LB	双极数字	
LC	CMOS	
LE	MNMOS	
LM	PMOS、NMOS	
STK	厚膜	

② 日本日立公司（HITACHI）。日立公司生产的集成电路型号由5部分组成，如图S3.4所示。

HA	13	92	A	P
第1部分	第2部分	第3部分	第4部分	第5部分
字头符号	电路使用范围	电路型号数	电路性能	封装形式

图S3.4　日立公司集成电路型号组成示意图

表S3.2所示是日本日立公司集成电路型号各部分的具体含义。

表S3.2　日本日立公司集成电路型号各部分的具体含义

第1部分		第2部分		第3部分	第4部分		第5部分	
字头	含义	数字	含义		字母	含义	字母	含义
HA	模拟电路	11	高频用	用数字表示电路型号数	A	改进型	P	塑料
HD	数字电路	12	高频用					
HM	存储器（RAM）	13	音频用					
HN	存储器（ROM）	14	音频用					

③ 日本东芝公司（TOSHIBA）。东芝公司生产的集成电路型号由3部分组成，如图S3.5所示。

TA	××××	P
第1部分字头符号	第2部分电路型号数	第3部分封装形式

图S3.5　东芝公司集成电路型号组成示意图

表S3.3所示为日本东芝公司集成电路型号的具体含义。

表S3.3　日本东芝公司集成电路型号具体含义

第1部分		第2部分	第3部分	
字母	含义		字母	含义
TA	双极线性	用数字表示电路型号数	A	改进型
TC	CMOs		C	陶瓷封装
TD	双极数字		M	金属封装
TM	MOS		P	塑料封装

（2）国标规定的集成电路型号

最新的国标规定，我国生产的集成电路型号由 5 部分组成，以前各生产厂家的规定全部作废。国产集成电路的型号具体组成情况如图 S3.6 所示。

C	B	××××	C	B
第 1 部分	第 2 部分	第 3 部分	第 4 部分	第 5 部分
字头符号	电路类型	电路型号数	温度范围	封装形式

图 S3.6　国产集成电路型号组成示意图

国标还规定，凡是家用电器专用集成电路（音响类、电视类），一律采用 4 部分组成型号的形式，即将第 1 部分的字母省去，用 D××××形式，凡 D 后面的数字与国外集成电路相同时，为全仿制集成电路，不仅电路结构、引脚分布规律等与国外产品相同，还可以直接代换国外集成电路。表 S3.4 所示为国产集成电路型号各部分具体含义。

表 S3.4　　国产集成电路型号各部分具体含义

第 1 部分		第 2 部分		第 3 部分	第 4 部分		第 5 部分	
字母	含义	字母	含义		字母	含义	字母	含义
C	中国制造	B	非线性电路	用数字（一般为 4 位）表示电路系列和代号	C	0℃～70℃	B	塑料扁平
		C	CMOS		E	40℃～+85℃	D	陶瓷直插
		D	音响、电视		R	55℃～+85℃	F	全密封扁平
		E	ECL		M	55℃～+125℃	J	黑陶瓷直插
		F	放大器				K	金属菱形
		H	HTL				T	金属圆形
		J	接口器件					
		M	存储器					
		T	TTL					
		W	稳压器					
		U	微机					

4．集成电路引脚分布规律

在检查、更换集成电路过程中，往往需要在集成电路实物上找到相应的引脚，如在一个 9 根引脚的集成电路中，要找第 4 根引脚。由于集成电路的型号很多，不可能根据型号去记忆它的各引脚位置，只能借助于集成电路的引脚分布规律来识别形形色色集成电路的引脚位置。下面根据集成电路引脚排列情况，介绍常用集成电路的引脚分布规律和识别方法。

（1）单列直插集成电路引脚分布规律

所谓单列直插集成电路就是它的引脚只有一列，且引脚为直的（不是弯的）。这类集成电路的引脚分布规律可以用图 S3.7 所示的示意图来说明。

图 S3.7（a）所示的集成电路中，左侧端处有一个小圆坑，或其他什么标记，它是用来指示①引脚位置的，说明左侧端的引脚为①，然后依次从左向右为各引脚。图 S3.7（b）所示的集成电路中，在集成电路的左侧上方有一个缺角，说明左侧端第一根引脚为①，依次从左向右为各引脚。图 S3.7（c）所示的集成电路中，用色点表示第一根引脚位置，也是从左向右依次为各引脚。在图 S3.7（d）所示的集成电路中，在散热片左侧有个小孔，说明左侧端第一根引脚为①脚，依次从左向右为各引脚。图 S3.7（e）所示的集成电路中左侧有一个半圆缺口，说明左侧端第一根引脚为

①脚，依次从左向右为各引脚。图 S3.7（f）所示的集成电路中，在外形上无任何第一根引脚的标记，此时将印有型号的一面朝自己，且将引脚朝下，最左端为第一根引脚，从左向右依次为各引脚。从上述几种单列直插集成电路引脚分布规律来看，除了图 S3.7（f）所示集成电路外（这种情况很少见），其他集成电路都有一个较为明显的标记来指示①引脚的位置，而且都是自左向右依次为各引脚，这是单列直插集成电路的引脚分布规律。

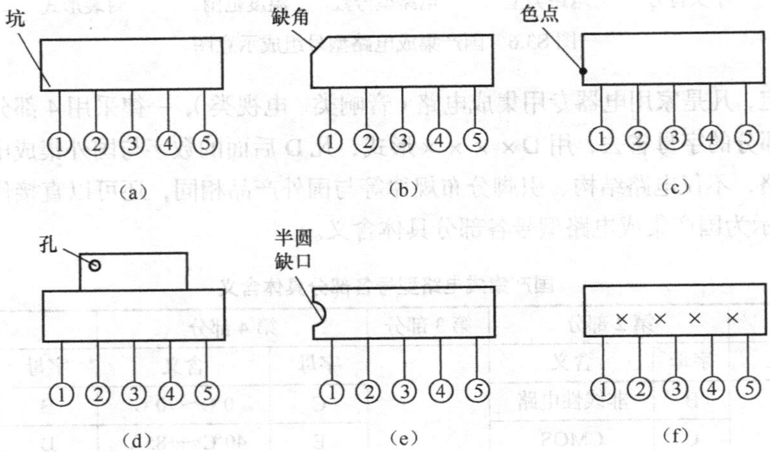

图 S3.7　单列集成电路引脚分布示意图

（2）单列曲插集成电路引脚分布规律

单列曲插集成电路的引脚也是呈一列排列的，但引脚不是直的，而是弯曲的，即相邻两根引脚弯曲排列。图 S3.8 所示为几种这类集成电路的引脚分布规律示意图。

图 S3.8（a）所示的曲插集成电路中，它的左侧顶端上有一个半圆口，表示左侧端第一根引脚为①脚，然后自左向右依次为各引脚，从图中可以看出，①、③、⑤引脚在一侧，②、④、⑥引脚在另一侧。图 S3.8（b）所示的曲插集成电路中，它的左侧有一个缺口，此时最左端引脚为第一根引脚，自左向右依次为各引脚。单列曲插集成电路的外形远不止上述两种，但它们都有一个标记来指示第一根引脚的位置，然后依次从左向右为各引脚，这是单列曲插集成电路的引脚分布规律。当集成电路上无明显标记时，可按图 S3.7（f）所示集成电路引脚识别方法来识别。

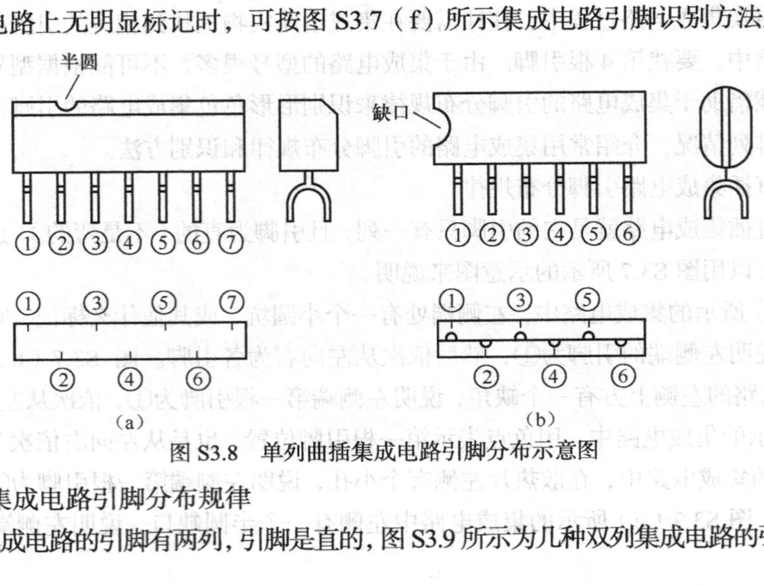

图 S3.8　单列曲插集成电路引脚分布示意图

（3）双列集成电路引脚分布规律

双列直插集成电路的引脚有两列，引脚是直的，图 S3.9 所示为几种双列集成电路的引脚分布示意图。

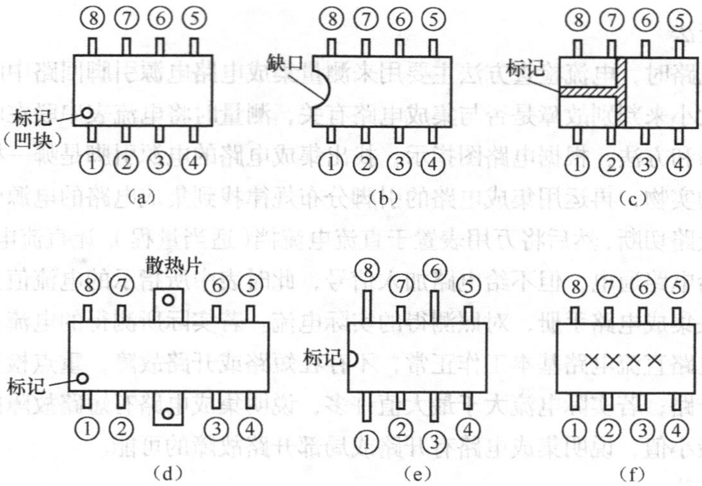

图 S3.9　双列集成电路引脚分布示意图

除图 S3.9（f）所示的集成电路外，其他都有各种形式的明显标记，指明第一根引脚的位置，然后按逆时针方向数依次为各引脚。图 S3.9（f）所示的集成电路中，无任何明显的引脚标记，此时将印有型号一面朝着自己正向放置，左侧下端第一个引脚为①脚，逆时针方向依次为各引脚，这是双列直插集成电路的引脚分布规律。

（4）4 列集成电路引脚分布规律

集成电路的引脚分布除上述 3 种外，还有 4 列集成电路、金属封装集成电路。4 列集成电路的引脚是分成 4 列的，如图 S3.10（a）所示，集成电路引脚有 4 列，在这一集成电路的左下方有一个标记，此时左下方第一根引脚为①脚，然后逆时针方向依次为各引脚。

（5）金属封装集成电路引脚分布规律

采用金属封装的集成电路，其引脚分布如图 S3.10（b）所示，它的外壳是金属圆帽形的，此时集成电路的引脚识别方法是这样：将引脚朝上，从突出键标记端起，顺时针方向依次为各引脚。

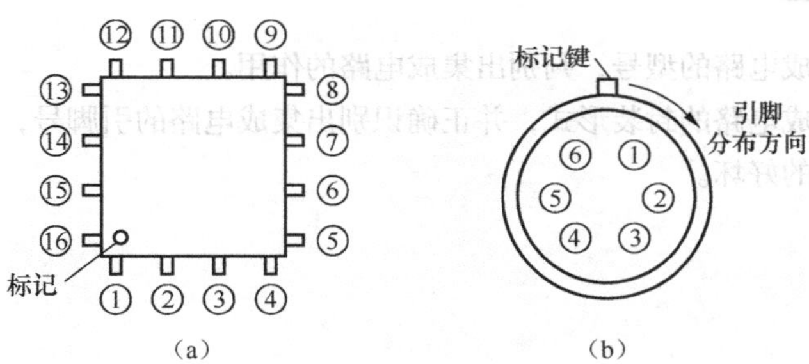

图 S3.10　四列、金属封装集成电路引脚分布示意图

5. 集成电路检测方法

检测集成电路的方法有多种，这里介绍几种最基本的检查方法。

（1）电压检查法

给集成电路所在电路通电，并不给集成电路输入信号（即使之处于静态工作状态下），用万用表直流电压挡的适当量程，测量集成电路各引脚对地之间的直流工作电压（或部分有关引脚对地的直流电压），根据测得的结果，通过与这一集成电路各引脚标准电压值的比较（各种集成电路的引脚直流电压有专门的资料），判断是集成电路有问题，还是集成电路外围电路中的元器件故障。

（2）电流检查法

在检测集成电路时，电流检查方法主要用来测量集成电路电源引脚回路中的静态电流，通过测得的静态电流大小来判别故障是否与集成电路有关，测量时将电流表串联在电源回路中。

具体检查步骤和方法：根据电路图指示，找出集成电路的电源引脚是哪一根引脚，在线路板上找到集成电路的实物，再运用集成电路的引脚分布规律找到集成电路的电源引脚，将集成电路的电源引脚铜箔线路切断，然后将万用表置于直流电流挡（适当量程）。让直流电流从红表笔流入，从黑表笔流出。给电路通电，但不给电路加入信号，此时表中所指示的电流值为集成电路的静态工作电流。查有关集成电路手册，对照测得的实际电流。若实际所测得的电流在最小值和最大值之间，说明集成电路直流电路基本工作正常，不存在短路或开路故障，重点检查集成电路外围电路中的电容是否开路；若实际电流大于最大值许多，说明集成电路有短路故障的可能；若实际电流为零或远小于最小值，说明集成电路有开路或局部开路故障的可能。

（3）代替检查法

在对集成电路进行代替检查时，往往已是检查的最后阶段，当很有把握认为集成电路有问题时，才采用代替检查法。这里就用于集成电路故障的代替检查说明几点：切不可在初步怀疑集成电路出故障后便采用此法，这是因为拆卸和装配集成电路不方便，而且容易损坏集成电路和线路板；代替检查法往往用于电压检查法或电流检查法认为集成电路有故障之后。

（4）电阻对比法

不给集成电路所在电路通电，将万用表置于R×1kΩ、R×100Ω挡或R×10Ω挡量程，先用红表笔接集成电路的接地引脚，然后将黑表笔从其第一引脚开始，依次测出1脚，2脚，3脚……相对应的电阻（称正电阻值）。再让黑表笔接集成电路的同一接地脚，用红表笔按上述方法与顺序，再测出另一电阻值（称负阻值）。根据测得的结果，与这一集成电路各引脚标准电阻值的比较（各种集成电路的引脚电阻有专门的资料），判断是集成电路。

四、项目内容

（1）根据所给集成电路的型号，判别出集成电路的作用。

（2）说出所给集成电路的封装形式，并正确识别出集成电路的引脚号，尤其是第一脚。

（3）测量集成块的好坏。

项目四

电子电路焊接技术

一、目的与要求

1. 掌握电烙铁的使用方法和使用技巧。
2. 掌握焊接“五步法”的操作要领。
3. 掌握手工焊接的操作步骤和技巧。

二、项目器材

20～35W 的电烙铁、烙铁架、尖嘴钳、镊子、斜口钳、小刀、印制电路板、松香橡皮擦、细砂纸、各种元器件（电阻、电容、二极管、晶体管、集成块等）和导线若干。

三、基本知识

1. 焊接操作

焊剂加热挥发出的化学物质对人体是有害的，如果操作时鼻子距离烙铁头太近，则很容易将有害气体吸入。一般烙铁离开鼻子的距离应不小于 30cm，通常以 40cm 时为宜。

电烙铁拿法有 3 种，如图 S4.1 所示。反握法动作稳定，长时间操作不易疲劳，适于大功率烙铁的操作。正握法适于中等功率烙铁或带弯头电烙铁的操作。一般在操作台上焊接印制板等焊件时多采用握笔法。

焊锡丝一般有两种拿法，如图 S4.2 所示。由于焊丝成分中，铅占一定比例，铅是对人体有害的重金属，因此操作时应戴手套或操作后洗手，避免食入。

使用电烙铁要配置烙铁架，一般放置在工作台右前方，电烙铁用后一定要稳妥放于烙铁架上，并注意导线等物不要碰烙铁头。

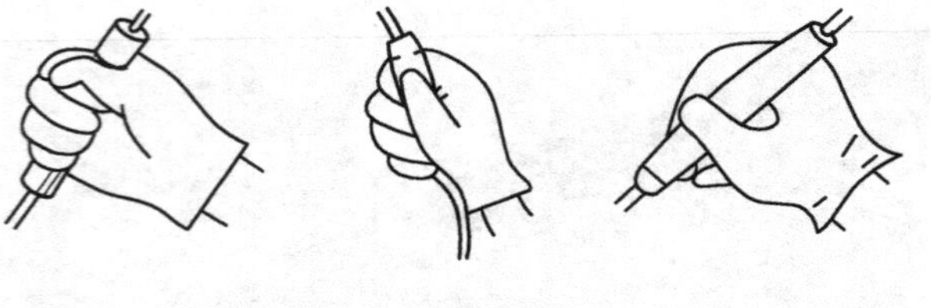

（a）反握法　（b）正握法　（c）握笔法

图 S4.1　电烙铁拿法图

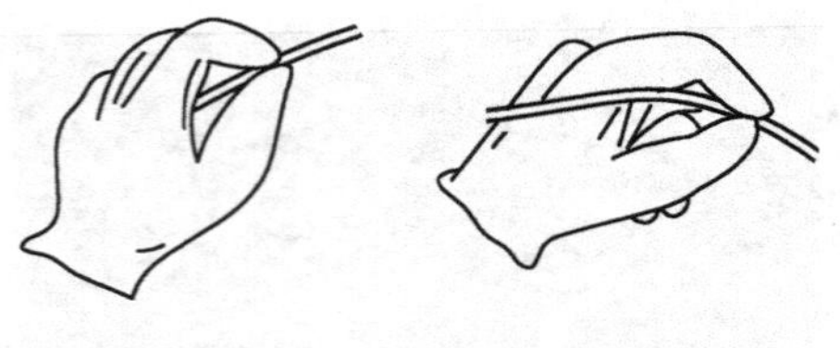

（a）连续锡焊拿法　（b）断续锡焊拿法

图 S4.2　焊锡丝拿法

2. 五步法训练

作为一种初学者掌握手工锡焊技术的训练方法，五步法是卓有成效的，如图 S4.3 所示。

（1）准备施焊

准备好焊锡丝和烙铁。此时特别强调的是烙铁头部要保持干净，即可以沾上焊锡（俗称吃锡）。

（2）加热焊件

将烙铁接触焊接点，注意首先要保持烙铁加热焊件各部分，例如，要使印制电路板上引线和焊盘都受热；其次要注意让烙铁头的扁平部分（较大部分）接触热容量较大的焊件，烙铁头的侧面或边缘部分接触热容量较小的焊件，以保持焊件均匀受热。

（3）熔化焊料

当焊件加热到能熔化焊料的温度后将焊丝置于焊点，焊料开始熔化并润湿焊点。

（4）移开焊锡

当熔化一定量的焊锡后将焊锡丝移开。

（5）移开烙铁

当焊锡完全润湿焊点后移开烙铁，注意移开烙铁的方向应该是大致 45° 的方向。

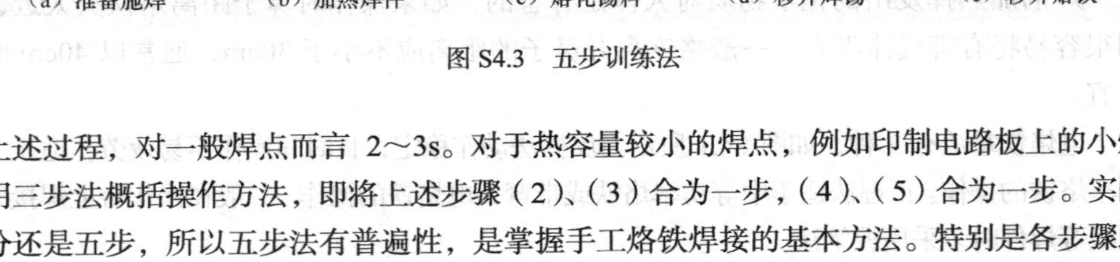

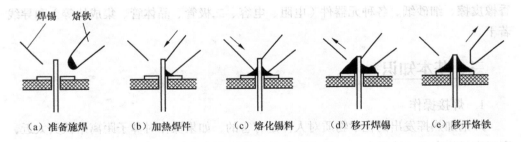

（a）准备施焊　（b）加热焊件　（c）熔化锡料　（d）移开焊锡　（e）移开烙铁

图 S4.3　五步训练法

上述过程，对一般焊点而言 2～3s。对于热容量较小的焊点，例如印制电路板上的小焊盘，有时用三步法概括操作方法，即将上述步骤（2）、（3）合为一步，（4）、（5）合为一步。实际上细微区分还是五步，所以五步法有普遍性，是掌握手工烙铁焊接的基本方法。特别是各步骤之间停留的时间，对保证焊接质量至关重要，只有通过实践才能逐步掌握。

3. 手工锡焊技术要点

作为一种操作技术，手工锡焊只有通过实际训练才能掌握，但是遵循基本的原则，才可以事半功倍地掌握操作技术。以下各点对学习焊接技术是必不可少的。

（1）锡焊基本条件

① 焊件可焊性。铜及其合金、金、银、锌、镍等具有较好可焊性，而铝、不锈钢、铸铁等可焊性很差，一般需采用特殊焊剂及方法才能锡焊。

② 焊料合格。铅锡焊料成分不合规格或杂质超标都会影响锡焊质量，特别是某些杂质含量，如锌、铝、镉等，即使是 0.001%的含量也会明显影响焊料润湿性和流动性，降低焊接质量。

③ 焊剂合适。焊接不同的材料要选用不同的焊剂，即使是同种材料，当采用焊接工艺不同时也往往要用不同的焊剂。对手工锡焊而言，采用松香或活性松香能满足大部分电子产品装配要求。还要指出的是焊剂的量也是必须注意的，过多、过少都不利于锡焊。

④ 焊点设计合理。合理的焊点几何形状，对保证锡焊的质量至关重要，如图 S4.4（a）所示的接点由于铅锡焊料强度有限，很难保证焊点足够的强度，而图 S4.4（b）的接头设计则有很大改善。图 S4.5 表示印制电路板上通孔安装元件引线与孔尺寸不同时对焊接质量的影响。图 S4.5（a）表示间隙合适，强度较高；图 S4.5（b）表示间隙过小，焊锡不能润湿；图 S4.5（c）表示间隙过大，形成气孔。

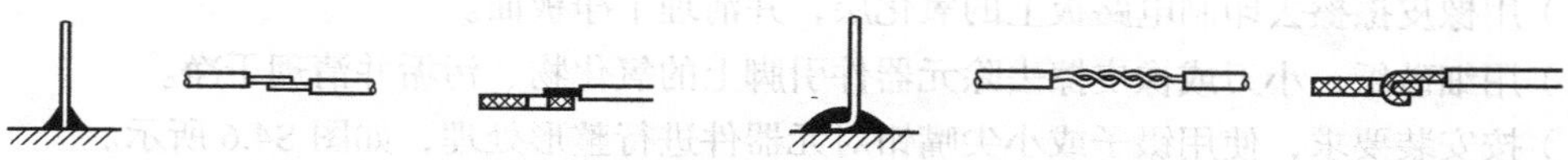

（a）不推荐　　（b）推荐

图 S4.4　锡焊接点设计

（a）间隙合适　　（b）间隙过小　　（c）间隙过大

图 S4.5　焊盘孔与引线间隙影响焊接质量

（2）手工锡焊要点

① 掌握好加热时间。锡焊时可以采用不同的加热速度，例如烙铁头形状不良，用小烙铁焊大焊件时，我们不得不延长时间以满足锡料温度的要求。在大多数情况下，延长加热时间对电子产品装配都是有害的，原因有以下几点。

- 焊点的结合层由于长时间加热而超过合适的厚度，引起焊点性能劣化。
- 印制板、塑料等材料受热过多会变形变质。
- 元器件受热后性能变化甚至失效。
- 焊点表面由于焊剂挥发，失去保护而氧化。

结论：在保证焊料润湿焊件的前提下时间越短越好。

② 保持合适的温度。如果为了缩短加热时间而采用高温烙铁焊小焊点，则会带来另一方面的问题：焊锡丝的焊剂没有足够的时间在被焊面上漫流而过早挥发失效；焊料熔化速度过快影响焊剂作用的发挥；由于温度过高虽加热时间短也造成过热现象。

结论：保持烙铁头在合理的温度范围内。一般经验是烙铁头温度比焊料熔化温度高 50℃较为适宜。

③ 用烙铁头对焊点施力是有害的。烙铁头把热量传给焊点主要靠增加接触面积，用烙铁对焊点加力对加热是徒劳的，在很多情况下会造成被焊件的损伤，例如电位器、开关、接插件的焊接点往往都是固定在塑料构件上，加力容易造成元件失效。

（3）焊接安全注意事项

① 为了防止电烙铁使用过程中漏电而造成人员受伤以及元件损坏，电烙铁必须接地。

② 使用中的电烙铁不能随意放置，避免误伤人员；也不可放置在木板等易燃物品上，避免发生安全事故；应放置在金属丝等制成的自制或专用烙铁架上。

③ 不可用烧死（烙铁头因严重氧化不吃锡）的烙铁焊头焊接，避免损坏待焊件。

④ 不准甩动使用中的电烙铁，避免熔化的锡珠被甩掉误伤他人；或者高温的烙铁头误伤他人。

四、项目内容

（1）用橡皮擦擦去印制电路板上的氧化层，并清理干净板面。

（2）用细砂纸、小刀或橡皮擦去除元器件引脚上的氧化物、污垢并清理干净。

（3）按安装要求，使用镊子或小尖嘴钳对元器件进行整形处理，如图 S4.6 所示。

（4）将整形好的元器件按照要求插装在印制电路板上，如图 S4.7 所示。

（5）对导线的端头进行剪切、剥头、捻头、搪锡等处理。

（6）反复进行“五步法”的焊接练习。

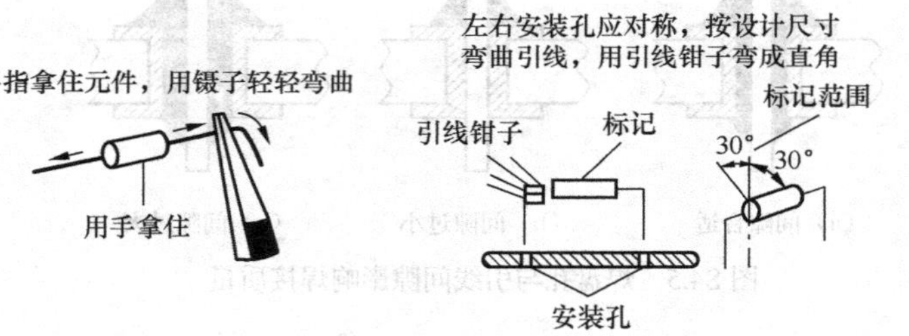

（a）贴板横向安装的整形

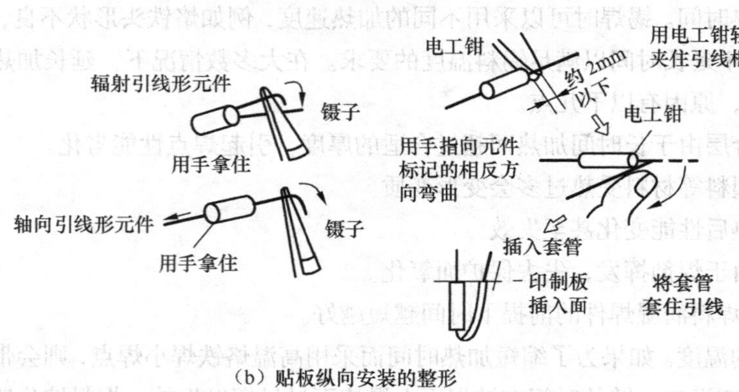

（b）贴板纵向安装的整形

图 S4.6　元器件的整形

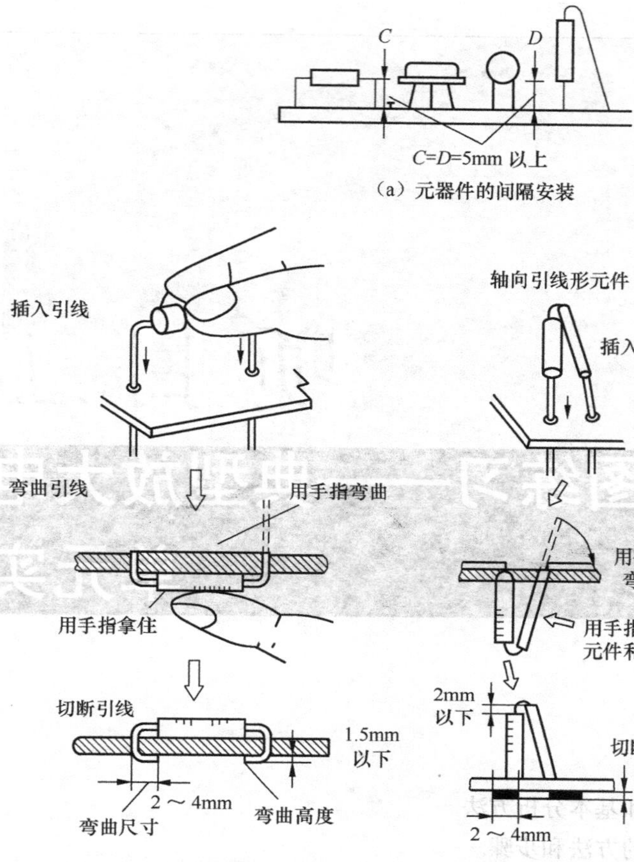

（a）元器件的间隔安装

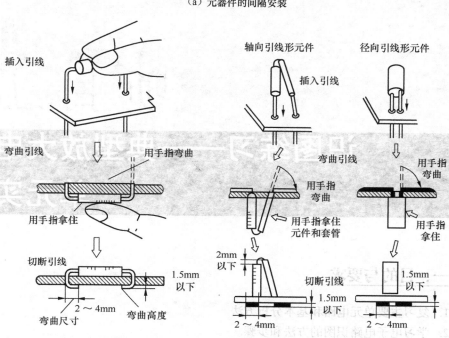

（b）元器件的贴板横向安装　　（c）元器件的贴板纵向安装

图 S4.7　元器件的插装

项目五

识图练习——典型放大电路单元实例

一、目的与要求

1. 复习主要单元电路和基本分析方法。

2. 学习电子电路识图的方法和步骤。

3. 读懂各电路图，初步具备分析各电路构成、电路元器件作用以及电路功能的能力。

二、项目内容

1. 自动选曲电路

图 S5.1 所示为高档磁带机自动选曲电路，电路中 u_i 是交流选曲信号，K_1 是插棒式继电器，VT_6 是 K_1 的驱动管，在 VT_6 导通时线圈 K_1 才有电流流过。仔细阅读图 S5.1 所示电路，回答下列问题。

（1）三极管 VT_1 构成什么组态的电路？

（2）电阻 R_4 是三极管 VT_2 的基极偏置电阻吗？

（3）二极管 VD_1 有什么作用？

（4）如果 VT_5 截止，VT_6 会导通吗？

（5）电路进入选曲状态时，磁头快速搜索在有节目的磁带上，选曲信号 u_i 幅度足够大，电路中 VT_5 和 VT_6 截止，K_1 不动作，机器处于选曲时的快速搜索状态；当磁头搜索到无节目的空白段磁带时，u_i 幅度减小，VT_6 导通，K_1 线圈中有电流流过而动作，释放快进或快退键，终止选曲状态，机器进入自动放音状态，完成自动选曲功能。认真读图，解释电路完成自动选曲功能的工作过程。

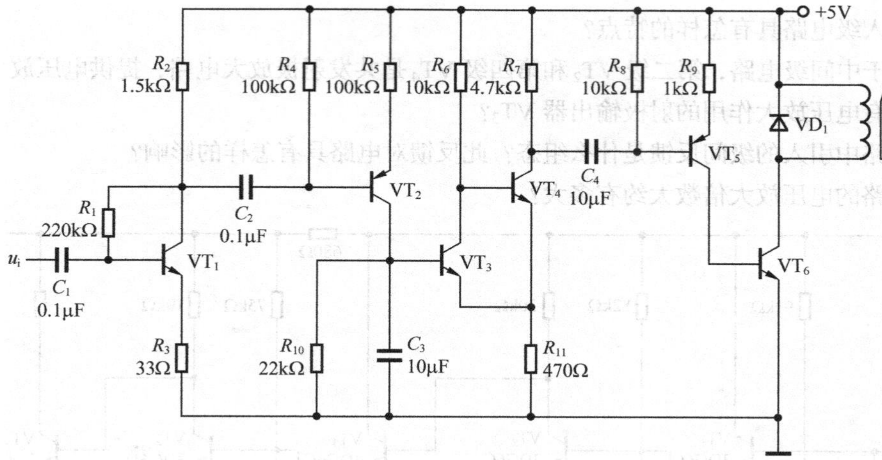

图 S5.1　自动选曲电路

2. 具有增益的有源天线

图 S5.2 所示为具有增益的有源天线电路。电路的频率范围为 100kHz 到 30MHz，电路提供 12～18dB 的电压增益。仔细阅读图 S5.2，回答下列问题。

（1）电路采用怎样的耦合方式？

（2）输入级 VT_1 为什么采用场效应管电路？

（3）VT_3 构成什么组态的电路？用此种电路的优点是什么？

（4）VT_2 有什么作用？

（5）12～18dB 的电压增益主要由哪一级电路提供？

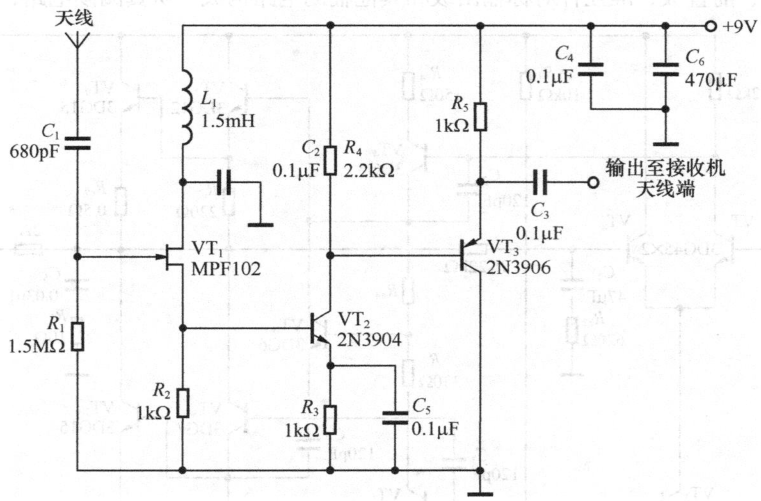

图 S5.2　具有增益的有源天线电路

3. 晶体管毫伏表放大电路

图 S5.3 所示为晶体管毫伏表放大电路，电路由输入级 VT_1，中间级 VT_2～VT_4 和输出级 VT_5 组成。认真阅读电路，回答下列问题。

（1）输入级电路具有怎样的特点？

（2）对于中间级电路，第二级 VT_2 和第四级 VT_4 是共发射极放大电路，提供电压放大，中间为什么用没有电压放大作用的射极输出器 VT_3？

（3）电路中引入的级间反馈是什么组态？此反馈对电路具有怎样的影响？

（4）电路的电压放大倍数大约有多大？

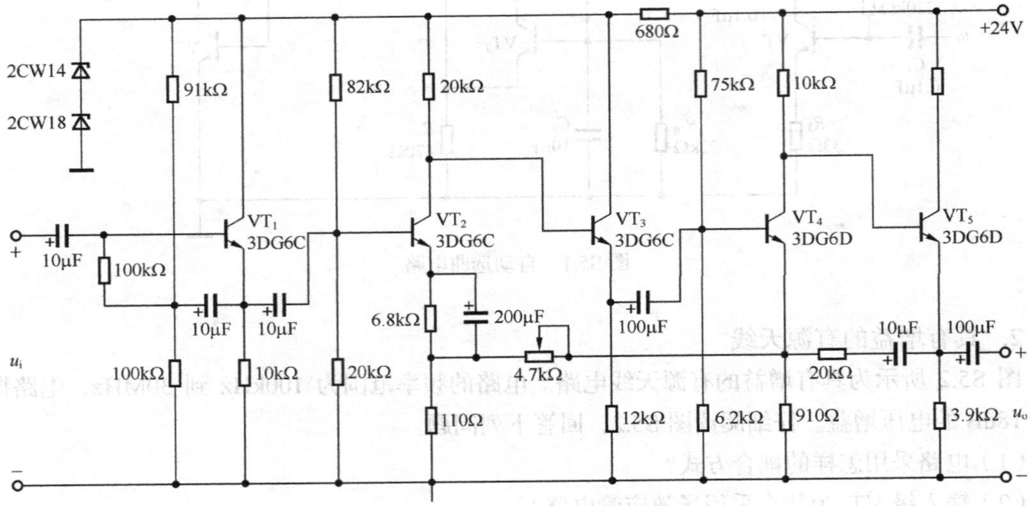

图 S5.3　晶体管毫伏表放大电路

4. OCL 甲乙类准互补对称功率放大电路

图 S5.4 所示为一个典型的 OCL 甲乙类准互补对称功率放大电路，可用作扩音机的高保真度放大器。它由输入级、前置级、准互补对称输出级和其他辅助电路构成。认真阅读电路，回答下列问题。

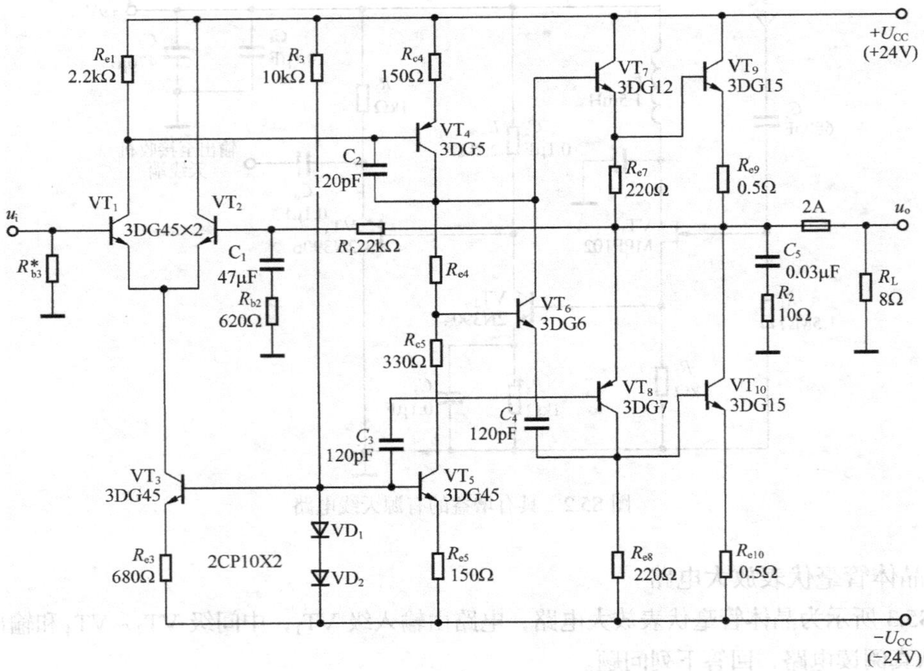

图 S5.4　OCL 甲乙类准互补对称功率放大电路

（1）输入级主要由哪些晶体管组成？电路具有怎样的特点？

（2）前置级主要由哪些晶体管组成？是什么形式的电路？对本级电路主要考虑的指标是什么？

（3）输出级主要由哪些晶体管组成？电路特点是什么？三极管 VT_6 和电阻 R_{c4}、R_{c5} 组成 U_{BE} 扩大电路，其作用是什么？

（4）电路中引入的级间反馈是什么组态？此反馈对电路具有怎样的影响？

（5）电容 C_2、C_3 和 C_4 的作用是什么？

5. TDA2030A 音频集成功率放大器及其应用电路

TDA2030A 是目前使用较为广泛的一种集成功率放大器，可作为音频功率放大器，也可用作其他电子设备中的功率放大。与其他功放相比，它的引脚和外部元件都较少。TDA2030A 性能稳定，内部集成了过载和热切断保护电路，能适应长时间连续工作。由于 TDA2030A 的金属外壳与负电源引脚相连，因而在单电源使用时，金属外壳可直接固定在散热片上并与地线（金属机箱）相接，无需绝缘，使用很方便。

TDA2030A 的内部电路如图 S5.5 所示，外引脚的排列如图 S5.6 所示。

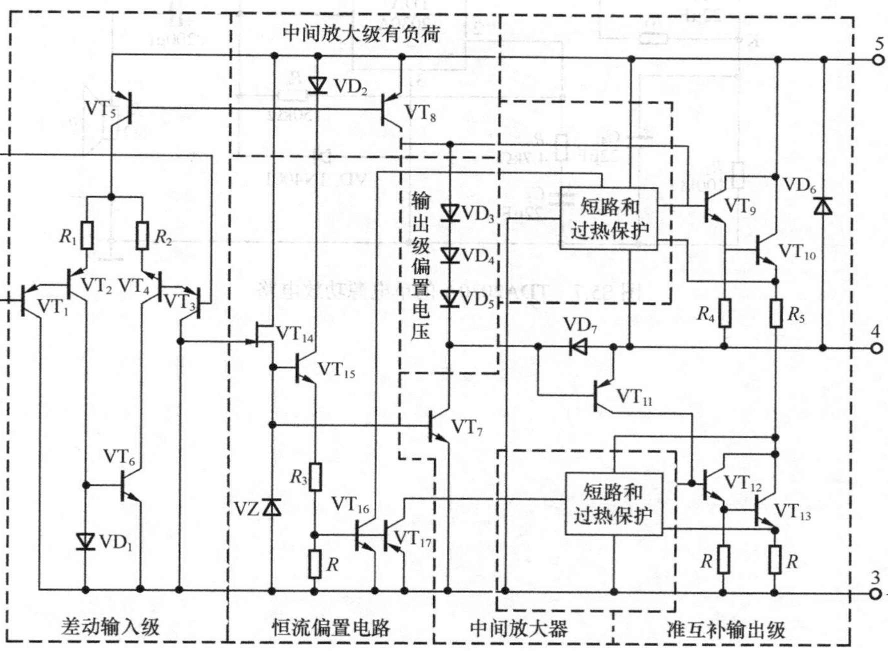

图 S5.5　TDA2030A 集成功放的内部电路

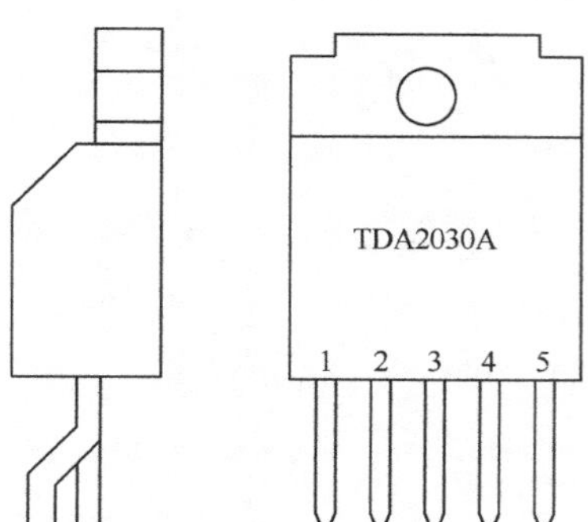

图 S5.6　TDA2030A 集成功放的外引脚的排列图

TDA2030A 的单电源应用电路如图 S5.7 所示。由于采用单电源供电，故同相输入端用阻值相同的 R_1、R_2 组成分压电路，使 K 点电位为 $U_C/2$，经 R_3 加至同相输入端。在静态时，同相输入端、反相输入端和输出端的电压皆为 $U_C/2$。

（1）TDA2030A 的内部有哪几部分构成？采用的是什么耦合电路？可以用作直流放大吗？

（2）TDA2030A 的单电源应用电路中，在静态时，同相输入端、反相输入端和输出端的电压为什么皆为 $U_C/2$？

（3）R_4、R_5、C_5 构成什么类型的反馈？电路的电压放大倍数约为多少？

（4）C_1、C_2 分别有什么作用？VD_1、VD_2 的作用是什么？

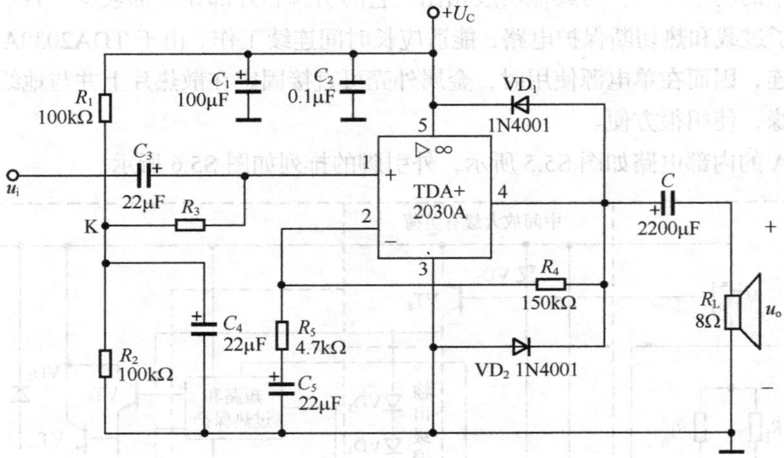

图 S5.7　TDA2030A 的单电源功放电路

项目六

直流稳压电源的装配与调试

一、目的与要求

1. 熟悉三端集成固定稳压器的型号、参数及其应用。
2. 掌握直流稳压电源的调整与测试方法。

二、项目器材

双踪示波器、直流电压表、直流毫安表、三端稳压器（CW7809、CW78L09、CW78M09）、电阻器、电容器、整流管、电源变压器、自耦变压器等。

三、基本知识

1. 串联型稳压电路组成及工作原理

串联型稳压电源的组成框图如图 S6.1 所示。

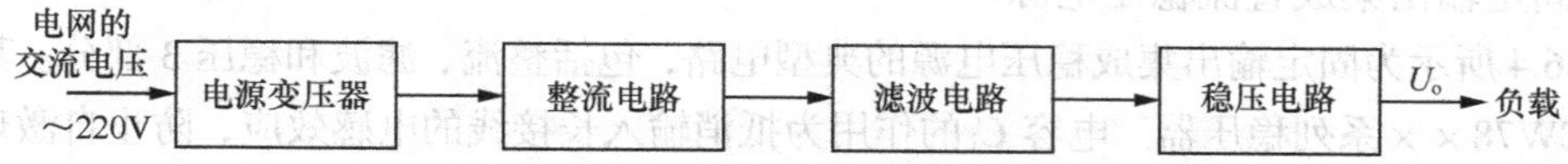

图 S6.1 串联型稳压电源的组成框图

① 电源变压器：将 220V 电网电压变换为整流电路所要求的交流电压值。

② 整流电路：通常为 4 个整流二极管构成单相桥式整流电路，将交流电压变换为脉动直流电压。

③ 滤波电容：通常为大容量电解电容，将脉动的直流电变换为平滑的直流电。

④ 稳压电路：当输入交流电源电压波动、负载和温度变化时，维持输出电压的稳定。

图 S6.2 所示为串联型稳压电路的结构图与电路原理图。串联型稳压电路由取样、基准电压、比较放大和调整 4 个部分组成。其中取样环节由 R_1、R_P、R_2 组成的分压电路构成；基准电压环节由稳压二极管 VD_Z 和电阻 R_3 构成的稳压电路组成；比较放大环节由 VT_2 和 R_4 构成的直流放大器组成；调整环节由工作在线性放大区的功率管 VT_1 组成。

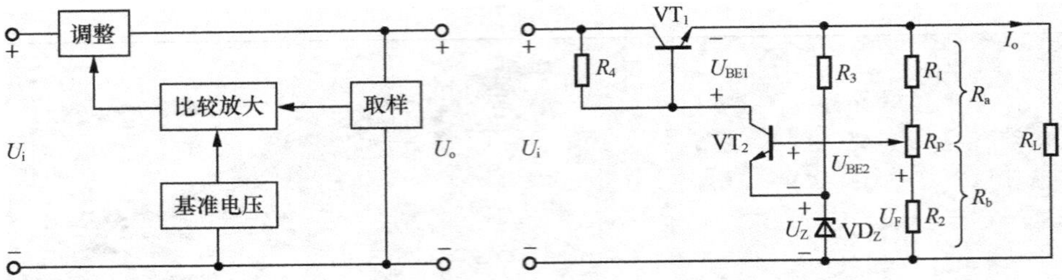

（a）结构框图　　　　（b）电路原理图

图 S6.2　串联型稳压电路

工作原理：输出电压变化时，取样电阻测量输出电压变化量 ΔU_o，比较放大器将其与基准电压比较得出差值，并将该差值放大后控制调整管的基极电流 I_{B1} 变化，进而控制其管压降 U_{CE1} 的变化，使输出电压回到接近变化前的数值，因此串联型稳压电路是一种反馈调整型稳压电路。

2. 三端固定输出集成稳压器

集成稳压电路将稳压电路的主要甚至全部元件制作在一块硅基片上，具有体积小、使用方便、工作可靠等特点。集成稳压器的种类很多，作为小功率的直流稳压电源，应用最为普遍的是三端串联型集成稳压器。三端是指稳压器仅有输入端、输出端和公共端 3 个接线端子。图 S6.3 所示为三端集成稳压器的外形与符号。

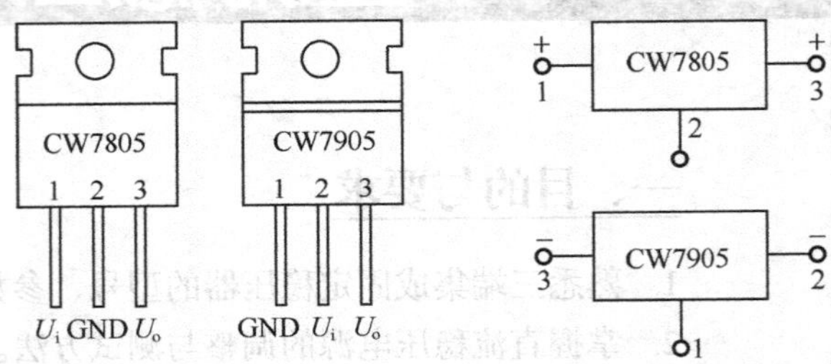

（a）集成稳压器外形　　　　（b）集成稳压器符号

图 S6.3　三端集成稳压器的外形与符号

常用三端固定稳压器有 CW78××系列和 CW79××系列。78 表正电源，79 表负电源。标识中的后两位表示输出电压大小。如 W7805 输出+5V 电压，W7905 则输出−5V 电压。W78××系列输出正电压有 5V、6V、8V、9V、10V、12V、15V、18V、24V 等多种，对应的 W79××系列即可获得对应的负输出电压。

根据输出电流大小不同分为 78L××/79L××输出电流 100mA；78M××/79M××输出电流 500mA；78××/79××输出电流 1.5A。例如 CW79M09 表示 U_o=−9V、I_{omax}=0.5A。

3. 固定输出集成直流稳压电源

图 S6.4 所示为固定输出集成稳压电源的典型电路，包括整流、滤波和稳压 3 部分。其中稳压器件为 CW78××系列稳压器。电容 C_i 的作用为抵消输入长接线的电感效应，防止自激现象，一般取 0.1～1μF。电容 C_o 的作用为改善负载的瞬态响应，消除高频噪声，一般取 1μF。

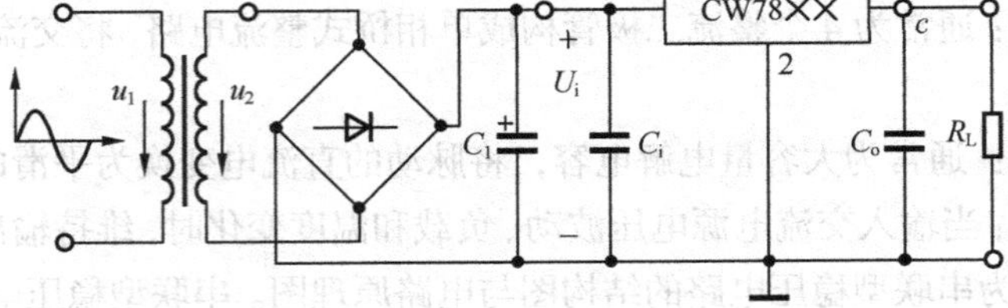

图 S6.4　固定输出集成稳压电源电路

（1）主要技术指标

① 最大输入电压 U_{imax}：保证稳压器安全工作时所允许的最大输入电压。

② 输出电压 U_o：稳压器正常工作时，能输出的额定电压。

③ 最小输入输出电压差值$(U_i-U_o)_{min}$：保证稳压器正常工作时所允许的输入与输出电压的最小差值（应大于2～3V）。

④ 最大输出电流 I_{omax}：保证稳压器安全工作时所允许输出的最大电流。I_{omax}与散热条件有关，散热条件好 I_o 可大些，使用时应加装散热片。

⑤ 稳压系数 S_u（电压调整率 K_u）：稳压系数为在负载电流和温度不变时，输出电压的相对变化与输入电压变化量的比值，即：

$$S_u = \frac{\Delta U_o / U_o}{\Delta U_i} 100\% \Bigg|_{\Delta I_o=0,\Delta T=0} \qquad (S6.1)$$

电压调整率为输入变化量为10%时的输出电压相对变化量，即：

$$K_u = \frac{\Delta U_o}{U_o} \qquad (S6.2)$$

（2）三端集成稳压器的选择

三端集成稳压器的选择依据是输出电压、负载电流、电压调整率等性能指标。下面着重介绍输入电压的确定方法。

稳压器的输入电压也是整流滤波电路的输出电压，为保证稳压器在电网电压较低时仍处于稳压状态，要求

$$U_i \geqslant U_{omax} + (U_i - U_o)_{min}$$

其中，$(U_i-U_o)_{min}$为最小输入输出电压差值，典型值为3V。一般要求电网电压波动为10%时，电源仍处于稳压状态，因此最低输入电压为：

$$U_{imin} \approx \frac{U_{omax} + (U_i - U_o)_{min}}{0.9} \approx \frac{U_{omax} + 3}{0.9} \qquad (S6.3)$$

同时为保护器件安全工作要求输入电压小于最大输入电压 U_{imax}，典型值 U_{imax} 为35V。

4. 直流稳压电源的调试方法

直流稳压电源的调试步骤一般可分为空载检测、加载检测和质量指标检测三步。我们以图S6.4为例进行说明。

（1）空载检测

如图S6.4所示电路，依次断开 a、b、c 三点，接通220V市电输入，分别测量各点电压 U_2、U_i、U_o的大小，其值应符合设计要求值。如出现问题后可根据式（S6.3）调整 U_i、U_o的大小。检查变压器、整流管和稳压器温度有无明显发烫现象，以排除短路或元器件本身质量问题。

（2）加载检测

上述空载检测符合设计要求后，接上额定负载 R_L，测量 U_2、U_i、U_o的大小，其值应符合设计要求值，并根据负载电流大小估算出稳压电路功耗，其值应小于规定值。然后可使用示波器观察集成稳压器输入和输出端的波纹电压，如过大，可检测各滤波电容是否接好，容量是否偏小或电容存在失效问题。

（3）电压调整率 K_u 的检测

按如图S6.5所示装接测试电路。通过调节自耦变压器使 U_i 为220V，调节负载 R_L 使 U_o、I_o为额定值。再调节自耦变压器使 U_i 为198V（减小10%）或242V（增加10%），通过电压表测得的输出电压可得出变化量，代入式（S6.2）可求出电压调整率 K_u。

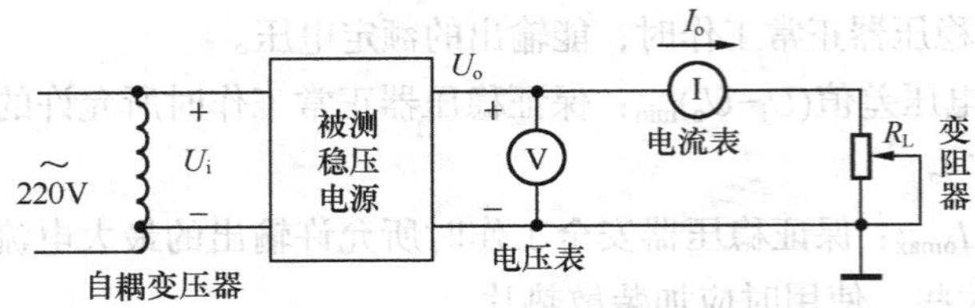

图 S6.5　稳压电源性能检测电路

四、项目内容

（1）根据要求设计固定输出直流稳压电源电路。

电路设计要求：输入工频交流电为220V±10%；输出电压为6V；输出电流为0～500mA；电压调整率小于10mV；输出电阻小于0.2Ω，波纹电压小于5mV。

（2）选择电路元器件的型号、参数并装配电路。

（3）对直流稳压电源电路进行测试与调整。

项目七 函数发生器的装配与调试

一、目的与要求

1. 熟悉并了解多功能函数信号发生器的工作原理。
2. 掌握组装、调试函数信号发生器的方法。

二、项目器材

螺钉旋具、尖嘴钳、镊子、电烙铁、软线、双踪示波器、±12V 直流稳压电源、直流电压表、万用表、频率计、印制电路板一块、ICL8038 一块、晶体三极管 3DG12（9013）一个、1kΩ电位器一个、10kΩ电位器一个、100kΩ电位器两个、1kΩ电阻器一个、4.7kΩ电阻器 3 个、10kΩ电阻器两个、20kΩ电阻器一个、1000pF 电容器一个、0.01μF 电容器一个、0.1μF 电容器两个、200μF 电容器一个、多路开关一个等。

三、基本知识

1. 函数信号发生器的基本组成

函数信号发生器是一种多波形的信号源。它能产生正弦波、方波、三角波、锯齿波及脉冲波形等多种波形的信号，同时，它能产生重复频率很低的信号，但频率上限不大，一般在 20MHz 以下。有的函数信号发生器还具有调制的功能，可以进行调幅、调频、调相及脉宽调制等。

对于函数信号产生电路，一般有多种实现方案，如模拟电路实现方案、数字电路实现方案（如 DDS 方式）、模数结合的实现方案等。

图 S7.1 所示为函数信号发生器的原理图。它由双稳态触发电路、积分电路和两个电压比较器组成方波和三角波振荡电路组成，然后用二极管整形电路转换成正弦波。

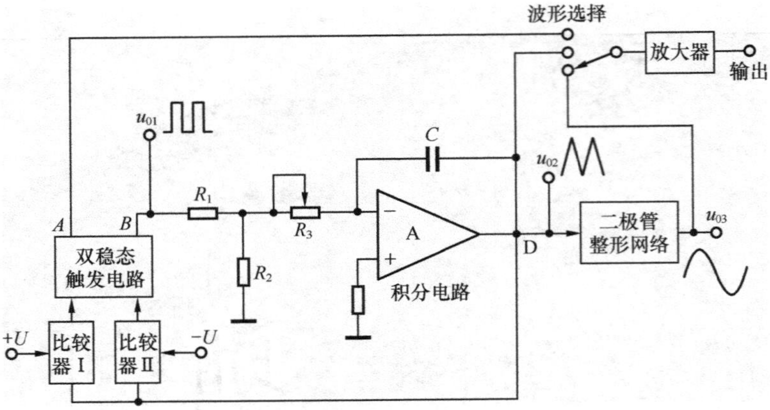

图 S7.1　函数信号发生器原理图

2. 函数信号发生器电路

（1）器件选择

函数信号发生器根据用途不同，分为产生 3 种或多种波形的函数发生器。ICL8038 是一种技术上很成熟的可以产生正弦波、方波、三角波的主芯片。在函数发生器中常采用 ICL8038 作为波形发生器。

① ICL8038 的结构。ICL8038 是单片集成函数信号发生器，其内部框图如图 S7.2 所示。它由恒流源 I_1 和 I_2、电压比较器 A 和 B、触发器、缓冲器和三角波变正弦波电路等组成。

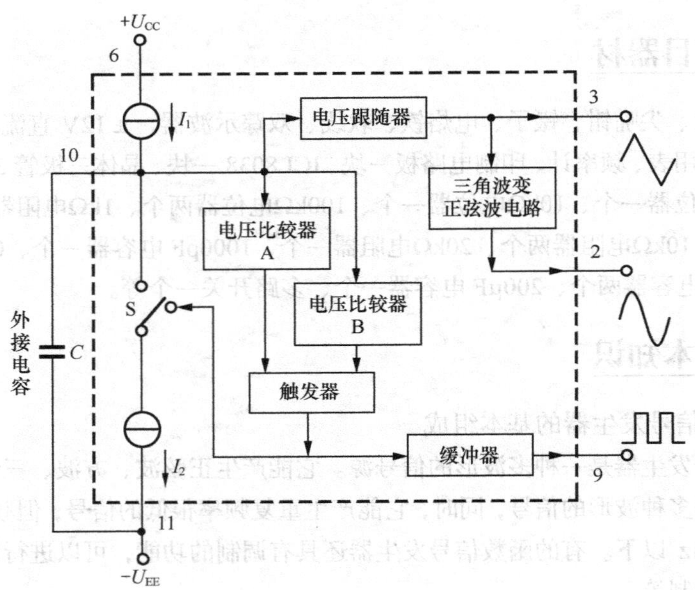

图 S7.2　ICL8038 原理框图

外接电容 C 由两个恒流源充电和放电，电压比较器 A、B 的阈值分别为电源电压（指 $U_{CC}+U_{EE}$）的 2/3 和 1/3。恒流源 I_1 和 I_2 的大小可通过外接电阻调节，但必须 $I_2>I_1$。

当触发器的输出为低电平时，恒流源 I_2 断开，恒流源 I_1 给 C 充电，它的两端电压 u_C 随时间线性上升，当 u_C 达到电源电压的 2/3 时，电压比较器 A 的输出电压发生跳变，使触发器输出由低电平变为高电平，恒流源 I_2 接通，由于 $I_2>I_1$（设 $I_2=2I_1$），恒流源 I_2 将电流 $2I_1$ 加到 C 上反充电，

相当于 C 由一个净电流 I 放电，C 两端的电压 u_C 又转为直线下降。当它下降到电源电压的 1/3 时，电压比较器 B 的输出电压发生跳变，使触发器的输出由高电平跳变为原来的低电平，恒流源 I_2 断开，I_1 再给 C 充电……如此周而复始，产生振荡。

若调整电路，使 $I_2=2I_1$，则触发器输出为方波，经反相缓冲器由管脚 9 输出方波信号。C 上的电压 u_C，上升与下降时间相等，为三角波，经电压跟随器从管脚 3 输出三角波信号。将三角波变成正弦波是经过一个非线性的变换网络（正弦波变换器）而得以实现，在这个非线性网络中，当三角波电位向两端顶点摆动时，网络提供的交流通路阻抗会减小，这样就使三角波的两端变为平滑的正弦波，从管脚 2 输出。

② ICL8038 管脚功能图。ICL8038 采用 DIP－14 封装，管脚功能图如图 S7.3 所示。

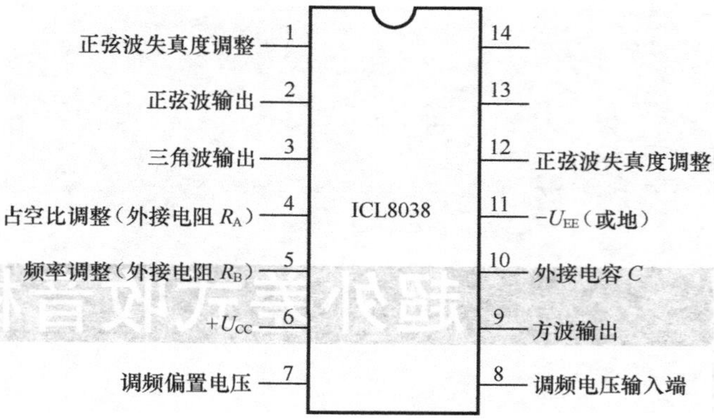

图 S7.3　ICL8038 管脚图

（2）函数信号发生器的电路

函数信号发生器的电路如图 S7.4 所示。在构成函数波形发生器时，应将第 7、8 两脚短接。

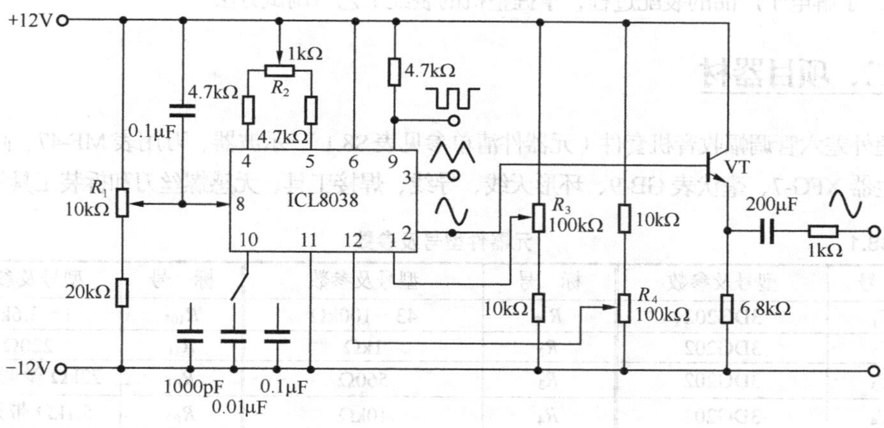

图 S7.4　用 ICL8038 作函数信号发生器的电路图

其工作原理：利用恒流源对外接电容进行充放电，产生三角波（或锯齿波），经缓冲器从第 3 脚输出，由触发器获得的方波（或锯形波）从第 9 脚输出。再利用正弦波变换器将三角波变换成正弦波，从第 2 脚输出。改变电容器的充放电时间，可实现三角波与锯齿波、方波与矩形波的互相转换。

四、项目内容

（1）用 ICL8038、电位器、电阻器、电容器等完成多功能函数信号发生器的电路组装。

（2）调试函数信号发生器，并达到基本技术指标。

项目八

超外差式收音机的装配与调试

一、目的与要求

1. 熟悉超外差收音机各级电路的结构、工作原理。
2. 了解电子产品的装配过程，掌握整机的装配工艺与调试方法。

二、项目器材

超外差六管调幅收音机套件（元器件清单参见表 S8.1）、示波器、万用表 MF-47、高频信号发生器 XFG-7、毫伏表 GB-9、环形天线、导线、焊接工具、无感螺丝刀和拆装工具等。

表 S8.1　　元器件型号及参数

标　号	型号及参数	标　号	型号及参数	标　号	型号及参数
VT_1	3DG202	R_{1*}	43～100kΩ	R_{10*}	1～3.6kΩ
VT_2	3DG202	R_2	1kΩ	R_{11}	220Ω
VT_3	3DG202	R_3	560Ω	R_{P1}	22kΩ 微调电阻
VT_4	3DG202	R_4	10kΩ	R_{P2}	5.1kΩ 带开关
VT_5	3AX31A	R_{5*}	82～150kΩ	T_1	SZP1
VT_6	3AX31A	R_6	1kΩ	T_2	SZP2
VD_1	2CP 型	R_{7*}	30～100kΩ	T_3	SZP3
VD_2	2CP 型	R_8	56Ω	T_4	输入变压器
VD_3	2AP9	R_9	220Ω	T_5	输出变压器
L_3、L_4	SZZ5 振荡线圈	C_8	33μF	C_{16}	0.01μF
C_1	CBM-226D	C_9	510pF	C_{17}	100μF
C_2	附在 C1a 上	C_{10}	0.033μF	带*号的电阻需根据电路要求进行调整	
C_3	0.022μF	C_{11}	510pF		
C_4	0.01μF	C_{12}	0.01μF		
C_5	附在 C1b 上	C_{13}	0.022μF		
C_6	120pF	C_{14}	47μF		
C_7	510pF	C_{15}	10μF		

三、基本知识

1. 超外差式收音机的结构与原理

本项目以普及型超外差六管调幅收音机为例，整机电路图如图 S8.1 所示。它采用超外差式接收电路，两级中频放大，变压器推挽式功率放大，具有易学习、易装配、易调试的特点。

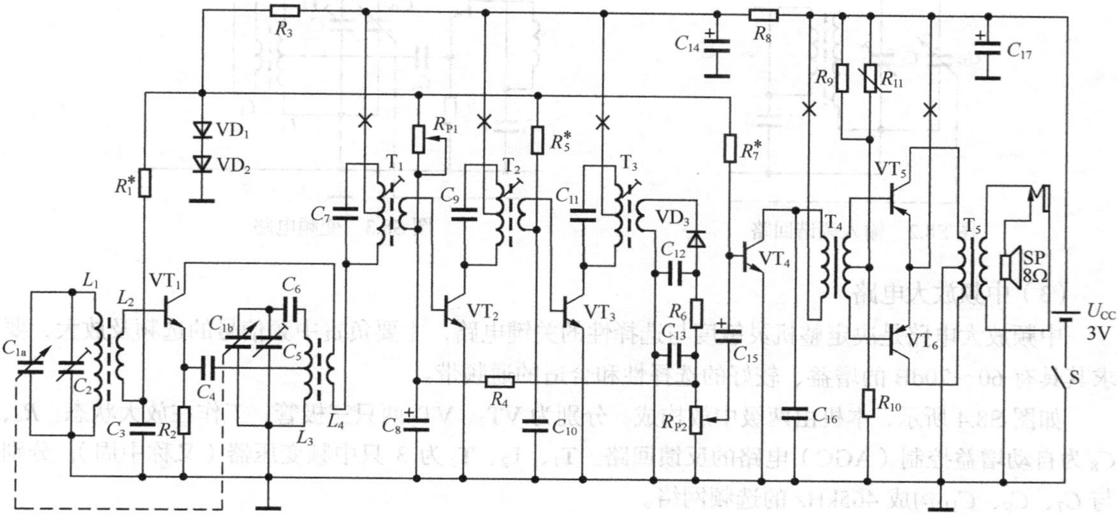

图 S8.1　超外差式六管 AM 收音机电路图

（注：图中的“×”代表各管子集电极电流的测试点）

超外差式调幅收音机主要由输入调谐回路、变频电路、中频放大电路、检波电路、前置放大电路和音频功率放大电路等几部分组成。下面分别对各部分的功能、结构及工作原理作简要分析。

（1）输入调谐回路

输入调谐回路从天线接收的多个电台信号中选择所需要的信号，并抑制掉其他不需要的电台信号以及各种噪声和干扰。输入调谐回路应具有良好的选择性，可接收足够的电台信号频率范围，以及大而稳定的电压传输系数。

由图 S8.2 可以看出，输入调谐回路由调谐电容 C_{1a}、调谐线圈 L_1、补偿电容 C_2、中波磁性天线（又称磁棒）及输入线圈 L_2 组成。L_1 与 L_2 均绕制在磁棒上，两者间距离一般为 5mm，相当于是一个高频变压器的一次绕组与二次绕组。C_{1a} 在图 S8.1 中通过虚线与振荡电容 C_{1b} 相连，称为双联可变电容器，以保证本振频率始终高出调谐频率 465kHz。补偿电容 C_2 为几个皮法的半可调电容器，在本机中此电容附在双联可变电容内构成复合双联可变电容（型号为 CBM-226D）。

（2）变频电路

变频电路将输入调谐回路选出的电台信号的载波频率与本振频率混频后变为固定中频频率 465kHz，是超外差收音机的关键电路。

变频电路由本机振荡器、混频器和中频选频网络 3 部分组成。在图 S8.3 中，VT_1 是变频管，为兼顾本振与混频器共用的要求，要求电路中静态集电极电流为 0.5mA，可通过调整电阻 R_1^* 来决定。C_5 是补偿电容，C_6 是垫整电容，L_3 是本振线圈，与 C_{1b} 共同构成本振的谐振回路。C_3 是高频旁路电容。二极管 VD_1、VD_2 构成变频管的 1.4V 稳压供电电路。

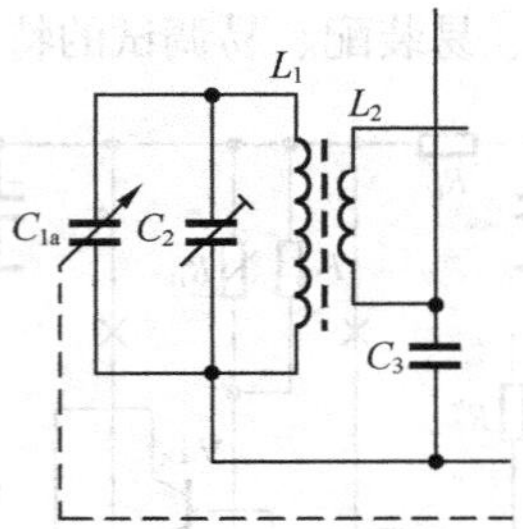

图 S8.2　输入调谐回路

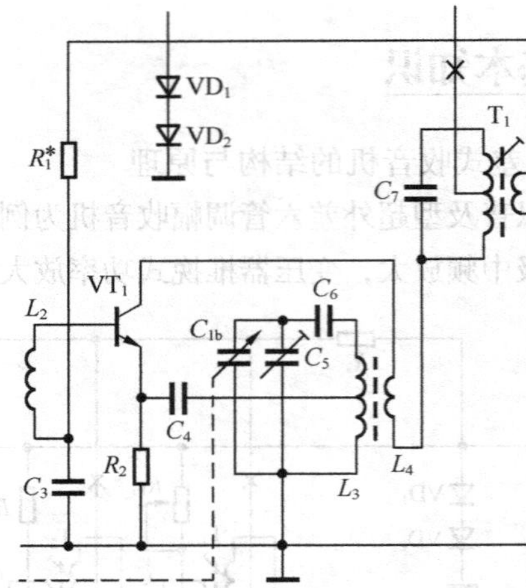

图 S8.3　变频电路

（3）中频放大电路

中频放大电路是决定整机灵敏度与选择性的关键电路，主要负责中频信号的选频及放大，要求其具有 60～70dB 的增益、较好的选择性和合适的通频带。

如图 S8.4 所示，本机由两级中放构成，分别为 VT_2、VT_3 两只三极管，工作在放大状态。R_4、C_8 为自动增益控制（AGC）电路的反馈回路。T_1、T_2、T_3 为 3 只中频变压器（又称中周），分别与 C_7、C_9、C_{11} 构成 465kHz 的选频网络。

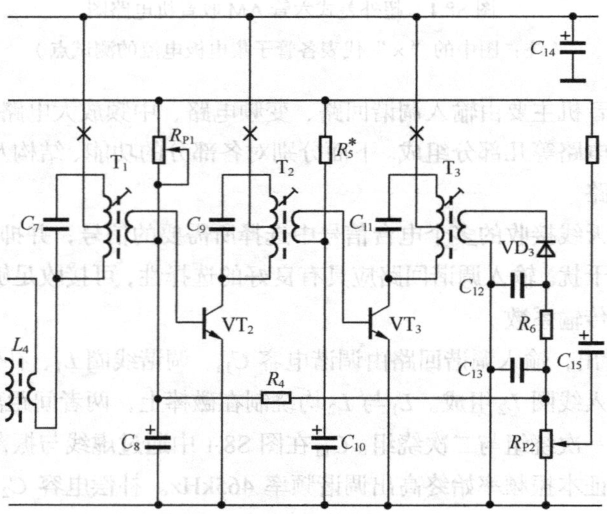

图 S8.4　中频放大电路图

其中集电极电流 I_{c2} 为 0.5mA，可通过电阻 R_{P1} 调节；I_{c3} 为 0.9mA，可通过电阻 R_5^* 进行调节。

（4）检波电路

检波电路的作用是从中频调幅信号中解调出音频信号，要求该电路具有检波效率高、失真小、滤波特性好的特点。

检波电路由检波二极管 VD_3、π型滤波器、C_{12}、C_{13}、R_6、音量电位器 R_{P2} 构成。C_{15} 为耦合电容。其中检波后的直流电压作为自动增益控制 AGC 电压送往第一级中放的基极。

（5）前置放大电路

前置放大电路的作用是将检波送来的音频信号进行放大，以推动后面的功率放大电路。一般其增益较大，β值在 120～150 为宜。

前置放大在图 S8.5 中所示为单管低频放大电路。VT_4为前置放大管，C_{16}是 VT_4的高频噪声旁路电容，T_4是输入耦合变压器。前置放大管的集电极电流要求为 3mA 左右，可通过电阻 R_7调节。

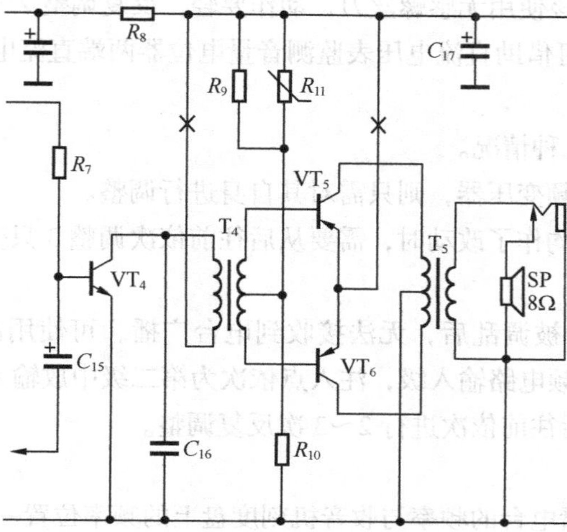

图 S8.5　单管低频功率放大器

（6）音频功率放大器

音频功率放大器是收音机最后一级放大电路，主要是对音频信号进行功率放大，以输出满足扬声器需求的音频信号。

在图 S8.5 所示的电路中，功率放大器采用结构比较简单的变压器推挽式功率放大电路。其中，VT_5、VT_6为性能完全对称的功放管，T_4是输入变压器，T_5是输出变压器，R_9、R_{10}、R_{11}构成偏置电路，B 为扬声器（8Ω、0.25W）。对于两只功率放大管，β应在 80～100，I_{CBO}不要超过 0.5mA。U_{BE}应为 0.2～0.3V，U_{CE}为 3V。两管的总集电极电流应在 6～10mA。

2. 超外差收音机的调整

在组装完收音机后，均需要进行调整。超外差收音机的调整一般分为 4 个步骤：①静态工作点的调整；②中频频率的调整；③频率范围的调整（又称对刻度）；④统调。调整时应严格按照步骤，避免越调越乱。

（1）静态工作点的调整

静态工作点的调整主要是指在没有交流输入信号的条件下，根据前述的电路结构及参数，对相应晶体管各极电压与电流进行的调整。在调整时应注意以下几点。

① 为保证没有交流信号输入，高频与中频部分调整时，可将输入调谐电容 C_{1a}的动片与定片短接；音频部分的前置放大与功放部分调整时，可将音量电位器调至最下端。

② 在调整晶体管基极偏置电阻时，应注意电位器由最大值端向最小值端调整。

③ 在测量静态电流时，为避免电流表内阻的影响，可串接一个 0.1μF 的瓷片电容。

④ 集电极电流的测试点应选在集电极负载与电源正极之间，切不可在集电极与负载之间。所选测试点可参考图 S8.1 所示，图中的“×”代表各管子集电极电流的测试点。

（2）中频频率的调整

中频放大电路是决定收音机灵敏度及选择性的关键电路。一般来说，收音机出厂时中频变压器已经调整好，并将磁帽蜡封固定。在组装与检测中，如果更换中频变压器或配谐电容，则必须重新调整。在调整中需注意以下几点。

① 中频的调整必须在静态工作点正常的基础上。

② 调整中频变压器应该使用无感螺丝刀，动作要轻，反复调整2～3次使音量最大。

③ 为使调节更准确，可借助直流电压表监测音量电位器两端直流电压的变化，调整时应使电压为负的最大值。

具体调整可分为以下几种情况。

① 如果仅改动一只中频变压器，则只需对其自身进行调整。

② 当3只中频变压器均作了改动时，需要从后往前依次调整3只变压器的磁帽使音量最大，并反复调整2～3次。

③ 如果中频电路中周被调乱后，无法接收到电台广播，可使用高频信号发生器产生一个465kHz的中频信号注入中频电路输入级，注入点依次为第二级中放输入端和第一级中放输入端。分别对3只中频变压器从后往前依次进行2～3次反复调整。

（3）频率刻度的调整

频率刻度调整是使广播电台的频率与收音机刻度盘上的频率位置一一对应，又称为对刻度。具体调整方法可分为两种。

① 利用高频信号发生器调刻度。将高频信号发生器的输出端与收音机的调谐电容定片相连接，地线与收音机地线相连，或者借助环形天线发射AM信号，分别进行低频端和高频端的调整。

- 低频端的调整：可使高频信号发生器输出525kHz调幅信号，将收音机双联全部旋入，用无感螺丝刀调整本振线圈的磁帽，使音量最大。
- 高频端的调整：使高频信号发生器输出1640kHz调幅信号，将双联全部旋出，用无感螺丝刀调整本振的补偿电容，使音量最大。

② 利用广播电台信号进行调刻度。

- 低频端的调整：可使收音机接收低频段某广播电台信号，用无感螺丝刀调整本振线圈的磁帽，使收音机能接收到这个电台并使音量最大。
- 高频端的调整：使收音机接收高频段某广播电台信号，用无感螺丝刀调整本振的补偿电容，使收音机能接收到这个电台并使音量最大。

上述对低频端和高频端的调整均需先按低频端后高频端的顺序，反复调整2～3次，使低频端与高频端同时对准刻度。

（4）统调

对于超外差接收机，需使本振信号始终比接收电台信号的载波频率高465kHz，即实现“跟踪”，通过调整电路实现“跟踪”的过程称为“统调”。实际调整过程中，在整个接收波段中，只能实现几个频率点上的准确跟踪，而在大多数频率上只能实现近似跟踪。因此常使用“三点统调”，即选定600kHz、1000kHz、1500kHz这3个跟踪点。

在统调的实际操作过程中，常选择600kHz和1500kHz两个点进行准确跟踪，具体调整方法有两种：利用高频信号发生器和利用广播电台信号进行统调。

① 利用高频信号发生器统调。通过0.01μF电容将高频信号发生器的输出端与收音机调谐电

容定片相连，地线与收音机地线相连，或者借助环形天线发射 AM 信号。

- 低频端的调整：利用高频信号发生器输出 600kHz 信号，将收音机对准刻度盘 600kHz 的位置，用无感螺丝刀调整输入调谐线圈在磁棒上的位置，使收音机音量最大。
- 高频端的调整：利用高频信号发生器输出 1000Hz 调制的 1500kHz 信号，将收音机对准刻度盘 1500 kHz 的位置，用无感螺丝刀调整输入调谐回路的补偿电容，使音量最大即可。

将上述过程反复进行 1～2 次，保证高频端与低频端均准确跟踪。

② 利用广播电台信号进行统调。分别将收音机调到低频端 600kHz 和高频端 1500kHz 左右的某电台上（根据当地广播电台情况选择）。仿照高频信号发生器统调方法进行统调。

四、项目内容

（1）分析并读懂收音机电路图。

（2）认识电路图上的符号，并与实物相对照。

（3）根据技术指标测试各元器件的主要参数。

（4）按照接线电路图，进行整机焊接、装配。

（5）按照技术要求进行整机调试。

项目九

电子猫的仿真设计与装配调试

一、目的与要求

1. 通过本产品完成 EDA 技术 Multisim 实践的全程训练。
2. 了解电子猫的电路构成、工作原理。
3. 掌握电子产品元器件检测、焊接、安装、调试的过程。

二、项目器材

计算机及 Multisim 仿真软件，万用表，直流稳压电源，1.5V 电池 3 个，焊接工具，尖嘴钳，镊子，1MΩ、150kΩ、10kΩ 电阻各两个，4.7kΩ 电阻 3 个，100Ω 电阻 1 个，1μF/10V 电解电容 2 个，10nF 瓷介电容、47μF/10V 电解电容、470μF/10V 电解电容、220μF/10V 电解电容各 1 个，1N4001 二极管 1 个，1N4148 稳压二极管 1 个，9014 三极管（NPN）3 只，9014D（NPN）、8050D（NPN）三极管各 1 只，555 集成芯片 1 片，声敏传感器 1 个，红外接收管 1 个，磁敏传感器 1 个，屏蔽线 15cm，热缩套管 3cm，印制线路板 1 块，外壳（含电动机）1 个，连接线若干。

三、基本知识

1. 原理电路图

电子猫具有机、电、声、光、磁结合的特点，它是声控、光控、磁控机电一体化的电动产品，图 S9.1 所示为电子猫的原理电路图。

主要工作原理：利用 555 构成的单稳态触发器，在 3 种不同的控制方法下，均给以低电平触发，促使电动机 M_1 转动，从而达到了电子猫停走的目的，即拍手即走、光照即走、磁铁靠近即走，但都只是持续一段时间后就会停下，再满足其中一个条件将继续行走。

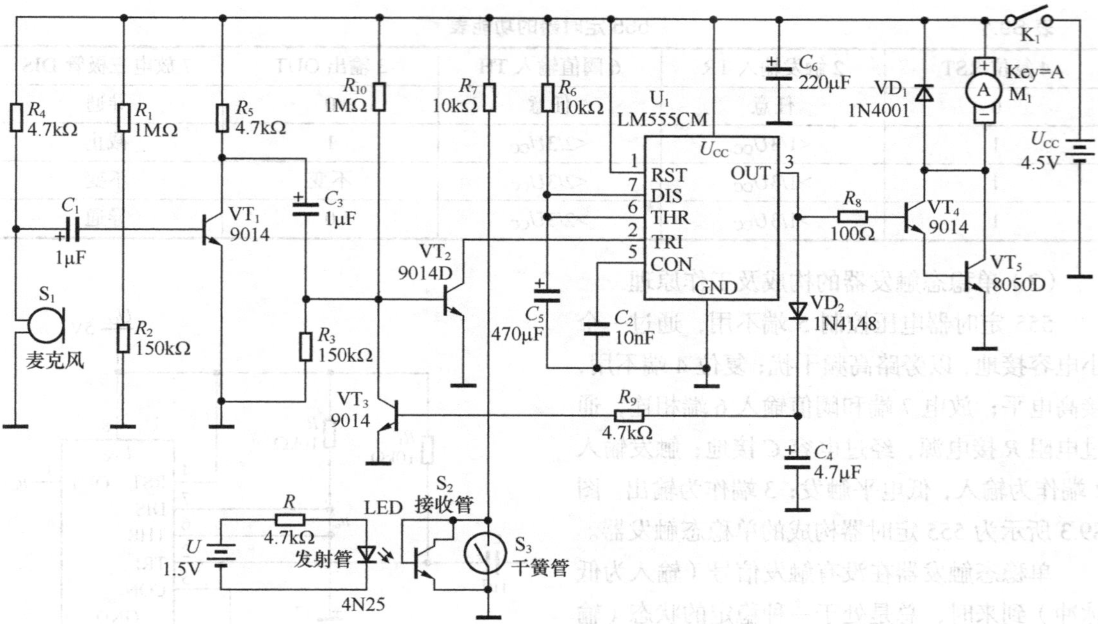

图 S9.1　电子猫的原理电路图

2. 555 构成的单稳态触发器电路的工作原理

（1）555 定时器的结构及功能

555 定时器是一种将模拟电子和数字电子结合在一起的中规模集成电路，在其外围适当接一些电阻、电容器件，可以构成单稳态触发器、施密特触发器、多谐振荡电路等，应用非常广泛。图 S9.2 所示为 555 定时器的内部结构图及符号，它主要由分压器、电压比较器、RS 触发器、放电三极管 VT 构成。555 定时器的功能主要由两个电压比较器决定，比较器的参考比较电压由电源 U_{CC} 和地之间的分压器提供，在电压控制 5 端不用时，C_1 的参考比较电压为 $\frac{2}{3}U_{CC}$，C_2 的参考比较电压为 $\frac{1}{3}U_{CC}$。表 S9.1 为 555 定时器的功能表。

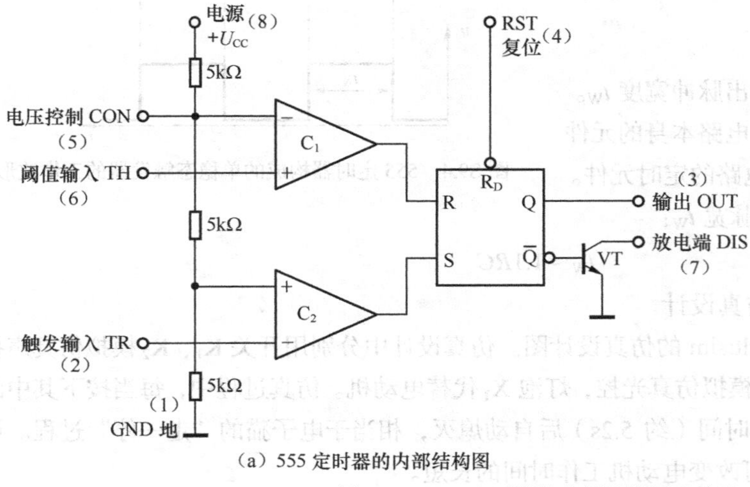

（a）555 定时器的内部结构图

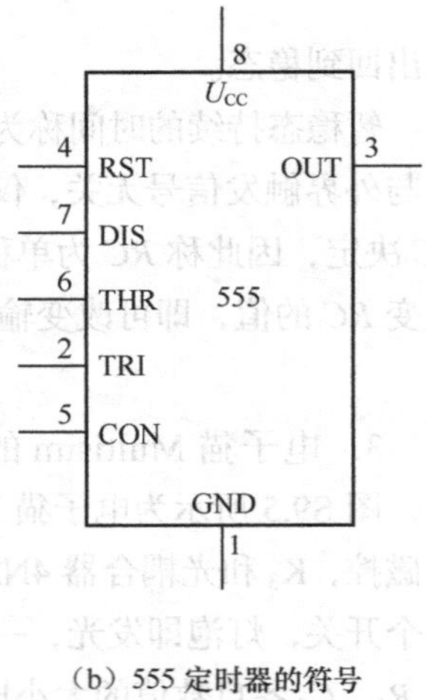

（b）555 定时器的符号

图 S9.2　555 定时器的内部结构图及符号

表 S9.1　　555 定时器的功能表

4 复位 RST	2 触发输入 TR	6 阈值输入 TH	3 输出 OUT	7 放电三极管 DIS
0	任意	任意	0	导通
1	<1/3U_{CC}	<2/3U_{CC}	1	截止
1	>1/3U_{CC}	<2/3U_{CC}	不变	不变
1	>1/3U_{CC}	>2/3U_{CC}	0	导通

（2）单稳态触发器的构成及工作原理

555 定时器电压控制 5 端不用，通过一个小电容接地，以旁路高频干扰；复位 4 端不用，接高电平；放电 7 端和阈值输入 6 端相连，通过电阻 R 接电源，经过电容 C 接地；触发输入 2 端作为输入，低电平触发；3 端作为输出。图 S9.3 所示为 555 定时器构成的单稳态触发器。

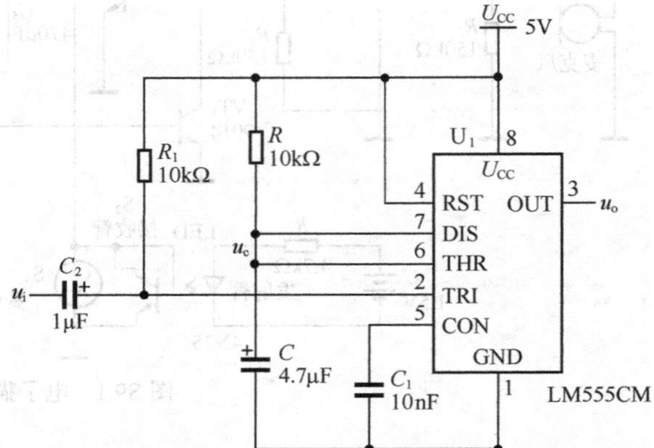

图 S9.3　555 定时器构成的单稳态触发器

单稳态触发器在没有触发信号（输入为低脉冲）到来时，总是处于一种稳定的状态（输出为低电平）；当有触发信号到来时，触发器翻转到另一种状态（高电平），但这种状态是不稳定的，只能维持一定的时间 t_W 就会自动回到稳态，因此称此状态为暂稳态。因为此种电路只有一种稳定的状态，因此称此电路为“单稳电路”或“单稳态触发器”。

图 S9.4 所示为 555 定时器构成的单稳态触发器的工作波形。图 S9.4 中 u_i 为触发输入信号，u_C 为电容两端的充放电情况，u_o 为输出。当触发信号到来时，输出从稳态低电平翻转到暂稳态高电平，电容充电，当电容充电到 $\frac{2}{3}U_{CC}$ 时，输出回到稳态。

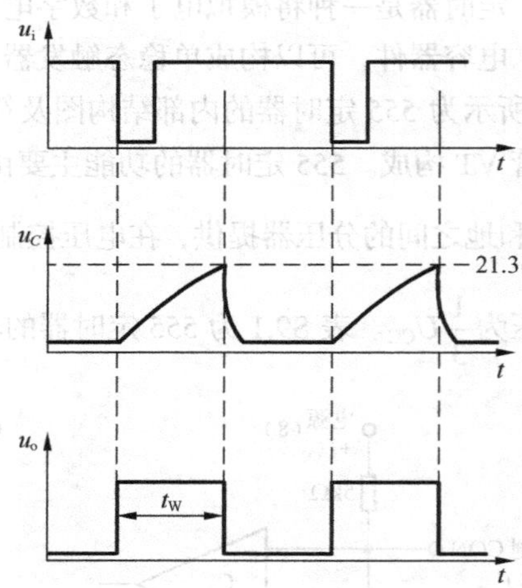

图 S9.4　555 定时器构成的单稳态触发器的工作波形

暂稳态持续的时间称为输出脉冲宽度 t_W。t_W 与外界触发信号无关，仅由电路本身的元件 RC 决定，因此称 RC 为单稳电路的定时元件。改变 RC 的值，即可改变输出脉宽 t_W：

$$t_W \approx 1.1RC$$

3. 电子猫 Multisim 的仿真设计

图 S9.5 所示为电子猫 Multisim 的仿真设计图。仿真设计中分别用开关 K_1、K_2 模拟仿真声控和磁控，K_3 和光耦合器 4N25 模拟仿真光控，灯泡 X_1 代替电动机。仿真过程中，每当按下其中的一个开关，灯泡即发光，一段时间（约 5.2s）后自动熄灭，相当于电子猫的“走—停”过程。调整 R_6、C_5 各自数值的大小即可改变电动机工作时间的长短。

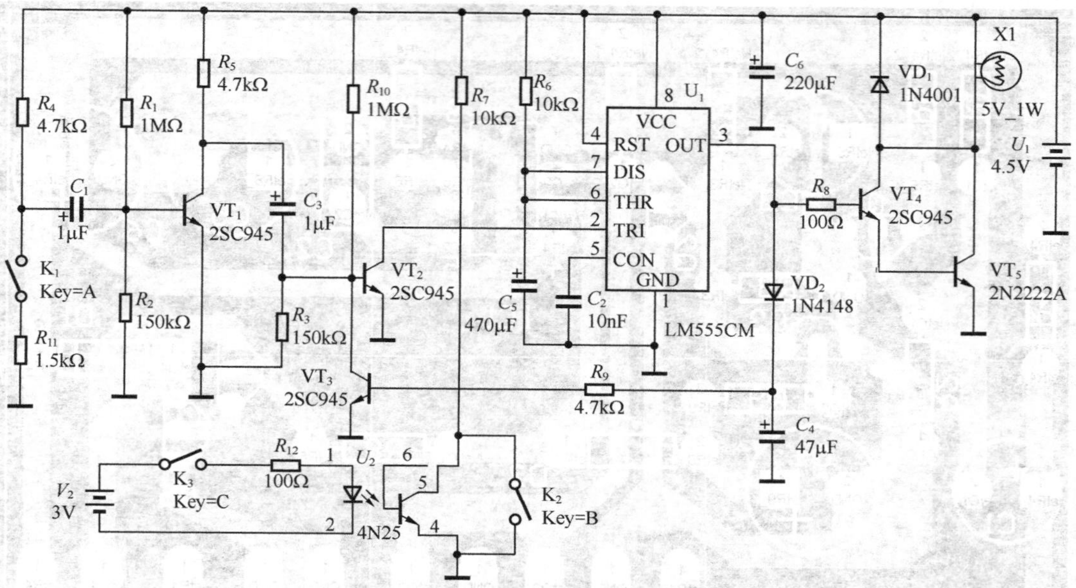

图 S9.5　电子猫的 Multisim 仿真设计图

在仿真设计中，由于 Multisim 元件库里没有 9014 及 8050 型号的三极管，故用性能参数均相近的 2SC945 和 2N2222A 来代替。仿真电路图中所用的主要元件：电阻、电容和开关均在基本元件库中，三极管在晶体管库中，二极管在二极管库中，电源和地在信号源库中，555 定时器在模数混合元件库中，灯泡在指示器件元件库中，光耦合器件在杂项元件库中。需要说明的是，光耦合器件 4N25 只用于仿真。

说明

仿真时，为减少等待时间，可适当降低仿真电路中 C_5 的值，如取 C_5=4.7μF。

四、项目内容

1. 电子猫原理电路的仿真设计

用 Multisim 软件完成电子猫的原理电路图，仿真实现电路的功能。

2. 印刷电路板的安装

（1）安装前检测所有的元器件：电阻值是否正确；三极管的极性、类型、β值；二极管的好坏、极性；电容是否漏电、极性；声敏传感器（麦克风）的极性及好坏。认识光敏三极管（红外接收管）和干簧管（舌簧开关）。

（2）印制板的焊接：按照图 S9.6 所示的电子猫印制电路板的元器件位置，将全部元器件卧式焊接。

3. 整机的装配与调试

线路板中的 M 代表电动机，S 代表麦克风（声控），R 代表干簧管（磁控），I 代表红外接收（光控），V 代表电源。在连线之前，将机壳拆开（电动机不可拆），并保存好机壳与螺钉。

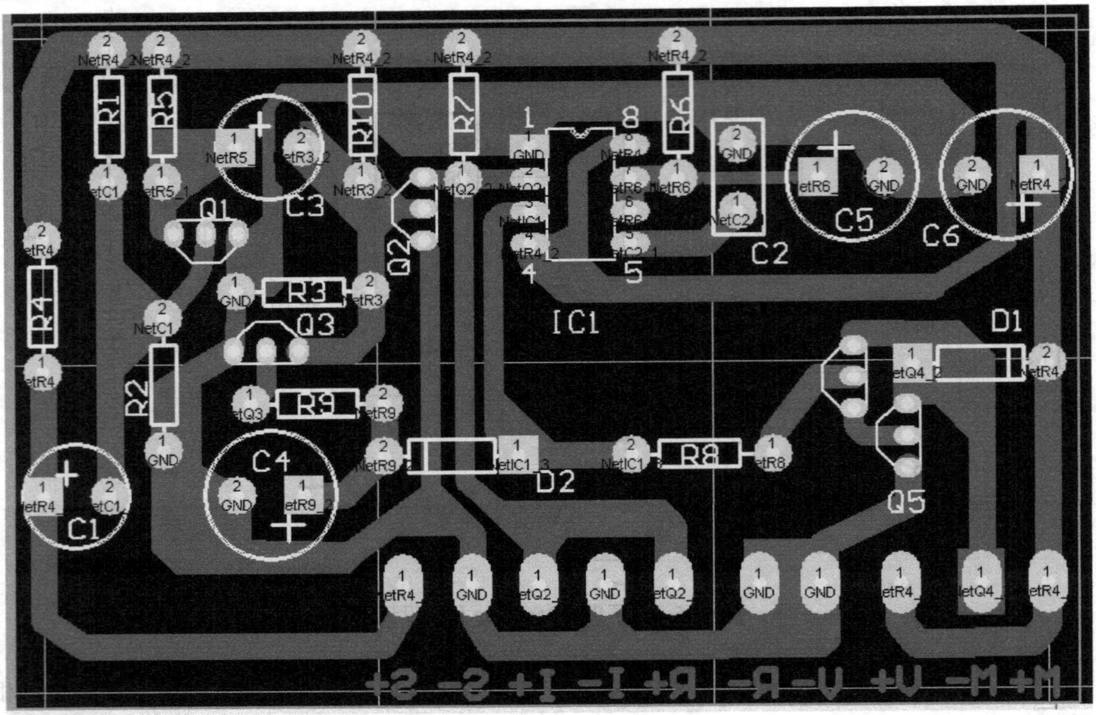

图 S9.6　电子猫的印制电路板

（1）连接电机：机壳底部电动机负极与电池负极有一根连线，改装电路，将连在电池负极的一端焊下，改接至线路板的“M－”（电动机－），由电动机正端引一根线 J1 到印制电路板上的电动机“M＋”（电动机＋）。音乐芯片连接在电池负极的那一端改接至电动机负极，使其在猫行走的时候才发出叫声。

（2）连接电源：由电池负极引一根线 J2 到印制板上的“电源－”（V－）。“电源＋”（V＋）与“电动机＋”（M＋）相连，不用单独再接。

（3）连接磁控：干簧管没有极性，由印制板电路上的“磁控＋、－”（R＋、R－）引两根线 J3、J4，分别搭焊在干簧管两引脚上，放在猫后部，紧贴机壳，以方便控制。

（4）连接红外接收管（白色）：由印制电路板上的“光控＋、－”（I＋、I－）引两根线 J5、J6 搭焊到红外接收管的两个管脚上，其中一条管脚套上热缩管，以免短路，防止打开开关后猫一直走个不停。红外接收管放在猫眼睛的一侧并固定住。注意：红外接收管的长脚为发射极 E，短脚为集电极 C，接收管的长脚应接在“I－”上。

（5）连接声控：屏蔽线两头脱线，一端分正负（中间为正，外围为负）焊接到印制板上的“S＋、S－”，另一端分别贴焊在麦克风的两个焊点上，要注意极性，焊接时间不要过长，麦克风易坏。焊接完后麦克风安在猫的前胸。

（6）简单测试：焊接完成，通电前检查元器件焊接及连线是否有误，防止短路而烧坏电动机发生危险。尤其要注意电源间是否短路，并注意电池极性。

通电测试，电路中各管静态工作点的参考值如表 S9.2 所示。

（7）组装测试：简单测试后组装机壳。装好后，分别进行声控、光控、磁控测试，均有“走一停”过程，即算合格。

表 S9.2　　静态工作点的参考值

名　称	型　号	静态参考电压（V）		
		E	B	C
Q1	9014	0	0.5	4
Q2	9014D	0	0.6	3.6
Q3	9014	0	0.4	0.5
Q4	9014	0	0	4.5
Q5	8050D	0	0	4.5
U1	555	1 脚：0	2 脚：3.8	3 脚：0
		4 脚：4.5	5 脚：3	6 脚：0
		7 脚：0	8 脚：4.5	

附录 A

实用资料速查

A.1 半导体器件型号命名法

A.1.1 国产半导体器件型号命名法

根据国家标准 GB/T 249—1989，半导体器件的型号由 5 部分组成。

第 1 部分：用阿拉伯数字表示器件的电极数目，规定 2 代表二极管，3 代表三极管。

第 2 部分：用汉语拼音字母表示器件的材料和极性，规定 A、B 表示锗材料，C、D 表示硅材料，E 表示化合物。

第 3 部分：用汉语拼音字母表示器件的用途，如 P 代表普通管、Z 代表整流管、W 代表稳压管等。

第 4 部分：用阿拉伯数字表示序号，反映管子在极限参数、直流参数和交流参数等的差别。

第 5 部分：用汉语拼音字母表示规格号，反映管子承受反向击穿电压的程度。如 A、B、C、D…其中， A 承受的反向击穿电压最低，B 次之……

国产半导体器件的型号各组成部分的符号及其意义如表 A1 所示。

表 A1　　国产半导体器件型号命名方法及各部分的意义

第一部分		第二部分		第三部分				第四部分	第五部分
用数字表示器件的电极数目		用汉语拼音字母表示器件的材料和极性		用汉语拼音字母表示器件的类型				用数字表示器件序号	用汉语拼音字母表示规格号
符号	意义	符号	意义	符号	意义	符号	意义	意义	意义
2	二极管	A B C D	N 型，锗材料 P 型，锗材料 N 型，硅材料 P 型，硅材料	P V W C	普通管 微波管 稳压管 参量管	D A	低频大功率管（$f_a<3$MHz，$P_c\geqslant 1$W） 高频大功率管（$f_a\geqslant 3$MHz，$P_c\geqslant 1$W）	反映极限参数、直流参数和交流参数等的差别	反映承受反向击穿电压的程度

续表

第一部分		第二部分		第三部分				第四部分	第五部分
用数字表示器件的电极数目		用汉语拼音字母表示器件的材料和极性		用汉语拼音字母表示器件的类型				用数字表示器件序号	用汉语拼音字母表示规格号
符号	意义	符号	意义	符号	意义	符号	意义	意义	意义
3	三极管	A	PNP 型，锗材料	Z	整流管	T	半导体闸流管（可控整流器）	反映极限参数、直流参数和交流参数等的差别	反映承受反向击穿电压的程度
		B	NPN 型，锗材料	L	整流堆				
		C	PNP 型，硅材料	S	隧道管	Y	体效应器件		
		D	NPN 型，硅材料	N	阻尼管	B	雪崩管		
		E	化合物材料	U	光电器件	J	阶跃恢复管		
				K	开关管	CS	场效应器件		
				X	低频小功率管（$f_a<3$MHz，$P_c<1$W）	BT	半导体特殊器件		
						FH	复合管		
				C	高频小功率管（$f_a\geqslant3$MHz，$P_c<1$W）	PIN	PIN 型管		
						JG	激光器件		

例如，2CZ56A 表示 N 型硅材料整流二极管，56 表示器件序号，A 表示规格号。各部分的具体含义如图 A1 所示。

例如，3CX202B 表示 PNP 型硅材料低频小功率三极管，202 表示器件序号，B 表示规格号。各部分含义如图 A2 所示。

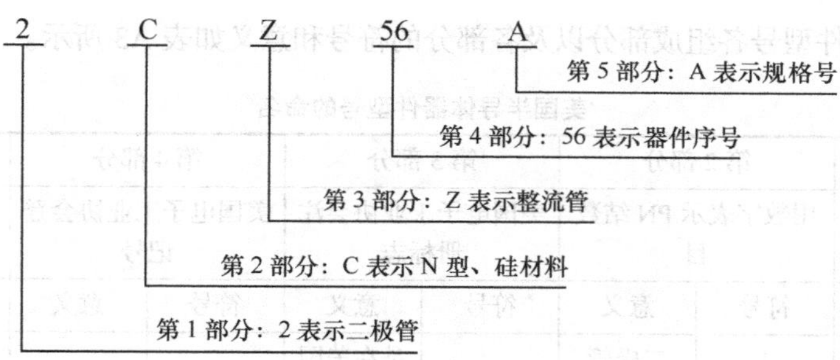

图 A1　2CZ56A 各部分含义

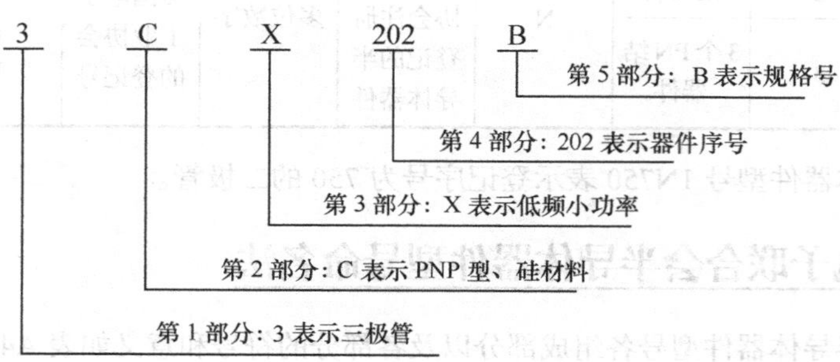

图 A2　3CX202B 各部分含义

A.1.2 日本半导体器件型号命名方法

日本半导体器件型号各组成部分以及各部分的符号和意义如表 A2 所示。

表 A2　　日本半导体器件型号的命名

第1部分		第2部分		第3部分		第4部分		第5部分	
序号	意义	序号	意义	序号	意义	序号	意义	序号	意义
0	光敏二极管或三极管	S	已在日本电子工业协会注册登记的半导体器件	A	PNP 高频晶体管	多位数字	该器件在日本电子工业协会的注册登记号	A B C D	该器件为原型号产品的改进产品
				B	PNP 低频晶体管				
1	二极管			C	NPN 高频晶体管				
				D	NPN 低频晶体管				
2	三极管或有 3 个电极的其他器件			E	P 控制极晶闸管				
				G	N 控制极晶闸管				
				H	N 基极单结晶管				
				J	P 沟道场效应晶体管				
3	4 个电极的器件			K	N 沟道场效应晶体管				
				M	双向晶体管				

例如，日本半导体器件型号 2SD568 表示登记序号为 568 的 NPN 型低频三极管。

A.1.3 美国半导体器件型号命名方法

美国半导体器件型号各组成部分以及各部分的符号和意义如表 A3 所示。

表 A3　　美国半导体器件型号的命名

第1部分		第2部分		第3部分		第4部分		第5部分	
用符号表示器件类别		用数字表示 PN 结数目		美国电子工业协会注册标志		美国电子工业协会登记号		用字母表示器件分挡	
符号	意义	符号	意义	符号	意义	符号	意义	符号	意义
JAN 或 J	军用品	1	二极管	N	是在美国电子工业协会注册登记的半导体器件	多位数字	该器件在美国电子工业协会的登记号	A B C D	同一型号器件的不同挡别
		2	三极管						
无	非军用品	3	3 个 PN 结器件						

例如，美国半导体器件型号 1N750 表示登记序号为 750 的二极管。

A.1.4 国际电子联合会半导体器件型号命名法

国际电子联合会半导体器件型号各组成部分以及各部分的符号和意义如表 A4 所示。

表 A4　　国际电子联合会半导体器件型号命名

第 1 部分		第 2 部分				第 3 部分		第 4 部分	
用字母表示使用的材料		用字母表示类型及主要特性				用数字或字母加数字表示登记号		用字母对同型号者分挡	
符号	意义	符号	意义	符号	意义	符号	意义	符号	意义
A	锗材料	A	检波、开关和混频二极管	M	封闭磁路中的霍尔元件	三位数字	通用半导体器件的登记序号（同一类型器件使用同一登记号）	A B C D E …	同一型号器件按某一参数进行分挡的标志
		B	变容二极管	P	光敏器件				
B	硅材料	C	低频小功率三极管	Q	发光器件				
		D	低频大功率三极管	R	小功率可控硅				
C	砷化镓	E	隧道二极管	S	小功率开关管				
		F	高频小功率三极管	T	大功率可控硅				
D	锑化铟	G	复合器件及其他器件	U	大功率开关管	一个字母加两位数字	专用半导体器件的登记号（同一类型器件使用同一登记号）		
		H	磁敏二极管	X	倍增二极管				
R	复合材料	K	开放磁路中的霍尔元件	Y	整流二极管				
		L	高频大功率三极管	Z	稳压二极管即齐纳二极管				

例如，BD354 表示普通登记号为 354 的硅材料低频大功率三极管。

A.2　各种典型半导体器件的型号与参数

A.2.1　常见低频整流二极管的主要参数

常见低频整流二极管的主要参数如表 A5 和表 A6 所示。

表 A5　　常见国产低频整流二极管的主要参数

型号	最大整流电流/A	正向压降/V	最高反向工作电压/V	反向电流/μA	截止频率/kHz
2CZ55A～2CZ55K	1	≤0.8		≤10	3
2CZ56A～2CZ56K	3	≤0.8	25、50、100、200、300、400、500、600、700、800、1000	≤10	3
2CZ57A～2CZ57K	5	≤0.8		≤10	3
2CZ58A～2CZ58K	10	≤0.8		≤10	3
2CZ59A～2CZ59K	20	≤0.8		≤10	3
2CZ60A～2CZ60K	50	≤0.8		≤10	3

表 A6　　常见进口低频整流二极管的主要参数

型号	最高反向工作电压/V	额定整流电流/A	最大正向压降/V	反向电流/μA
1N5391	50	1.5	≤1	≤10
1N5392	100	1.5	≤1	≤10
1N5393	200	1.5	≤1	≤10
1N5394	300	1.5	≤1	≤10
1N5395	400	1.5	≤1	≤10
1N5396	500	1.5	≤1	≤10
1N5397	600	1.5	≤1	≤10
1N5398	800	1.5	≤1	≤10
1N5399	1000	1.5	≤1	≤10

A.2.2　常见开关二极管的主要参数

常见开关二极管的主要参数如表 A7 所示。

表 A7　　常见开关二极管的主要参数

型号	正向压降/V	最高反向工作电压/V	反向击穿电压/V	正向电流/mA	反向电流/mA	零偏压电容/pF	反向恢复时间/μs
2AK1	1	10	30	≥100	—	≤1	≤200
2AK2	1	20	40	≥150	—	≤1	≤200
2AK5	1	40	60	≥200	—	≤1	≤150
2AK6	1	50	75	≥200	—	≤1	≤150
2AK9	0.45	40	60	≥100	—	≤1	≤150
2AK10	0.45	50	70	≥100	—	≤1	≤150
ACK9	≤1	10	15	30	≤1	≤3	≤5
2CK10	≤1	20	30	30	≤1	≤3	≤5
2CK13	≤1	50	75	30	≤1	≤3	≤5
2CK14	≤1	20	60	30	≤1	≤3	≤5
2CK17	≤1	30	45	30	≤1	≤5	≤5
2CK18	≤1	40	60	30	≤1	≤5	≤5

A.2.3　部分检波二极管的主要参数

部分检波二极管的主要参数如表 A8 和表 A9 所示。

表 A8　　2AP 系列部分检波二极管的主要参数

型号	反向击穿电压/V	最高反向工作电压/V	反向工作电压/V	正向电流/mA	反向电流/μA	最大整流电流/mA	最高工作效率/MHz
2AP1	≥40	20	10	2.5	≤250	16	150
2AP2	≥45	30	25	2.5	≤250	16	150
2AP3	≥45	30	25	7.5	≤250	25	150

续表

型号	反向击穿电压/V	最高反向工作电压/V	反向工作电压/V	正向电流/mA	反向电流/μA	最大整流电流/mA	最高工作效率/MHz
2AP4	≥75	50	50	5	≤250	16	150
2AP5	≥110	75	75	2.5	≤250	16	150
2AP6	≥150	100	100	1	≤250	12	150
2AP7	≥150	100	100	5	≤250	12	150
2AP8	≥20	10	10	2	≤100	35	150
2AP9	≥20	15	10	5	≤200	8	100
2AP11	≥20	≤10	10	10	≤250	25	40
2AP12	≥20	≤10	10	90	≤250	40	40
2AP13	≥45	≤30	30	10	≤250	20	40
2AP14	≥45	≤30	30	20	≤250	30	40
2AP15	≥45	≤30	30	20	≤250	30	40
2AP16	≥75	≤50	50	10	≤250	20	40
2AP17	≥150	≤100	100	10	≤250	15	40
2AP21	<15	<10	7	>50	250	50	100

表 A9　　部分进口检波二极管主要参数

型号	反向电压/V	最小正向电流/mA	最小反向电流/μA	平均整流电流/mA	浪涌电流/A	最小正向电压/V
1N34	60	5	0.5	50	0.5	1
1N34A	60	5	0.5	50	0.5	1
1N6	40	0.4	0.5	50	0.3	0.5
1S34	75	4	0.5	30	0.3	1
1S34A	75	5	0.5	30	0.3	1

A.2.4　部分发光二极管的主要参数

部分发光二极管的主要参数如表 A10 所示。

表 A10　　部分发光二极管的主要参数

型号	最大耗散功率/W	最大工作电流/mA	正向电压/V	反向电压/V	反向电流/μA	波长/nm	正向电流/mA	发光颜色	材料
BT101	0.05	20	20	≥5	≤50	650	—	红	GaAsP
BT102	0.05	20	2.5	≥5	≤50	700	—	红	GaP
BT103	0.05	20	2.5	≥5	≤50	565	—	绿	GaP
BT201	0.09	40	2	≥5	≤50	650	—	红	GaAsP
BT202	0.09	40	2.5	≥5	≤50	700	—	红	GaP
BT203	0.09	40	2.5	≥5	≤50	656	—	绿	GaP

续表

型号	最大耗散功率/W	最大工作电流/mA	正向电压/V	反向电压/V	反向电流/μA	波长/nm	正向电流/mA	发光颜色	材料
BT204	0.09	40	2.5	≥5	≤50	585	—	黄	GaP
BT301	0.09	120	2	≥5	≤200	650	—	红	GaAsP
BT302	0.09	120	2.5	≥5	≤200	700	—	红	GaP
BT303	0.09	120	2.5	≥5	≤200	565	—	绿	GaP
BT304	0.09	120	2.5	≥5	≤200	585	—	黄	GaP
FG314003	0.125	—	2.5	≥5	—	700/585	50	红/黄	GaP
FG314003	0.125	—	2.5	≥5	—	700/585	50	红/黄	GaP
FG314101	0.1	—	2.5	≥5	—	700/585	40	红/黄	GaP
FG314102	0.1	—	2.5	≥5	—	700/585	40	红/黄	GaP
2EF102	—	50	2	—	≤50	700	—	红	GaAsP/GaP
2EF112	—	20	2	—	≤50	700	—	红	GaAsP/GaP
2EF122	—	30	2	—	≤50	700	—	红	GaAsP/GaP
2EF205	—	40	2.5	—	≤50	656	—	绿	GaP
2EF405	—	40	2.5	—	≤50	585	—	黄	GaP

A.2.5 常用2CU系列硅光敏二极管的主要参数

常用2CU系列硅光敏二极管的主要参数如表A11所示。

表A11 常用2CU系列硅光敏二极管的主要参数

型号	工作电压/V	暗电流/μA	光电流/μA	光电灵敏度	响应时间/ns	结电容/pF
2CU1A	10	≤0.2	≥80	≥0.5	<5	≤8
2CU1B	10	≤0.5	≥80	≥0.5	<5	≤8
2CU2A	10	≤0.1	≥30	≥0.5	<5	≤8
2CU2B	20	≤0.1	≥30	≥0.5	<5	≤8
2CU101A	15	≤0.01	—	≥0.6	<5	≤0.4

A.2.6 常见稳压二极管的主要参数

常见稳压二极管的主要参数如表A12所示。

表A12 常见稳压二极管的主要参数

型号	稳定电压/V	最大稳定电流/mA	动态电阻/Ω	反向电流/μA	耗散功率/W	正向压降/V
2CW1	7～8.5	23	≤12	<10	0.28	≤1
2CW7	2.5～3.5	71	≤80	<10	0.25	≤1
2CW9	1～2.5	100	≤30	<10	0.25	≤1
2CW19	11.5～14	17	≤35	≤0.5	0.25	≤1

续表

型号	稳定电压/V	最大稳定电流/mA	动态电阻/Ω	反向电流/μA	耗散功率/W	正向压降/V
2CW20	13.5～17	14	≤45	≤0.5	0.25	≤1
2CW21	3～4.5	220	≤40	≤1	1	≤1
2CW22	3.2～4.5	660	≤20	≤1	3	≤1
2DW1	6.5～7.5	170	≤3.5	≤1	—	—
2DW1A	4.5～5.5	240	≤3	≤1	—	—
2DW1B	5.5～6.5	200	≤3	≤1	—	—
2DW10	15.5～16.5	65	≤7	≤1	—	—
1N746	3～3.6	135	≤28	—	0.4	—
1N746A	3.1～3.5	135	≤28	—	0.4	—
1N750	4.2～5.2	95	≤19	—	0.4	—
1N750A	4.5～5	95	≤19	—	0.4	—
1N759	10.8～13.2	35	≤30	—	0.4	—
1N759A	11.4～12.6	35	≤30	—	0.4	—
1N957	5.4～8.2	61	≤4.5	—	0.4	—
1N957A	6.14～7.5	61	≤4.5	—	0.4	—
1N957B	6.5～7.1	61	≤4.5	—	0.4	—
1N960	7.3～11	40	≤7.5	—	0.4	—
1N960A	8.2～10	40	≤7.5	—	0.4	—
1N960B	8.7～9.6	40	≤7.5	—	0.4	—
1N970	19.2～28.8	17	≤33	—	0.4	—
1N970A	21.6～26.4	17	≤33	—	0.4	—
1N970B	22.8～25.2	17	≤33	—	0.4	—
MTZ2.0	1.88～2.2	20	≤140	—	0.5	—
MTZ10	9.4～10.6	20	≤8	—	0.5	—
MTZ20	18.8～21.3	10	≤28	—	0.5	—

A.2.7 部分国产高频小功率三极管的型号和主要参数

部分国产高频小功率三极管的型号和主要参数如表A13所示。

表A13　　部分国产高频小功率三极管的型号和主要参数表

型号	材料与极性	耗散功率（P_{CM}）/mW	集电极最大电流（I_{CM}）/mA	最大反向电压（U_{CBO}或U_{CEO}）/V	特征频率（f_T）/MHz	电流放大系数/（h_{FE}）
3AG1～3AG4	锗PNP	50	10	≥20	30～80	20～230
3AG11～3AG14	锗PNP	30	10	20	30～120	—
3AG53A～3AG53E	锗PNP	50	10	30～300	15～25	30～200
3AG54A～3AG54E	锗PNP	100	30	30～300	15	30～200
3AG55A～3AG55C	锗PNP	150	50	100～300	15	30～200
3AG56A～3AG56F	锗PNP	50	10	25～120	20	40～180

续表

型号	材料与极性	耗散功率（P_{CM}）/mW	集电极最大电流（I_{CM}）/mA	最大反向电压（U_{CBO}或U_{CEO}）/V	特征频率（f_T）/MHz	电流放大系数/（h_{FE}）
3AG80A～3AG80E	锗 PNP	50	10	＞300	25	20～150
3AG87A～3AG87D	锗 PNP	300	50	＞300	20	20～150
3DG100～3DG103	硅 NPN	100	20	150～300	30～40	≥30
3DG110～3DG112	硅 NPN	300	50	150～700	20～60	≥30
3DG6A～3DG6D	硅 NPN	100	20	30～45	≥100	10～200
3DG8A～3DG8C	硅 NPN	200	20	15～40	100～250	30～200
3DG12A～3DG12C	硅 NPN	700	300	30～45	100～300	≥20
3DG130A～3DG130D	硅 NPN	700	500	40～60	≥300	≥20
3DG9011	硅 NPN	200	20	18	100	30～200
3DG9013	硅 NPN	300	100	18	80	30～200
3DG9014	硅 NPN	300	100	20	80	30～200
3DG9043	硅 NPN	625	500	200	150	30～200
3DG9214	硅 NPN	300	200	50	＞80	40～240
3CG9012	硅 PNP	300	−100	−18	80	30～200
3CG9015	硅 PNP	300	−100	−20	80	30～200
3CG3A～3CG3F	硅 PNP	300	−30	−15～−45	≥50	30～200
3CG14A～3CG14D	硅 PNP	100	−30	−25	50～200	30～200
3CG21A～3CG21G	硅 PNP	300	−50	−15～−100	≥100	400～200
3CG170A～3CG170J	硅 NPN	500	50	60～220	50～100	≥20
3CG180A～3CG180J	硅 NPN	700	100	60～300	50～100	≥20
3CG181A～3CG181J	硅 NPN	700	200	60～220	50～100	≥20
3CG182A～3CG182J	硅 NPN	700	300	60～220	50～100	＞10
3CG160A～3CG160E	硅 PNP	300	20	60～220	50～100	≥25
3CG170A～3CG170E	硅 PNP	500	50	60～220	≥50	≥25
3CG180A～3CG180H	硅 PNP	700	100	100～220	≥150	≥15

A.2.8　部分中、低频小功率三极管的型号和主要参数

部分中、低频小功率三极管的型号和主要参数如表 A14 和表 A15 所示。

表 A14　　部分国产低频小功率三极管的型号和主要参数表

型号	材料与极性	耗散功率（P_{CM}）/mW	最大集电极电流（I_{CM}）/mA	最高反向电压（U_{BEO}）/V	截止频率/MHz	电流放大系数（h_{FE}）
3AX31A～3AX31C	锗 PNP	125	125	20～40	≥0.008	30～200
3AX31D、3AX31E	锗 PNP	100	30	30	≥0.008～0.015	30～200
3BX31A～3BX31C	锗 NPN	125	125	20～25	≥0.1	≥30

续表

型号	材料与极性	耗散功率（P_{CM}）/mW	最大集电极电流（I_{CM}）/mA	最高反向电压（U_{BEO}）/V	截止频率/MHz	电流放大系数（h_{FE}）
3AX81A、3AX81B	锗 PNP	200	200	20～30	≥0.006	40～270
3AX83A～3AX83D	锗 PNP	500～1000	500	40～90	≥0.005	40～150
3AX61～3AX63	锗 PNP	500	500	50～80	≥0.2	≥20
3AX34A～3AX34K	锗 PNP	125	125	15～30	≥0.5～2	12～150
3AX51A～3AX51D	锗 PNP	100	100	30	≥0.5	25～80
3AX52A～3AX52D	锗 PNP	150	150	30	≥0.5	25～80
3AX53A～3AX53D	锗 PNP	200	200	30	≥0.5	40～180
3AX54A～3AX54D	锗 PNP	200	160	65～100	≥0.5	25～120
3AX55A～3AX55D	锗 PNP	500	500	50～100	≥0.5	40～180
3DX200～3DX202	硅 NPN	300	300	12～18	≥0.005	55～400
3CX200～3CX202	硅 PNP	300	300	12～18	≥0.005	55～400
3DX203	硅 NPN	500	500	15	≥0.005	40～400
3CX203	硅 PNP	500	500	15	≥0.005	40～400
3DX204	硅 NPN	700	500	15～40	≥0.005	55～400
3CX204	硅 PNP	700	500	15～40	≥0.005	55～40

表 A15　　部分进口中、低频小功率三极管的型号和主要参数表

型号	材料与极性	耗散功率（P_{CM}）/mW	最大集电极电流（I_{CM}）/mA	最高反向电压（U_{CBO}）/V	特征频率（f_T）/MHz
2SA940	硅 PNP	1500	−1500	−150	4
2SC2073	硅 NPN	1500	−1500	−150	4
2SC1815	硅 NPN	400	150	60	8
2SC2462	硅 NPN	150	100	50	1
2SC2465	硅 NPN	200	20	20	0.55
2SC3544	硅 NPN	250	50	30	2
2SB134、2SB135	锗 PNP	100	−50	−30	0.8
2N2944～2N2946	硅 PNP	400	−100	−15	5～15
2N2970、2N2971	硅 PNP	150	−50	−20	8

A.2.9　部分中、低频大功率三极管的型号和主要参数

部分中、低频大功率三极管的型号和主要参数如表 A16 和表 A17 所示。

表 A16　　国产低频大功率三极管的型号和主要参数表

型号	材料与极性	耗散功率（P_{CM}）/W	最大集电极电流（I_{CM}）/A	最高反向电压（U_{CBO}）/V	特征频率（f_T）/MHz	电流放大系数（h_{FE}）
3DD14A～3DD14I	硅 NPN	50	3	500～1500	≥1	≥10
3DD15A～3DD15F	硅 NPN	50	5	60～500	≥1	≥20
3DD50A～3DD50J	硅 NPN	50	5	100～1000	≥1	≥20
3DD52A～3DD52E	硅 NPN	50	3	300～1500	≥1	≥10
DF104A～DF104D	硅 NPN	50	2.5	800～1800	≥5	≥5
DD01A～DD01F	硅 NPN	15	1	100～400	≥5	≥20
DD03A～DD03C	硅 NPN	30	3	60～250	≥1	25～120
DA102A～3DA102H	硅 NPN	50	4	100～1000	≤1	≥5
3AD6A～3AD6C	锗 PNP	10	2	50～70	≥0.004	20～100
3AD30A～3AD30C	锗 PNP	20	4	50～70	≥0.002	20～100
3AD58A～3AD58I	硅 NPN	50	3	300～1400	≥1	7～50
3CD6A～3CD6E	硅 PNP	50	5	30～150	≥1	10～180

表 A17　　部分进口中、低频大功率三极管的型号和主要参数表

型号	材料与极性	耗散功率（P_{CM}）/W	最大集电极电流（I_{CM}）/A	最高反向电压（U_{CBO}）/V	特征频率（f_T）/MHz	电流放大系数（h_{FE}）
2SA670	硅 PNP	25	3	50	15	35～220
2SA1304A	硅 PNP	25	1.5	150	4	40～200
2SB337	锗 PNP	12	−7	−40	0.3	50～165
2SB407	锗 PNP	30	−7	−30	0.35	80
2SB556K	硅 PNP	40	−4	−70	7	60～200
2SB686	硅 PNP	60	−6	−100	10	60～200
2SD553Y	硅 NPN	40	7	70	10	20～150
2SD880	硅 NPN	30	3	60	3	20～150
2SD1133	硅 NPN	40	4	70	7	100
2SD1266	硅 NPN	30	3	50	3	20～150
2SD1585	硅 NPN	15	3	60	16	20～150
2SC1827	硅 NPN	30	4	80	10	60～200
2SC1983R	硅 NPN	30	3	80	15	60～200
2SC2168	硅 NPN	30	2	200	10	60～200
BD201～BD203	硅 NPN	55	8	60	0.025	＞30
BD204	硅 PNP	55	−8	60	0.025	＞30
BD233	硅 NPN	25	2	45	3	40～250
BD234	硅 PNP	25	−2	−45	3	40～250

A.2.10 3DU系列硅光敏三极管的型号和参数

3DU系列硅光敏三极管的型号和参数如表A18所示。

表A18 3DU系列硅光敏三极管的型号和参数表

参数 / 型号	最高工作电压（U_{CEM}）/V（$I_{CE}=I_D$）	暗电流（I_P）/μA（$U_{ce}=U_{CEMAX}$）	光电流（I_1）/mA（光照1000lx）U_{CE}=10V	上升时间（t_r）/μs $\begin{pmatrix}U_{CE}=10V\\R_L=50\Omega\end{pmatrix}$	下降时间（t_f）/μs $\begin{pmatrix}U_{CE}=10V\\R_L=50\Omega\end{pmatrix}$	峰值波长（λ_p）/μm
3DU11	≥10	≤0.3	0.5～1	3	3	0.88
3DU12	≥30					
3DU13	≥50					
3DU14	≥100	≤0.2				
3DU21	≥10	≤0.3	1～2	3	3	0.88
3DU22	≥30					
3DU23	≥50					
3DU24	≥100	0.2				
3DU31	≥10	≤0.2	≥2	3	3	0.88
3DU32	≥30					
3DU33	≥50					

A.2.11 由国外引进的一些最新常用三极管的型号和参数

由国外引进的一些最新常用三极管的型号和参数如表A19所示。

表A19 由国外引进的一些最新常用三极管的型号和参数表

参数 / 型号	集电极最大允许电流（I_{CM}）/mA	基极最大允许电流（I_{BM}）/μA	集电极最大允许功耗（P_{CM}）/mW	集电极发射极耐压（U_{CEO}）/V	电流放大系数（β）	集电极发射极饱和电压（U_{CES}）/V	集电极发射极反向电流（I_{CEO}）/μA	双极型晶体管类型
8050	1500	500	800	25	85～300	0.5	1	NPN
8550	1500	500	800	–25	85～300	0.5	1	PNP
9011	30	10	400	30	28～198	0.3	0.2	NPN
9012	500	100	625	–20	64～202	0.6	1	PNP
9013	500	100	625	20	64～202	0.6	1	NPN
9014	100	100	450	45	60～1000	0.3	1	NPN
9015	100	100	450	–45	60～600	0.7	1	PNP
9016	25	5	400	20	28～198	0.3	1	NPN
9018	50	10	400	15	28～198	0.5	0.1	NPN

A.2.12 大功率达林顿管的型号和参数

一些大功率达林顿管的型号和参数如表 A20 和表 A21 所示。

表 A20　　一些常用进口大功率达林顿管的型号和参数表

型号	耗散功率（P_{CM}）/W	最大集电极电流（I_{CM}）/A	最高反向电压（U_{CBO}）/V	特征频率（f_T）/MHz	电流放大系数（h_{FE}）
TIP122、TIP127	65	5	100	>1	1000
TIP132、TIP137	70	8	100	>1	500
TIP142、TIP147	125	10	100	>1	—
TIP142T、TIP147T	80	10	100	>1	500
2SD628、2SB638	80	10	100	—	>500
2SD670、2SB650	100	15	100	—	>500
2SD1193、2SB883	70	15	70	20	>500
2SD1210、2SB897	80	10	100	—	>500
2SD1435、2SB1301	100	15	100	—	>500
2SD1436、2SB1302	80	10	120	—	>500
2SD1559、2SB1079	100	20	100	—	>500
2SD2256、2SB1494	125	25	160	—	>500
MJ11015、MJ11016	200	30	120	—	>500
MJ11017、MJ11018	150	20	400	—	>500
MJ11032、MJ11033	300	50	120	—	>500
MJ15024、MJ15025	250	16	400	—	>500

表 A21　　一些常用国产大功率达林顿管的型号和参数表

型号	耗散功率（P_{CM}）/W	最大集电极电流（I_{CM}）/A	最高反向电压（U_{CBO}）/V	特征频率（f_T）/MHz	电流放大系数（h_{FE}）
3DD30LA～3DD30LE	30	5	100～600	1	500～10000
3DD50LA～3DD50LE	50	10	100～600	1	500～10000
3DD75LA～3DD75LE	75	12.5	100～600	1	500～10000
3DD100LA～3DD100LE	100	15	100～600	1	500～10000
3DD200LA～3DD200LE	200	20	100～600	1	500～10000
3DD300LA～3DD300LE	300	30	100～600	1	500～10000

A.3 常用集成运算放大器的性能参数

A.3.1 常用单运算放大器型号参数

常用单运算放大器型号参数如表 A22 所示。

表 A22　　常用单运算放大器型号参数表

型号	类型	用途	电源电压范围/V	开环电压增益/dB	输入偏置电流/A	转换速率/（V/μs）	输出电压/V
709	双极型	通用放大	±5～±18	94	300n	0.25	±13
741		普通应用	±5～±18	106	80n	0.5	±13
741S		高速，代替 741	±5～±18	100	200n	20	±13
759		功率运放	±3.5～±18	106	50n	0.5	±12.5
AD548	双极型	低功耗	±4.5～±18	100	0.01n	1.8	±13
AD711	FET	高速	±4.5～±18	100	25p	20	±13
CA3130	CMOS	普通应用	±3～±8	110	5p	10	13
CA3160		普通应用	5～16	110	5p	10	13.3
CA5160		逻辑兼容	±2～±8	102	2p	10	13.3
EL2001	双极型	视频放大器	±5～±15	—	—	70	±11
EL2002		视频放大器	±5～±15	—	—	180	±11
ICL7611	CMOS	低功耗	±9	98	1p	1.6	±4.5
ICL7650	CMOS	斩波器稳定型	±4～±16	150	1.5p	2.5	±4.85
ICL7652		斩波器稳定型	±2～±8	150	1.5p	0.5	±4.85
LF351	FET	普通应用	±5～±18	110	50p	13	±13.5
LF355		普通应用	±5～±18	106	30p	5	±13
LF441		FET 输入可代替 741	±5～±18	100	10p	1	±13
LF13741		FET 输入可代替 741	±5～±18	100	50p	0.5	±13
LM308	双极型	低漂移	±5～±18	102	1.5n	0.2	±13
LT1028		音频前置放大	±5～±20	150	±30n	15	±13
MAX438	FET	低功耗	±3～±5	75	±2n	10	±3.6
MC33171		高性能放大	±1～±22	114	20n	2.1	±14.2
NE530	双极型	高转换速率	±15～±18	88	80n	35	±15
NE531			±5～±22	96	400n	35	±15
NE538			±5～±22	96	80n	60	±15
NE5230		低压电源	±1.8～±15	—	—	—	±14.9
NE5533		低噪声	±3～±20	100	500n	13	±13.5
NE5534		低噪声	±3～±20	100	500n	15	±13.5
NE5539		宽频带	±8～±12	52	5m	600	±2.7
OP—01		普通应用	±3～±18	—	100n	18	±13
OP—05		精密运放	±3～±18	132	±3n	0.17	±13
OP—07		精密运放	±3～±18	132	±2.2n	0.17	±13
OP—37		精密运放	±4～±18	123	±15n	17	±13

续表

型号	类型	用途	电源电压范围/V	开环电压增益/dB	输入偏置电流/A	转换速率/（V/μs）	输出电压/V
OP—42	FET	高输入阻抗	±20	108	130p	50	12.5
OP—177	双极型	超精密放大	±22	82	2n	0.3	±20
TL061		低功耗	±3.5～±18	76	30p	3.5	±13.5
TL071	FET	低噪声	±3～±18	106	30p	13	±13.5
TL081		普通应用	±3～±18	106	30p	13	±13.5
TLE2027	双极型	高增益低噪声	±4～±22	153	15n	2.8	±13

A.3.2 常用双运算放大器型号参数

常用双运算放大器型号参数如表 A23 所示。

表 A23 常用双运算放大器型号参数表

型号	类型	用途	电源电压范围/V	开环电压增益/dB	输入偏置电流/A	转换速率/（V/μs）	输出电压/V
747		相当双 741	±7～±18	106	80n	0. 5	±13
1458	双极型	相当双 741	±2.5～±18	104	200n	0.5	±13
AD648		低功耗	±4.5～±18	100	0.01n	1.8	±13
AD712	FET	高速放大	±4.5～±18	100	25p	20	±13
CA3240		相当于双 CA3140	±2～±8	100	5p	9	13
CA3260	CMOS	相当于双 CA3160	±2～±8	110	5p	10	13.3
CA5260		逻辑兼容	±2.25～±8	80	2p	8	4.7
EL2232	双极型	视频放大器	±5～±15			10	±13
LF353		普通应用	±5～±18	110	50p	13	±13.5
LF442	FET	FET 输入可代替 1458	±5～±18	100	10p	1	±13
LM358	双极型	低噪声	3～32	100	40n	0.6	28
LM833		音频前置放大	±5～±15	110	500n	7	±13.5
MC33078	FET	高性能放大	±3～±18	108	300n	7	±13
MC33172		高性能放大	±1～±22	110	20n	2.1	±14.2
NE532		低功耗	±3～±32		150n		
NE5512	双极型	普通应用	±1.5～±16	100	8n	1	
NE5517		互导放大器	±18	106	500n	50	
NE5532		低噪声	±3～±20		200n	9	±13.5
NE5535		高转换速率	±3～±20	100	500n	13	±13
OP—10		精密运放	±3～±18	100	±7n	0.17	±13
OP—207		普通应用	±3～±18		7n	0.2	±13
OP—227		普通应用	±3～±18		±80n	2.8	±13

续表

型号	类型	用途	电源电压范围/V	开环电压增益/dB	输入偏置电流/A	转换速率/(V/μs)	输出电压/V
TL062	FET	低功率放大	±3.5～±18		30p	3.5	±13.5
TL072		低噪声	±3～±18	76	30p	13	±13.5
TL082		普通应用	±3～±18	106	30p	13	±13.5
TL092		单电源供电	±2～±18	106	30p	0.6	±13.5
TL287		低失调	±3～±18		30p	13	±13.5

A.3.3 常用四运算放大器型号参数

常用四运算放大器型号参数如表 A24 所示。

表 A24 常用四运算放大器型号参数表

型号	类型	用途	电源电压范围/V	开环电压增益/dB	输入偏置电流/A	转换速率/(V/μs)	输出电压/V
ICL7641	CMOS	低功率放大	±9	98	1p	1.6	±4.5
ICL7642		低功率放大	±9	98	1p	1.6	±4.5
LF347	FET	普通应用	±5～±18	110	50p	13	±13.5
LF444		FET 输入可代替 3403	±5～±18	100	10p	1	±13
LM124	双极型	普通应用	3～32	100	45n	—	28
LM224		普通应用	3～32	100	45n	—	28
LM324		普通应用	3～32	100	45n	—	28
LM348		普通应用	±10～±18	96	30n	0.6	28
LM837		音频前置放大	±5～±15	110	500n	10	±13.5
LM2900		互导放大器	—	n.a.	—	2.5	—
LM3900		互导放大器	±2～±6	n.a.	—	2.5	—
MC33079	FET	高性能放大	±5～±18	110	300n	7	±13
MC33174		高性能放大	±1～±22	140	20n	2.1	±14.2
NE5514	双极型	普通应用	±16	90	8n	1	—
OP—09		精密运放	±3～±18	—	500n	1	±13
OP—11		精密运放	±3～±18	—	500n	1	±13
OP—470		精密运放	±5～±18	120	25n	2	±13
RC4157	双极型	高速放大	—	—	50n	8	—
RM4157		高速放大	—	—	30n	8	—
TL064	FET	低功率放大	±3.5～±18	76	30p	3.5	±13.5
TL074		低噪声	±3～±18	106	30p	13	±13.5
TL084		普通应用	±3～±18	106	30p	13	±13.5

A.3.4 国内外部分集成运放主要参数

国内外部分集成运放主要参数如表 A25 所示。

表 A25　国内外部分集成运放主要参数（括号为国外产品）

品种类型			通用型 I	通用型 II	通用型 III	高精度	高精度	高速	高阻	低功耗	高压	大功率	宽带
参数名称 \ 国内外类似型号			CF741 (F007) (μA741)	CF741 (F007) (μA741)	CF741 (F007) (μA741)	CF725 (μA725)	C7650 (ICL7650)	CF715 (μA715)	F3140 (CA3140)	F3078 (CA3078)	F143 (LM143)	FX0021 (LH0021)	F507
输入失调电压	U_{IO}	MV	0.5	1.0	1.0	0.5	5×10^{-2}	2.0	5	0.7	2.0	1.0	1.5
输入失调电流	I_{IO}	nA	180	50	20	2.0	5×10^{-3}	70	5.0×10^{-4}	0.5	1.0	30	15
输入偏置电流	I_{IB}	nA	2000	200	80	42	0.01	400	1.0×10^{-2}	7	8.0	100	15
U_{IO} 的温漂	$\frac{dU_{IO}}{dT}$	μV/℃	2.5	3.0	—	2.0	0.01	—	8	6	—	3	8
I_{IO} 的温漂	$\frac{dI_{IO}}{dT}$	nA/℃	1.0	—	—	35×10^{-3}	—	—	—	0.07	—	0.1	0.2
差模开环增益	A_{od}	dB	70	93	106	130	120	90	100	100	105	106	103
共模抑制比	K_{CMR}	dB	100	90	90	120	120	92	90	115	90	90	100
输入共模电压范围	U_{icm}	V	+0.5 −4.0	±10	±13	±14	—	±12	+12.5 −14.5	+5.8 −5.5	26	—	±11
输入差模电压范围	U_{idm}	V	±5	±5.0	±30	±5	—	±15	±8	±6	80	—	±12
差模输入电阻	r_{id}	MΩ	0.04	0.4	2.0	1.5	10^{6}	1.0	1.5×10^{6}	0.87	—	1.0	300
最大输出电压	U_{opp}	V	—	±13	±14	±13.5	±4.8	±13	+13 −14.4	±5.3	±25	±12	±12
−3dB 带宽 单位增益带宽	f_h f_c	Hz MHz	—	—	10 1	—	2	—	4.5	2×10^{3}	1.0	（输出短路电流1.2A）	35
静态功耗 静态电流	P I	mW mA	90 5.0	80	50 1.7	80	3.5	165 5.5	120 4	0.24 0.02	2.0	75 2.5	3
转换速率	S_R	V/μs	—	—	0.5	—	2	100(反相，A_u=1)	9	1.5	2.5	—	35
电源电压	U	V	+12 −6	±15	±15	±15	±5	±15	±15	±6	±28	+12 −10	±15

A.4 典型集成功率放大器的型号与参数

几种集成功率放大器的主要参数如表 A26 所示。

表 A26　　几种集成功率放大器的主要参数

型号	LM386-4	LM2877	TDA1514A	TDA1556
电路类型	OTL	OTL（双通道）	OCL	BTL（双通道）
电源电压范围/V	5.0～18	6.0～24	±10～±30	6.0～18
静态电源电流/mA	4	25	56	80
输入阻抗/kΩ	50	—	1 000	120
输出功率/W	1（U_{CC}=16V，R_L=32Ω）	4.5	48（U_{CC}=±23V，R_L=4Ω）	22（U_{CC}=14.4V，R_L=4Ω）
电压增益/dB	26～46	70（开环）	89（开环） 30（闭环）	26（闭环）
频带宽/kHz	300（1，8 开路）	—	0.02～25	0.02～15
增益频带宽积/kHz	—	65	—	—
总谐波失真/%(或 dB)	0.2%	0.07%	−90dB	0.1%

A.5 集成电压比较器的型号与参数

国产典型集成电压比较器的主要参数如表 A27 所示。

表 A27　　国产典型集成电压比较器的主要参数

型号	名称	电源电压/V	开环差模增益（A_{od}）/（V/mV）	输入偏置电流（I_{iB}）/μA	输入失调电流（I_{iO}）/μA	输入失调电压（U_{iO}）/mV	响应时间（t_r）/ns	输出端兼容电路
CJ0710	高速电压比较器	+12 −6	1.5	25	5	5	40	TTL DTL
CJ0510	高速电压比较器	+12 −6	33	15	3	2	30	TTL DTL
CJ1414	双高速电压比较器	+12 −6	1.5	25	5	4	30	TTL DTL
CJ0514	双高速电压比较器	+12 −6	33	15	3	2	30	TTL DTL
CJ0811	双高速电压比较器	+12 −6	17.5	20	3	3.5	33	TTL DTL
CJ0306	高速电压比较器	+12 −3～−12	40	25	5	5	40	TTL DTL
CJ0311	单电压比较器	±15～5	200	0.25	0.06	2	200	TTL DTL
CJ1311	FET 输入电压比较器	36	200	0.15×10^{-3}	75×10^{-6}	10	200	TTL DTL

续表

型号	名称	电源电压/V	开环差模增益（A_{od}）/（V/mV）	输入偏置电流（I_{iB}）/μA	输入失调电流（I_{iO}）/μA	输入失调电压（U_{iO}）/mV	响应时间（t_r）/ns	输出端兼容电路
CJ0339	低功耗、低失调电压比较器	±1～±18或5～36	200	0.25	5	0.05	1.3×10^6	TTL ECL MOS CMOS DTL
CJ0393	低功耗、低失调双电压比较器							
CJ0361	高速互补输出电压比较器	±5～±15 5	3	15	4	4	12	TTL DTL
CJ0119	双精密电压比较器	±15或5	40	0.5	0.075	4	80	TTL DTL
J0734	精密电压比较器	±15	≥25	0.15	25	5	200	TTL DTL

A.6 常用集成稳压器的型号与性能指标

常用三端集成稳压器性能参数表如表A28所示。

表A28　常用三端集成稳压器性能参数表

参数＼型号	XWY005系列	WB824系列	W7800系列
输出电压（U_O）	12V、15V、18V、20V、24V	5V、12V、15V、18V、24V	5V、12V、15V、18V、24V
最高输入电压（U_{Imax}）	26～36V（分挡）	20～36V	35V
最大输出电流（I_{Omax}）	0.5～4A（分挡）	0.2～2A（分挡）	2.2A
最小输入输出电压差	≤4.5V	4.5V	2～3V
输出阻抗（r_e）	—	0.05～0.5Ω	0.03～0.15Ω
电调整率（s_r）	0.04%～0.16%	0.04%～0.16%	0.1%～0.2%
最大功率	无散热片1W 有散热片6～12W（分挡）	无散热片1.5W 有散热片3～25W（分挡）	—

参 考 文 献

[1] 康华光，陈大钦．电子技术基础模拟部分（第四版）．北京：高等教育出版社，2003.
[2] 童诗白，华成英．模拟电子技术基础（第三版）．北京：高等教育出版社，2001.
[3] [美]R．F．格拉夫 W．希茨．电子电路百科全书．北京：科学出版社，1997.
[4] 秦曾煌．电工学（下册）电子技术（第五版）．北京：高等教育出版社，1999.
[5] 唐介．电工学．北京：高等教育出版社，1999.
[6] 汪宝璋，李洁．实用电子电路手册（1）．北京：科学技术文献出版社，1992.
[7] 王成安．现代电子技术基础．北京：机械工业出版社，2004.
[8] 李雄杰．模拟电子技术教程．北京：电子工业出版社，2004.
[9] 黄永定．电子实验综合实训教程．北京：机械工业出版社，2004.
[10] 邓木生．电子技能训练．北京：机械工业出版社，2004.
[11] 林钢．常用电子元器件．北京：机械工业出版社，2004.
[12] 江晓安，董秀峰．模拟电子技术（第二版）．西安：西安电子科技大学出版社，2002.
[13] 王卫东．模拟电子电路基础．西安：西安电子科技大学出版社，2003.
[14] 杨素行．模拟电子技术基础简明教程．北京：高等教育出版社，1998.
[15] 电子电路百科全书．北京：科学出版社，1986.
[16] 郝波等．电子技术基础—模拟电子技术．西安：西安电子科技大学出版社，2004.
[17] 周铜山，李长法．模拟集成电路原理及应用．北京：科学技术文献出版社，1993.
[18] 何希才，伊兵，杜煜．新型实用电子电路 400 例．北京：电子工业出版社，1999.
[19] 邹逢兴．模拟电子技术基础．长沙：国防科技大学出版社，2003.
[20] 唐竞新．模拟电子技术基础解题指南．北京：清华大学出版社，2002.
[21] 胡正荣，马菊仙．实用电子线路集．北京：新时代出版社，1990.
[22] 郑家龙等．集成电子技术基础教程．北京：高等教育出版社 ，2002.
[23] 陈大钦．模拟电子技术基础 问答、例题、试题．武汉：华中理工大学出版社，1996.
[24] 李伟．电工电子技术实训．郑州：河南科学技术出版社，2009.